粮食

Liangshi
Zhuchanqu Jianshe yu Fazhan

主产区建设与发展

——基于一个粮食大省的视角

郭庆海 著

中国农业出版社

图书在版编目（CIP）数据

粮食主产区建设与发展：基于一个粮食大省的视角 /
郭庆海著 . —北京：中国农业出版社，2016.6
ISBN 978 - 7 - 109 - 21706 - 5

Ⅰ.①粮…　Ⅱ.①郭…　Ⅲ.①粮食产区-研究-中国
Ⅳ.①F326.11

中国版本图书馆 CIP 数据核字（2016）第 113589 号

中国农业出版社出版
（北京市朝阳区麦子店街 18 号楼）
（邮政编码 100125）
责任编辑　刘明昌

北京中兴印刷有限公司印刷　新华书店北京发行所发行
2016 年 6 月第 1 版　2016 年 6 月北京第 1 次印刷

开本：700mm×1000mm　1/16　印张：22.25
字数：410 千字
定价：48.00 元
（凡本版图书出现印刷、装订错误，请向出版社发行部调换）

自序

我是 20 世纪 50 年代中期出生的人，对我们那一代人而言，无论生活在农村，还是生活在城镇，都不同程度地经历过饥饿年代的阴影。记得七八岁时，就开始与父母兄弟一起开"小片荒"，以补足家里粮食的不足。在我们那个小镇子上，每到月初第一天的清早，天还未亮，粮店的门口就挤满了人，排着长队买粮。许多家庭已经断顿，等米下锅做早饭。为了让缺粮的家庭能吃上这顿早饭，每月一号早上，粮店破例从五点钟开始营业。20 世纪 70 年代末在县里工作时，有两个年份下乡，一去就是半年，住在农民家里，到了六七月份，有的农民家里就已经没粮了。土豆刚长到牛眼珠子大，农民就从自留地里扒出来充饥了，苞米刚结出青棒，农民就掰下来煮吃了。那时，农民吃不饱是普遍现象。

1979 年上大学报考专业时，有多个可选择的学校和专业，但我毫不犹豫地选择了吉林农业大学的农业经济管理专业。这种选择，直接与我个人的饥饿经历相关。生活的经历使我从内心感到，在中国这样一个人口大国，吃饭是第一要务，能为解决中国人的吃饭问题尽微薄之力，应不会虚度此生。后来读研究生期间，在确定硕士论文选题时，我的硕士导师阎壮志教授为我选择了"吉林省中部玉米生产基地建设研究"的论文选题，从此，我开始涉入了粮食问题的研究。20 世纪 90 年代末，我又有幸从师钟甫宁教授攻读博士学位，在钟老师的指导下，以"吉林省商品粮基地建设研究"为题完成了博士学位论文。屈指一算，从 1986 年确定硕士学位论文选题，一直到现在，已经是 30 年的时间了。在这 30 年里，我以粮食主产区为主要研究领域从事农业经济问题研究，期间积累了一些自己的研究成果，本书即是 30 年来关于粮食主产区问题研究成果的结集。尽管这些研究文字不乏幼稚、粗放和偏颇，但毕竟是走过来的一条研究轨迹。

粮食问题是个宏大的研究领域，众多学者涉足于此，成果浩繁。在粮食问题研究方面，本人主要建立在粮食主产区建设与发展的视角之上。之所以如此，主要原因在于，我所工作的吉林省是中国重要的粮食主产区之一，粮食总量、人均占有量、商品量、调出量等多项指标均位于全国排名前五之内，为开展粮食主产区问题的研究提供了生动的平台。粮食主产区，顾名思义，它是提供粮食产量的主要区域。多年来，我国 13 个粮食主产省（区）所生产的粮食占据了粮食总量的 70%，粮食主产区的兴衰起落，直接决定了我国粮食供给的能力和水平，决定了粮食供求关系的稳定。早在 20 世纪 70 年代后期，国家相关决策部门就开始产生建设粮食主产区的动议。1983 年开始，正式出台了商品粮基地建设政策，先行在粮食生产条件优越的 60 个粮食大县启动了以县为单位的商品粮基地建设。这个政策实施近 30 年，产生了良好的效果，为增加国家商品粮的供给发挥了重要的作用。在改革开放近 40 年的历程中，我国的粮食主产区也在不断发生变化。我国历史上粮食主产区主要集中在南方，俗称"南粮北调"。但在 20 世纪 90 年代前期，就基本上结束了"南粮北调"的历史，逆转为"北粮南运"。粮食生产在区域格局上的变化是诸多因素综合作用的结果，包括资源禀赋、科技进步、区域经济结构、比较收益等。在现有 13 个主产区内部，粮食供给能力也在发生变化，目前具有显著供给能力的省（区）不超过 6 个。粮食主产区在空间格局上的变化，既是区域分工的结果，也存在令人担忧的问题。事实上，在我国粮食主产区建设和发展的 30 多年中，一直遭遇到一些共性问题的困扰，诸如卖粮难、储粮难的问题，粮食主产区利益流失的问题，"粮食大县、工业小县、财政穷县"的问题，等等。这些问题不断地解决，也反复地出现，有的还需要较长的时日方能解决。本书正是基于对这些问题的观察和思考，形成了一些粗浅的研究成果。其中有发表的和未发表的文章，有硕士论文，有政策建议，还有研究报告。书中的研究文本，纵向贯穿近 30 年，所以，从中也可以看出不同时期的研究背景与轨迹。

中国改革开放的进程已近 40 年，就我个人的看法而言，改革最成功的领域是农村的改革，而农村改革的最大成就是解决了世界人口最多国家的吃饭问题。农村改革的成功，奠定了改革发展的稳定基础，支付了改革的基本成本。既有的成功并不意味着未来的无忧，起码在未来的 30 年内，农村问题仍是需要高度关注的基本问题，农业、农村、农民仍有被忽视的危险。就粮食问题而言，粮食主产区的逐渐缩小，粮食生产资源在质量和数量上下降的趋势，粮食主产区工业化、城镇化的发展，粮食主产区的规模经营等，都是需要认真关注的问题。保证粮食持续稳定的供给，主要应当发挥两个积极性，一个是农民的积极性，另一个是粮食主产区的积极性。两个积极性的实质是利益关系，即如何让生产粮食的农民不吃亏，让生产粮食的省或县（市）不吃亏。多年来，国家政策一直致力于解决这些问题，并取得了一些成效，但内在的利益关系还远未能理顺，影响着农民和粮食主产区粮食生产的积极性。在市场经济条件下，若不能从根本上建立农民和主产区的粮食生产积极性的动力机制，就不会实现粮食生产持续稳定的发展。

历史的经验多次昭示，粮食安全的危险不是在粮食少时，恰恰是在粮食多时。粮食多了，就会高枕无忧，就会淡化对粮食生产的投入，就会产生对粮农利益的忽视。我国粮食生产连续 12 年丰收，由于粮食托市价格的作用，又造成了高额的库存，这种形势下，容易出现忽视粮食生产的倾向。必须看到，我国毕竟是世界第一人口大国，人均粮食生产资源占有量毕竟处于最紧缺的国家之列，粮食生产不允许有丝毫疏忽之念。从整个战略全局出发，制定长远的国家粮食安全战略，建立支持农民和粮食主产区种粮积极性的政策体系，是我国农业现代化进程中要高度关注的问题。

本人已届还历之年，希望有更多的年轻人能够关注粮食主产区问题的研究，能有更多的人为粮农说话，为粮食主产区说话。无论到任何时候，解决中国人的吃饭问题，都将是一个永不衰败的主题。

谨此感言，是为序。

郭庆海

2016 年 1 月 24 日

目 录

第1章
粮食产销格局的历史演变

1.1 我国粮食产销格局的变化与前瞻[*]

20 世纪 80 年代以前，我国粮食产销格局的基本特征是南粮北调，然而进入 20 世纪 80 年代中期以后发生了逆转，形成了北粮南运的新格局。北粮南运的产销格局成因何在，有何利弊，未来应向什么方向发展？本文试图对此做初步探讨。

1.1.1 我国粮食产销格局的变化

早在新中国成立以前，我国的粮食产销格局就表现为南粮北调的特征。这反映了在当时的生产条件下，粮食生产在区域间的不平衡性。新中国成立以前我国农村长期遭受帝国主义、封建主义、官僚资本主义的剥削压迫，农业经济萎缩。1949 年我国粮食产量 11 318 万吨，比新中国成立以前粮食产量最高纪录的 1936 年减少 3 682 万吨。新中国成立以后，经过三年恢复时期，粮食状况逐步好转，1952 年粮食产量达到 16 391.5 万吨，年均增长 13.1%。从新中国成立以后我国粮食产销格局看，1949—1975 年基本是保持南粮北调的特征，在 20 世纪 50 年代，南方 14 个省份中有 12 个为粮食调出省，粮食调入地主要是上海，年均 116.3 万吨。在北方的 15 个省份中有 10 个为粮食调出省，调入

---

* 原载于《农业经济问题》1997 年第 11 期，本次出版时增加了小标题。

大省主要包括辽宁、北京、河北、天津。到 60 年代，南粮北调的格局尤为明显，北方的粮食净调入省由 50 年代的 5 个上升到 10 个。10 年累计净调入量为 2 750 万吨。到 70 年代前期，南方粮食净调出量仍大于净调入量，1970—1975 年，6 年累计净调出量 2 024.2 万吨。北方粮食净调入省仍保持在 10 个。从新中国成立以后南北方在不同时期所占据的粮食产量比重看，1952 年南方粮食产量占全国产量的 57.6%，北方占 42.4%；1965 年南方占 61.7%，北方占 38.3%；1975 年南方占 57.6%，北方占 42.4%

　　南粮北调的格局表现出两个特征，第一，南方向北方调入的粮食基本为稻谷。这一方面说明我国粮食品种在区域间分布的不平衡性，另一方面说明南粮北调是以满足人们的口粮需求为目的。第二，粮食输出水平不高。20 世纪 60—70 年代，南方向北方的年均净调出量不足 200 万吨，该总量不足吉林省在 90 年代一年输出的量。

　　何以会形成南粮北调的格局，主要应归结为两个原因。第一，南北方在粮食生产能力上的差异性。总的看，在 20 世纪 80 年代以前，南方的土地生产率高于北方，具有比北方优越的农业生产条件。应当看到，在农业的商品投入较少、科技含量较低的条件下，土地的自然条件，以及由此决定的土地自然生产率起重要作用。在 20 世纪 80 年代以前，特别是 70 年代以前，我国农业的良种普及率、化肥施用水平、农田水利建设都处在较低层次上。当时自然条件好的南方诸省就会在粮食生产上占据优势地位。第二，南北方之间存在着商品粮需求和消费上的差别。在 70 年代末之前，北方是我国重工业基地，也是大中城市密集区，商品粮消费量大，故对区外的商品粮需求量大。

　　20 世纪 70 年代中期到 80 年代中期是南粮北调转变为北粮南运过渡期，1984 年以后，开始进入北粮南运时期。1976—1980 年南方净调出粮食省减少为 7 个省（区），而且年均调出量比 70 年代末前期下降 40%。相反，南方净调入粮食省（区）增加到 7 个，并且形成了净调入量大于净调出量的逆转趋势。到 1990 年，南方粮食净调入量明显增加，仅玉米就达到 272.2 万吨，净调入省（区）增加到 13 个。20 世纪 80 年代以后，北方的粮食生产速度明显加快，在东北的吉林省，1982 年以后粮食总产平均年增长速度达到 8.3%，向外输出的商品粮数量迅速增大。由于铁路运输条件限制，大量粮食并未能解决南下的途径，而是通过出口解决了北方粮食主产区的卖粮难问题，例如，1990 年前后的几年间，吉林省每年的玉米出口量就达 200 万～500 万吨。

　　与南粮北调不同，北粮南运具有以下特征，第一，从调出品种看，基本以玉米为主。这与南粮北调形成鲜明的对照，南粮北调的品种为稻谷，以满足人们口粮消费，而北粮南运的玉米则是满足畜牧业的生产消费。这一方面说明我国的玉米生产在区域间分布的不平衡性，另一方面说明，我国的粮食消费中转化形态（肉、蛋、奶）的消费开始增加。同样是粮食在区域间的流动，但消费的层次已发生了变化。据资料显示，1993 年南方 15 省份的人均占有粮食 359千克，已达到口粮自给的水平，调入粮食均为满足口粮以外的需要。第二，粮食输出量大，1990 年北方 6 省玉米流出量达 350.1 万吨。1995 年东北和内蒙古 4 省（区）一次性紧急调运就达 200 万吨。1996 年吉林省一次性向南方调运玉米也达 200 万吨。第三，粮食调运的体制背景不同。新中国成立以来，南粮北调是在计划经济体制之下进行的，粮食流通渠道单一。北粮南运是在我国粮食流通体制改革的情况下发生的，粮食流通流通渠道多样，使粮食的流通能力进一步加大，市场比较活跃。

从南粮北调到北粮南运，正是伴随着我国经济的改革而发生的。这个转变的形成，包含着复杂而深刻的经济与社会多重原因。第一，农业科学技术的发展与应用，农业生产条件的改善，显著提高了北方诸省的土地生产率。70 年代中期以后，正是我国 50 年代以后各个时期进行的农田水利建设工程开始发挥作用的时期，农业生活生产条件获得了较大幅度的改善，农业灾害的发生频率明显下降。与此同时，化肥、良种、农药等现代农业科学技术开始在农业中大量应用，据统计，1990 年的全国化肥施用水平为 73.5 千克/亩，比 1970 年增加 63 千克/亩。特别是适合北方水土气热条件的玉米，随着单交种、双交种的出现和普及，显著提高了玉米的高产性能。据资料显示，1994 年全国玉米面积比 1985 年增加 5 187.4 万亩*，北方地区增加玉米面积 3 211.0 万亩，占全国的 61.9%；全国玉米产量增加 3 542.1 万吨，其中北方增产 3 214.4 万吨，占全国的 90.7%。除玉米外，北方的水稻面积也在增加，推动了总产的提高。据统计，1985—1994 年，在全国水稻面积减少的形势下，北方水稻面积却增加 696.9 万亩。第二，南方沿海诸省在改革中获得了丰厚的政策资源，土地以外的投资领域扩大，获利机会增加，并由此导致农业比较收益的下降，农业资源配置行为发生变化，农业增长率下降。我国首先对南方沿海一些省份实行特殊的改革开放政策，使农村的非农产业迅速发展，非农产业就业机会增加，非农产业的就业收入显著高于土地经营收入，农业收入在家庭收入中占据的份额越来越小。据调查，1994 年浙江省种植业收入仅占农民家庭收入的 16%。在农业内部，粮食生产的收入又处于十分不利的地位，经济作物亩收入高于粮食

---

* 亩为非法定计量单位，1 亩＝1/15 公顷。——编者注

作物几倍甚至几十倍，因此导致了农民对粮食生产热情的淡化。据有关调查资料反映，南方的粮食播种面积 1993 年比 1992 年减少 1 149.4 万亩。广东省"八五"期间比"六五"期间粮食播种面积下降 18.2%。第三，北方农区与南方相比，具有人均耕地数量较多的优势，而且农村工业化滞后，使土地成为农民收入的主要来源，农民对土地投入保持较高热情，使粮食增长具备较充分的主体条件。北方农区，特别是黑龙江、吉林、内蒙古等省区，户均耕地大多在 1 公顷以上，农民 70% 的收入来自土地。由于土地数量多，生产率高，使农民很容易过上温饱有余的稳定生活，加上农村工业化滞后，非农产业就业机会不多，收入不稳，比较之下，种粮的机会成本并不是很高。尽管农民经常面临生产资料涨价，粮食比较效益下降的困扰，但从总的趋势看，土地经营不失为农民资源配置中的最基本的选择，并一直保持较高的投资热情。第四，从消费的角度看，之所以会形成北粮南运的产销格局，是由于南方诸省在改革开放以来形成了粮食消费量加大的趋势。一方面是人口流动所致，大量的北方城乡人口南下，南方珠江三角洲和长江三角洲一大批新兴工业城市崛起，集中了大批外地人口。每年 6 000 万流动民工大部分流动到南方沿海发达省份，广东省外来人口就达 1 000 多万人，这势必加大南方粮食及其转化产品的需求数量。另一方面，南方沿海诸省城市居民消费位居全国高水平，对肉蛋奶等收入弹性较大的畜产品的需求数量高于北方，这势必给当地的畜牧业带来压力，从而增大对北方玉米（饲料）的需求。第五，从粮食生产加工布局的角度看，以饲料作为主要用途的玉米在区域上分布不平衡。南方玉米产区分散，产量少，只占全国的 19.2%，但饲料工业发达，需求量大。我国的玉米带主要分布在北方，辽、吉、黑、冀、鲁、豫六省的玉米产量就占全国的 60% 以上，但饲料工业却不够发达。据调查，南方苏、湘、鄂、粤、川、沪六省份玉米产量仅占全国玉米产量的 13.4%，但配混合饲料产量却占全国的 42.7%。北方的辽、吉、黑、冀、鲁、豫六省的玉米产量占全国的 59.2%，但配混合饲料产量只占全国的 25.9%。

1.1.2 粮食产销格局变化的效应评价

总的看，由南粮北调转变为北粮南运是与我国农村改革开放及区域经济发展的不平衡性相伴而生的。因此，北粮南运的产销格局可谓正负效应参半。

北粮南运的积极效应表现在，首先，北粮南运格局的形成，是我国北方粮食生产水平显著提高的结果。南粮北调调的是口粮，是在我国粮食短缺特别是相当一部分人口温饱尚未得到解决的条件下发生的。而北粮南运则是在我国粮食总水平普遍提高，粮食相对充足的条件下发生的。南方诸省的人均占有量达到了 360 千克以上，口粮得到了满足，调入的基本是饲料，是为满足畜牧业发展而形成的调入需求，这本身就意味着我国粮食生产水平的提高。北粮南运的过程正是北方商品粮基地成长的过程。以吉林省为例，1990 年粮食总产量比 1982 年增长 1 倍，人均占有粮食达 800 千克，是全国人均粮食占有量的 2 倍多。像内蒙古这样过去粮食短缺的省份，经过多年的发展也建成了一批商品粮基地，实现了粮食自给有余。其次，北粮南运在一定程度上支持了南方沿海诸省农村工业化的发展，为国民经济的发展和结构的优化起了重要的支撑作用。农业是国民经济的基础，而粮食又是基础的基础。我国经济改革能够得以稳定进行，原因之一在于农村经济改革的成功，解决了 12 亿人口的吃饭问题。南方沿海诸省的农村工业化的超前发展，为全国农村经济发展起了先导作用。但是如果没有北方粮食的输入，南方沿海地区的农村工业化就不会获得一个稳定的基础，还会受到粮食紧缺的困扰，不可能向非农产业配置较多的资源。同时要看到，南方的饲料工业是以北方的大量玉米输入为支撑的。由于北方粮食的输入，使得南方得以对农业内部结构进行调整，扩大经济作物、园艺作物种植比例，既给工业化的发展提供了原料，也为外向型农业的发展提供了产品基地，推动了农村产业结构的优化，为农村工业化的发展创造了资本的原始积累。再次，缓解了北方粮食主产区卖粮难的问题，促进粮食的供求平衡。北方的粮食增长是在农村改革之后发生的，既有科技进步因素，又有政策因素，使粮食增长势头迅猛，带有明显的突进性特征，一时使粮食主产区出现了粮食装不下、卖不出的困难局面。北粮南运缓解了卖粮难问题，使一时滞销的粮食找到了市场，促进了区域间的粮食供求平衡。

北粮南运的产销格局也存在着消极效应，主要表现在，第一，与北粮南运并行的另一种现象是南方沿海发达地区农民轻农轻粮行为的出现和滋长，这将严重影响我国粮食总量的增长。非农产业的发展及非农收入的提高，使种粮机会成本显著加大，在价值规律的作用下，农民不愿务农种粮，致使一些耕地抛荒，复种指数显著下降。据有关资料显示，在某些发达地区，耕地抛荒率达 20%，这对于我国这样一个人多地少的发展中国家来说，不能不说这是资源使用上的极大浪费。从形式上看是区域之间的品种不平衡，但由于南方存在轻农轻粮的内在因素，将会导致粮食生产的萎缩，最终必将危及我国粮食总量的平衡。第二，大量粮食远距离运输，浪费了大量的运力，制约了北方产粮区地方经济的发展，也给粮食供求的区域平衡带来难度，增加了风险。北粮南运时期的粮食调运总量明显高于南粮北调时期的调运总量，而且运距较长。东北为玉米主产区，但输入地大都在长江以南。粮食体积大，古有"千里不运粮"之说，现今尽管运输条件不能与古代同日而语，但是大量的粮食运到千里万里之外，无疑将会造成运输资源的严重浪费。以吉林省为例，每年外运粮食占用的铁路车皮在最高年份可达全省铁路运输量的 60% 以上，大量挤占了工业用车皮，制约了地方经济的发展。第三，北粮南运在一定程度上违背了经济布局规律。如前所述，南粮和北粮在内容上已发生了变化，前者为口粮，后者为饲料。与大量饲料运往南方形成鲜明对照的是北方畜牧业和饲料工业发展的滞后。大量饲料原料运往南方进行异地加工转化显然是有悖于经济布局规律的。第四，造成了北方粮食主产区利益的流失。当粮食生产在区域间分布不平衡时，工农业产品价格剪刀差就会转化为粮食产区和粮食销区之间的利益差别。随着粮食由产区向销区的流动，产区的利益流向销区。粮食净输出省的利益流失主要有三条途径，一是直接由工农产品价格"剪刀差"所形成的利益流失；二是粮食产后经营过程中不合理的政策性亏损造成的利益流失；三是粮食产前生产要素补贴所形成的利益流失。以吉林省为例，每年仅剪刀差一条途径流失的利益就达 5 亿元之多。

1.1.3 粮食产销的合理布局

从未来发展的角度看，是使目前的北粮南运的产销格局长期维持下去，还是创造条件，使我国粮食产销格局不断趋于合理化？对此人们的观点不尽一致。

有一种观点认为，目前南北方之间在粮食产销上形成的差别，是符合比较利益规律的，因而是合理的，不能强求每个省都要发展粮食生产，应在比较利益的基础上，搞好产业的地域分工。对此种观点笔者不能完全苟同。如果按照价值规律和比较利益规律，在南方发达地区，放弃农业生产，特别是粮食生产，当是合乎理性、顺应规律的选择。但须知，粮食是关系到国计民生的最重要的商品，特别是对我们这样一个耕地资源匮乏的世界第一人口大国来说，具有更加重要的意义。我们不但要按比较利益规律办事，还要按照农业是国民经济的基础这一规律办事。世界上任何国家，包括整个世界粮食市场都无法解决中国的粮食供给。必须把粮食供给建立在我国农业的基础上，要从政治的高度看待我国的粮食问题。需要注意的是，南方发达地区粮食生产机会成本高，是在南方沿海诸省工业化超前、北方诸省工业化滞后的背景下发生的。如果北方诸省在农村工业化得到迅速发展之后，种粮的比较效益也将明显下降，那么届时是否也可以听任比较利益规律的作用而允许这些地区放松粮食生产呢？因此我们不能完全在比较利益的驱动下，任凭一些地区浪费耕地资源，放松粮食生产，也许这是中央政府"米袋子"省长负责制的初衷所在。问题的另一方面是粮食生产是一种低效益的产品，长期让粮食主产区向粮食销区输出原料，无疑是一种剥夺。这在宏观调节能力十分微弱的条件下，更是明显。

对于前一种观点的批评，是否就意味着可以完全无视价值规律和比较利益规律的作用，而强迫农民去种粮食呢？当然不是。笔者认为，有效而合理的做法应是纠正和规范发达地区的政府行为，尤其是省一级政府的行为。通过政府的行为干预，制定有利于农业发展的政策，使农民在合乎经济理性的前提下，自愿地选择粮食生产。这对于工业化超前的南方沿海发达省份来说，在很大程度上已具备这种能力。

在短期内我国对北粮南运的格局难以做出大的改变。从未来看，为使我国粮食产销格局合理化，笔者拟提出以下政策调整思路。

第一，减少南北大跨度的粮食远程流动，实行区域内粮食相对平衡的战略。如前所述，粮食大量的远程流动将会产生一些负向效应，因此，从未来发展看，应逐步减少粮食远程流量，实行区域内的相对平衡。这里指的区域是3～5个省范围内的经济协作区域。所以要求实行区域内的相对平衡，意在缩小粮食流动半径，同时又不致使每个省在总量和结构上都做到自给自足。当然，区域内的相对平衡是以"米袋子"省长负责制为基础的，即每个省都要把提高粮食自给率作为农业发展的基本目标，不能忽略在南方沿海发达地区粮食生产萎缩问题上地方政府所应承担的那份责任。据调查，在某些发达的省份，在农民对土地投资下降的同时，政府对农业的投资也在节节下降。在我们这样一个人多地少的国家，不能容忍任何地方忽视农业、浪费耕地资源的行为。南方对北方粮食的需求基本是玉米。因此，应通过地方政府的政策调节扩大南方玉米播种面积。据有关资料反映，华南、长江中下游地区均有扩大玉米面积的潜力。粤、闽、琼有开发3 000万亩冬玉米生产的潜力。把这些玉米生产潜力发掘出来，就可大大缓解南方玉米短缺的局面。

第二，充分利用南方沿海发达地区工业化超前的优势，加快农业土地集中，提高土地规模效益。北粮南运的一个重要背景条件是在比较效益的驱动下农民对土地经营行为的弱化。土地经营在农民心目中地位的下降，不仅在于土地投资报酬低，同时也在于土地规模效益低。如果土地经营规模合理，加上政府对农业的倾斜政策，将会有助于调动农民对土地的投资热情，从而提高农业的总产出率。南方沿海诸省工业化超前的优势为土地集中、实现规模经营创造了外部条件，应充分利用这个优势，加快土地集中，通过土地的规模经营促进农业生产水平的提高，增大粮食的自给率。

第三，根据玉米生产的不平衡性，搞好畜牧业和饲料加工业的合理布局。我国玉米生产的优势主要集中在北方，北方不但占据玉米播种面积的主体地位，而且玉米单产也具有显著优势，是南方玉米单产的 1.5 倍。这种格局不会从根本上改变。鉴于玉米生产的不平衡性，应对畜牧业和饲料加工业的布局做出相应调整。北方粮食主产区应逐步建成畜产品商品生产基地和饲料工业基地，增加就地转化能力。这样做，既减少大量输出原料带来的一系列负效应，同时又可实现粮食的加工转化增值，变粮食输出为畜产品和加工品输出，把粮食优势转化为地方经济优势，进而推动农村工业化的发展，为商品粮基地的发展创造良好的外部条件。

第四，搞好粮食市场的国际大循环，适时调节粮食的进出口。我国坚持粮食自给方针，但并不妨碍加入国际粮食市场的大循环。东北是玉米主产区，为了减少南下的流量，可把握国际市场的有利时机，从大连、秦皇岛等口岸出口。南方沿海诸省也可根据国际市场的变化情况，适时适量进口，形成一个南进北出的格局。近年来我国粮食的进出口政策尚未形成成功的思路，例如，1995 年，南方进口粮食，而对东北限制玉米出口，造成了南进北不出的局面，结果使吉林省在 1996 年又出现了严重的卖粮难。应建立国际市场的观念，适时把握国际市场的有利时机，利用国际市场调节我国粮食在区域间的平衡。

1.2 我国粮食供给的压力及人口与耕地的逆向运动 *

人地比例是考察一个国家资源占有丰裕程度的重要指标。20 世纪 60 年代以来，世界人口出现了较快的增长趋势，人均生存空间越来越狭窄，人地比例关系日益恶化。我国是世界第一人口大国，又是一个耕地资源相对匮乏的国家，人地之间的矛盾显得格外尖锐。我国以不到世界 7％的耕地养活了占世界22％的人口，创造了举世惊叹的奇迹。然而，在人地比例关系日趋紧张的形势下，我国能否实现粮食生产的持续发展，解决好十几亿人口的吃饭问题，并进而使中国人民的膳食结构进入世界现代化的层次，这是我国在未来经济发展进程中需要认真思考和解决的基本问题。

1.2.1 人口与耕地的逆向运动

土地是农业生产中不可替代的有限的生产资料，在生产技术水平一定的条

---

* 原载于《吉林农村经济》1995 年第 5 期。

件下，人口与耕地的比例关系直接决定了一个国家人均占有农产品的数量，近年来在我国经济发展过程中一个值得忧虑的现象就是人口与耕地这两个基本变量所呈现的逆向变动趋势，即在人口增长的同时，耕地的数量却在趋于减少。

中华人民共和国的建立，使我国居民的健康水平显著提高，大大降低了婴儿的死亡率。但与此同时，未能实行一条明智的人口政策，造成了人口的迅速膨胀。1950 年我国人口总数为 5.5 亿人，到 1995 年 2 月 15 日，我国人口达到了 12 亿人，时隔 45 年，人口增长 1 倍多，平均每年增加 1 444 万人，相当于澳大利亚的总人口。20 世纪 60 年代是我国人口增长的高时期，人口自然增长率高达 25‰～33‰。在 45 年中增加的人口大约有 40% 是 60 年代出生的。整个 60 年代，除 1960 年，妇女总和生育率一直在 6 的位置上上下摆动。70 年代以后，特别是 20 世纪 80 年代以后，我国实行了较严格的计划生育措施，使妇女总和生育率下降到 2.4 左右。但由于人口基数大，60 年代出生的人口在 20 世纪 80 年代以后陆续进入育龄期，从而使我国人口仍以较猛的势头增长。尽管在城乡普遍实行一对夫妇一个孩儿的政策，但也无法遏制 60 年代潜伏下的人口增长惯性，1990 年的第四次人口普查与 1982 年的第三次人口普查相比，8 年间共增加了 1.25 亿人口，增长 12.45%，平均每年增加 1 563 万人，年平均增长率为 14.8‰。如果年平均人口自然增长率按 12‰ 计算的话，到 20 世纪末我国人口将达到 13 亿人。

与人口增长形成鲜明对照的是，农业中的可利用耕地却呈日益下降的趋势，从而形成了人地比例关系恶化的趋势。我国国土面积显然比较广大，位居世界第三位，但由于地形复杂，西部大面积沙漠以及冰川不能为农业生产所利用，使我国垦殖系数较低。我国总幅员为 960 万平方公里，约合 144 亿亩，但耕地面积只有 14.3 亿亩（1996 年数字），垦殖率只有 10% 左右，而多数国家的垦殖率则在 20% 以上。像印度这样的国家则高达 57%。我国耕地面积本来就少，又由于新中国成立以来城市与工矿企业的发展，特别是进入 90 年代以来经济开发区的建设，占用了大量耕地，使耕地呈现逐年下降趋势。1949 年我国耕地面积为 14.6 亿亩，1952 年为 16.1 亿亩，1957 年达到最高峰为 16.7 亿亩，以后逐年下降，1979 年为 14.9 亿亩，1989 年为 14.2 亿亩，1994 年为 14.1 亿亩，1994 年比 1957 年减少耕地 2.6 亿亩，几乎相当于东北三省现有耕地面积的总和，平均每年减少耕地 702.7 万亩。

耕地与人口之间所形成的逆向运动，使我国的人地比例关系发生了令人忧虑的变化，1952 年我国人均耕地面积为 2.82 亩，1957 年为 2.59 亩，1979 年为 1.54 亩，1994 年下降到 1.3 亩，显著低于世界人均耕地面积 3.80 亩的水平，仅及印度（3 亩）的 39.2％、美国（11.45 亩）的 10.3％、法国（4.87 亩）的 24.2％。如果按目前的下降速度，到 21 世纪初，我国耕地总量将低于 14 亿亩，届时人均耕地仅有 1 亩。从我国人口增长现状和耕地利用现状来看，我国的人地比例关系继续呈现一种恶化的趋势。因此，在未来的经济发展进程中，必须以高度的紧迫感和行之有效的对策，尽快改善人地比例关系，控制和转变恶化趋势，为子孙后代留下生存的空间和可靠的衣食之源，并努力提高我国居民的人均农产品占有量。

1.2.2 我国粮食供给的压力

人口与耕地两个变量之间的逆向运动，给我国的农产品供给带来了沉重的压力，由于土地数量的有限性，耕地的减少势必使农产品供给总量的增长速度大大减慢。与耕地数量变动方向相反的是人口数量呈继续增长的趋势，这势必使农产品人均占有量的变动处于十分不利的地位。如果在 20 世纪末之前耕地数量不变，粮食增长速度高于人口增长速度，人均粮食占有量就会出现正增长；如果两个变量增长速度相同，人均粮食占有量就会出现零增长；如果人口增长速度高于粮食总量增长速度，人均粮食占有量就会出现负增长。

我国作为世界第一人口大国，解决众多人口的吃饭问题，历来是一项基本国策。1984 年以来，我国在历史上第一次解决了 8 亿农民的温饱问题，这不能不说是一项巨大的历史成就。1949 年我国人均占有粮食为 209 千克，1952 年为 285 千克，1957 年为 301.5 千克，1965 年为 268 千克，1979 年为 342 千克，1984 年达到了 393.6 千克，基本接近了当时世界 400 千克的人均占有水平。粮食问题的基本解决，为国民经济的增长提供了重要的物质基础，1984 年以后在我国部分地区甚至出现了粮食过剩的局面，从总体上说 12 亿人口的吃饭问题已基本解决。但是从近几年来人均占有粮食水平的动态变化关系看，并没有消除粮食问题的忧虑，甚至粮食问题仍存在着不可忽视的潜在危机。从粮食总水平看，1985—1990 年的 6 年间，除 1989 年和 1990 年粮食总产超过 1984 年的水平外，其余四年均低于 1984 年的水平。实际上 1985—1989 年的 5 年间，粮食生产一直处于徘徊阶段，1990 年在全国上下大抓农业的形势下，粮食生产创历史最高水平，总产达到 4 350 亿千克。1995 年以来，我国农业连续 4 年获得大丰收，使人均粮食占有量突破了 1984 年以来在 400 千克以下徘徊的局面。但由于人口的持续增长，即使是在连年大丰收的情况下，我国人均占有粮食也仅相当于目前的世界平均水平。目前的粮食过剩仅仅是一种阶段性结构性的过剩，从长期看，我国的人地比例关系仍呈恶化趋势，农产品供给偏紧将是一个长期的问题。

表 1 - 1　1984—1997 年人均粮食占有水平

单位：千克

年份	1984	1986	1988	1990	1992	1994	1997
人均粮食占有水平	393.6	370.3	367.0	381.0	377.8	378.0	409.8
以 1984 年为 100	100	94.0	93.2	96.8	96.0	96.0	104.1

资料来源：《中国农业统计年鉴》，1984—1998 年。

　　根据人口预测，到 20 世纪末我国人口将达到 13 亿，如果要使人均粮食占有量稳定在 1997 年的水平上，就必须使粮食总量至少达到 5 300 亿千克，每年要按 6% 的速度递增。然而要实现这样的增长速度是十分困难的，目前的粮食总量指标是在连年丰收的背景下获得的，按照农业生产变化的规律，今后几年的平歉年的概率很大，这意味着实现农业的持续增长面临着很大的压力。

　　上面的分析是在假定耕地资源不变的前提下进行的。事实上，1979—1997 年的近 20 年间，我国的耕地以年平均 0.3% 的速度下降，平均每年净减少 450 万亩耕地，几乎相当于北京市的全部耕地面积。如果耕地的净减速度不限制到零，我国到 21 世纪初人均粮食占有量保持在 400 千克以上的水平很难实现，可见，随着人地比例关系的恶化，我国的农产品供给形势很不乐观。由以上分析可知，到 21 世纪初，我国的人均粮食占有量将在零增长和负增长之间徘徊，相当于目前世界人均粮食占有水平。如果不增加粮食进口的话，意味着我国人民的膳食结构将不会发生太大变化。按照国外经济学家的测算，若能满足人的食品消费的合理标准，人均粮食占有量应达到 1 000 千克，按照这样的标准，我国粮食的供给水平差距相当遥远。对未来我国粮食供求形势的分析，使我们不能不冷静地看待目前的农业形势。努力发展农业，并为之创造一切有利条件，乃是我国的一项基本国策。

1.2.3　有效控制人口与耕地的变化

　　粮食的增长在相当大程度上取决于耕地资源的变化情况，在人口不变的前提下，粮食总量的增长可以提高粮食人均占有水平，如果人口和粮食同时增长且前者的增长速度超过后者的增长速度，那么人均占有粮食水平才会出现下降，因此，有效控制人口增长与耕地下降之间的逆向运动，缓解人地比例关系，是提高粮食总量和人均粮食占有量的必要条件。

　　在我国经济发展过程中，人口的控制具有重要的经济意义。人既是生产者又是消费者。但在人口过剩、资源超载的情况下，人在消费方面带来的负担往往会超过生产方面的创造作用。人口的增长，一方面要占用大量土地以提供住和行的空间，同时又需要增加耕地以提供衣食等生存资料。但土地总量是一个定值，当人口住与行的空间扩大以后，一般来说势必要减少耕地数量，而且减少的耕地多数都为生产率较高的优等土地，从而降低粮食增长的能力。在我国现阶段，人口增长表现刚性化的特征，即使是采取较严格的控制二胎的生育措施，人口增长的趋势也难以控制。这主要是 20 世纪 60 年代生育高峰期出生的人口都已进入育龄期，要经过较长时期我国的人口才会进入零增长阶段，我国目前计划生育的难点主要是在占全国人口 75％的农村。一般来说人口出生率与经济发达程度和受教育程度密切相关。从我国农村目前的经济发达程度和受教育程度来说，尚未进入第二次人口革命时期。我国农村现仍以手工劳动为主，表现为一种"体力型"的农业，商品经济不够发达，开放度低，人们尚未进入商品经济激烈竞争的阶段，未看到竞争中的人才优势，因此尚未建立少生优育的生育意识。从整个世界来看，人口高增长也主要是在发展中国家。发达国家基本都完成了人口的第二次革命，即进入了低生育率阶段，所以在经济发达程度和人口生育率之间往往存在"越穷越生，越生越穷"的恶性循环。从根本上降低人口生育率要依赖经济发达和教育水平的提高。但从目前来说，过多的人口已成为我国经济发展的主要限制因素。在我国目前的经济发达程度和教育程度还不能孕育第二次人口革命的条件下，我国必须通过发展社会服务福利事业以及各种解决"养老"之忧的措施来促进"少生优育"意识的早熟。同时，采取有效的节育措施对人口出生率的增长形成严格的客观约束。在人口方面，只要严格控制了农村人口的增长，就可以实现计划生育的突破，并使人地比例关系趋向缓解。

人地比例关系的另一方面，即耕地数量的下降问题，也是我国经济发展中的一大难点。自 1957 年以来，我国耕地数量就一直下降，若不采取有效控制措施，随着我国城市规模的扩大和居民住房的改善以及工矿企业的发展，耕地还将继续呈下降的趋势。我国宜农荒地资源较为贫乏，仅有 5 亿亩，其中可作耕地的只有 2 亿亩。到 21 世纪初利用系数按 50％计算，可开荒地 1 亿亩，而这对 20 世纪末将继续增加的 1 亿人口来说，人均也只能达到 1 亩。因此必须采取严格的措施，禁止乱占耕地的现象。必须要有超前意识，预见到耕地减少给经济发展带来的严重后果。值得提出的是，我国目前耕地的减少，不仅是由于非农用地发展所导致，在客观上还存在大量浪费土地和违法侵占耕地现象。许多单位早征晚用或征而不用，造成土地闲置，违法占用耕地现象屡禁不绝。

1988 年全国违法占地面积就达 2 700 万亩之多，占当年非农业建设用地数量的
10％以上。1992 年全国各地开发区占地就达 2 200 万亩。今后必须在全国上下
加强全民的土地资源保护意识。国家要对国土利用进行科学规划，合理布局，
必须从总量上确定耕地的最低数量界限，并把控制指标逐级落实到各级土地管
理部门，以法律措施予以保障。对违法乱占耕地的问题必须严肃处理，同时严
格控制我国城市化进程中的城市平面规模，提高土地的有效利用空间。

1.3　吉林省粮食流向与流量的调查*

　　从 20 世纪 80 年代中期以来，吉林省成为全国瞩目的商品粮输出大省。十
多年来，吉林省的粮食商品率、人均粮食占有量、粮食调出量、玉米出口量等
多项指标位居全国第一位，是一个具有鲜明特色的商品粮主产区。纵观吉林省
粮食生产发展的历史，吉林省由 20 世纪 80 年代以前的粮食调出中等省份发展
为全国商品粮输出第一大省，是自然、经济、社会等诸种因素综合作用的结
果。深入调查分析吉林省粮食生产与商品粮输出的历史，从中可以总结出实现
粮食持续稳定增长和供需平衡的经验与教训。

1.3.1　吉林省粮食流向流量的演变历程

1.3.1.1　吉林省粮食流向流量变动的历史阶段划分

　　1949—1995 年，吉林省粮食生产走过了近半个世纪的历程，粮食生产水
平由 50 年代中期年净调出量 33.3 万吨，发展到 90 年代初的粮食净调出量
500 万吨。具体来说，吉林省的粮食生产水平经历了四个阶段。

　　第一阶段，恢复发展阶段（1949—1955 年）。

　　该阶段正是吉林省农业恢复发展时期。该阶段表现出粮食总产量较高、征
购量高、净调出量高的三高特点。在此期间除 1949 年和 1951 年粮食总产为
458.95 万吨外，其余年份都在 500 万吨以上，1952 年最高为 613.2 万吨。该
阶段内粮食征购总量较大，1953—1955 年，平均每年征购量为 220 万～260 万
吨，粮食商品率较高，为 40％～45％。粮食调出量较大，平均每年在 140 万
吨左右，其中出口量年际间波动较大、较少的年份为 1953 年，出口 7.5 万吨，
较多的年份为 1955 年，出口 41 万吨。调出的品种包括小麦、稻谷、高粱、玉
米、谷子、杂粮、大豆，其中以高粱、玉米、大豆为主体，分别占调出总量的

---

　　* 本文为农业部农研中心《南粮北调转变为北粮南运的研究》的子课题研究报告，完成于 1996 年。

35％、27.1％、25.8％。出口的品种主要有稻谷、玉米、谷子、杂粮、大豆，其中以大豆为主体，约占出口总量的 87％。调入量平均每年在 40 万吨左右，1953—1955 年三年累计调入 135.15 万吨。该阶段内，每年的净调出量为 90 万～110 万吨，1953—1955 年三年累计调出量 303.9 万吨。该阶段粮食的调出量之所以能达到一个较高的比例水平，首先在于该阶段粮食总产水平较高，此后粮食产量十余年徘徊不前，甚至有所下降，直到 1967 年才恢复到 1952 年的水平。其次，由于该阶段内人口总量不大，为 1 000 万～1 200 万人，使人均占有粮食水平较高，年人均占有粮食为 450～580 千克，与同时期内全国的平均水平比较，最高年份人均占有粮食比全国平均水平高出 1.24 倍。

第二阶段，调出量下降阶段（1956—1965 年）。

该阶段经历了"大跃进"时期和三年自然灾害。从粮食调出水平和生产水平方面看，该阶段的基本特点是粮食总产量徘徊不前，调出水平下降。该阶段历经十年时间，累计调出量 739.3 万吨，其中出口 257.7 万吨。调出的主要品种及其比重为高粱 13.3％、玉米 31.2％、大豆 42.1％。与第一阶段相比，大豆比重明显增大，占据主体地位，高粱比重大幅度下降，玉米略有增加。调出的大豆主要用于出口，占大豆调出总量的 70％，玉米的出口量较少，占玉米调出总量的 5.6％。该阶段累计粮食调入量 391.5 万吨，小麦占调入量的 59.3％，其次为稻谷，占 16.4％，再次为玉米，占总调入量的 10.6％，其余为高粱、谷子、杂粮等小品种，占比例很小。该阶段的总趋势是调出量逐年下降，除 1959 年净调出 98 万吨外，其余年份都在 60 万吨以下，最低的 1965 年净调出量只有 5.5 万吨，最高净调出量的 1959 年粮食产量并不高，尚未达到 1953 年的水平。该阶段粮食调出量之所以呈现逐年下降趋势，首先在于粮食总产水平徘徊不前，平均年产水平低于第一阶段。其次在于粮食总量未增长的前提下，人口总量却明显增长，1965 年全省人口达到 1 639.1 万人，比 1955 年增加 437 万人，增长幅度为 36.4％，由于人口增加致使人均消费量增加，必然导致人均占有量的下降，1965 年人均粮食占有量为 320 千克，比 1955 年的 463 千克低 143 千克，最终必然导致粮食调出水平的下降。

第三阶段，调出量起伏波动阶段（1966—1980 年）。

该阶段的基本特征是，粮食产量缓慢增长，粮食调出量起伏波动，净调出年和净调入年交替出现。该阶段经历了"文革十年动乱"，"大帮轰"式的劳动组织方式压抑了农民生产积极性，但农业学大寨运动使农田基本建设得到加强。农业机械化运动的开展增强了粮食生产的物质技术基础，为未来实现农业现代化创造了条件。玉米单交种开始推广使用，化肥使用量大幅度增加，因而使粮食产量呈现缓慢增长趋势。该阶段经历 15 年，其中 10 年为净调出年，5 年为净调入年。10 年累计净调出量 348.1 万吨，比第二阶段少 133.5 万吨。5 年累计调入量 36.2 万吨。该阶段实际调出总量为 1 489.4 万吨，其中出口 235.6 万吨，调出的品种主要是稻谷、玉米和大豆，稻谷占 5.6%、玉米占 70%、大豆占 12.5%，玉米已占据调出粮食的主体地位，这是与该阶段的玉米单产的提高和播种面积的扩大相辅相成的。70 年代末的玉米单产比 1965 年高出 1 倍多，播种面积比 1965 年增加 60%。该阶段 15 年实际调入总量为 1 177.5 万吨，其品种结构中以小麦为主体，占 78.4%。小麦的大量调入主要是因为吉林省位于非小麦产区，产量很小，调入小麦以调剂品种，供应居民，满足城乡居民改善主食结构的需要。

第四阶段，调出量快速增长阶段（1981—1994 年）。

该阶段的基本特征是，粮食总产跳跃式增长，供给过剩，调出量剧增。1982 年是吉林省开始落实家庭联产承包制的第一年，农村改革政策的落实极大地调动了广大农民的生产积极性。同时也是化肥和良种大面积推广使用时期，科技进步的作用大大推动了粮食的增长。1982 年粮食生产首次突破了 100 亿千克大关，之后又登上了 150 亿千克的台阶，"八五"期间又达到了 200 亿千克阶段性水平。粮食调出量、出口量、净调出量以较大幅度增加。该阶段 13 年累计调出量 5 222.5 万吨，其中出口量 2 741.4 万吨、调入量 1 523.8 万吨、净调出量 3 717.3 万吨。调入量以小麦为主体，占调入量的 90%。调出量中基本是玉米，占调出总量的 90% 以上。玉米出口量，约占全国玉米出口量的 60%，13 年玉米累计创汇额 35.6 亿美元，成为吉林省的主要创汇产品。玉米调出量和出口量的增加，是 80 年代以来玉米单产增加、播种面积扩大的必然结果，显示了玉米带区域化生产的优势。在该阶段内，由于生产超常规增长、流通和加工转化滞后，致使粮食剩余问题十分突出，供大于求是该阶段市场的基本特征。因此在提高粮食转换能力的前提下，增加粮食调出能力，解决粮食卖难、贮难问题是该阶段粮食持续发展面临的基本问题。

1.3.1.2 吉林省粮食流向流量变化的特点

新中国成立 40 多年来，吉林省始终以粮食调出省的形象出现，而且在全国的粮食市场上，其市场份额越来越大。纵观近半个世纪的粮食输出历史，可以看出吉林省粮食流向流量方面表现出的若干特点：

第一，输出品种结构由多元化转变为一元化。在 20 世纪 50 年代，吉林省的粮食输出基本表现出多元的特征，高粱、玉米、大豆三大品种基本以占总量的 1/4～1/3 的比重向省外输出。但自 60 年代以来，这种多元结构逐渐开始转变，由原来的三大品种逐渐向大豆、玉米两个品种集中，到 60 年代中期，特别是 80 年代以后，基本形成玉米独占鳌头的格局，占据整个调出量的 90%。这是随着玉米良种的繁育推广而导致的玉米区域化生产所形成的必然结果，显示了农业区域化生产的优势。

第二，粮食输出流向单一化。多年来吉林省的玉米输出基本沿着向南一个方向流动。无论是输往国内的销区还是出口，都是南下路线。进入国内销区，主要必须要经过京哈线、津浦线和京广线，进关三条线均为瓶颈路线。出口主要经大连港和秦皇岛港，也要经南下铁路线。单一的输出流向给铁路运输造成紧张，加大了铁路运输压力。导致粮食输出单向性特征的原因，一方面是由吉林省所处地理位置决定的，销区在南方，必须要走南下路线；另一方面是由我国的出口政策所决定，俄罗斯也是大的玉米进口国，可通过铁路北上出口俄罗斯，但是，多年来我国一直限制向俄罗斯出口，因此出口也一直取南下途径。

第三，输出距离远，途中损耗严重。古有"千里不运粮"之说，而吉林省的粮食流向地主要是京、津、沪三大直辖市及广西、四川、贵州等省份，最近的北京也在 1 000 公里以上，而到西南各省则在 4 000 公里以上。运程十分遥远，在客观上出现两种负效应，一是运程远，运输费用加大，铁路的运费是 0.053 元/（吨·公里），每增加 100 公里，就要使每吨粮食增加 6.1 元的成本；二是运输途中损耗严重，我国现阶段铁路运粮装载设施落后，损耗高达 2%～3.5%，给经营者和消费者带来负担。

第四，以粮食相对过剩为背景。20 世纪 80 年代以来粮食输出基本上是在粮食供给过剩的背景下进行的。1984 年粮食总产量达到 163 亿千克之后，开始了持续多年的卖粮难问题。1985—1987 年，连续三年粮食实行"民代国储"，给地方财政和农民带来一定的负担。每年粮食能否顺利的卖掉、运出，成为直接制约粮食再生产乃至地方经济发展的重要问题。因而，能否实现粮食的有效输出，对吉林省具有特殊重要的意义。

第五，玉米出口在粮食输出中占有重要地位。20 世纪 80 年代以来，由于玉米产量的剧增，在玉米调出中，玉米出口占据很重要的地位。80 年代以前，玉米出口量较少，最高的年份 1951 年出口量为 5.56 万吨，其次是 1959 年 2.96 万吨，其余年份大多是几百吨、几千吨，且时有时无。80 年代以后，随着玉米产量的增长，出口量剧增，特别是 1985 年以后尤为明显。在铁路南下运力紧张的情况下，玉米出口成为缓解卖粮难、运粮难以及增大玉米有效需求的重要途径。1985—1994 年，10 年累计出口玉米 2 528.4 万吨，占玉米输出总量的 72.4%。

1.3.2　吉林省粮食流向流量转变成因分析

经过 40 多年的发展，吉林省由粮食输出中等省份变为粮食输出大省，成为国家的重要商品粮基地，这种转变的完成，乃是由政治、经济、科技、自然与社会多种因素共同作用的结果。

1.3.2.1　经济政策是粮食增长的有利杠杆

经济政策在增加粮食单产和总产的过程中发挥着重要的作用。政策杠杆的作用主要表现在 1978 年以后党的一系列富民政策方面，其中促进粮食增产的政策主要包括联产承包制政策、粮食价格政策和商品粮基地建设投资政策。

第一，家庭联产承包制政策。与全国大部分省份相比，吉林省落实联产承包制政策较晚。1978—1981 年，吉林省主要落实包产到组、联产计酬和专业承包、联产到劳的生产责任制，实行包产到户、包干到户的社队很少。据调查统计，1980 年全省实行包干到户的生产队 368 个，约占生产队总数的 0.5%。从 1982 年中共中央发出 1 号文件到 1983 年年底，是吉林省家庭联产承包制逐渐发展普遍实行的时期，极大地调动了农民的生产积极性。1983 年全省粮食总产达到 147.8 亿千克，比 1981 年增产 55.61 亿千克，增长幅度为 60.3%。1984 年粮食生产再上新台阶，达到 163.45 亿千克，实行家庭联产承包制两年迈了两大步，充分显示了家庭联产承包制落实之后，农民焕发出的巨大热情所形成的强大生产推动力。

第二，粮食价格政策。粮食价格的变动直接制约粮食生产的收益。因此，每次粮价的调整都给粮农的供给行为带来一定程度的影响。1945—1995 年吉林省的玉米、水稻、大豆等主要作物的价格先后进行了 16 次调整。其中 1978年以前粮食价格提高的最大幅度为 36.67%，发生在 1961 年，最小幅度为2%，是 1955 年对玉米价格的调整。1978 年以后（含 1978 年）对粮食价格进行 7 次调整，粮价提高幅度最大的一年是 1994 年，提高幅度为 22.3%，提高幅度最小的一年为 1996 年，提高幅度为 9%。随着粮食购销制度和价格制度的改革，粮食价格的调整不仅表现在粮食订购价格的提高方面，同时也表现在对超购粮食的加价方面，这个政策 1979 年开始执行。粮食价格的提高直接起到了提高农民种粮收益的作用。因此，每次粮食价格提高都在一定程度上促进了粮食生产的发展。从 1978 年以前的 9 次粮价调整看，其中有 8 次是对玉米、水稻、大豆等主要粮食作物价格调整，除了 1953 年、1954 年、1956 年、1972年 4 年受严重自然灾害外，其余各年在粮价调整后，粮食产量都有明显幅度提高。粮价提高可以增加农民收入，从而可以调动农民从事粮食生产的积极性。

但在 1978 年以前，农村集体经济组织实行统一经营的经济体制，农民很少有生产自主权，因而价格对粮食生产产生的推动作用是十分有限的。1978 年以后，特别是吉林省在 1982 年开始落实家庭联产承包制之后，农民具有了生产决策的自主权，粮价提高对生产的刺激作用明显增加。1978—1995 年的 7 次粮食提价中，都达到了刺激粮食增产的目的。1982 年以后，虽然落实联产承包制，调动了农民生产积极性，但其中不乏价格因素的作用。1988 年、1993 年粮食作物面积增加，粮食生产投入和总产量提高，说明了价格的刺激作用，1994 年吉林省玉米收购价格的提高对粮食生产刺激作用尤为明显。1995 年吉林省玉米播种面积比 1994 年增加 24.4 万公顷，投入水平也显著增加，在大灾之年粮食总产仍达到 200.75 亿千克。

第三，商品粮基地建设政策。国家从"六五"期间就开始实施商品粮基地建设。在"六五""七五""八五"期间国家在全国范围内建设了 664 个商品粮基地县，吉林省有 27 个县被国家列入国家级商品粮基地，占全国商品粮基地县的 4%。这 15 年国家和地方共投资 23 550 万元，其中国家投资 9 360 万元、地方投资 14 190 万元。"七五"期间国家和地方又联合投资 6 000 万元，在吉林省中部 13 个县建设玉米出口基地。同时，国家从 1986 年开始每年又从财政预算中拿出专项资金发展粮食生产，10 年累计投资 45 000 万元，其中国家投资 18 000 万元、地方配套 27 000 万元。"七五"后期，国家又将吉林省松辽平原列入国家的农业综合开发区，国家又加大对农业的投入。截至 1995 年年底农业综合开发累计投资 144 000 万元，其中国家拨款 26 750 万元、国家借款 26 750 万元、地方自筹 49 889 万元、农行专项贷款 40 632 万元。经过这 15 年的建设，初步形成了以省、地、县、乡四级为主的农业技术推广体系、良种繁育体系、农业机械化体系、小型农田水利设施体系以及以粮食为原料的农产品加工体系，改善了粮食主产区的粮食生产条件，促进了松辽平原玉米带的形成与发展。粮食单产水平显著提高，总产稳定增长，"七五"期间，全省 28 个商品粮基地县的粮食平均亩产由"六五"期间的 225 千克上升到 324 千克，增长 27%，粮食总产由 576 亿千克增加到 774 亿千克，共增产 198 亿千克，增长 34.4%。在 28 个商品粮基地县中，1983—1985 年建设的 6 个国家级商品粮基地县的粮食增长幅度尤为突出。1990 年这 6 个县的粮食平均亩产已由建设前的 1982 年的 319 千克提高到 457 千克，增长 43.8%。粮食总产达到 91.9 亿千克，比建设前的 1982 年翻一番还多，占全省粮食总产的比重也由 1982 年的 40% 提高到 49%。自实施商品粮基地建设政策以来，全省粮食总产每年以 8.3% 的速度递增，10 年内连续登上了 100 亿千克、150 亿千克，200 亿千克 3 个台阶。

1.3.2.2　农业科技进步是粮食增长的关键因素

进入 20 世纪 70 年代中期以来，特别是 80 年代以来，农业科学技术的普及推广程度越来越高，成为粮食增长的主要因素。在粮食生产中推广的科学技术主要包括优良作物品种、化肥及其施肥、病虫害防治、农业机械化、作物栽培技术，其中化肥和良种发挥着主体作用。1965 年吉林省化肥施用总量为 7.6 万吨（实物量），平均亩施化肥 1.2 千克，处于很低水平上。1975 年达到 60.5 万吨，亩施化肥 9.9 千克，与 1965 年相比增长 7 倍。到 1986 年，全省化肥施用总量达到 179 万吨，亩施化肥 30 千克。到 1994 年，全省化肥施用量达到 245 万吨，亩施化肥 41 千克。1994 年比 1975 年施肥水平提高 3.1 倍。化肥的增产作用不仅表现在施肥水平提高方面，同时也表现在肥料结构的调整和施肥方法的改进上面。鉴于土壤中严重缺磷的情况，20 世纪 80 年代中期，全省大量使用了以磷养分为主的磷酸二铵，使全省化肥氮磷比例由 1979 年的1：0.15 调整到 1985 年的 1：0.4，氮磷比例基本趋于合理，增施磷肥取得了显著的增产效果，一些地块增产 30% 左右。70 年代末、80 年代初以后，在全省范围内开展了以推广测土配方施肥技术为主要内容的化肥施用技术的改革，使用配方施肥技术以后，一般增产在 10%～15%。良种是实现吉林省粮食跳跃性增长的又一重要因素。玉米是吉林省占主体地位的粮食作物，占粮食作物总播种面积的 60%。50 年代，吉林省玉米种子基本上是沿用历史遗留下来的农家自选自用的常规品种。60 年代初、中期双交种育成，开始进行推广。这期间吉双号的播种面积始终占全省杂交玉米普及面积的 80% 以上。到 1984 年为止，累计推广面积达 383.5 万公顷。70 年代初开始推广玉米单交种。吉单 101 单产高，亩产可达 500 千克，同时具有抗大斑病等优点。1973—1983 年累计推广面积达 475.4 万公顷，增产 400 多万吨。四单 8 品种的产量更高，亩产可达 500～600 千克，同时具有抗病、抗倒伏、耐密植等优点。80 年代中期以后开始出现种子北移的趋势，其中辽宁省丹玉品种在吉林省大面积播种，增产效果显著。1978 年粮食作物良种面积占粮食作物面积的 66.4%，其中玉米为 68%，到 1984 年良种播种面积达到 95.8%，其中玉米达到 98.9%。优良作物品种的普及推广，使单产水平大幅度提高，1949 年粮食单产为 73 千克/亩，1984 年为 311 千克/亩，1994 年为 376 千克/亩，亩产比 1949 年增加约 300 千克。

1.3.2.3　农业生产条件的改善为粮食增产奠定了物质基础

进入 20 世纪 80 年代以来，吉林省的粮食生产之所以能够连跳三个台阶，呈现高速发展的势头，除了政策、科技等因素外，应当说还得益于新中国成立以来的各个时期所进行的农田水利基本建设。这些基本建设包括投入的资金和数量可观的劳动积累，形成了一批水利工程，改善了农业生产条件，为80年代以来的粮食增长奠定了可靠的基础。在50年代的第一个五年计划期内，伴随着农业合作化的发展，先后出现了两次群众性的农田水利建设高潮，出工人数之多、规模之大都是前所未有的。此间全省新增水库塘坝3 775座，建机电排灌460处，配套机井158眼，新修堤防1 196.39公里，灌溉有效工程面积新增18.806万公顷，新增水土保持面积2 855.37平方公里，治理易涝农田面积20.273万公顷。"大跃进"时期，兴起了长达三年的群众性水利建设高潮，共新建扩建大型水库4座、中型水库27座、小型水库1 589座、塘坝5 059座，新修和加固江河堤防3 000多公里。全省57万公顷易涝耕地大部分得到不同程度的治理，新增水土保持面积21 214平方公里，占当时水土流失面积的46.9%。万亩以上灌区增至48处，全省灌溉面积达到98万多公顷。60年代主要是以有水利工程的维修配套和水库的除险加固，到1965年，东辽河、洮儿河堤防的防洪能力，提高到了20～50年一遇的标准，并保护了大型涝区的66.67万公顷低洼易涝农田。70年代，在"农业学大寨"的背景下，农田水利建设高潮迭起，到1979年，全省共新建排灌站3 484处，新增水库533座、塘坝1 613座，新建堤防2007.21公里，新增灌溉工程有效面积32.141万公顷。1949—1980年这31年间水利建设累计投入资金157 157.31万元。此外，还有不可计数的农民投工。"大跃进"时期和70年代的农田水利建设虽然受到当时极"左"路线的干扰，使工程质量和施工效率受到一定影响，但毕竟投入了大量人力物力，大大改善了农业基础生产条件。正是由于有80年代前的这些基础建设，才会为80年代的粮食增长奠定良好的基础，而且整个70年代进行的大量农田水利基本建设，进入80年代后正是开始发挥作用、产生效益的时候。

1.3.2.4 玉米带的形成和高产作物比例的增加，进一步推动了粮食总量的增长

进入20世纪80年代以来，促使吉林省粮食产量增长的一个不可忽视的因素是玉米播种面积的增加。在大田作物中，玉米是仅次于水稻具有较高单产水平的作物，特别是伴随着玉米优良品种的推广使用和施肥水平的提高，玉米的高产特性尤为突出。由于水稻受水土条件限制，玉米就成了农民和农村基层干部在增加粮食生产方面的首选作物。1949年，吉林省的玉米播种面积占粮食作物播种面积的23%，1969年为26.5%，增长幅度并不明显。而到1979年，达到了44.3%，1989年达到57.8%，1995年已达到60%。玉米面积的增加是与大豆面积的减少相伴而行的。吉林省的粮食产区主要位于松辽平原的中

部，水土气热条件对玉米、大豆都有较强的适应性。50 年代中期大豆占粮食
作物播种面积的 21.3%，素有"大豆之乡"之称。而到了 80 年代中期则下降
到 14.5%。高粱、谷子和杂粮的播种面积在 50 年代中期分别占粮食作物播种
面积的 17.7%、19.4%、7.7%，而到了 80 年代中期则分别下降到 4.6%、
8.4%、4.6%。与此同时，具有高产优势的水稻播种面积也相应增加。50 年
代水稻播种面积仅占粮食作物播种面积的 6.2%，到 80 年代中期升到 10%。
玉米主要集中在吉林省中部，约占粮食作物播种面积的 68%，形成了松辽平
原的玉米黄金带。如果说在 70 年代末以前，玉米种植比例的增加是在以"粮
为纲"的方针驱动下，干部通过行政命令干预的结果，那么到了 80 年代，随
着家庭联产承包制的落实，玉米种植比例的增加则是价值规律发挥作用的必然
结果。这可从玉米与其他作物的比较收益中作出判断。1980—1990 年从吉林
省粮食六大品种每亩减税纯收益、投入产出比排序看，玉米均处于第二位，除
水稻外高于其他作物（表 1-2）。

表 1-2　玉米等六大品种生产成本收益排序

（1986—1990 年平均值）

品种	每亩减税出纯收益平均值（元/亩）	产投比平均值（元/元）	按每亩减税纯收益大小排序位次	按产投比值大小排序位次	综合排序位次
玉米	81.63	2.08	2	2	2
水稻	174.63	2.51	1	1	1
大豆	49.73	1.97	3	3	3
高粱	46.47	1.80	5	5	5
谷子	50.01	1.94	3	4	4
小麦	34.70	1.47	6	6	6

资料来源：吉林省物价局《农产品成本收益资料》，1986—1990 年。

多年来中部粮食主产区农民以种植玉米为主，积累了丰富的生产经验，形
成了玉米生产栽培体系，构成了玉米区域化生产格局。大量种植玉米，推动了
粮食总产量的提高。从单产水平来看，玉米是大豆的 3.24 倍，是谷子的 2.48
倍，是高粱的 1.4 倍。如果把粮食作物的种植结构回归到 50 年代初的水平，
即大量削减玉米种植面积，粮食总产起码要减少 20 亿千克，占目前粮食总产
的 10%。可见，高产作物比重的增加，特别是玉米带的形成，为增加粮食总
量发挥了不可低估的作用。

1.3.2.5 农民种粮积极性历久不衰，为粮食生产持续增长提供了主体条件

20世纪80年代末以来，由于农业生产资料大幅度涨价，在较大幅度上抵消了农产品提价给农民带来的好处。与此同时，非农产业的发展以较大的收入引力吸引农民离土经营，从而使农民种粮积极性下降。而从吉林省情况来分析则有所不同，尽管由于粮食生产成本提高，卖粮难等问题使农民种粮积极性有所波动，但从总体看，农民种粮积极性并未出现大起大落，而且从趋势看，十多年来农民对粮食生产基本保持较高的热情，其中主要原因包括：第一，吉林省具有发展粮食生产的优越的自然资源条件，水土、光照、积温气候等条件非常适合玉米生长，使土地生产率较高，具有比较优势。吉林省玉米亩产比全国平均水平高48%，亩纯收益比全国平均水平高40%。第二，粮食生产是农民收入的主体。农民收入水平在全国位居中等水平。在中部农区，农户的总收入中70%来自粮食生产。之所以如此，除非农产业不够发达以外，主要原因在于，一是土地生产率高；二是人均占有耕地多，每一农业人口占有耕地在玉米带各县市约为4.5亩，户均耕地可达1～2公顷，是全国平均水平的2.8倍。这种优势强化了土地对农民的引力。第三，非农产业不发达，就业水平低，农民的投资决策选择空间狭小。吉林省农村社会总产值中二、三产业产值仅占52%。对于一家一户的农民来说，把主要注意力集中在粮食生产上，即使是在粮食生产成本提高、种粮收益下降时，农民一般不会冷落粮食这个产业，因为舍此难有其他选择。第四，种粮比较收益高。从种植业看，除粮食外，其他作物主要有烟、甜菜、蔬菜、瓜果、药材、油料作物等。这些作物由于受特定的自然条件、市场因素、加工业规模等条件限制，使其收益不如粮食，使农民对粮食的亲近力更强。总之，由于种种原因使吉林省农民多年来对粮食生产保持较高热情，为建设商品粮输出大省提供了良好的主体条件。

1.3.2.6 政府的重粮行为为粮食增长提供了政治保证

新中国成立以来，吉林省一直属于商品粮输出省，吉林省历届党政领导都十分重视粮食生产，把增加粮食供给作为农村经济工作的主要目标。20世纪60—70年代，农业生产一直奉行"以粮为纲"的方针。当然这种片面抓粮的做法在客观上产生了毁林、毁草开荒种粮的恶果。70年代末，经过对极"左"路线的拨乱反正，扭转了"以粮为纲"、片面抓粮的做法。但粮食生产的特殊地位决定了各级领导在工作思路上不能放松粮食生产。因此，在80年代坚持了"决不放松粮食生产、积极抓好多种经营"的方针。从1982年开始，粮食生产的跳跃性增长，使吉林省成为粮食输出大省，确定了吉林省在国家粮食供给中的举足轻重的地位，进一步加重了省委、省政府领导对粮食生产责任感和

重视程度。在中西部粮食主产区，各级领导对粮食生产的重视程度尤为突出，粮食增长速度与规模自觉不自觉地成为考核县乡领导业绩的主要标志。县乡领导亲自抓备耕，特别是在 80 年代化肥较紧张的情况下，县乡领导亲自组织化肥货源，保证化肥供应。秋冬季节各级主要领导亲自组织粮食收购资金，抓新粮降水，抓新粮收购入库，有力地推动了粮食生产的增长。粮食的增长是实现粮食调出的基础和前提，因此，实现粮食增长的原因同时就是粮食调出的原因。但这样分析还仅仅是从供给的角度提出问题。事实上，调出量的多少不仅取决于粮食可供量的多少，而且还取决于粮食主产区自身对粮食的消费能力。在整个 80 年代，粮食增长呈跳跃增长，但粮食就地转化加工却相对滞后。吉林省可供调出的商品粮基本上是玉米，从用途来看，主要用于饲料和食品加工业原料。然而在 80 年代末以前，吉林省基本属于畜产品调入省，在 1989 年以前，全省每年从四川、湖南等省调入生猪大约 30 万头。当时的情况是，一方面畜产品短缺，供不应求，大量从省外调入；另一方面又是粮食储不下、运不出，严重过剩。粮食加工业的年加工玉米能力只有 6 亿千克左右，约占玉米年产量的 4％，每年省内的消费量也只有 100 亿千克左右，其余都要调出省外。1988 年以后，吉林省的粮食消费能力有所增加，与此同时，粮食仍呈现持续稳定增长的势头。"八五"期间，全省粮食产量基本达到了 200 亿千克的阶段性水平，比"六五"期间的 150 亿千克产量水平又提高 50 亿千克，所以粮食可调出量有增无减，现在每年调出量可达到 50 亿～75 亿千克。

总之，吉林省作为粮食调出大省，粮食大量调出是来自于生产、消费两个方面的原因，是自然、经济、社会诸多因素共同作用的结果。

1.3.3 粮食调出对吉林省的影响

40 多年来，吉林省累计调出粮食（含出口）7 890.1 万吨，净调出量 4 684.9 万吨，20 世纪 80 年代中期以来，粮食输出一直占据全国首位。如何评价粮食输出的影响，如果从宏观到微观，从现状到未来，对粮食调出作全面地分析评价，可谓正负效应参半。

1.3.3.1 粮食调出对吉林省经济的有利影响

粮食输出量作为一个变量，随着粮食的供给量的增大而增大，因而在不同的时期产生的影响程度不同。但综而观之，粮食调出的有利影响主要表现在：

第一，增加了粮食有效需求，缓解了卖粮难。尽管吉林省始终属于粮食调出省，但在 20 世纪 80 年代之前，粮食调出量不高，年调出量大多在几十万吨的水平徘徊。但在 80 年代以后，粮食产量陡增，远远超过了本省需要，一时出现了粮食储不下、运不出、卖不了的局面，粮食大量积压，不能形成有效需求，给地方政府带来极大困扰。无奈从 1984 年以后实行了三年的"民代国储"。"民代国储"的损失率达 5%～20%，给农民带来负担，也给地方财政增加了压力。为解决粮食相对过剩问题，国家从 1985 年起大量增加吉林省的玉米出口，由原来年出口几万吨增加到三四百万吨。同时，大量增加铁路运输车皮计划，省际调出量达到 150 万～200 万吨，80 年代末的粮食调出量比 1984 年增加 1 倍。

第二，换取了大量外汇。吉林省作为农业大省，在全省的出口贸易中，农产品出口占有重要地位，而在农产品出口中，粮食又占据举足轻重的地位。在 1957 年以前，农副产品创汇额占全省创汇总额的 67% 以上，1957 年以后至 1980 年以前，由于农业生产发展缓慢，起伏波动，使农副产品创汇额时高时低。进入 80 年代后，农副产品创汇额占全省创汇总额 50% 以上，有时高达 80%。全省 12 个创汇超过千万的拳头品种中，农副产品占 9 个，其中前三位的产品依次是玉米、大豆、杂豆。1986—1990 年累计玉米创汇总额 8.43 亿美元，成为吉林省创汇支柱产业，为吉林省的经济发展做出了突出贡献。

第三，保证了农民收入的实现。由于进入 20 世纪 80 年代以来，吉林省粮食的大量调出是在粮食相对过剩的背景下进行的，因此每年的粮食能否及时调出，直接影响到下年新粮的收购入库，从而影响到农民商品粮价值的实现。多年的实践证明，凡是省外粮食需求较旺，调出比较及时的时候，农民手中粮食就能较早卖出，及时将商品粮转化成现金，保证农民收入的实现，从而保证农业再生产的顺利进行。从 1995 年的粮食收购及调出看，国内需求不旺，省外调粮客户减少，国家提供收购资金不足，使农民手中粮食大量滞销，截至 1996 年 3 月份，农民手中滞销粮约有 50 亿千克，占总量的 1/4，使农民迟迟不能将商品粮转化成现金，在一定程度上影响了农民的备耕生产。

第四，有利于加快粮食收购资金的周转，减少地方财政和粮食企业的负担。吉林省每年需要粮食收购资金 150 亿～170 亿元，一般情况下仅支付政策性低息贷款利息就需 3 亿～4 亿元。如果调运不及时，压库时间长，就会使粮食收购资金周转慢，造成粮食企业经营费用加大。粮食企业承受不了就要亏损挂账，加重了地方财政负担。因此，商品粮及时调出，有利于减少粮食主产区经营流通中的负担。

1.3.3.2　粮食调出的不利影响

粮食调出的不利影响表现在以下四个方面：

第一，粮食调出造成了粮食主产区利益的流失。之所以造成粮食主产区利益的流失，究其根本原因，在于工农业产品价格剪刀差的存在。当粮食生产在区域间分布不均衡时，工农业产品价格"剪刀差"就会转化为粮食产区和销区之间的利益差别。随着粮食从产区向销区的流动，使产区的利益流向销区。主产区的利益流失主要有三条途径：首先是直接由工农业产品价格"剪刀差"所形成的利益流失。吉林省近年来每年向外调出的商品粮在 70 亿千克左右，这些粮食 80% 是平价调出，如果按每千克粮食损失 0.1 元计算，每年仅此一条途径至少要损失 5.6 亿元。其次，粮食产后经营过程中不合理的政策性亏损造成的利益流失。经营环节的利益流失主要是由于国家对粮食经营过程中的经营补贴费过低和企业经营管理不善造成的。1990 年每千克粮食实际储存费用开支为 0.124 元，但实际到位的超储补贴费用仅有 0.04 元。从调拨经营费看，每百千克粮食经营费用支出为 0.91 元，但补贴只有 0.43 元。1990 年由于这两项政策补贴标准不到位，使吉林省粮食企业少得补贴收入 4.5 亿元。再次，粮食产前要素补贴所形成的利益流失。吉林省每年需要化肥 340 万标吨，但实际上国家只能供应 200 万标吨，每年缺口大约 140 万标吨，吉林省每年都要花费大量外汇进口优质化肥，然后降价卖给农民，仅此一项每年就要赔偿 1 000 多万元。此外，各粮食主产县每年都要支付大量采购成本到省外购进化肥，用于化肥方面的补贴每年随着粮食的调出而流失。

第二，制约了地方经济的发展。粮食的大量调出之所以会制约地方经济的发展，一方面是粮食生产与经营造成了巨额财政补贴，每年用于粮食生产与经营的补贴 10 亿元左右，占省财政收入的 8%，减弱了财政对发展工业生产的投资能力；另一方面，粮食大量外运，占用了大量铁路运输能力，限制了工业品的运出和工业原材料的运进及其他产品的流通。例如，1988 年粮食丰收，运粮车皮比上年增加 13%，而运送地方工业品的车皮减少了 14%。一年外调运输粮食的最高年份占用的车皮占全省铁路运输量的 60% 以上。

第三，限制了粮食转化产业的进一步发展。摆脱产粮大省的财政困境，必须发展粮食转化产业，将粮食优势转化成地方经济优势。从现状看，粮食调出可平衡供求关系，减少粮食相对过剩压力。但从动态的角度看，粮食长期大量调出，在全国范围内进行配置，将会降低本省粮食转化产业进一步发展。目前，吉林省本身的粮食转化能力还较低，无论是畜牧业转化还是食品加工业转化，都处在初级层次上。进一步发展，并形成可观的产业规模，再继续保持粮食大量调出的格局，势必影响粮食转化产业的发展，难以形成粮食转化产业的优势。

1.3.4　粮食产需平衡的历史经验与教训

新中国成立40多年来，吉林省基本是以粮食输出省的形象出现在全国粮食市场上，特别是近十多年来，吉林省一跃成为全国粮食第一输出大省，在全国的粮食供给中占据重要的地位。因此，对吉林省的粮食产需平衡来说，主要是增加对粮食的有效需求，通过增加有效需求促进粮食的产需平衡。

1.3.4.1　粮食产需平衡的经验

第一，提高粮食就地转化能力促进了粮食的产需平衡。1983年以后，吉林省的粮食之所以出现严重过剩；其中一个重要原因就在于粮食的供给远远超过了本省有效的需求。当时本省的需求不到100亿千克，而粮食的供给则达到160亿千克。然而这是一种粮食低消费水平的相对过剩。一方面是以饲料作为主要用途的玉米大量过剩；另一方面又是猪肉等畜产品的短缺，当时吉林省每年大约从四川、湖南等省购进生猪30万～40万头，来满足本省居民肉食的供应。1984年吉林省的畜牧业饲料用粮仅为30万吨，占总产量的9.2%，工业用粮（即食品加工业用粮，包括淀粉、酒精、白酒）46万吨，占总产量的15.6%。粮食就地转化处于低水平阶段。1986年以后，吉林省提出了大力发展畜牧业和粮食深加工产业，促进了饲料加工业的发展和粮食转化速度，为此采用了一系列政策和措施。1989年全省为加快畜牧业发展，省政府确定本年为"畜牧年"，当年实现了猪肉自给，结束了多年来大量从外省购进生猪的局面。1990年吉林省为了加快畜牧业的发展又实施了"奔马工程"，从1990年起由生猪输入省变为生猪输出省，每年向省外输出生猪30万～40万头，最高年份1995年输出生猪78万头。其他畜产品也出现了较快的发展势头，到1995年畜牧业产值占农业总产值达34.2%，比1984年提高了22个百分点。1994年畜牧业转化粮食达到100多万吨，比1984年提高4倍。与此同时，玉米深加工业也有较快发展，1994年食品加工业用粮食达到130多万吨，其中淀粉、酒精、白酒用粮为91万吨，比1984年增加近1倍。提高了粮食转化能力，大幅度地增加了粮食的有效需求，促进供需平衡。实践证明，在粮食主产区发展畜牧业和粮食深加工是促进粮食主产区产需平衡的重要途径。这样做，既有利于将粮食主产区的粮食资源优势转化为经济优势，同时又变原材料输出为畜产品和加工品输出，以粮食的转化形态同样满足了国家对粮食的需求而且减少了铁路运输压力，减少粮食经营和流通损失，提高宏观经济效益。

第二，增加粮食主产区的粮食专储规模，提高了主产区的供需平衡能力。1988年以后，国家在吉林省实施了专项储备粮制度。专储量占全国的10%，这对于缓解农民卖粮难、增加粮食的有效需求发挥了重要的作用。如果专项储备制度能够加大弹性,在全国粮食丰收前景下,多收多储,将对平衡吉林省粮食市场的供求关系发挥更大作用。

第三,粮食多渠道流通,增加了调出能力。从 1985 年开始,粮食取消统购统销,实行合同定购和市场收购。粮食市场开始放开搞活,参与市场收购的经营单位,不再只是粮食部门,其他一些部门,包括供销社系统、外贸部门、乡企部门加工企业都积极参与粮食市场购销。在运输管理上,凡是已公布放开的品种,在运输上同时放开。无论是省内、省外,铁路、公路,单位、个人,数量多少,都允许运销。与此同时,外省的粮食购销商也纷纷进入省内采购,形成了粮食多渠道流通的格局,这在客观上有力地促进了粮食有效需求的增长,缓解了卖粮难、运粮难的紧张状态。

1.3.4.2 粮食产需平衡的教训

十多年来,吉林省在增加粮食有效需求,促进产需平衡方面有一定成功的经验,但也有一些值得总结的教训。

第一,流通设施建设滞后,与生产发展不相适应。20 世纪 80 年代以来,储粮难、运粮难问题一直持续不断,这是流通设施建设滞后于生产的具体表现。从仓容情况看,全省有近 1/4 的乡镇没有粮库,在现有仓库中,完好仓容量不到常年储量的 40%。全国 70% 的粮食储存在库房里,吉林省 80% 的粮食则是露天存放。从烘干能力看,只占玉米收购量的 60%,其余全靠土场晾晒,不仅损失严重,而且影响粮食质量。流通设施建设滞后于生产的状况,一是由于粮食增长太快,流通设施建设很难迅速跟进;二是粮食流通格局的变化,设施建设的重点相应调整不够;三是由于流通设施建设投资有限,难以满足实际发展的要求。

第二,总量过剩,品种结构失衡。吉林省每年调出 70 亿千克左右的粮食,就其总量来说,可谓大矣。但就其品种结构来说,则是很不平衡。每年从省外调入小麦 100 多万吨,以满足居民对面粉的需要。50 年代后期以来,大豆面积一直下降,目前吉林省的大豆已处于短缺的状态。吉林省曾为"大豆之乡",在 30 年代,大豆是种植业中的主体作物。吉林省非小麦产区,难以扭转其调入的局面,但大豆则可增加种植面积。今后随着畜牧业的发展,蛋白饲料的需求量进一步增加,大豆的短缺将会加剧。因而应采取相应对策调整种植结构,增加大豆供给。

第三,宏观政策的失调现象时有发生,粮食输出渠道受阻。吉林省作为粮食输出大省,其粮食总量应在全国范围内配置,因而其产需平衡受宏观政策的直接影响。从近年来宏观政策对吉林省粮食产需平衡的影响看，粮食的进出口政策，对吉林省粮食的输出产生过两次冲击，一次是 1992 年，南方沿海诸省从国际市场进口玉米，使吉林省玉米南下困难，销售受阻。一次是 1995 年，国家从南方口岸进口粮食 150 亿千克，而同时减少出口 100 亿千克，吉林省玉米出口为零，致使国内市场对吉林省玉米需求明显下降。1995 年吉林省秋粮收购后，南方玉米销区客户明显减少，截至 1996 年 3 月份，吉林省农民手中仍有 50 亿千克粮食滞销。

1.3.5　粮食生产的持续稳定发展和区域合理布局

我国作为世界第一人口大国和发展中国家，实现粮食生产的持续稳定发展不仅对中国而且对世界都有重要意义。我国地域广大，区域之间经济发展不平衡，搞好粮食生产的区域合理布局，对于促进粮食主产区的经济发展，保证粮食生产的稳定增长具有重要现实意义。

1.3.5.1　粮食生产的持续稳定发展

实现粮食生产的持续稳定发展，要着力破解各种制约因素，包括粮食生产成本、基础设施供给能力、科技进步能力及农业外部发展环境等。实现粮食生产持续稳定发展的制约因素主要有：

第一，农业生产资料价格上涨，种粮收益下降。20 世纪 80 年代以来，农业生产资料价格一涨再涨，使粮食生产成本直线上升。1984—1996 年的 12年，二铵从 700 元/吨涨到 2 640 元/吨，尿素从 520 元/吨涨到 2 180 元/吨，硝铵从 374 元/吨涨到 1 354 元/吨，三种化肥平均上涨 2.87 倍。零号柴油由228 元/吨涨到 2 280 元/吨。而同期粮食价格提高幅度较小，以玉米为例，1984 年平、超综合价 0.28 元/千克，1996 年定、议综合价 0.912 元/千克，仅涨 2.32 倍。由于农业生产资料价格上涨，很大程度上抵消了农产品提价给农民带来的好处，使农民种粮收益下降。从农民种粮的投入产出比看，1984 年为 1∶4.28，1985 年为 1∶3.62，1988 年 1∶2.98，1989 年为 1∶2.88，1990年虽然获得大丰收，但投入产出比只有 1∶2.94，1994 年为 1∶2.54，比 1984年下降 40%。农民种粮收益下降在客观上产生两重负效应，一是农民种粮积极性下降，二是农民再生产的投入能力下降，从而制约粮食生产持续稳定增长。

第二，农业基本建设欠账，抗灾能力脆弱。20 世纪 80 年代以来粮食的快速增长，从生产条件方面来看，得益于 50 年代以来进行的多年的农田水利基本建设，但从 80 年代以来，农田水利基本建设步伐落后，农业抗灾能力脆弱，不能满足粮食高产稳产的需要。全省 19 条主要江河中有 5 条没有控制性工程，防洪排涝无保证；6 000 万亩耕地，50% 没有可靠的水利设施，其中西部 1 000 万亩易涝地，治理标准低，一遇严重涝灾，就大幅度减产。全省 93 座大中型水库，57% 带病运行；24 处万亩以上灌区，基本配套的只有一处，46 个大型涝区，只由 21 个有配套工程。

第三，科技后备力量不足。吉林省在 20 世纪 80 年代以来粮食的快速增长得益于高产玉米品种的大量推广和不断地更新换代，同时形成了一批力量很强的玉米育种专家队伍。但从 90 年代开始，玉米品种更新速度明显减缓。正常情况下，玉米品种 3～5 年更换一次，目前吉林省玉米主产区的主推品种多数在 10 年以上，品种已经开始退化，杂交优势下降，抗病情况明显减弱。这对提高粮食生产水平是一个严重的制约。与此同时，老一代玉米育种专家开始退岗，新一代育种专家队伍比较薄弱，而且由于科技人员待遇偏低，工作环境艰苦，使大批人才流失。特别是由于科技投入不足，经费匮乏，农业科研单位受不合理利益机制驱动，科研与推广的潜在危机加重。这种科技力量后备状况，无疑会对粮食的稳定增长形成制约。

第四，非农产业发展缓慢。粮食主产区粮食生产的持续稳定发展，不仅受到农业本身的影响，同时也受到农村非农产业的影响。非农产业的发展程度，决定着农业劳动力的转移速度，从而决定着粮食生产的规模经营水平，同时也决定着农民的收入水平和农民对粮食再生产的投入能力。从区域经济的角度看，只有非农产业发展了，才能增加地方财政收入，从而提高财政支农的能力。从吉林省的情况看，在农村社会总产值中，二、三产业产值仅占 52%，农民来自二、三产业的收入仅占农民家庭收入 25% 左右，二、三产业劳动力仅占乡村劳动力的 14%，外出合同工、临时工仅占 2.3%。

1.3.5.2　实现粮食生产持续稳定发展的条件

鉴于粮食生产中的制约因素，实现粮食生产的持续发展应提供以下条件保证。

第一，遏制农业生产资料价格上涨，保证粮农收入稳定增长。农业生产资料价格上涨，种粮成本提高，是损伤农民种粮积极性的主要因素，而粮食主产区又是农资涨价的首当其冲的受害者。1996 年化肥价格又猛涨，比 1995 年提高 36%。与上年同期比较，粮价则明显下降。建议国家加快农用工业的发展并把稳定农资价格作为一项硬任务来抓，通过落实责任制来保证农资价格的稳定。同时为了减少粮食主产区利益的流失，应实施粮肥挂钩的政策，为主产区提供较多的平价化肥。

第二，**加大对粮食主产区生产条件改造投资的力度**。在完成 20 世纪末全国增产 500 亿千克粮食的任务中，吉林省就占 10%，任务十分艰巨。从吉林省来看，进一步增长主要靠改造中低产田，这部分土地虽有较大增产潜力，但必须有良好的生产条件作保证。吉林省目前的农业基本设施水平，特别是农业水利设施水平难以支撑产量的持续稳定增长。吉林省作为财政穷省，自身对农业的投入能力十分有限。目前仅用于粮食经营的资金就占全省财政年收入的 10%，很难再有更大的财政支农的潜力。因此，建议国家从宏观上加强对主产区的农业基本建设的投入，为粮食生产的持续稳定发展提供生产条件的保证。

第三，**加快农业科技进步，实现作物品种的新突破**。吉林省是一个老商品粮基地，粮食单产已经达到了较高水平，增加粮食总产必须在品种上实现新的突破。玉米之所以成为高产作物，得益于玉米单杂种和双交种的培育成功带来的高产性能。近年来玉米品种更新换代周期的加长，放慢了单产增长的速度，因此，必须在品种的研制上投入较大力量，再度形成高产品种的优势。同时，采取倾斜政策，培养和稳定一批育种科技人员队伍，形成较强的科技后备力量。

第四，**培育和提高粮食主产区的整体经济功能**。我国从"六五"期间开始实施商品粮基地建设的政策，该项政策旨在提高粮食主产区的粮食供给能力，这样的政策出发点固然无可厚非，但是长期把商品粮基地建设局限于单纯要粮这一唯一目标上，又难免出现政策偏执，并出现欲速则不达的效果，使商品粮基地的粮食生产难以持续发展。由于粮食是经济效益低的商品，给地方财政造成负担，滞缓了地方经济的发展，并因此削弱了粮食生产的后劲。因此，从宏观政策上，应注意培育和提高粮食主产区的整体经济功能，扶持粮食主产区经济的全面发展，特别是粮食相关产业的发展。只有粮食主产区整体经济功能提高了，才会有更大的财力支撑粮食生产的持续发展。粮食生产给地方财政带来沉重的包袱，对财政穷县穷省来说难以承受，但对经济强县强省来说，则无足轻重。可见增强粮食主产区整体经济功能对粮食生产持续发展的重要作用。

第五，**为粮食主产区创造一个良好的市场环境**。对粮食输出大省来说，创造一个良好的市场环境尤其重要。如前所述，我国 90 年代以来的粮食进出口政策，曾两度造成吉林省卖粮难问题。可见宏观经济政策直接影响粮食输出大省的产需平衡，从而影响粮食生产的稳定发展。1995 年开始实行"米袋子"省长负责制，各省（市）粮食自求平衡，这项政策对于增加粮食的供给水平固然起到了有效地推进作用，但同时也缩小了粮食输出大省的需求市场，特别是在粮食丰收年景表现得尤为明显。粮食市场放开后，多渠道经营搞活了市场，活跃了流通，但从实施效果看，也大有不尽如人意之处，往往是粮食少了多渠道，粮食多了少渠道，市场行为与宏观调控意向并不一致。因此在实行粮食自求平衡后，国家应注意到如何实现粮食输出大省的产需平衡，保护粮食输出大省的利益和农民的生产积极性。建议国家在丰收年景，增强对粮食输出大省的保护力度，增加粮食收购资金，增加专储粮规模，解决粮食输出大省卖粮难问题。

第六，切实执行国家粮食风险基金制度。1994 年国家出台建立粮食风险基金后，意在保护粮食主产区的利益，但在实际执行中并没有得到很好的落实，从国家出台的该项政策看，并没有有效地起到保护粮食主产区利益的效果。因为按该项制度规定，粮食风险基金地方与国家进行配套，在客观上造成粮食主产区生产粮食越多，地方配套资金越多，从而地方财政支出越大、地方财政流失越多。建议在粮食输出大省增加中国粮食风险基金的配套比例，以保护商品粮输出大省的利益和粮食生产积极性。

1.3.5.3 粮食生产的区域合理布局

本文所论述的合理布局，一方面是从宏观角度看，吉林省在全国粮食布局的位置；另一方面看吉林省作为一个产粮大省内部布局的合理性。

1.3.5.3.1 现阶段粮食产销布局的缺陷

第一，产销区相距遥远。吉林省位于我国东北角，而玉米销区主要在江南，运往上海、广东、广西、四川、贵州的玉米，都要经过几千公里的远程运输，损耗大，运费高，而且由于粮食体积大，占用了大量运力。

第二，以输出原材料为主。吉林省输出的粮食基本都是玉米，所说的"北粮南运"实际上是"北饲南运"。玉米如今很少直接进入家庭餐桌，绝大多数都已转化形态消费。因此，作为粮食大省，既可以输出原粮，也可以输出粮食的转化产品或加工品。但从吉林省来看，目前的粮食输出，绝大多数都是原料形态的输出。近年来玉米淀粉工业有长足进展，但大多都属于二级原料。以淀粉为原料的精深加工产品占比例很小。这说明粮食生产的布局与加工业的布局不尽合理，在客观上势必要形成较大的输出运输量（原料形态）。

第三，农用工业落后，满足不了粮食生产发展的要求。按着农业生产布局的原则，在商品粮生产基地应有较为发达的农用工业相配合。但从吉林省的情况看，年需化肥 340 万标吨，农药 1 万吨，而全省大、中、小化肥厂合计年产化肥仅有 120 万标吨，省内 6 个农药生产厂家，年仅生产 6 500 吨，这种状况远远满足不了粮食生产发展的要求。

1.3.5.3.2 实现粮食产销布局及粮食主产区内部布局合理性的建议

第一，在吉林省建立多元复合的农产品商品生产基地。 吉林省虽然有丰富的粮食资源，但至今尚未有效地把粮食资源优势转化为经济优势，这是因为吉林省的农产品商品生产基地建设基本还限于单元化基地阶段。即目前粮食主产区还仅仅限于商品粮基地建设，畜产品基地、加工业基地还未形成。从国外农业现代化的经验看，当人均占有粮食达到 800 千克以后，即可实现农牧平行发展。尽管粮食的最终配置权属于国家，但鉴于吉林省位于我国东北角，距南方玉米销区遥远。应鼓励吉林省发展畜牧业和农畜产品加工业，改变单一输出粮食的格局。增加畜产品和农畜加工业产品的输出比重，变一元输出结构为多元输出结构，在商品粮基地基础上，建设成畜产品生产基地，农畜产品加工业生产基地。这样既可减少大量输出粮食给铁路运输造成的压力，又可增大粮食主产区的经济含量，强化基地的经济整体功能，使粮食生产生出新的经济增长点。建议国家在商品粮食基地建设上，除进行粮食生产投资外，应有计划有重点地对商品粮基地进行畜产品生产基地、农畜产品深加工基地和食品、医药工业加工基地的投资，促进粮食主产区多元复合型的农产品商品生产基地的形成。

第二，依据资源优势，在玉米主产区发展食粮型的精品畜牧业。 玉米是饲料之王，但玉米生产在全国分布不均衡，玉米带基本在北方，南方是精饲料短缺地区。鉴于此种情况，不宜通过运输在全国大批量调配精饲料资源，而应根据饲料资源的差异性和分布的不均衡性，搞好畜牧业的地域分工。吉林省作为玉米生产大省有丰富的精饲料资源，应重点发展食粮型的精品畜牧业，为全国市场提供高档次畜产品，满足多层次消费，以发挥精饲料资源的优势。

第三，调整农用工业布局，扶持粮食主产区农用工业的发展。 到 20 世纪末，吉林省的粮食总产将比 90 年代初的水平增加 50 亿千克。完成这一目标，必须要有可靠的农用工业做支撑。国家应对吉林省这样的粮食主产区的农用工业进行重点扶持，增大农用工业的生产规模，提高农业生产资料的供给能力。农用工业属于高能耗、低盈利行业，而且直接担负支农任务。目前多数厂家由于多种原因处于亏损状态。国家应在税收，流动资金使用上给予优惠扶持，实行低税低息政策。通过国家筹资为主，地方配套为辅的方式，在粮食主产区有计划地增建一批农用工业企业。

表 1 - 3 吉林省历年粮食调入、调出量

单位：万吨,%

年份	粮食产量	商品率	调出总量	其中出口量	调入量	净调出量
1953	561.5	45.7	159.4	7.5	47.9	111.5
1954	531.5	42.8	154.2	23.6	51.9	102.3
1955	556.5	40.4	125.5	41.0	35.4	90.1
1956	493.6	36.6	81.5	31.6	48.2	33.3
1957	429.4	36.1	66.8	37.3	35.8	31.0
1958	528.8	50.7	92.7	40.1	42.2	50.5
1959	526.6	53.3	131.0	64.5	37.0	98.0
1960	394.7	60.5	89.8	13.7	30.3	59.5
1961	398.6	51.0	52.4	11.0	32.2	20.2
1962	437.1	40.3	32.0	5.6	22.8	9.2
1963	501.6	36.5	51.5	11.0	31.2	20.3
1964	491.8	40.7	73.5	17.1	49.2	24.3
1965	525.1	34.0	68.1	22.8	62.6	5.5
1966	597.6	33.9	73.0	18.3	55.9	17.1
1967	647.7	35.1	61.2	16.7	31.2	30.0
1968	622.2	33.5	90.7	32.8	51.6	39.1
1969	498.7	27.4	68.7	16.6	60.1	8.6
1970	738.8	35.9	59.4	12.6	60.9	−1.5
1971	713.1	33.5	92.5	28.3	48.4	44.1
1972	556.9	29.3	75.4	19.8	60.6	14.8
1973	783.0	33.8	71.5	13.8	88.4	−16.9
1974	858.2	33.0	72.5	13.1	67.8	4.7
1975	906.5	32.9	146.6	18.5	43.2	103.4
1976	755.5	30.8	52.9	8.3	55.7	−2.8
1977	728.4	28.0	99.1	3.9	11.8	−12.5
1978	914.7	31.5	90.5	3.2	88.1	2.4
1979	903.3	33.4	84.0	8.4	86.5	−2.5
1980	859.6	37.8	184.7	9.2	132.6	52.1
1981	921.9	38.2	116.5	12.1	134.7	31.8
1982	1 000.4	37.5	151.6	8.7	120.0	31.6

（续）

年份	粮食产量	商品率	调出总量	其中出口量	调入量	净调出量
1983	1 478.0	51.9	211.6	14.9	151.9	59.7
1984	1 634.5	49.5	233.5	89.4	111.8	141.7
1985	1 225.3	36.9	427.2	266.4	129.7	297.5
1986	1 397.7	49.6	382.2	231.7	120.4	261.8
1987	1 675.8	52.3	398.2	254.0	149.2	249.6
1988	1 693.2	42.8	585.8	218.1	151.6	434.2
1989	1 374.9	55.9	525.0	244.5	279.5	245.5
1990	2 074.3	66.9	422.3	322.3	134.8	287.5
1991	2 002.2	66.8	781.3	284.4	22.2	759.1
1992	1 987.2	48.3	395.4	237.7	16.3	279.1
1993	1 977.1	44.0	449.3	310.5	95.2	352.1
1994	2 015.6	41.8	259.1	158.8	41.2	217.9
合计	39 919.1		7 890.1	3 206.8	3 228.0	4 684.9

资料来源：根据《吉林统计年鉴》及吉林省粮食局调查数据整理。

第2章
吉林省中部玉米生产基地建设的研究[*]

　　吉林省中部 13 个县（市）（包括榆树、农安、德惠、九台、双阳、永吉、公主岭、梨树、伊通、东辽、扶余、长岭）是吉林省玉米带的主体部分。这里有发展玉米生产的优越的自然条件和较好的社会经济条件。"七五"期间这 13 个县（市）列为吉林省的玉米生产基地。建立区域化、专业化、商品化的玉米生产基地，对于因地制宜地发挥吉林省玉米生产优势，为国民经济发展提供大宗稳定的粮源，发展创汇农业，具有重要的现实意义。

　　由于我国农业正处在由传统农业向现代农业转化，由自给半自给经济向商品经济转化阶段，因而农业再生产各环节之间存在着严重的摩擦和不适应状态，而且由于农业生产本身所固有的不稳定性，以及粮食生产比较收益下降等因素的影响，使玉米生产基地建设面临着许多困难。因此，从玉米生产基地的客观需要出发，按着发展现代农业的要求和商品经济规律，探讨基地建设的基本原则和内在发展规律，研究基地健康稳步发展的对策和途径，是基地建设本身的客观要求。

　　关于吉林省玉米生产及其基地建设问题，省内外专家作了若干调查、分析和研究，这对本文的研究提供了具有价值的借鉴和启示。本文试图根据现代农业和商品经济发展的规律，按着从抽象到具体的分析方法，在探讨基地建设的客观依据和建设的原则基础之上，研究基地生产过程中的主要障碍因素及其解

---

　　* 本文为作者的硕士论文，完成于 1988 年年初。

决方式。十分明显，生产基地建设的研究不应孤立进行，农产品生产是个开放的系统，因此，在研究过程中势必要涉及生产以外的与生产密切关联的其他环节和侧面，而对其他环节和侧面的研究又无不以生产为起点和归宿。

2.1 玉米生产基地建设的前提考察

在吉林省中部的榆树、公主岭等 13 个县（市）建立玉米商品生产基地，首先在于这 13 个县具有发展玉米生产的良好的自然条件和社会经济条件，已经初步形成了一条玉米带。

2.1.1 玉米生产基地的自然条件与社会经济条件

吉林省具有十分优越的光热水土条件，除东部高寒山区和西部部分少雨干旱地区之外，大部分地区都适合玉米生长。但在整个适生区中，榆树、公主岭等 13 个县（市），更具有从事大面积区域种植的生态适宜性。这些县（市）地处松辽平原腹部，幅员辽阔，土地连片。自然条件与国外玉米带有十分相似之处。从地理位置看，美国"玉米带"位于北纬 37～54 度，而这 13 个基地县（市）位于北纬 42.49～47.7 度。与罗马尼亚玉米带比较更为一致，大致处于同一北纬线上。从降水量看，美国"玉米带"年降水为 500～700 毫米，4—9月份玉米生育期降雨占全年降雨的 75%～80%。基地县（市）全年降水量为400～700 毫米。5—9 月份降水扶余为 376 毫米、长岭为 407 毫米，其余均大于 450 毫米。扶余和长岭虽然靠近西部，降水较少，但能满足玉米生育期的基本需要，不低于美国"玉米带"玉米生育期降水的底限。从土质看，美国和罗马尼亚的土质多属草甸土和黑钙土，基地县（市）的土包括黑土、黑钙土和草甸土，占 60%多，有机质含量在 1.3%～3.4%，高于全国 1%的水平。土层深厚（30～40 厘米），具有良好的团料结构，pH 在 5.6～6.5，光能和热量资源充足，年日照时数 2 600～2 800 小时。>10 ℃活动积温为 2 800～3 000 ℃，热量资源可以满足玉米中熟以上品种的生长需要。

良好的条件固然是玉米带得以形成的基础，但起关键性的作用，甚至决定性作用的则是社会经济条件。在 20 世纪 50 年代末，这 13 个县（市）的玉米种植比例只占粮豆面积的 20%左右。玉米亩产在 120 千克上下徘徊，与高粱大体相等，比大豆、谷子高出 35 千克左右。玉米带的形成与发展则是在 70 年代以后，特别是进入 80 年代以来，玉米面积迅速扩大，单产一再突破。1986年 13 个县（市）的玉米面积占粮食作物总播种面的 66%，显著高于美国玉米带。最高的为 83％（公主岭）、最低的为 38.3％（永吉县）。除永吉县由于水稻种植面积大而使玉米播面相对偏低外，其余 12 个县（市）的玉米播种面积比重均在 58％以上。1983—1985 年三年平均单产水平为 407.3 千克/亩，比全国平均水平（252 千克/亩）高 61.1％，最高的双阳县三年平均单产水平为 521 千克/亩，最低的长岭县为 277 千克/亩，仍比全国平均水平高 9.9％，1983—1985 年三年的平均粮食商品率为 49.2％，比全国的平均粮食商品率 32％高 17.2 个百分点，最高的伊通县为 66.4％，最低的长岭县为 39.4％。目前，在 13 个县（市）内，玉米生产构成了种植业内部的比较优势。从 13 个县（市）的主要粮食作物单产比较看，玉米居于首位，约比水稻高 14％，比高粱高 80％，是大豆单产的 2.7 倍。从每亩净产值比较看，玉米除低于水稻外（玉米为 119.84 元、水稻为 178.32 元），显著高于其他作物，比大豆高 73％，是高粱的 2.67 倍。

社会对粮食增长的需求，是推动玉米生产发展的基本动因。我国粮食一直处于短缺状态，增加粮食产量是长期以来的一项基本国策。20 世纪 40 年代杂交玉米在美国问世以来。玉米生产在世界各国得到广泛发展，特别是进入六七十年代以来，玉米的单产水平在谷物中取得领先地位，受到许多国家的青睐。因此为解决我国粮食不足问题，发展高产玉米作物理所当然地成为了粮食对策的兴奋点，并由此产生了有利于玉米生产发展的投资政策、价格政策、信贷政策等。如果说社会对粮食的需求是使玉米生产迅速发展的基本动因，那么农业科技进步则是导致玉米生产发展的直接动力。推动玉米单产水平提高有若干科学技术，但其中贡献最大的则是玉米良种和化肥两个因素。50 年代主推品种"火苞米"，平均亩产 102.5 千克。60 年代主推品种"英粒子"，平均亩产 175.75 千克。进入 70 年代以来，玉米品种有了大突破，杂交种从试验转到应用。双交种的推广使亩产大幅度上升，达到了亩产 216.7 千克的水平。80 年代大面积推广单交种，特别是吉单 101、四单八的推广应用，玉米亩产先后突破了 300 千克、350 千克，1984 年突破了 400 千克的水平。促进玉米高产的另一项技术是化肥施用量的增加，在 50 年代几乎不施化肥，60 年代中期亩施化肥还不到 1.5 千克，70 年代初亩施化肥为 6 千克，到 1984 年亩施化肥达到 30.2 千克，近 15 年间增长了 5 倍。近年来不但化肥数量增加，而且质量提高，复合肥施用比例增加，并调整了肥料结构（增施磷肥）。为高产玉米品种的推广使用提供了肥力保证，对增产起了巨大的推动作用。

在自然条件和社会经济条件的共同作用下，吉林省中部松辽平原已初步形成了以 13 个县（市）为主体的玉米带。大面积的玉米种植和较高的玉米单产水平是其显著标志。从进一步建设玉米生产基地来看，这13个县（市）还具备以下几个方面有利的社会经济条件。首先，从交通运输条件看，这些县（市）大都位于哈大铁路两侧，同时，长白、长通、长图等铁路线与哈大线交汇，形成了四通八达的铁路网，并且还有较为密集的公路干线，这为玉米集散和销往省外、国外提供了便利的交通条件。其次，从基地内的科研队伍和生产主体的素质来看，基地县（市）靠近省会科技中心长春，另外还有力量雄厚的省农科院及其玉米研究所和正在建设中的玉米研究测试中心，有力量较强的长春、四平等农科所。这是玉米基地建设和发展的重要科研力量。同时，在长期的生产实践中，特别是自70年代以来的20年的农业生产过程中，基地县（市）的广大农民和基层干部积累了丰富的玉米生产经验，这是基地建设的宝贵财富。再次，在"六五"期间，国家和地方投资6 000万元，在13个县（市）中的榆树、农安、德惠、公主岭、梨树、扶余6个县进行了商品粮基地建设，初步进行了农业技术推广体系，良种繁育推广体系和小型农田水利排灌体系的建设，推动了玉米带的形成和发展，为建立玉米生产基地奠定了一定的物质基础，创造了一定的社会经济条件。

据上分析可见，中部13个县（市）作为玉米生产基地具有四个方面的显著突出的有利条件。第一，具有满足玉米中熟以上品种所需要的光热水土条件，为玉米高产提供了自然基础。第二，具有较高的玉米种植比例，初步形成了区域化生产。第三，初步具备了进行专业化、商品化生产的社会经济条件，诸如交通运输、农业科研队伍、农田基建和社会化服务设施等。第四，具有较高的玉米单产水平和粮食商品率。

值得进一步考察的是，在吉林省二十几个适合玉米栽培的县（市）中，是否还有作为玉米生产基地的县（市）。如果按照上述四项条件进行比较分析，其他县则总是存在非此即彼的不足。从西部相邻的前郭、双辽县来看，虽然玉米种植面积较大，但这两个县玉米单产水平低，而且春季风沙干旱严重，土壤瘠薄，构成了玉米增产的较大的障碍因素。从东部相邻的舒兰、磐石、梅河口等县（市）看，虽然也适合玉米栽培，但热量不足，不适于种植高产的中晚熟品种，玉米种植面积小，都不足50万亩，而且这些县（市）具有种植大豆、水稻的优越条件，玉米不是这些县（市）的比较优势。总之，这13个县（市）作为玉米生产基地，是按着比较优势原则，进行择优选择的结果。

综上所述，可以得出如下结论：玉米带是在自然条件和社会经济条件综合作用下形成的，玉米带的形成和发展是玉米生产基地建立的客观前提；建立玉米生产基地是科学合理利用自然条件和社会经济条件，因地制宜地发挥玉米带的比较优势的战略措施。

2.1.2 建立玉米生产基地的客观必要性

从科学合理利用中部玉米带的自然条件和社会经济条件来说建立玉米生产基地固然是十分必要的。然而建立玉米生产基地的必要性并不限于此。如果把发展粮食生产同现实的省情和国情结合起来，可以进一步说明建立玉米生产基地的客观必要性。

如果说粮食生产是吉林省农业生产的一大优势的话，那么可以说吉林省的粮食优势等于玉米优势。而玉米的优势则在中部，在 13 个县（市）。这 13 个县（市）的耕地面积占全省的 56%，粮食产量占全省的 66%，玉米总产占全省的 76.5%。可见，这 13 个县（市）的粮食生产在全省占据举足轻重的地位。在这些县（市）建立玉米生产基地，强化其生产功能，无疑是发展粮食生产，发挥吉林省农业生产优势的重要战略措施。

玉米生产不仅对农业本身的发展具有重要意义，而且对全省的经济发展也具有重要的影响作用。农产品是吉林省的主要出口物资，而玉米在农产品的出口中占据主导地位。从 1986 年吉林省出口产品结构看，农产品出口创汇总额占全省出口创汇总额 85%，其中玉米就占 65.5%。没有玉米出口创汇，就不可有更多的外汇储备，从而也就无力引进国外的先进技术和设备加速国民经济的技术改造。

从吉林省粮食生产在全国的战略地位和国民经济发展对粮食的需求来看，有必要建立玉米商品生产基地。1986 年吉林省的粮食总产量在全国的位次是第 13 位，而人均占有粮食和玉米总产量在全国位居第一位。目前吉林省的粮食储备约占全国储备量的 10%。吉林省粮食生产的升降起落会直接影响全国粮食的供需平衡。从吉林省这个局部看，粮食出现过剩，但从全国来说，从国民经济发展的需求来说，粮食并不充足，甚至是短缺的。据预测到 2000 年，我国的饲料需求量将达到 1 500 亿千克，但届时玉米实际供给量只能达到 1 000 亿千克。为了满足社会对玉米的需求，必须建立生产率较高、产量比较稳定的玉米生产基地。

在玉米基地内，玉米生产也是农村经济收入的主要来源。在 1986 年 13 个县（市）农村经济收入构成中，来自粮食作物的收入为 62%。玉米生产的兴衰直接影响农民收入的升降。因此，建立玉米生产基地有利于稳定玉米生产的发展，稳定农民的收入来源，这对于稳定农民的种粮积极性是十分必要的。

建立玉米生产基地也是增强农业发展后劲，巩固农业的基础地位的客观需要。这13个县（市）作为重点的商品粮产区来说，其生产的基础设施仍十分脆弱。以农田水利设施为例，基地县（市）内的中型水库有60％为年久失修、老化严重的病险库。其他方面的设施也远不能满足高产稳定和发展商品生产的需要。若使目前的现状持续下去，势必抑制粮食生产和整个农业的发展。

建立玉米生产基地是强化吉林省农业，增强农业发展后劲的一个重要战略措施。必须看到粮食生产对国民经济发展的制约作用，必须科学估计和预测粮食发展的现状和趋势。如果没有十一届三中全会以来的粮食迅速增长的局面，就难以形成农村产业结构调整的新局面。同样，没有粮食生产和整个农业的进一步稳定发展，就不会顺利实现国民经济的全面振兴，对农业的发展不可有须臾的放松。为农业发展加油助力，仍是今后的一项重要基本国策。

2.1.3 玉米生产基地的建设原则

农业生产是自然再生产与经济再生产相互交织在一起的过程，农业生产不仅要严格遵守经济法则，而且还要严格遵守自然法则。基地建设是一项长远大计，涉及自然、经济、社会诸方面，涉及近期利益与长远利益，涉及再生产的各个环节，涉及国家、地方和农民的各方利益。因而站在全局乃至未来的高度，辩证地分析基地建设中的各种矛盾，在充分认识自然规律和社会经济规律的基础上，确立基地建设所要遵循的原则，是搞好基地建设的理论前提。

基地建设中所要遵循的第一个原则是经济效益、社会效益和生态效益相统一的原则。作为商品生产，没有经济效益就不会有生产的存在。粮食作为最基本的生存资料是一个特殊商品，对一个国家来说，粮食的多寡，粮食生产能力的强弱，远远超过经济本身的含义，它不仅制约着国民经济的发展，同时也影响着政治环境的安定，因此粮食的社会效益特别大。粮食生产是人们以土地为最基本生产资料的植物生产。自然法则要求人类的生产活动必须有利于提高生态效益。由此可见，经济效益、社会效益、生态效益三者不可偏废，基地建设必须遵循三个效益相统一的原则。

基地建设所要遵循的第二个原则是国家利益、地方利益、农民利益三者兼顾的原则。玉米基地建设是宏观经济布局中的一个组成部分，尤其粮食生产作为特殊的商品对国家全局利益具有更大的从属性。粮食生产作为经济效益较低而社会效益又很大的生产部门，使其在国家利益、地方利益和农民利益之间势必存在一定矛盾。因此，协调三者之间的矛盾，将三者利益有机地统一起来是实现粮食长期稳定增长，基地健康发展的关键。就国家利益而论，要使基地的粮食生产服从国家经济整体发展的需要。在地方利益方面，不应使粮食生产成为全面发展地方经济的包袱，要有利于提高地方经济的整体功能。从农民利益看，要使粮农收入稳定增长，在比较收益结构中不处于劣势地位，保护农民粮食生产积极性。三者利益偏废哪一方都不利于基地的发展，必须使三者利益同时兼顾。

生产建设与流通建设同步发展是基地建设所遵循的第三个原则。流通是联系生产和消费的桥梁，流通不畅势必影响再生产的顺利进行，特别是对于农产品商品生产，由于农产品体积大，易于霉变，对流通基础设施建设具有更高的要求。流通对生产的制约作用，不仅从发达国家农业发展的历史进程中，而且从近年来我国农业发展的具体实践中提供了足够的实证。因此，在基地建设中必须把生产和流通统一起来安排。一方面在目前吉林省农产品流通基础设施很落后的情况下，积极创造有利条件，疏通流通渠道；另一方面在确定粮食发展计划时，不可离开流通设施的承受能力片面追求粮食发展的高指标、高速度。使生产与流通协调发展，为玉米基地创造一个良好的再生产环境。

最后，基地建设还必须遵循专业化与综合经营相结合的原则。专业化与综合经营相结合既是自然规律的要求，也是经济规律的要求。只有实现这个结合，才有利于创造一个良好的农业生态环境，保证农业自然资源的永续利用。同时，只有实现这个结合，才能有效地解决我国农业现代化中的资金来源和劳力去向这两个难题。从而建立适度的土地经营规模，稳定农民种粮积极性，为粮食发展提供可靠的物质基础。实际上，专业化与综合经营的道理已广为人知，但在实践上往往难以形成有效结合。特别是今天我们仍然面对着基地生产结构、产业结构单一化的现实。我们的某些政策的实际效果仍然使这个现实恶化。因此，重申这一原则，并通过行之有效的措施将这一原则付诸实现，是基地建设的客观要求。

2.2 供求矛盾的初步分析

建立玉米生产基地旨在满足国民经济发展对粮食的需要，然而就省内目前现实而论，粮食并非处于短缺状态，恰恰相反，人们正陷入粮食过剩的困扰之中。

2.2.1 玉米过剩——一个迫切需要解决的难题

粮食供给有余，乃至过剩，不过是最近几年的事情。在 20 世纪 80 年代之前，则一直存在粮寡之患。全省粮食产量在 75 亿千克上下徘徊。进入 80 年代以来，由于联产承包制的落实和农业科技进步的强大推动力，使吉林省的粮食生产出现了跳跃性的超常规的增长。1982 年全省粮食总产量首次突破了 100亿千克的大关。1983 年和 1984 年又连续创历史最高纪录，实现了粮食总产量150 亿千克的指标。1980—1984 年的年递增率为 13.7%，原计划 1990 年达到150 亿千克的粮食指标，提前 6 年实现。全省 1984 年的征购粮达到 85 亿千克，相当于 1980 年的总产量，粮食商品率高达 49.5%，比全国平均粮食商品率高出 14.7 个百分点。从中部 12 个县（市）（由于行政区域变动，东辽县除外）的粮食增长情况看，1984 年粮食总产 103 亿千克，比 1980 年的 53.3 亿千克的增长将近 1 倍，年递增 17.8%。粮食生产大潮涌进般的增长势头，使人们惊喜之余又陷入了新的烦恼。由于粮食突发性的增长，粮食消费部门一时难以形成大的消费胃口，因此需要调往异地消费。仅 1984 年一年就有 50 亿千克粮食需要调往省外。但粮食增长的大潮对流通渠道同样具有猝不及防之势。铁路实际发运能力仅有 20 亿千克，无法容纳巨大的商品流量。从此，吉林省进入了粮食（玉米）过剩时期。时至今日，过剩危局尚未扭转。

值得深入分析的是目前的粮食过剩不过是表现为一种相对过剩的性质。即它是局部性、结构性、低水平的过剩。所谓局部性过剩，是因为从全国范围来说目前粮食仍处在不足状态，总人口的 1/10 尚未解除衣食之忧。玉米作为饲料，在南方诸省大有短缺之患（据有关资料反映，福建、湖南、江西等南方稻区有 70%～80% 的猪靠大米喂养）。所谓结构性过剩，是因为仅仅是玉米过剩，水稻、小麦、大豆等还供不应求，不能满足改善人民生活和发展畜牧业的需要。每年调入的其他粮食品种在 120 万吨左右，占年产量的 8%～10%。所谓低水平过剩，是因为这种过剩是在目前省内粮食消费能力很低的条件下的过剩。玉米在世界各国的用途主要是用作饲料，占总量的 60%～70%，但对吉林省来说，牧业对粮食的转化能力低，牧业产值仅占农业总产值的 16.3%（按 1980 年不变价格计算，此为 1986 年数字）。一方面是饲料过剩（指玉米），另一方面却是畜产品短缺。为满足省内居民对肉食的消费，每年要从省外调入30 万～40 万头猪。在粮食加工方面，现有玉米加工能力不足 10 亿千克，还不到商品总量的 1/8。以 1984 年的粮食水平计算，吉林省人均只有玉米 440 千克，而美国为 480.9 千克、罗马尼亚为 517 千克。与一些国家相比较吉林省的人均玉米占有量并不算多，所谓多，仅仅是相对于较低的消费能力而言。

尽管目前的玉米过剩属于相对过剩性质，但在客观上对粮食再生产产生了不可低估的抑制效应。玉米过剩对国家来说表现为储粮难、运粮难。粮食不能及时由产品转化为商品，获得现金收入，将影响来年再生产的顺利进行。以扶余市为例，1987—1988 年粮食年度扶余市定购粮食 2.6 亿千克，全部入库农民可收入 8 000 万元，仅够交 100 万元农业税和还 7 000 万元贷款之用，农民生活生产资金来源要靠卖合同外余粮获得，但由于上一年粮食积压，销路不畅，经营部门对收购议价粮持保守态度。如果农民手中的余粮不能卖出，生产生活都将遇到极大困难。这种情况在基地县（市）内普遍存在。由于农民卖粮难、储粮难，还使农民蒙受保管费用方面的损失，从而减少了农民收入。1984—1986 年，合同定购内的一部分粮食一直实行民代国储。据调查，代储 5 000 千克玉米，保管费 50 元，粮食损耗按 0.5％计算，减少 6.75 元。储粮占地不耕种少收入 9 元，建玉米楼子投资平均每个 100 元，5 年折旧，每年折旧 20 元，四项合计 85.75 元，1984 年民代国储粮每 5 000 千克只给保管费 32 元，农民要赔 53.75 元。1987 年以后虽然取消了民代国储，但大量合同定购外粮食滞存在农民手中不能及时脱销，仍使农民遭受保管费用方面的损失。

由粮食过剩所造成的后果可见，解决粮食供求矛盾、实现粮食供求平衡是吉林省农业生产中的当务之急。因为"商品价值从商品体跳到金钱体上，是商品的惊险跳跃。这个跳跃如不成功，摔坏的不是商品，但一定是商品的所有者"（马克思：《资本论》第一卷，124 页）。保护农民利益，从而保护农民的生产积极性是增强农业发展后劲，实现农业持续稳定增长的一个重要内容。如不尽早解决粮食过剩问题，势必使农民难以通过这一惊险的跳跃，从而挫伤农民生产的积极性，阻滞粮食生产的发展。因此，为了增强农业发展后劲，加强农业的基础地位，必须及早解除粮食过剩之忧。

2.2.2 形成有效需求的方式

从粮食过剩的发生来说，具有一种难以克服的必然性，但这种过剩过久，或长期化，却不具备存在的合理性。因此，多途径多方式地寻求解决粮食过剩的途径，尽早实现供求平衡，是现实提出的客观要求。

有效需求不足是供求矛盾产生的主要原因。根据粮食过剩的性质来分析，解决有效需求不足问题的基本对策是采取各种措施，同时开拓三个市场，即省外市场（全国市场）、国际市场和省内地方市场。

首先是扩大省外销售市场。从省外市场看，距吉林省较近的买主是京津两市和内蒙古，但由于与其相邻的河北和山西也是玉米输出省，因此对吉林省的需求量不大。玉米的主要买主在江南诸省，但产销地之间太远，由于运输条件的限制，往往是"望江兴叹"，难以形成有效需求。运输条件是国内市场的最大约束条件，每年需要调出 500 万吨，但实际铁路仅能提供 200 万吨的运力。

从吉林省运往南方诸省,不但路途远、运费高,而且无论是经过京广线还是经过津浦线都要经过一些"瓶颈"区段,这些区段的运输能力仅能满足实际需求的一半。如果从大连港装船海运南下也很难行得通。目前大连港已有压港现象,即使港口吞吐能力允许,由于燃料涨价,运费比铁路高,因此海运难以形成较大的有效需求。

国内市场的限制条件除了运输方面的因素外,还受进口因素的影响。目前国际市场玉米价格便宜,进口玉米有利可图,因此1987年沿海一些省份进口了一批数量可观的玉米。1987年乃至1988年前半年国内玉米市场行情之所以不好,一个重要因素就是受到了进口玉米的冲击。

根据国内目前的市场条件及其潜力,在短期内扩大产销地之间的商品流量困难很大,交通运输条件改善投资大、时间长,短期内难以形成较大运输能力,不能对此寄予过高期望。可选择的对策是,通过铁路挖潜,争取把销往省外玉米稳定在22亿千克。另外,争取疏通一部分海运,数量可在3亿千克左右,由于海运运费高,需要予以一定的运输补贴。补贴款可采取分散负担的办法,由中央负担一部分,由粮食调入省负担一部分。鉴于需要中央宏观政策的干预,这种干预的根据在于粮食是特殊商品,目前粮食的市场机制和市场条件尚未发育成熟,粮食调出省不具备完全加入市场竞争的条件,需要予以一定的保护性措施。在进口粮食方面宏观政策也需要一定程度的干预。从经济效益角度看,从国外进口一部分廉价玉米固然有利可图,但对粮食市场来说,还不能完全着眼于此,目前我国的粮食生产尚很脆弱,经不起市场波动的打击。对于进口玉米应实行限制政策,即应当在不影响内销市场的前提下,安排一定量的进口,否则对国内粮食生产将产生冲击。

作为大批量的玉米生产,为了保证市场的稳定,从经营策略上说,还必须建立一定的合同购销关系。京、津、沪3个市是玉米需求量较大的买主,尤其京津两市,距离较近,条件更便利,因此同这几个大买主应建立较为长期稳定的玉米贸易关系。争取和这3个市的玉米贸易稳定在10亿千克。这样玉米就有了较稳定的销路。

形成有效需求的第二个途径是实行玉米出口。吉林省从1984年以后开始大批量玉米出口,1986年达到最高量28.9亿千克。80年代的前6年玉米一直走俏,1985年以前吉林省玉米出口都明显有利。但世界玉米市场从1986年以后,由于世界粮食连续丰收,缺粮国粮食自给率提高,粮食库存加大等原因,玉米价格几乎成倍跌落。1984年1吨玉米价格为151美元,而1987年最低价格达到73美元。这种市场环境对我国这样财力不足的发展中国家来说,势必要削弱出口能力。1987 年吉林省玉米出口 19.8 亿千克，比上一年减少 1/3。根据联合国粮农组织预测，在 1995 年以前世界粮食价格不会出现根本性好转。根据这种市场环境，限于国家的财力，大量对粮食补贴出口，缺少现实的可能性。因此，将出口作为玉米生产的主导方向难以成立，但不能由此否认出口一定数量玉米的必要性和可能性。前已述及关于玉米出口对吉林省经济发展的必要性。从 1987 年下半年以来，玉米国际市场价格有回升趋势，在 90 美元/吨上下，据美国农业部预测，随着玉米库存的减少，1988 年玉米价格有好转的迹象，虽然价格在近几年之内不会发生根本转变，但可以脱离低谷状态。如果价格回升到 110 元/吨，就会大大减少换汇成本。出口需对市场有较大的适应能力，在价格有利时机可以多出，在一般情况下可维持在 15 亿千克上下，以保证省内一定的外汇来源和作为形成玉米有效需求的方式。从出口来看，吉林省邻近日本、苏联。这两个国家是世界上头号和二号进口大国，而且在未来的时期内对玉米需求量较大。这两个国家从我国进口玉米运程短、运费低，有利可图。玉米出口从运输条件上也存在限制因素，以往出口大都从大连发运，从玉米产区到出口港的铁路运输，同样走南下路线，给铁路造成较大压力。今后玉米出口可采取分流方式。即除南下外，可北上从龙镇运往苏联，可东运图们，从图们取道朝鲜清津港，从清津港转运日本。但不论北上还是东运都涉及外交环境的改善，因此须经一定的疏通工作。但此可作为一条对策思路。

　　形成有效需求的第三条途径是深化和开拓省内地方市场。即调整产业结构，提高玉米就地转化加工能力。转化一是牧业转化，二是工业转化。工业转化一方面是把玉米加工成食品，另一方面是把玉米加工成工业原料和制成品。目前世界各国的玉米大都是用作饲料，加工业用玉米近年来随着玉米综合利用的发展有一定发展。但所占比重仍不很高，在美国这样较为发达的国家，加工业用玉米也仅占总量的 8%～10%。对吉林省来说要把两种转化形式同时运用，但加工玉米受到工艺水平、设备、投资和市场开发深度、广度的限制，不会有太快的发展速度。争取到 1990 年加工能力继续增加 2.5 亿千克。大量的就地消费主要依靠发展畜牧业，但发展畜牧业要受到消费水平、畜牧业生产水平等多种因素制约，在近期难以形成太大需求。争取到 1990 年比 1983 年增加消费 11 亿千克。这两项可增加 13.5 亿千克消费。预计届时口粮可减少 4 亿千克，净增加消费量可达 9.5 亿千克。

　　近两年全省玉米生产总量在 100 亿～105 亿千克。如果到 1990 年全省玉米产量稳定在 110 亿千克，届时省内需求从 1983 年的 50.5 亿千克增加到 65 亿千克。减去这 65 亿千克，还剩 45 亿千克可供输出，国内市场和国外市场若能达到 40 亿千克，尚有 5 亿千克剩余。这 5 亿千克玉米可增加粮食储备，这样基本可以接近供求平衡。

由上面分析可知，输出的玉米无论通过国内市场形成有效需求，还是通过国际市场形成有效需求，都需要宏观经济措施的干预方能完成。吉林省作为全国为数不多的粮食输出大省，其供求计划必须纳入中央的计划调节。必须看到我国商品经济基础设施和市场机制尚未发育成熟以及粮食生产基础十分脆弱的事实，应通过行之有效的措施疏通再生产的循环，为粮食产区的商品粮找到稳定销路。

2.2.3　关于仓储调节的分析

发展商品粮生产，流通中的仓储调节居于十分重要地位，这是由于粮食本身固有的特点以及粮食生产的不稳定性和粮食对于国民经济发展的重要意义等多重原因所致。因此，必须根据生产建设与流通建设同步发展的原则，加强仓储设施建设。对于吉林省的粮食生产来说，特别是对于建设中的玉米生产基地来说，仓储调节具有更进一步的重要意义。这是由于对目前所输出的占粮食总产量 1/3 的 50 亿千克玉米来说，无论是国内市场还是国际市场都有很大的不稳定性，如果要在不稳定的供求关系中实现相对的稳定，必须通过强有力的仓储手段进行调节。因此仓储调节在实现吉林省粮食供求平衡的过程中具有重要作用。

进行仓储调节需要具备两个基本条件：一是仓储系统要有较强的"蓄水"能力，二是仓储系统本身必须具备与生产者利益相一致的经营行为。前者属于仓储设施的基本建设问题，后者属于粮食经营体制问题。然而就现实而论，这两方面都与仓储调节功能本身表现了严重的不适和摩擦。仓储设施不足，"蓄水"功能低弱是粮食流通中的一个突出问题。其具体表现在，一是烘干降水能力不足，二是库房晒场不足。烘干则是最为突出的一个矛盾。目前烘干能力为 30 亿千克，而合同定购内粮食就 36.8 亿千克，此外还有 20 多亿千克的合同外的商品粮。从现有库房和晒场来看，露天坐囤仍占很大比例。土晒场面积大，占总晒场的 50% 多，容易混进碎石等恶性杂质，降低玉米质量。就粮食经营体制方面的问题来看，主要是粮食经营组织以营利为目的。这样势必与农民利益发生冲突，从而在事实上难以发挥稳定供求的仓储调节功能。

为了有效发挥仓储调节功能，必须改变仓储设施落后和粮食经营体制不适应的两方面问题。仓储设施建设方面的限制因素主要是资金不足，尽管近几年来国家进行了一定的投资，但仍距实际的要求相差很远。在此方面可提供的对策思路是：第一，在建设资金的来源上走国家、地方、个人、社会多渠道筹集资金的道路。一方面国家要在总体规划上进一步加强商品粮基地的仓储设施投资，另一方面充分调动社会其他方面投资的积极性，开辟更多的资金来源。第二，在资金使用上，应抓住主要矛盾，目前主要是玉米降水问题，只要玉米降到安全水分，就能确保玉米质量，因而首先抓降水设施建设。第三，在发展国储的同时，注意发展储粮大户，许多发达国家都十分重视农场和农户一级的仓储设施建设。实行藏粮于民的政策，收到了较好的效果。在玉米基地内发展民间储粮大户，对于缓解收获季节的运输压力、分散降水具有重要的作用。目前国外玉米降水一般采用烘干和烘干机两种形式，但都很不理想，也在力图寻找利用自然能风干的办法。发展民间储粮主要采取用玉米楼子存放玉米棒子的办法，这实际是利用自然能进行风干，这比机械风干更易于保持玉米质量，实践证明这样做是可行的。发展民间储粮大户，应主要在一些产粮大户中进行，采取粮食经营部门委托代储的形式。发展储粮大户的投资一是靠农民自筹，二是国家提供一定数量的贷款，粮食经营部门要提供技术咨询，保证储粮质量。第四，在吉林省中部玉米基地建立国家粮食储备库，目前吉林省储备粮占国家储备的 10%，事实上起到了平衡全国供求的作用。应正式确定粮食储备计划，纳入国家总的计划之中。建立粮食储备库的依据主要有两个方面：一是吉林省是商品粮大省，这 13 个县（市）是提供商品粮的主体。但由于农业生产本身所固有的不稳定性，特别是目前的抗灾能力很脆弱，使年际间产量很不稳定。直接影响吉林省粮食输出并涉及全国的供求平衡。为了稳定全国的粮食供求关系，应付农业生产的不稳定性，有必要在吉林省中部玉米基地县（市）建立全国性的粮食储备库。另一方面从吉林省粮食输出的两个市场（全国市场、国际市场）来看，在需求方面都具有难以克服的不稳定性。为了减少这种不稳定性对供给的影响，也有必要建立粮食储备库。特别是从国际市场这块来看，价格动荡不定，为了在国际市场上能够占据主动地位，必须具备攻守能力，如果没有较强的储备功能是不行的。总之，通过建立国家粮食储备库对稳定粮食供求具有重要作用。

粮食经营体制改革同样具有强烈的迫切性。即便有了储备能力，如果粮食经营者利益与生产者利益不一致，也难以发挥调节供求的功能。粮食经营体制改革的基本点是经营组织不以营利为目的，在中央财政资助下，丰年购进，歉年卖出，以调节粮食供求关系。在中央财力不足的情况下，建议中央设立粮食发展基金，这部分资金来源可根据一定标准向粮食调入省征收。宗旨是稳定和调节年际间和区域间的供求矛盾。

如果能够有效地进行仓储调节，就可以相对减少供求摩擦，提高供求吻合度，为玉米生产基地创造良好的再生产环境，促进粮食生产持续稳定发展。

2.3 玉米供给对策

加强粮食生产的基础地位问题，从全局来说，固然已经无可置疑，但问题在于，从吉林省来看，毕竟面对着粮食供求失衡的严峻现实。如何把加强基地建设和粮食过剩的问题统一起来考虑。这实际上是要进一步具体回答基地建设的必要性和如何进行基地建设，怎样确定基地建设的供给方针问题。

2.3.1 供给方针的确定

目前，吉林省玉米存在的局部性、结构性、低水平的过剩，决定了这种过剩具有暂时性的。如果连续发生两年较大的自然灾害或者交通条件和市场环境能有进一步改善，这种过剩就很快趋于消失。因此不能从玉米的暂时过剩而抑制由长期的大量需求所决定的供给，如果这样做无疑是政策上的短见。那么是否可以无视眼下过剩的现实而追求粮食增长速度呢？从长期来看，基地建设必须满足提高粮食增长速度的要求。因为我国的粮食是很不充足的，但从某一时期来说，或者从某一局部的某一时期来说却未必如此。起码吉林省到"七五"期末这段时期玉米生产基地建设的宗旨不是要继续实现一个较高的粮食增长速度，跨上什么"新的台阶"。总的方针应是以稳定为基点，在稳定中略有增长。从全省来看，粮食产量的历史最高水平是 163 亿千克。要以 165 亿千克作为稳定水平目标，上限可浮动到 170 亿千克，下限不低于 150 亿千克，从 13 个基地县来看，应以 110 亿千克的粮食总产作为稳定水平目标。所以要确定"稳定中略有增长"的供给方针。其根据在于两方面，一是目前供求矛盾较为突出，尽管可通过扩大省外和出口市场两条途径来解决，但给中央财政带来很大压力。如果无视供求矛盾已经很突出的现实，而一味追求粮食产量再上新的台阶，那么势必加剧供求矛盾，给中央财政施加更大压力，而且流通渠道也难以承受。谋求供求平衡要从供求两方面同时着力，尽管着力程度不同。从生产方面来说要使粮食增长速度逐渐与流通和消费的吸纳能力相吻合。因此应当把调整粮食增长速度作为实现供求平衡一个途径。另一个根据是，基地县面临着种植业结构严重失调的局面。玉米面积过大，大都占粮豆面积的 60% 以上，个别县（市）达到 85% 左右。这种单一化的种植业格局是与玉米基地建设的原则相悖的。目前玉米过剩的形势无疑是提供了调整农业生产结构的历史性机遇。

调整粮食增长速度与建设基地并不矛盾，而且二者具有直接的同一性。这种同一性表现在，通过调整粮食增长速度使种植业结构功能达到优化，从而为玉米生产创造更适宜的条件。调整粮食增长速度具体来说是通过缩小外延扩大再生产（相对于玉米面积来说）强化内含扩大再生产来进行的，因而从本质上说是强化而不是削弱基地的生产功能。

在"稳中略有增长"这样一个供给方针基点上，决定的基地建设的任务是：第一，调整农业生产结构和种植业结构，实现种植业结构优化，使之满足提高"三个效益"的需要，实现专业化和综合经营相结合。第二，加强农田基本建设和农业科研推广的基本建设以及发展商品经济的基础设施建设，从而提高粮食生产的稳定性和发展后劲，为发展专业化、区域化的商品粮生产创造良好的客观环境。第三，发展农业集约经营，在提高土地生产率的基础上，提高劳动生产率创立一个高产出低成本的粮食生产系统。

如果我们在这样的供给方针下，确定这样的建设任务，那么就可以在不违背供求规律的前提下有效地加强基地建设，做到既不加大目前的供求矛盾，同时又有利于加强粮食生产的基础地位和发展后劲，在国民经济对粮食发展更大需求形成之际，使基地能够提供有效的供给。

2.3.2 玉米增产潜力的分析

增加玉米总供给量依靠扩大玉米面积和提高玉米单产两条途径。但从目前基地现状来说，不仅从个别县（市）来看，而且从整体来看玉米种植面积都超过了合理限度（根据省内有关专家意见，玉米播面占粮豆播面的50％～60％为宜，70％则是极限）。根据基地建设的任务，玉米播面非但不能扩大，而且为了实现种植业结构的合理化，还必须调减。因此，所谓玉米增产潜力是就提高玉米单产的潜力而言。提高玉米单产水平，不仅是强化基地生产功能的要求，而且也是实现种植业结构调整的前提条件。

根据统计局数字分析，1983—1985年三年基地县玉米单产平均达到407.3千克/亩，是1984年全国玉米平均单产水平（198千克/亩）的两倍多，比同期的全省玉米单产水平（359.3千克/亩）高13.4％，比世界平均玉米单产水平220.5千克/亩高84.7％。从国内外的平均水平比较看，基地县的玉米单产确实达到了较高水平，但与世界先进水平比较存在不小的差距。目前世界上玉米单产最高的国家意大利平均亩产为469.9千克，其次为美国，玉米亩产431.3千克（1981—1986年资料），前者比基地县的玉米单产水平高15％，后者高5.9％。而世界玉米高产纪录达到1 480千克/亩。可见，提高基地县的玉米单产水平大有文章可做。根据 1983—1985 年三年玉米单产水平对玉米基地县的玉米生产水平进行分组，可分为高、中、低产县三个组，其中单产最高的东辽县玉米三年平均 523 千克/亩，单产最低的长岭县 277 千克/亩，前者比后者高几乎 1 倍，5 个高产县平均比 5 个低产县高 66%，这种高低悬殊之差说明，基地县不仅作为一个整体其单产水平与世界先进水平比较存在明显的外部差异，而且其内部的各县之间也存在着高峰低谷的显著差异。这种内部差异性正是提高玉米生产基地玉米单产水平的潜力所在。单产水平差异的形成，既有自然条件方面的原因，又有社会经济条件方面的原因。从自然条件方面看，高产县份基本都位于基地的南部，低产县份则位于基地的西部和北部。南部县份的热量和降水条件都较为适中，优于北部和西部。西部和北部的县份在热量和降水两个因素方面与南部县份比较，则表现为非此即彼的不足。例如：西部的农安、扶余、长岭热量条件虽优越，但降水却不足，主要表现为春旱严重，对保苗构成主要威胁，而北部的德惠和永吉则热量条件不如南部，使高产品种占比例较小，从土质条件看，高产县份的土壤肥力普遍高于低产县份，而低产县份则土壤瘠薄，保水保肥能力差。在社会经济条件方面，集约化经营水平不同是造成高低产差别的重要原因。高低产县份在化肥投入、农业机械化水平、资金投入方面都形成明显的判别。高产县份相对来说人均耕地少，因而投放劳动力多，精耕细作水平高。双阳、伊通、东辽人均耕地在 3.5 亩左右。公主岭、梨树人均耕地面积稍多，在 4.5 亩左右，但这两个县的机械化水平高，机耕面积占耕地面积比重分别为 45.1% 和 66.5%。而农安、德惠、扶余、长岭等低产县份人均耕地在 5 亩以上，但机械化水平显著低于公主岭和梨树，机耕面积占耕地面积比重平均为 33%。从粮食作物亩产物质费用看，高产县份亩产物质费用为 41.50 元，低产县份为 31.17 元，前者比后者高 33%。从化肥投入看，高产县份平均亩耕地施肥为 16.4 千克（折纯量），低产县份平均亩施肥为 10.57 千克，前者比后者高 56%。从中可见化肥在玉米增产中的重要作用。同时也看到了这种施肥差别后面所蕴含的增产潜力。1986 年全省亩施化肥水平平均为 10.2 千克，基地县中有两个县基本和省平均水平相当（农安、扶余均为 10.7 千克），有两个县低于全省平均水平（榆树 8.6 千克、德惠 4.2 千克），除公主岭、梨树接近经济施肥量水平外，其他均存在显著施肥差距。

由上述分析可知，基地县之间玉米单产水平的判别是自然条件和社会经济条件结合作用的结果，但尤以社会经济条件的作用最为突出。可见，强化低产县的社会经济条件是增产的主要途径。从基地县高、中、低三个层次的单产水平的差别看，可初步看出基地县的增产潜力。但不能完全说明各个县实际增产潜力，不能反映基地县之间生产条件和生产潜力的差异性。因此，为了更深入反映不同县份之间的增产潜力，有必要对 13 个县进一步进行增产类型的分类分析。

笔者根据模糊数学关于聚类分析的原理和方法，采用单位面积施肥水平、玉米单产水平、耕地质量、5—9 月积温等 4 项指标对基地县的增产类型进行分组，从而对增产潜力进行了分类分析。这 4 项指标的具体评分标准是，玉米施肥水平根据折纯量进行分级评分，具体分为高（18 千克/亩以上）、中（15~17.9 千克/亩）、低（12~14.9 千克/亩）、很低（11.9 千克/亩以下）四级。高为 1 分，以下逐级加分，最高为 4 分。为了更准确反映施肥水平差别，对距等级分界线较近的施肥水平进行了加减 0.5 的处理，玉米单产水平为高、中、低三级。450 千克/亩以上为高产县，350~450 千克/亩为中产县，350 千克以下为低产县。高产县评分为 1 分，以下依次为 2 分、3 分。耕地质量采用省农科院综合所评定的耕地质量参数进行分级评分。耕地质量参数是根据水分、热量条件、土壤状况、灾害性天气等多项指标综合评分形成的，是对耕地质量立体剖面式的反映。耕地质量分为优、中、劣三级。优等耕地（参数＞1.51）为 3 分，中等耕地（参数为 1.31~1.50）为 2 分，劣等耕地（参数＜1.30）为 1 分。5—9 月的积温指标的设置是为了反映玉米覆膜栽培的增产能力。从目前玉米覆膜栽培的试验效果看，增产幅度可达 50%。尽管增产潜力很大，但考虑到目前正在试验推广阶段，而且受到地膜涨价而缺少高产晚熟品种等因素的限制，在"七五"期间不会形成大面积的覆膜栽培。因此该指标的最高分限定在 2 分。从目前看，基地内玉米覆膜栽培增产效果较为显著的是在积温较低的北部各县。积温较高的南部各县在"七五"期内，玉米覆膜栽培的增产幅度和推广面积都会明显低于北部县。因而积温高的县份评分低。以 5—9 月积温 2 900 ℃为分界线，分为两级，大于 2 900 ℃为 1 分，低于 2 900 ℃为 2 分。

根据这四项指标通过模糊运算组成模糊关系矩阵，在求出模糊相似矩阵的基础上，截取不同收入水平进行逐一分类，然后通过动态聚类图，把 13 个基地县划分成三个增产类型组。第一类型包括榆树、农安、九台、德惠、永吉、扶余、长岭 7 个县（市），除长岭县按 λ=0.75 水平截取外，其余 λ 水平都在 0.35 以上，各县具有较强的相似性。由于不便分类过细，故把长岭县划归为此类型组。长岭县位于基地西部，土壤障碍因此较为明显。其余 6 个县没有显著的自然障碍因素。榆树、九台、永吉 3 个县玉米单产属于或接近中产水平。

其余 4 个县均属于低产水平。施肥不足是这几个县单产水平不高的主要症结所在。这 7 个县的平均施肥水平仅为梨树的 50%，因此，只要增施化肥，玉米单产就会明显增长。除扶余、长岭 5—9 月积温较高外，其余积温都低于 2 900 ℃。采用地膜栽培可收到较好的增产效果。如果在今后的生产中以提高施肥水平为投入重点，并根据不同县份的具体条件推广一定数量覆膜栽培，那么玉米单产可望在 1983—1985 年三年的水平上增长 70 千克/亩。这是基地县的主要增产潜力所在。因此，这一增产类型可以称之为高增产型组。第二增产类型组包括双阳、伊通、东辽、东丰四县。其中的双阳、伊通、东辽三县单产水平较高，每亩超 500 千克，属于高产县。这 3 个县的施肥度不高，但单产很高，其原因在于这 3 个县的人均耕地少，相对投放劳动力多，精耕细作水平较高。东丰县施肥水平与这 3 个县相近，主要是东丰县的耕地质量差，瘠薄土地占 2/3 以上，增产的障碍因素较显著。这 4 个县的化肥施用水平尚未达到经济施肥量，仍有较大的施肥增产潜力，而且这 4 个县 5—9 月份积温都低于 2 900 ℃，如果进行玉米覆膜栽培，增加高产晚熟品种播种面积，具有明显增产效果。如果这 4 个县的施肥水平能达到经济施肥量（亩施氮肥 10 千克、磷肥 5 千克），并扩大地膜栽培面积和其他栽培措施，到 1990 年比 1983—1985 年的平均产量增加 50 千克/亩。增产潜力仅次于第一类型组。属于中增产型。第三类型组属于微增产型。包括公主岭、梨树两县（市），之所以为微增产型，是因为这两个县（市）单产水平都已经很高。施肥水平都达到了经济施肥量，其中梨树县已超过。而且这两个县（市）的 5—9 月积温都在 2 900 ℃ 以上，对于地膜栽培来说没有适宜的晚熟品种。因此，在地膜栽培方面近期内没有明显增产潜力。到 1990 年这两县（市）的玉米单产在提高稳产水平的基础上，可望增产 40 千克/亩。

从这 3 个增产类型看，高产型的县（市）居多，占 53%。玉米播面约占整个基地的 62.75%（1 235.4 万亩）。因此玉米的单产水平提高 70 千克/亩，达到亩产 400 千克，那么 1 235.4 万亩玉米产量可达到 49.5 亿千克。中增产类型组的 4 个县，若到 1990 年平均亩产比 1983—1985 年平均单产提高 50 千克/亩，即亩产达到 540 千克，336.1 万亩玉米总产可达 13 亿千克。微增产型的县（市）虽然仅有两个，但其玉米面积实际上比中增产型的 4 个县的玉米面积还多 103 万亩，从单产来说增产潜力并不大，但其总和的作用却不可忽视。如果能使这两个县（市）的亩产增加 40 千克（由于公主岭、梨树 1985 年受自然灾害，1983—1985 年平均亩产较低，因此增产数估计较高），达到亩产 530 千克，那么，464 万亩玉米总产可达 24.6 亿千克。把这 13 个县（市）到 1990

年可达到的玉米产量加总，共计可达 92 亿千克。根据供给方针到 1990 年全省
若要把粮食总产稳定在 165 亿千克的话，玉米要达到 110 千克，如果基地占全
省玉米总量的 78%，则要提供 86 亿千克左右的玉米，可提供 6 亿千克的调减
量来调整玉米面积。如果被调减的面积以 360 千克/亩计，可调减 166 万亩的
玉米面积。到 1990 年玉米面积可缩减到 1 800 多万亩，基本与 1984 年播面
一致。

2.3.3　提高玉米供给水平的限制因素及其对策

增产潜力的存在，仅仅是为提供玉米供给水平提供了客观可能性，而将可
能性转化为现实性，必须要克服许多限制因素。这些限制因素主要表现在两方
面。一是自然条件方面的限制因素。二是社会经济条件方面的限制因素。自然
条件方面的限制因素表现为四个方面：一是洪涝灾害，二是低温灾害，三是西
部的春季风沙干旱，四是部分县份的风砂土、盐碱土等低质土壤障碍因素。社
会经济方面的限制因素主要表现为玉米增产所需要的投入物的可供量和农民种
粮积极性的大小。

洪涝灾害是实现玉米高产稳产的主要障碍因素。全省 1 500 万亩低洼易涝
耕地有 1 088 万亩集中在这 13 个县（市），占全省涝洼地的 68%，占 13 个县
耕地的 32.2%，这些涝洼地的除涝面积和除涝程度对基地的高产稳产具有举
足轻重的作用。涝灾年玉米减产幅度多达 15 亿千克，少则也在 1.5 亿千克。

低温冷害是基地县玉米高产稳产的又一主要威胁。自 1949 年以来，严重
低温冷害就出现过 6 次，平均每五六年一次。由低温冷害造成的减产幅度一般
都在二三成。

风沙、干旱主要发生在扶余、长岭、农安及公主岭、梨树的西北部。春天
风大雨少，旱情严重，不能适时播种，不利于保墒保苗，由于保苗成数低而造
成严重减产。

目前，土壤质量下降也是进一步增产的限制因素。据调查，基地内的土壤
含氮不足，磷、钾极缺，有机质以每年 0.08% 的速度递减。榆树、农安、九
台、德惠、双阳 30% 以上的耕地有机质含量不足 2%，黑土层质越来越薄。

社会经济条件方面的限制因素主要表现为玉米生产所需要的物质投入短
缺。目前，从吉林省的范围看，每年需化肥 400 万标吨，而实际计划内供应的
仅 240 万标吨，其中优质肥不到 1/2。如果 13 个县到 1990 年平均达到 50 千克/亩
（实物量）的施肥水平，约需 168.4 万化肥。比 1986 年增加 51.5 万吨，提高
30.6%。在目前化肥十分短缺的情况下满足投入需要是十分困难的，农用柴

油、农膜等物质也十分紧缺，处于供不应求的状态。

只有克服上述限制因素才能有效地提高基地的玉米供给水平，总的来看，克服这些限制因素要依靠科技进步和增加物质投入。具体说来，应从三个方面展开对策思路。一是根据不同的增产类型采取不同的增产对策。二是确定主要增产技术措施和技术政策。三是要把土地生产力的近期开发与永续利用结合起来，搞好农田基本建设。

首先是要根据不同的增产类型来选择不同的增产对策。在三个增产类型组中应把第一增产类型作为建设的重点，这7个县增产潜力很大。因此投资的增产效果最明显。就这7个县来说，增施肥料应作为主要的增产手段。这7个县的玉米面积占基地玉米总面积的53%，若这7个县的增产幅度较大就会决定整个基地的增产前途。对于第三类型，即对微增产型的公主岭、梨树两县（市）来说，若非品种有新突破，继续增施化肥已无太大的增产潜力，今后的增产手段应转向规范化栽培和提高精耕细作水平方面来。这两个县（市）的人均耕地较多，相对来说，耕作比较粗放，如果提高规范化栽培水平和加强精耕细作，就可以进一步提高投入的增产效果。介于这两个增产类型之间的双阳等4个县应把增施肥料、地膜栽培、加强规范化栽培等增产措施并重，同时结合运用。因为这4个县在这几方面都有增产潜力，结合起来应用更有利于发挥各个增产因子的增产作用。

提高玉米供给水平的第二个方面对策是确定主要增产技术措施和合理的技术政策。从目前来看，增产技术措施应主要抓三个方面。一是化肥，二是良种，三是地膜玉米栽培。目前13个基地县中除公主岭、梨树两县（市）达到经济施肥量外，其余都在经济施肥量以下，化肥增产效果处于递增阶段。有关专家分析62个国家化肥投入量与玉米单产的相关系数表明，两者呈高度相关，$\gamma = 0.978$。国内资料表明，化肥投入量与玉米产量的回归方程为 $y = 143.6 + 5.33x$，$\gamma = 0.797$，几十年的玉米生产实践证明，在玉米增产的诸因素中，化肥投入量可占 $35\% \sim 40\%$ 的比重，因此要把增施化肥作为主要增产措施，争取到1990年亩施肥水平达到 $13 \sim 15$ 千克（折纯量）。在施肥方面今后所要调整的技术政策内容是：一是要在现有基础上根据施肥增产潜力，确定投肥重点（关于投肥重点前面已经谈及）。调整化肥分配比例，在目前化肥紧缺的情况下，对达到经济施肥量的地块，不要继续增加投肥，应以增产潜力确定化肥分配比例的政策。二是在达到经济施肥量的县要调整好肥料结构。目前磷肥的需求量不能满足是增产的主要限制因素，合理的氮磷肥结构为 2：1，但目前是 9：1（指单质肥料）。

不断提高良种的生产力是增加玉米单产的另一技术措施。从世界玉米高产国家和吉林省玉米发展的历史来看，新的高产品种的不断更新换代对玉米的增产发挥了基础作用。然而从吉林省目前来看，没有新的高产品种的出现，单产难以登上新的台阶，尤其是公主岭、梨树两县，若没有新的高产品种配合，继续增投化肥就会降低肥效，减少收益。目前要发挥农膜的增产作用，也必须有高产晚熟品种配合，同时为抗御洪涝灾害和低温冷害，也需要培育出新的适合本地区气候特点，抗逆性强的高产稳产新品种。玉米良种的培育与使用注意两个方面的技术政策，一是要坚持适区种植的政策，目前玉米品种越区种植达80％，农民冒着极大的风险种植，而且越区品种贪青晚熟，水分多。二是要实行"推广优良品种群"的政策。在 20 世纪六七十年代往往主推一两个品种，事实上品种过于单一不利于抗御自然灾害。提高玉米高产稳产水平，通过多个各具特色的品种的配合使用，有利于克服以往的弱点。

技术措施的第三个方面是因地制宜地推广地膜玉米。对于榆树、德惠等积温较低的县份来说，扩大玉米面积，对于提高单产具有显著作用。这些县份由于积温低，主产中晚熟品种所占比例小。例如：榆树县中晚熟品种为 8％，而南部各县则在 50％以上，品种熟组的差别也是北部各县低产的主要原因。通过覆膜可以延长玉米生长期，采用高产晚熟品种，发挥优良品种的增产作用。根据实验测算，中部地区采用地膜栽培，每亩可增产 200～250 千克，但必须与适合的品种配合。根据农安县柴岗乡红旗村的试验覆膜玉米比不覆膜玉米每亩增加产量 255 千克，每亩增加纯收入 49.50 元。目前地膜栽培正处于试验推广阶段，农膜的使用目前主要受到农膜涨价和缺少高产晚熟品种的限制，不宜盲目进行大规模普及推广，必须把增产和增收有效地统一起来。目前地膜玉米应主要在基地北部积温低、熟期短、增产效益较明显的部分县推广使用。争取到 1990 年地膜玉米达到 300 万亩。

提高玉米供给水平的第三方面的对策是要把土地生产力的近期开发和永续利用结合起来。基地建设是长远大计，切忌急功近利的做法。提高玉米供给水平不仅是就近期而言，而且还必须建立一个供给水平稳定且不断提高的大宗的商品粮生产基地。前几项生产技术措施主要解决当年增产问题，要培养土地的增产潜力还必须搞好农田基本建设。从基地实际情况出发，农田基本建设主要抓好两个方面的内容，一是农田水利建设，二是培肥地力。从农田水利建设方面看，重点是搞好涝洼地的治理。这 13 个县现有涝洼地占耕地的 1/3，多数具有较高的土地肥力，治好涝洼地，对于提高基地的供给水平具有举足轻重的作用。目前，经过治理的涝洼地占总面积的 80％多。其中达到十年一遇和五年一遇标准的各占一半。在未来十年中,吉林省进入了丰水期,洪涝灾害是高产稳产的主要威胁。应当把农田水利建设作为农业基本建设的重点。力求在"七五"期内对全部涝洼地进行治理,均达到十年一遇标准。农田基本建设的另一个主要内容是保护土地资源培肥地力。土地是农业生产的最基本生产资料,一切增产措施必须以土地肥力为基础。为了持续稳定高效率地提高基地供给水平,必须把土地资源利用与保护结合起来,最终实现三个效益的统一。因此,在基地建设中必须制定和实施土壤保护计划。土壤保护计划主要应确定三方面的内容。一是要搞好土地质量资源调查,对现有耕地进行评等定级;二是要制定土壤培肥目标;三是要确立切实可行的措施。今后必须实行玉米秸秆还田措施。从目前看,玉米秸秆除农民用于烧柴外,还有 1/3 剩余。玉米秸秆还田技术之所以迟迟不能采用,根本原因在于秸秆还田费工费力,而且见效慢。今后玉米秸秆还田应注意采取社会性措施,由统一经营的层次,通过建立土地保护基金,统一运用还田机械进行秸秆还田,否则停留于一般号召,靠农户一家一户进行,难以奏效。

无论是当年的短期投入,还是长期的基本建设,都离不开物质要素的投入。农业生产资料的不足,是农业生产进一步增长的限制因素。农业生产资料不足,既有生产方面的原因,又有流通和分配方面的原因。现全省年生产化肥能力为 36.2 万吨,仅为实际需要量的 36%。在生产方面除从整体上讲要提高生产能力外,还要调整农业生产资料工业的布局。吉林省是农业大省,而中部玉米带又是农业的主体。农业是工业的广大市场,必须使农业生产资料生产和农业主要商品生产区域结合起来,使工农业生产形成相辅相成的格局。因此,在吉林省不但要建立以中部粮食生产为主体的农业生产体系,还要建立一个以广大粮食产区为主要消费市场的农业生产资料工业体系。流通方面原因主要是农业生产资料投机倒把的非法经营,进一步加剧了农业生产资料的不足。分配方面的原因是农业生产资料在地区之间分配不合理。吉林省每年调出省外粮食占总产量的 1/3,因此,国家必须从宏观上对吉林省的农用生产资料提供较高程度的保证。只有从生产、流通、分配几个环节同时研究农用生产资料供应不足问题,才有利于尽早结束农业生产资料短缺局面,为粮食增产提供物质保证。

2.3.4 玉米生产体系建设

作为专业化、区域化、商品化的玉米生产基地建设,仅从生产措施上着眼还很不完善,不能满足基地建设的客观要求,因而应从建设玉米生产体系的高度上,进一步提出基地的系统化建设对策,使基地的生产功能更高更完善。

　　如果从建设玉米体系的角度看，玉米生产体系建设应具体包括 5 个子体系的建设，即玉米良种繁育推广体系、农业技术推广服务体系，农田水利排灌体系、农业机械化服务体系和农业经营管理服务体系。

　　5 个子体系是根据玉米生产基地建设的客观需要提出来的。目前，基地内品种越区种植严重，缺少适宜的高产稳产品种，这对基地建设来说，潜伏着严重的危机。因而生产上迫切需要建立一个功能高、突破性强的玉米良种繁育推广体系。从农业技术推广体系来看，在农业日益依靠科技进步的趋势下，加强农业技术推广工作是将先进的科学技术转化为生产力的重要环节。然而从现状看，除原 6 个商品粮基地的农业技术推广体系进行了初步建设外，其余 7 个县还十分缺乏进行农业技术推广的基本条件，远不能满足实际要求。在农田水利建设方面，"六五"期间虽然在原 6 个商品粮基地县进行了一定的投资建设，但从总体看，水利建设仍很落后，洪涝灾害是生产的主要威胁，现有 41 座中型水库，有 26 座为年久失修的病险库。为了保证基地的高产稳产必须建立一个以治涝为中心的农田水利排灌体系。从农业机械化服务体系来说，尽管目前农村劳力过剩，土地经营规模狭小，但不能由此否定建立农业机械手段。农业机械化不仅有提高劳动生产率的作用，而且提高土地生产率的作用十分显著。对于发展商品生产来说目前大多数农民的商品意识仍很淡薄，难以适应发展商品生产的需要，建立农业经营管理服务体系，帮助农民树立成本价格观念搞好户内核算和簿记管理，也是建设的一个重要组成部分。

　　在"七五"期间，各个子体系的建设都有自己的主要内容。良种繁育推广体系的建设应以玉米育种为主要突破点，初步形成一个具有高产稳产性能的品种系列并基本形成从育种到生产、经营的良种繁育推广体系。鉴于目前基地的现状和农村经营形式的特点，农业技术推广体系应把推广工作的基本条件作为主要建设内容，初步形成一个以县为中心、乡为纽带、村为重点、科技示范户为骨干的农业技术推广体系。农田水利体系建设应在兼顾西部抗旱灌溉的同时，以排治涝为中心，以全部耕地达到十年一遇的除涝标准为目标，初步形成一个从江河堤防到水库蓄洪和农田排灌的农田水利排灌体系。农业机械化服务体系应以提高土地生产率为基本目标，重点抓好机耕、机播、玉米覆膜、秸秆还田、良种加工等生产环节的机械化，注意发展农机具的专业化与社会化的经营和使用形式。农业经营管理服务体系应在基层经营管理队伍建设的基础上，以提高农民运用经济合同的能力和搞好户内核算为主要内容。

　　玉米生产体系建设必须要满足三个方面的要求，即有利于高产稳产，有利于发展商品生产，有利于综合经营。第一，从有利于高产稳产看，是进行玉米体系建设的最基本目的。这3个体系都可以从不同角度影响玉米产量的提高和稳定，而每个子体系的建设都不仅有利于高产，还要有利于稳产，实现二者的统一。从玉米良种繁育推广体系来看，品种仅有高产性能，但缺乏抗逆性，有利于稳产也是不足取的。对农业机械化服务体系来说，即可以提高劳动生产率，又可以提高土地生产率，但从目前来看，则主要是提高土地生产率，重点是要采用有利于增产的机械技术，而不是单纯替代劳动力。第二，生产体系建设要有利于发展商品生产。从玉米良种繁育推广来看，不应当单纯从品种的生产性能和生态适应性来育种和引种，还要从市场需求出发，从使用价值结构上开发玉米新品种，有利于提高产品的市场占有率。从农业技术推广来看，不仅要着眼于产中的技术推广，还要着眼于产前、产后的技术推广。第三，玉米生产体系建设应有利于综合经营。全面地讲，所谓玉米生产体系也应是基地的种植业生产体系，因而各个子体系的建设要在以玉米为中心的前提下，开展综合服务。具体讲，5个子体系的建设不仅要保证玉米生产，同时还要有利于经济作物、水田作物和其他旱田作物的发展，有利于种植业资源的全面开发利用。

5个子体系的建设实质是从农业劳动对象、手段、条件、经营管理等方面系统地强化基地的生产功能。从目前的实际需要来看，主要是搞好这5个体系的建设，当然随着基地建设和商品经济的发展，玉米生产体系也将不断趋于完善。

总括本部分以上讨论内容，要强化基地生产功能，提高玉米供给水平，必须把当年增产措施和长远的基本建设结合起来，把新单项增产途径与系统化建设结合起来，否则难以实现基地建设的预期目标。

2.4　稳定农民种粮积极性的对策

前一部分对提高玉米供给水平的探讨，仅局限于生产的物质条件方面，或者说只是对生产的客体的研究。然而，物质生产过程都是生产客体与生产主体的结合，因此还必须对生产主体展开分析和对策。这里对生产主体的分析主要是就农民的种粮积极性而言。

2.4.1　农民种粮积极性的分析

生产积极性是生产主体的生产经营活动的倾向性，其实质是一种利益驱动关系。那么农民玉米生产积极性的实质就是农民对生产玉米所带来的经济收入的反应。稳定农民玉米生产的积极性就是要在经济利益的天平上，平衡玉米生产收入与其他各业生产收入的关系。因此，分析农民玉米生产积极性高低与否以及稳定农民玉米生产积极性的方式，就要分析目前玉米生产的成本收益关系以及农村的比较收益结构。

根据省物价局对榆树、农安等 8 个基地县的成本调查，1986 年种植玉米每亩净产值为 119.84 元，水稻为每亩 178.32 元，高粱为每亩 44.95 元，大豆为每亩 69.06 元。除水稻比玉米收益高之外，玉米收益在几大作物的收益排序中处于显著突出的地位。由于水稻受土壤、水源以及栽培技术的限制，使其扩大种植面积有限，因此，在粮食作物中，生产玉米的积极性最高，种植面积最大。

玉米同经济作物的收益进行比较也同样处于十分有利的地位，基地内可种植的经济作物主要是甜菜和葵花。1986 年物价局调查点每亩甜菜净产值为 54.24 元，比玉米低 54.74%；葵花每亩净产值为 32.06 元，比玉米低 73.25%。

同畜牧业比较，1986 年省物价局对梨树、农安、扶余等 4 个养猪专业户调查，每户平均养猪 42 头，每只肥猪净收入为 49 元，每户养猪年净收益为 2 058 元（肥猪以当年出栏计）。如果按生产粮食农户的平均耕地 20.62 亩计算，70% 耕地种植玉米，仅玉米一项净收入即可得 1 730 元（每亩净收入按 119.84 元计算）。其余耕地的大豆和高粱净收入的平均数计算可得 352.60 元，总计粮食收入可达 2 082.60 元，比养猪收入高 24.60 元。

由上可见，粮食生产在农业内部各生产部门的收益比较中，处于十分有利的地位。但粮食生产同其他非农产业的收益相比，却相形见绌。根据 1984 年 13 个县的各类专业户的收入调查统计，如果粮食专业户家庭年纯收入为 100 的话，工业专业户家庭年纯收入则为 128，运输业专业户则为 137，建筑业专业户则为 131，商业、饮食服务业专业户则为 88。除商业、饮食服务业专业户的年家庭纯收入低于粮食专业户外，其余均显著高于粮食专业户。商业、饮食服务业专业户年家庭纯收入虽然低于粮食专业户，但仍大大高于一般农户。

粮食生产的收益与其他非农产业的收益进行比较，虽然处于不利的地位，但从基地县整体来看，农民对粮食生产的热情并未出现低落现象。而且从 1986 年年末玉米提价以后，农民对粮食生产，特别是对玉米生产的积极性出现高涨的趋势。1987 年农民对土地投入又有新的增加，据省城乡抽样调查队对榆树、农安等 20 个县份生产资金抽样调查表明，1987 年年初农民家庭准备生产流动资金户均 1 213 元，比 1986 年增加 285 元，增长 30.7%，其中用于农业生产流动资金为 774 元，比 1986 年增长 33%。由此可见，农民这种种粮热情正是几年来粮食产量迅速增长，高产玉米作物一再扩大的内因所在。在全国普遍出现粮食生产萎缩的形势下，基地县农民仍然保持这种对粮食生产的热情，表现了基地县农业生产的特殊性。

形成这种特殊性的主要原因是，第一，基地县人均耕地多，高产作物玉米比重大，粮食生产水平高。近年来粮食单产和收入不断提高，成为基地县农民的主要经济支柱。1986 年，基地县每亩粮食单产水平为 327 千克，比全省高21.5％，比全国高 40.9％；基地县的玉米亩净产值比全省的90.24 元高32％，比全国的 52.30 元高 1 倍多。1986 年农村经济总收入中，基地县的种植收入比重占 69.68％，其中粮食总收入比重为 61.84％，粮食生产成为农民经济收入的主体。第二，基地县产业结构较为单一，非农产业就业机会小，在农民的心理平衡中容易倾向于多数人的经济行为，因而在大多数人都务农的情况下，对现状心安理得。第三，农民有一种求稳心理。非农产业尽管收入高，但市场风险大。而在目前粮食生产中，只要对土地增加投入，就可获得较为可观的收入。由于以上种种原因，使基地县的农民对土地投资，对粮食生产仍保持较高的热情。

从现状来看，农民对粮食生产的积极性是较高的，但从建设一个稳定的大宗的玉米生产基地看，农民这种高涨的积极性不具备稳定的基础。而且从目前已显示的种种征兆看，这种积极性面临着严重的后劲不足。因此，把现状和未来联系起来对农民种粮积极性的分析，可以说农民的种粮积极性处于一种高而不稳的状态。所以，对农民种粮积极性应采取的对策不是如何继续提高的问题，而是如何稳定的问题。

农民种粮积极性不稳的危机来自这样几个方面的因素。第一，粮食生产成本提高，种粮收益下降。粮食成本提高主要有这样几重因素的作用，一是农用生产资料提价。从 1984 年开始，农用生产资料价格指数上升明显加快，以1983 年为 100，则 1984 年为 109.5、1985 年为 119.8、1987 年为 122.4。二是贷款利率提高。1984 年全省贷款利率由上年的 5.76％提高到 8.28％，1985 年又提高到 9％。三是农业税增加。1985 年农业税改征代金后，全省农业税平均提高 25％。粮农支出增加使粮食成本提高，经济效益下降。从对梨树县农户成本的典型调查材料来看，1986 年的亩物质费用比 1983 年提高 16.4％，百千克主产品成本提高 20.7％，玉米生产成本显著增加。第二，粮食增长速度由超常规增长转为常规增长。种粮收益增长速度放慢并且与其他产业收益的差距开始拉大。近年来由于联产承包责任制的落实，先进科学技术的采用以及我国多年来农田基本建设工程已开始发挥作用等多重因素的作用，使粮食产量呈跳跃性增长。粮食产量的增长一方面依靠高产玉米作物面积的扩大；另一方面依靠单产水平的提高。从目前看，高产玉米作物的比重已超过临界点，单产方面虽然中低产地块仍有增产潜力，但从总体看，单产不会出现跳跃性的增幅。特别是在玉米良种没有出现新的突破之前，更不会有大的进展。因此，那种靠粮食增长速度所维系起来的种粮积极性，将会随着粮食增长速度的放慢而趋向弱化。而且在前几年中，农民经营活动的兴奋点主要集中在粮食生产上，随着非农产业就业机会的扩大和收入的提高，将会对粮食生产产生一种离心力。这种离心力将会产生双重作用，一是促进农村分工分业的发展，从而促进土地相对集中。二是会对粮食生产产生冲击，冲淡人们对粮食生产的积极性。第三，流通环节与生产环节不相适应，农民卖粮难问题尚未从根本上解决。由于农民不能及时把产品转化为商品，影响了来年的再生产顺利进行，从而影响了农民的种粮积极性。第四，农民的种粮积极性是通过一定的物质载体表现出来的，它集中地体现在农民对土地的投入方面，然而，由于单一的经营结构，使农民的投入资金来源少，而基地内的乡村经济内部几乎不具备以工补农建农的能力。因此，目前的这种种粮积极性实际是缺乏物质载体的、基础不稳的积极性，在粮食生产日益依靠物质投入的形势下，这种积极性一旦不能与实际物质投入相结合，就不可能有效地转化为现实的生产力。

2.4.2　稳定农民种粮积极性的对策

生产者是生产力的主体，要保护和强化农业生产力，提高粮食生产水平，从根本上说必须在国家、地方、农民三者利益统一的前提下保护农民的种粮积极性。保护和稳定农民的种粮积极性应从生产和分配两个方面共同采取对策。从生产方面看就是要通过提高粮食生产水平来增加粮农收入，从而稳定农民的种粮积极性。具体来说，包括两条途径。一是要实现内涵扩大再生产，即走集约化经营道路。通过采用先进的技术和增加投入，努力提高单产水平，降低单位产品成本，提高单位产品收益。二是走外延扩大化再生产道路，扩大土地经营规模，提高劳动生产率。分配方面是指宏观上的价格分配。一是随着社会劳动生产率的提高和价格的总体改革，逐步提高粮食价格，改变目前粮价过低的局面。二是控制农用生产资料价格增长速度，使其增长速度低于粮价增长速度，控制粮食成本由于非生产因素所形成的增大。

在生产方面，通过提高单产水平而使粮农收入增加，在客观上存在很大限制，换言之，在现在的经营规模下，单产水平可能提高的部分，不会给粮农带来可观的经济收入。在粮食生产中土地经营规模狭小是造成粮农收益低的一个重要因素。因而从发展趋势看，必须扩大土地经营规模，但是由于我国的特殊国情，使土地相对集中过程必然是一个较长的历史过程。企图在短期内扩大农户土地经营规模，并通过扩大土地经营规模来全面提高粮农收入，不具备直接的现实性。这种国情的特殊性表现在：第一，我国农业劳动力严重过剩，这种过剩与城市劳动力过剩同时并存。这个国情使城市本身对农村过剩劳动力基本不具备吸纳能力。农业劳动力转移主要依靠农业内部的资金积累来实现，从而势必延缓农业劳动力转移过程。在近期内，即使农业劳动力可以较快地向非农业转移，但是这种转移引起的直接效应往往不是土地的转让和相对集中，而主要是减少劳动力的过剩，提高劳动力利用率。第二，土地以外的就业机会和收入并不稳定。尽管一部分农民已在非农产业中从业，但并不愿意转让土地。第三，现有土地管理制度很不完善，尚未建立健全一套行之有效的促进土地转包的管理制度，农民对转包土地尚存在很大后顾之忧。第四，在农业合作化以前，中国一直实行土地私有制，农民对土地存在较强的依赖心理，尽管土地私有制度已经废除，但这种传统意识仍有较强的影响作用。在现今，对绝大多数农民来说，土地仍是基本谋生手段。土地的分户经营，事实上加强了农民对土地的依恋感，从而成为土地集中过程中农民心理上的障碍因素。第五，基地县综合经营落后，产业结构单一，缺少农业劳动力大量外部转移的外部条件，进一步加大了土地相对集中的困难。

由上分析可见，扩大土地经营规模在客观上存在许多限制因素，使土地经营规模的扩大在短期内难以实现。现实可提供的选择是，一方面要积极创造农民向非农产业转移的内在机制和外部条件，加速土地相对集中的进程；另一方面要面对现实约束条件在土地经营尚不能达到适度规模的情况下，扩大粮农土地以外的收入来源，提高粮农收入水平和再生产投入水平，从而稳定粮农的生产积极性。具体对策：第一，不断完善土地管理制度，实施有利于土地转包的管理措施。具体设想是，对转包土地的农户确定20年不变的土地经营权。在此期间内，农户有重新承包土地的经营权，并保证承包数量不减质量不变。同时对于弃耕和变相弃耕的农户采取经济制裁和没收承包土地的限制措施。第二，调动和稳定农民种粮积极性，必须从区域经济整体发展的高度，采取迂回前进、综合治理的对策。在抓粮食生产的同时，大力抓多种经营从而在建立有利于粮食生产的内循环机制的同时，建立有利于城乡之间、农业与非农业之间的生产要素流动的外循环机制。以推进农业劳动力的离土转业。第三，在创造有利于土地集中的外部环境的同时，重点扶持和发展一批粮食生产专业户。如果1990年能发展一批户经营土地50亩粮食专业户，每亩纯收入以62元计算

（1980 年不变价格），从土地上可得 3 100 元收入，若土地以外收入占家庭收入的 20%，家庭纯收入可达 3 800 多元，人均纯收入可达 800 多元，可使粮食专业户具有较高的收入水平和较强的竞争能力。第四，对于绝大多数农户来说，土地经营兼业化将是一种长期的格局。因此，积极发展和促进农户的兼业经营是提高粮农收入水平和再生产投入水平的主要对策。在目前来说，扩大农户经营规模主要是扩大农户的兼业经营规模。农户经营的兼业化主要表现为两种形式。一是随着兼业经营的发展实行家庭内部分工，部分劳动力务农部分劳动力务工（商）。从而在家庭内部提高务农劳动力经营土地的规模。这种户内的土地转移为户间的土地转移准备了条件。二是务农劳动力利用土地劳动以外的剩余时间经营它业。在基地内，由于一年一季作物，季节性劳动力过剩是造成劳动力浪费的一个重要原因，因而发展农闲时间的兼业经营具有十分重要的意义。随着兼业经营的发展，土地经营收入在家庭经营收入中的比重势必趋向缩小，但只要使土地经营的每个劳动日的净产值不小于其他各业的净产值，就不会降低对土地投资的积极性。随着农村分工分业的发展，市场竞争机制引入农村经济内部，土地经营水平及其收入势必要拉大距离，一部分土地经营水平较低的农户将逐渐放弃土地，转营他业，从而使土地向种田能手集中。土地经营兼业化是最后达到土地相对集中，扩大土地规模的必经阶段。兼业经营实际上也是在家庭经济内部实行以工补农建农。搞好了兼业经营实际上也就为提高农民对土地投资的积极性创造了物质条件。因此，促进农户经营的兼业化应成为现阶段的重要对策目标。

通过发展生产来提高农民的收入水平，固然是根本性的措施，但在发展生产的同时也不能忽视分配方面的因素对农民收入及其种粮积极性的影响。所谓分配方面的因素主要是指价格因素，即价格是怎样调节社会各部门、各集团之间的利益分配的。价格的运动方向和变化速度直接影响农民的收入水平。价格一方面是农产品的售出价格，在这里主要是指批粮食价格。另一方面是农业生产资料的购入价格。如果农民的"卖价"增长速度大于"买价"增长速度，就会有利于增加农民收入，反之就会减少农民收入。无论是"卖价"的变动，还是"买价"的变动都受到若干限制因素的制约。问题是怎样在协调各方面利益的基础上，有效地克服限制因素，使价格向着有利于增加农民收入的方向变动。粮价过低是造成粮农收入低的一个重要因素。特别是在吉林省，粮食价格历来较低。因此，提高粮食价格是提高粮农收益的一个重要途径。然而，粮食是牵涉国计民生的最基本生活资料和生产资料，粮价的升降会发生牵一发而动全身的效应。1986 年以来，北方主要粮食作物提价，一方面是畜产品成本提高，畜牧业出现萎缩局面；另一方面是以粮食为原料的产品的价格轮番涨价，加重了消费者负担。可见粮价调整困难重重，短期内难以实现根本性的转变。必须随着以粮食为原料的生产部门劳动生产率的提高和整个社会劳动生产率的提高逐步提高粮食价格，使粮价与其他产品的比价关系趋于合理。粮价过低，而又不能在短期内进行根本调整，这是现实中的一个突出矛盾。对于基地建设有意义的是整个宏观粮食价格水平的提高，而不是基地本身价格水平的提高。值得研究的是，在市场竞争机制日益引入农村经济内部的形势下，作为向全国和国际市场的玉米生产基地所应采取的价格策略。随着农业商品经济的深入发展，市场竞争将越来越激烈。市场竞争集中表现为价格竞争。无论在国内市场还是在国际市场，商品粮基础必须走以价格取胜的道路。因此在粮价策略中，玉米基地必须保持相对低价优势，否则就不会赢得市场。1986 年玉米提价后，虽然缩小了吉林省同其他省市的价差增加了农民的收入，但同时也削弱了自己产品的竞争能力。经过远距离的南运，到达南方市场后，已无优势可言。基地只能在全国宏观的粮食价格水平全面提高的过程中，从提价中获益。否则，单纯提高自己产品的价格，无疑是自掘坟墓。

提高粮价旨在提高粮农收益，而降低单位产品成本同样可以提高粮农收益。因此，在调整粮价的过程中，同时调整农用生产资料的价格，使农业生产资料价格呈下降方向运动。或者农业生产资料价格增长速度低于粮价增长速度，就可以收到提高粮农收益的效果。值得注意的是，目前农业生产资料价格上涨过速，成为加大粮食成本、影响粮农生产积极性的一个重要因素。据榆树县农机部门反映，1983 年东方红 75 型拖拉机每台 13 500 元，铧犁 1 420 元，BTC 播种机 1 380 元，1986 年分别上涨了 36.6%、99.4%、121.5%，同期水费也上涨了 166.7%。另据公主岭市朝阳坡乡反映，化肥（二铵）价格 1986 年与 1983 年比较，上涨了 64.3%，而同期玉米收购价仅上涨 10%。如不及时采取措施，对农用生产资料价格进行控制，势必降低农民种粮积极性。对玉米生产基地必须采取有别一般农区的农用生产资料价格政策。从目前来看，要切实保证"三挂钩"政策的落实。从长远看，在农用生产资料供应方面，必须采取行之有效的保护性措施。一是对主要农用生产资料，例如化肥、农药、柴油等要保证 70%～80% 的平价供应，缩小议价供应范围。二是国家应从宏观全局上调配主要农用生产资料的需求量。玉米生产基地建设是在国家总体计划之下进行的，玉米出口创汇的 75% 由国家安排使用，因此，基地建设中所需要的主要生产资料由国家从宏观上调配，保证基本需要量是情理之中的。三是在搞好农用生产资料流通的同时，要努力减少生产资料多层次多环节的经营，防止层层加价、平转议现象的发生，严厉打击农用生产资料的投机倒把行为。四是为确保农民利益不受侵犯，建议建立农用生产资料流通法。通过法律控制农用生产资料的不法经营和对农民的巧取豪夺。

提高粮农收益、保护农民种粮积极性，必须从生产和分配两方面同时采取对策。无论是生产方面的对策还是分配方面的对策都各自存在自己的局限性，企图通过一方面的对策而稳定种粮积极性是不现实的。发展生产是提高农民收入的根本途径，但也不能忽视分配方面因素的作用。在分配方面，若不能采取有效措施保护农民利益，同样不能调动农民种粮积极性。

2.5 综合经营是玉米生产基地建设的根本出路

如果把农村经济看作一个大系统，那么种植业则是大系统中的一个子系统，而玉米生产又是种植业经济系统中的一个子系统。玉米生产与种植业系统中的其他子系统以及农村经济大系统中的其他系统之间存在着相互制约、相互依存的内在联系。玉米生产的发展受农村经济系统内部结构的合理性及其功能的强弱的制约。因此，玉米生产基地建设，不仅要从纵向的角度，把玉米生产同流通、消费统一起来考虑，还要从横向的角度把玉米生产同其他作物、其他部门、其他产业的发展统一起来考虑。从系统的相互制约相互依存的关系中，建立玉米生产的动力机制，寻求玉米基地稳定发展的途径。概而言之，基地建设必须走综合经营、整体发展的道路。

2.5.1 综合经营的客观依据

综合经营是基地建设的客观要求。第一，从生态平衡的意义上看，单纯种植玉米，不利于合理利用生态系统内部的生物能量循环，容易造成土壤有机质下降，肥力衰退，土壤板结，容易发生病虫害。因此，从种植业这个层次来说，实行综合经营，建立合理的种植业结构，对于保护农田生态平衡是十分必要的。第二，从农业生产合理布局的角度讲，农产品生产基地应当是一个综合发展的复合基地。玉米的主要用途是用作饲料，按着合理布局的原则，在玉米生产基地上必然要相应建立畜产品生产基地。玉米除用作饲料外，还有其他许多用途，是食品工业和轻工业的原料。而畜产品生产出来之后，也要进行多种形式的加工。特别是随着人民生活水平的提高，以加工形式进入消费的畜产品将越来越多。因此，在玉米生产基地上，就可相继形成畜产品生产基地和食品加工基地。构成一个多元复合的专业化农产品商品生产基地。第三，实行综合经营也是满足土地资源利用结构和社会需求结构的需要。不同的土地资源具有不同的用途，特别是在一个较大的区域内，土地资源用途的差异尤为明显。从基地内部来说，有1000多万亩易涝耕地，其中1/3易于开垦水田。与其这部分土地种玉米，不如种水稻，这样既可以稻治涝合理利用土地资源，又可以提高农民收入水平。进一步从满足社会需求的角度看，发展畜牧业，仅有玉米这类淀粉饲料还不够，还需有大豆蛋白饲料。目前吉林省饲料转化率低，一个主要原因就是蛋白饲料短缺，满足不了牲畜生长需要。第四，从提高粮食生产投入，增强粮食生产后劲来说，也必须实行综合经营。在产业收益比较中，粮食生产收益处于较低的地位。特别是在粮食价格较低、土地经营规模狭小的约束条件之下，粮食生产收入不会有大幅度提高。要提高粮食生产的投入水平，必须通过发展综合经营提高农民的收入水平从而在集体经济内部和农民家庭经济内部建立以工补农建农的机制。第五，从出口产品结构高级化的角度看，必须实行综合经营。目前玉米均以原料形式出口，效益很低，为了提高玉米创汇水平，必须加工增值再出口。这就要求在发展玉米生产的同时，发展畜牧业、食品加工业、饲料工业以及其他加工业。

通过上述分析，可将粮食生产同综合经营之间的内在联系以图2-1的形式体现。

图2-1中具体反映了建立种、养、加相结合的多元复合农产品商品生产基地的客观必要性及其内在联系。从粮食生产内部看，大豆和玉米结合生产有利于轮作换茬，满足农田生态平衡要求。同时，从玉米的主要用途即作为饲料业看，与大豆存在互补关系，二者互为对方创造消费条件。从粮食生产外部看，粮食生产为畜牧业和农产品加工业提供了原料，而畜牧业和农产品加工业又为粮食生产的进一步发展创造了条件（提供肥料、转移剩余劳动力提供补农建农

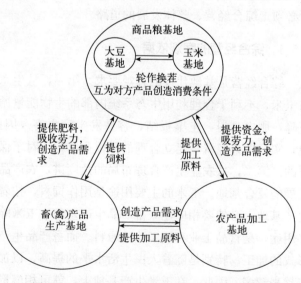

图2-1　粮食生产同综合经营之间的内在联系

资金、创造市场需求等）。可见，开展综合经营，建立以玉米生产为基础的多元复合农产品商品生产基地，不仅可满足专业化与综合经营相结合的原则，而且也是实现经济效益、社会效益、生态效益相统一，国家利益、地方利益、农民利益三兼顾的有效手段。因此说，综合经营是基地建设的根本出路。

2.5.2 综合经营的现状分析

在吉林省中部开展综合经营，建立多元复合的农产品商品生产基地的必要性是毋庸置疑的，然而就基地现状而论，综合经营却十分落后。在 13 个县（市）的产业结构中，农业产值的比重大，工业产值的比重小。1986 年是 6.95∶3.05，同 1978 年的 6.79∶3.03 相比基本没有变化。在农业内部结构中，种植业产值比重大，林牧副渔产业比重小，1986 年是 6.64∶3.36，同 1978 年的 7.9∶2.1 比较没有发生根本变化。在种植业中，粮食作物比重偏大，经济作物比重过小。1986 年，在农作物总播面中，经济作物播面占比重仅为 4.86%。在粮食作物中，玉米种植比例过大，占粮食作物总播面的 59.4%。畜牧业落后，生猪出栏率 1986 年为 76.4%，低于全国平均水平（78%）。

可见目前基地经济结构现状是：产业结构中偏重农业、农业中偏重种植业、种植业中偏重玉米的层层单一的畸形结构。这种单一化的经济格局是基地经济发展穷困的根源，也是基地粮食生产不稳的主要原因。第一，单一经营使基地县经济发展落后于全省平均水平。按 1986 年的人均产值比较，基地县与全省平均水平比较如下：工农业产值低 33.5%，农业总产值低 0.4%，多种经营产值低 15.7%，乡镇企业产值低 13%，第二，从富裕程度看，基地县的财政比较穷，人均收入处于徘徊状态。全省财政补贴县共有 28 个，这 13 个县中就有 12 个，年补贴定额占全省县级定补的 43%，全省定额补贴 700 万元以上的县，都集中在这 13 个县内。1986 年农民人均收入，13 个县中有 8 个县低于全省平均水平。人均储蓄全部低于全省平均水平，拖欠贷款 6.3 亿元，占全省的 54%，人均 82.44 元，高于全省平均水平。第三，单一的农业生产结构，经不起自然灾害的打击，粮食生产缺乏稳定增长的基础。1985 年基地县人均收入为 328.77 元，比全省平均水平 384.5 元低 14.5%，比 1984 年降低 36.34%，这种收入的不稳定性势必影响农业再生产的顺利进行，不利于粮食的稳定增长。第四，单一的种植业结构形成了不合理的饲料结构，限制了畜牧业的发展。玉米面积过大，大豆面积过小，使蛋白质饲料严重不足。由于饲料结构不合理，尽管每只猪喂不少，但饲料报酬率却很低。1 千克猪肉要消耗 8~10 千克粮食。目前从全省范围看，尚短缺蛋白质饲料 45 万吨。不改变现有的种植业结构，就难以形成合理的饲料结构，从而也就难以提高畜牧业饲养水平和经济效益。

从根本上说，这种单一的经营结构并不利于玉米生产本身的发展。在客观上产生了一种"自抑制效应"。从投入看，单一经营使农民收入水平低，从而降低了再生产的投入能力。从需求看，单一的种植业结构造成了不合理的饲料结构，限制了畜牧业的发展。畜牧业是消费玉米的主要生产部门。畜牧业落后，势必减少玉米的需求，从而限制了玉米生产的发展。可见，在商品经济条件下，玉米生产不可孤立地发展，其发展的条件寓于农村经济以至城乡经济的协调发展之中。

何以造成了基地县的单一经济结构，其原因是多方面的。首先，从领导意识看，多年来在以粮为纲的影响下，领导决策的注意力主要集中在粮食生产上。玉米作为高产作物，中部地区具有适合玉米生长的良好自然条件，因而扩大玉米面积，提高玉米单产成为创粮食生产高指标的主要手段。尽管近几年来"以粮为纲"的方针已进行了纠正，但是那种农业即粮食，粮食多则政绩著的观念仍作为一种潜意识活动于领导的思想中。其次，单一结构的形成还由于良好的自然资源条件对农民所形成的惰性心理反射作用。中部基地县位于松辽平原，水、土、光、热条件好，而且人均土地多。在目前的生产条件和收入水平上，土地足以解决农民温饱问题。而农民又具有传统的求稳自足心理，这就使农民自安于田垄之得，缺少向非农产业发展承担商品经济风险的勇气和动力。从外部条件看，尽管这13个县（市）多数围绕在吉、长、四、辽等主要城市周围，但这些工业企业中有相当一部分自身尚处于吃不饱状态。从工业结构看，以行走机械和重化工业为主体，缺少对乡村的辐射能力和对农产品的加工转化能力，因而使农村商品经济发展缺少来自外部的催化力量。从价格政策上看，不合理的比价关系对单一的经济结构的形成也起到了推波助澜的作用。1986年北方玉米大豆的提价旨在鼓励农民种粮积极性，但玉米、大豆价格的提高，在本来比价关系就不合理的基础上，进一步加剧了这种不合理性。

2.5.3 综合经营的对策

综合发展落后是多重因素造成的。因此，改变现状，全面发展基地的商品经济，建立多元复合的农产品商品生产基地必须从多条途径上寻找对策。领导意识的转变是首要的关键性的转变。对领导者政绩的考核要从粮食指标方面转移到结构功能指标和财政收入指标方面来。在宏观决策上，要把基地内的城乡经济建设统一起来对策。现代化的农产品生产基地，决不仅是原料生产问题，要把种植业和加工业统一起来抓，以城市经济促进乡村经济的发展。在价格政策上，要实现结构性价格政策，即农产品价格调整必须从各种产品的内部比价关系入手。不要只看到单一价格高低对生产者的收入的影响，还要看到某一价格调整后，对资源合理配置的影响，对其他生产者所产生的传递效应，以及对自身是否会产生"自抑制"效应。

玉米生产基地的综合经营应从两重含义上进行理解，一是以玉米为原料的综合经营。开展玉米产品的综合开发，深度开发，建立粮豆结合、农牧结合、种养结合的多元复合商品生产基地。二是在更广阔的意义上的综合经营，即大力发展农村的第二、第三产业。仅有前者是很不够的，后者的发展对于促进基地经济的高速循环，扩大非农产业就业机会，促进土地集中，提高农民收入是必不可少的。

关于建立多元复合基地的必要性前已述及，进一步需要考虑的是建立这些基地的可能性及其可实现的规模。大豆生产的可能性已无须多加论证。基地内13个县（市）历史上就是传统的大豆之乡，只不过由于玉米高产作物的发展，挤掉了大豆面积，使大豆生产趋于衰落。大豆面积的减少主要有四方面原因，一是从领导意识看，重视粮食数量，而不重视粮食作物内部的构成。二是科技政策本身偏重于玉米，致使主要科研投资都投放在玉米上。三是从价格看，玉米价格比较有利，玉米亩收益显著高于大豆。四是由于玉米产量高，农民热衷于种植玉米，把化肥主要投向玉米，使大豆处于受虐待的地位，从而又进一步加剧了大豆的低产和低收益。由此看来，大豆的衰落基本上都是主观原因造成的。增加大豆种植面积的主要限制因素是：第一，大豆面积的扩大，势必要影响粮食总产量增长。因此，大豆面积的扩大必须在粮食单产有明显提高，粮食总产不下降，并有稳定增长的前提下逐步扩大。第二，农民对大豆生产的积极性。由于大豆每亩纯收益低于玉米约 36.4%，农民不愿种大豆。在商品经济条件下，要使农民对大豆生产有积极性，必须使农民从大豆生产中获得较显著的经济效益。对第一个限制因素的解决办法，不能求之过急，要随着粮食单产水平的提高分阶段的逐步调整。就第二个限制因素来看，提高大豆收益的办法一方面要对大豆收购价格调整，另一方面要提高大豆单产。根据玉米增产经验，提高大豆生产水平关键是依靠科学技术和物质投入。同时，要改善大豆栽培条件扩大清种面积。那么，基地县的大豆面积应保持在何种比例为合适呢？从理论上说，确定大豆种植面积，一是从轮作换茬考虑，若是实行玉米—玉米—大豆轮作，大豆面积以占粮豆总面积 30% 为宜。二是从发展畜牧业对蛋白质饲料需求来看，目前全省蛋白质饲料的缺口为 45 万吨。如到 1990 年缺口达到

50万吨，按基地完成全省蛋白质饲料的55%计算，需多种植196万亩大豆，大豆总面积将达到52万亩，约占粮豆面积的16.9%。显而易见，在现实的约束条件下，不但30%的指标无法达到，而且16.9%的指标也难以实现。如果到1990年增加105万亩大豆面积，则可望把目前的10.5%的比重提高到14%。因此，建立粮豆结合的商品粮基地，在"七五"期间内只能创造一个开端，合理结构的形成，还需要较长时间才能完成。

把玉米生产基地同畜产品生产基地建设结合起来，是否具有可能性？这是值得进一步论证的问题。从基地内畜牧业结构看，以养猪业为主，羊和牛近几年有一定发展，但所占比重仍然很小，如果以羊的只数为1的话，牛的头数为1.5，猪的头数为6.9。这种以养猪为主体的畜牧业，近几年来一直未能繁荣起来。畜牧业发展不景气的原因主要有5个方面。一是东北气候寒冷，冬季长，在长达半年的冬季里，猪生长很慢，甚至是处于维持状态。因此，饲养周期长，饲料消耗大。出栏率仅为70%多，比世界平均水平还低20个百分点。二是缺少适合本地繁育的畜禽品种，畜禽耐寒耐粗饲能力和抗逆性差。三是饲养技术落后，目前大多数农民养猪仍然停留在传统饲养方式上，因而饲料报酬率很低。四是流通环节不畅，信息不灵，卖难现象周期性发生。五是饲料价高，饲养成本上升。特别是1986年玉米和大豆提价后，养猪饲料成本由1.00元上升到1.41元，上涨41%。每头猪纯收入由47元下降到39元左右。

从诸多限制因素分析来看，对畜牧业的发展并不能构成绝对限制。气候因素方面的障碍通过先进的科学技术和饲养方式同样可以解决。例如在实践中已被一些农户采用的塑料大棚养猪，以及直线育肥法，对于缩短饲养周期，提高冬季饲养效果，提高饲料报酬率具有明显效果。据调查，梨树县梨树镇八里村农民袁国富，采用扣塑料大棚直线育肥法，缩短了饲养期，减少了饲养消耗，每头猪盈利高达111元。如果农民都能采用这种简便易行的饲养方法，并且盈利水平达到袁国富的60%，即每头猪盈利66元的话，那么养猪就会出现大的发展。从目前国家财力水平和消费者承受能力来看，企图通过价格调整的办法刺激生产者积极性，难以收到理想效果，发展畜牧业的根本出路在于先进的科学技术。

养猪业作为畜牧业的主体还将长期存在，但是目前的畜牧业结构不尽合理，草食动物所占比例小。从奶制品看，乳产品在省内占据很大市场。发展草食动物，饲料报酬率高，容易收到较高的经济效益，同时有利于扩大综合经营范围，提高农民收入水平，可为轻工业和食品工业的发展提供更多的原料，为农民离土经营创造条件。

　　在玉米大豆基地基础上，仅建立畜产品生产基地是很不够的，根据现代商品农业发展的要求，还必须发展加工业。加工业的发展应从三个方面展开。一是以玉米为主体的农产品的综合利用和深度开发，二是饲料工业，三是畜产品加工业。目前在这三方面都很落后。玉米的综合利用目前主要是淀粉，品种较少。玉米的综合利用具有广阔前途，必须注重产品品种的开发和市场开发。饲料工业的发展必须与畜产品生产基地的需要相配合，在畜牧业的发展中获得自身的发展。因此其经营方针必须要与民有利、与畜牧业发展有利。随着畜牧业的发展，还须发展畜产品的加工业，这对于提高畜产品的商品化程度，提高畜产品的价值具有重要作用。

　　种、养、加三个层次的基地建设存在着相互制约的关系。种植业基地是基础，种植业中又以玉米为基础，其他基地是在这个基础上发展起来的。离开了这个基础，其他基地建设就成了无源之水，而其他基地的发展又为基础基地创造了产品需求和进一步发展的条件，推进了基础基地的建设。因此，要从宏观决策上对三个基地建设统一规划，协调对策。

　　除搞好狭义的综合经营外，还要搞好广义的综合经营。这是由于在基地内广阔的经济空间内，还有更丰富更广大的多种资源可供开发利用。同时只有实行广义的综合经营，才能加快农民致富步伐和农村资金积累速度，以及农业劳动力转移速度。值得探讨的是广义的综合经营与狭义的综合经营之间的内在依存关系。开展广义的综合经营，可开辟更多的就业机会，促进土地相对集中，从而提高土地生产率和劳动生产率，推动狭义综合经营的步伐，扩大资金积累渠道。目前我国仍然处在农业为工业提供资金积累阶段，通过综合经营发展第二产业、第三产业，这本身就是为工业提供资金积累，这是生产要素从农业向工业流动、由乡村向城镇流动的一种方式。因此，基地建设中的综合经营切不可只强调发展农村副产品加工业，而应当是"不拘一格"，全面发展。

　　综合经营要以专业化为基础。专业化不仅是地区的专业化，而且也是农户经营的专业化，因而要在农村分工分业的基础上，发展综合经营。但应看到，我国目前农业专业化水平仍然很低，特别是农户的种植业专业化生产规模受到更多的条件限制，在较长的一段时期内不会以较快的速度发展。如前所述，农户经营的兼业化将是长期的格局。因而，不仅要在区域经济发展的层次上，建立玉米、大豆、畜产品生产、农产品加工等多元复合农产品生产基地，实现农村经济的综合发展，而且还要在微观的层次上，大力发展以兼业为特征的农户综合经营。必须同时搞好两个层次上的综合经营，才能有效地促进基地建设的发展。

2.5.4　综合经营的目标

综合经营只是一种途径和手段。通过这种途径和手段要达到一定的目标。从玉米生产基地建设来考虑，所要达到的目标主要包括农民收入目标、生态平衡目标、农业劳动力转移目标。从农民收入目标来说，综合经营要使粮农获得与从事其他产业大体相当的纯收入水平。在农民收入结构中，由于土地规模的限制，以及粮食收入在一定时期内相对较低，因此，粮食收入比重必然是下降趋势。如果按 1986 年农民的土地收入占收入比重 70% 为基数，到 1990 年土地收入比重将下降到 60%，届时全省人均收入水平为 437 元（按 1980 年不变价格计算），来自土地的纯收入可达到 262 元，那么，综合经营收入要占纯收入比重的 40%，即达到 175 元。到 2000 年土地收入在家庭收入比重将下降到 50%，届时人均收入达到 800 元，来自综合经营收入要达到 400 元。

从发展综合经营的角度看，所要满足生态效益目标主要是通过综合经营建立一个合理的农牧结构和种植业结构。农牧结构可用产值比重表示，种植业结构可用粮豆作物布局比重表示。从发达国家成功经验看，在农牧业结构中，牧业产值在 30% 以上即可满足农牧结合的需要；种植业结构中，大豆面积在 30% 即可满足轮作换茬的需要。但达到这样的结构水平还要受到社会需求和生产能力的限制。根据国情省情的约束，在本计划期内牧业可达到 22%（农牧结构），大豆面积可达到 14%。在 20 世纪末，牧业产值可达到 30%，大豆面积可达到 20%～25%。

综合经营所要达到的第三个目标是农业劳动力转移目标。因为综合经营在客观上要满足土地相对集中，扩大土地经营规模的要求。达到这一目标所用的衡量指标是非农产业的就业人数。如果在 1990 年要使一个务农劳动力的收入大体与从事其他产业收入相当的话（土地收入可占 30%），其来自土地的收入起码要在 1 250 元（以 1980 年不变价格计算），这样就要经营 20 亩以上的土地。设定在 1990 年经营土地 20 亩，那么从事非农产业的劳动力要达到 81.1 万人。在 1985 年的基础上要转移出 58.3 万人。到 2000 年人均收入 800 元的话（人民币），则要使每个务农劳动力来自土地的收入要在 2 000 多元，起码要经营 30 亩以上耕地。那么届时从事非农产业劳动力要达 190 万人，在 1990 年的基础上转移出 108.9 万人，若就业率以 85% 计算，平均每年转移 9.26 万人（包含劳动力自然增长人数）。

从上述分析中可以得出结论：粮食生产的发展离不开综合经营的发展，综合经营为粮食发展提供了资金来源创造了市场需求，为扩大土地经营规模，促进土地集中创造了条件。把粮食生产同综合经营有机结合起来，是商品粮基地建设的根本出路。

2.6 结束语

商品粮基地建设是一个十分复杂的问题，本文所探讨的只是其中的一部分。

从本文所作的讨论分析中可以得出一个总体认识：即便在粮食过剩的商品粮产区，粮食生产同样不可忽视，必须用动态的、全局的观点看待粮食生产；尽管吉林省中部玉米生产基地的生产基础相对较好，但在农民种粮积极性较高的地区，同样存在着粮食生产不稳的危机。这种危机来自生产客体和生产主体两个方面。因而必须从生产客体和生产主体两方面提出基地建设对策；根据现代农业发展的规律和现实的约束条件，基地建设必须走综合经营的道路。

粮食生产是否要抓紧，商品粮基地是否要建设，不是一个地区一个省的利益问题，而是国家利益和国民经济整体发展的问题。因此，从局部利益对粮食生产的必要性作取舍显然是十分狭隘的。反过来，国家宏观政策必须从有利于粮食产区的地方经济协调发展制定粮食生产政策。否则，无视地方利益而片面追求粮食发展，使粮食发展成为地方经济发展的包袱，这样的宏观经济政策无疑也是有严重缺陷的，而且也难以实现粮食的稳定发展。

商品粮基地不单纯是生产领域的问题，还涉及产前产后的供销能力及其基本建设问题，涉及工（业）农（业）之间、城乡之间如何有机结合问题，因此，从宏观政策上说，必须综而观之，制定一套完整的粮食政策体系。

如果能用长远的、系统的、全面的观点研究粮食生产及其基地建设问题，就有可能创造一个粮食稳定发展的有利环境。

第3章
粮食主产区的综合发展

3.1 粮食生产与农村经济的全面起飞 *

吉林省是落实家庭联产承包制较晚的省份，在 1982 年开始全面落实家庭联产承包制之后，粮食生产连年丰收，出现了跨台阶式的增长。在粮食生产大幅度增长的同时，如何进一步推进农村经济的全面发展，是农村经济发展中面临的重要任务。

3.1.1 农村经济综合发展现状及其影响

粮食生产是吉林省农业的一大优势，从 1983 年开始，吉林省粮食生产出现了超常规的增长。1984 年，粮食总产量突破 15 亿千克大关，创历史最高水平。人均占有粮食 706.5 千克，比全国平均水平高 80.9%，居全国第一位，平均每一农业人口提供的商品粮为 598.5 千克，粮食商品率达 59%，位居全国前列。1985—1986 年虽然受灾减产，但粮食商品率和人均占有粮食指标，在全国仍处于领先地位。

吉林省粮食生产取得的成就无疑是巨大的。然而，在粮食生产突飞猛进的同时，吉林省农村的综合发展却显得格外迟缓。

——1985 年，吉林省乡镇工业产值在全国的排序中，居于第 20 位，是江

---

* 原载于《经济纵横》1988 年第 4 期。

苏的 1/20，不足辽宁的 1/4。

——乡镇工业产值占工农业总产值比重，全国平均为 14%，吉林省为 6.4%，居于全国的第 20 位。

——林牧副渔业产值占农业总产值比重，全国平均为 50.2%，吉林省为 39.6%，居于全国的第 24 位。

——牧业产品商品率为 68.2%，比全国平均水平低 8.5%，居于全国的第 21 位。

——在种植业中，粮食作物占农作物总播种面积比重为 81%，其中，玉米占粮食作物比重为 51%，在吉林省中部玉米产区达 80% 左右。

由上述指标可见，粮食生产发达与综合发展落后，是吉林省农村经济发展中的一个突出问题，这一问题的存在，使吉林省农村经济陷入十分不利的地位。主要表现为：

第一，地方财力贫竭。以粮食生产为主体的单一经济结构，使农业税成为农村财政收入的主要来源。农业税一定几年不变，粮食生产又是效益低的部门，所以农村财政收入不但来源少，而且流量也很微弱。而在另一方面，为了保证粮食生产，地方财政还要拨付大量资金补贴农机、化肥等农用工业，进一步加重了财政负担，无力发展地方工商业，开辟财源，使地方经济陷入"贫血"式的经济循环。吉林省 43 个县（市、区）中，有 28 个为财政补贴县，尤其中部产粮大县，支大于收，有的竟在千万元以上。

第二，土地再生产条件恶化。吉林省农村经济以粮食为主体，而粮食中又以玉米为主体。在中部玉米产区，有的县玉米面积已高达 85% 以上。养地作物大豆面积逐年减少，1986 年种植比重仅占 10% 左右，合理的轮作倒茬耕作制度难以实行，破坏了不同作物间的能量循环利用机制，使土壤板结，地力下降。根据土肥站调查，吉林省土壤有机质含量平均每年以 0.01%～0.03% 的速率减少，土壤中氮、磷养分不足，土壤容重增大，抗御旱涝、保水保肥能力都明显减弱。

第三，农业生产后劲不足。地方财力贫竭和土地再生产条件恶化，本身已构成了农业生产后劲不足的主要限制因子。再从农户方面进一步考察，农民收入不稳，收入增长速度徘徊不前，也是农业生产后劲不足的突出表现。粮食生产是吉林省农民收入的主要来源，1985 年吉林省农民收入构成中，农业生产收入占 76.47%，而非农业生产收入仅占 15.54%，因而农民收入水平随粮食丰歉而涨落。1984 年吉林省粮食大丰收，农民人均纯收入 456.78 元，居全国第四位。1985 年粮食受灾减产，人均收入 413 元，跌落到第九位，减收幅度为 15%，位居全国之首。中部产粮大县减收幅度达到 40%～50%，农民收入大起大落，给再生产造成严重困难，不利于粮食的稳定增长。1986 年吉林省农民人均纯收入 456.7 元，与 1984 年持平，但在全国位居第九位。苏、浙、辽、黑、粤等省分别超过吉林省，这些省份超过吉林省的主要原因是，来自牧业和第二、第三产业的收入有了大幅度的增长。1986 年吉林省粮食生产水平基本接近 1984 年水平，而农民收入水平却徘徊不前，说明在目前的粮食生产水平上，以粮食生产为主要来源的吉林省农民收入水平已接近增长的极限，若不及早调整收入结构，在全国的排序中，还将继续下降。农民收入增长的极限也就是再生产投入的极限，农业生产后劲不足问题已十分明朗。

显而易见，单纯发展粮食生产，使吉林省农村经济滞留在落后的层次上。就眼下而论，吉林省粮食生产居于发达的行列，但若不通过综合发展为粮食发展积蓄后劲，发达的粮食生产也将难以为继。

3.1.2　农村经济综合发展落后的原因

粮食生产与综合发展之间不平衡状态的形成，具有多重原因，它是政治、经济、自然、地理、历史等多种因素共同作用的结果。

就政治因素而论，"以粮为纲"的生产方针虽然在理论上早已进行了纠正，但在领导意识中，对粮食生产仍然存在一种"偏爱"心理。这一方面是由于粮食生产是吉林省优势，人们存在一种"扬长""护长"的心理；另一方面，粮食生产抓了很多年，积累了不少经验，干起来比较得心应手；再一方面，从某种程度上说，"农业即粮食，粮食即政绩"还具有政治上的逻辑推理力量。特别是 1984 年粮食创历史最高水平，而 1985 年、1986 年粮食受灾减产，对领导者产生了沉重的心理压力，因而对"一个恢复"劲头大，对"两个发展"劲头小。甚至在玉米面积严重偏高的情况下，仍然把扩大高产玉米作物作为"一个恢复"的重要手段。玉米面积由 1985 年的 2 552 万亩增加到 1987 年的 3 400 多万亩，致使 1986 年经过调整的种植业结构，出现了更加严重失调的现象。

从农村经济综合发展的内在因素看，吉林省与商品经济发达的苏南、温州相比具有很大的不同。苏南和温州地区土地奇缺，人均只有几分耕地，土地经营再好，也难以改变经济上的贫穷地位，因而他们对离土经营，全面发展农村商品经济具有较普遍的社会心理和较强烈的欲望。而吉林省具有较优越的土地经营条件和较高的粮食生产水平。农业人口人均耕地 4 亩，户均耕地 19 亩，种玉米每公顷纯收入可达 900 多元，仅玉米一项，农户纯收入就可达千元以上，基本解决了温饱问题。因而较优越的土地经营条件，在客观上使农民形成了惰性心理反射，缺少向非农产业发展的内在动力，滞留于土地之上安居现状。

从农村经济综合发展的外在条件看，吉林省城乡关系松散，缺少经济实力雄厚的中心城市。科研力量较强，但工程技术人员不足，科学技术转化为生产力的能力弱。城市工业多以重工业为主体，轻工业和深加工工业落后。城市企业落后，亏损面大，扩大再生产能力不足，许多企业自身尚处于维持状态，至于对乡村企业的辐射能力就更是十分微弱了。

就农民商品经济意识来看，吉林省在历史上开发较晚，地广人稀，社会交往频率和商品交换频率都很低。既缺少城市商业中心，又缺少农村集市贸易中心，农民囿于自给自足的狭窄天地，商品经济意识十分淡薄。新中国成立以后虽然经济有了很大发展，但由于单一的统一经营的集体经济结构、统购派购的商业制度，以及人为的城乡阻隔，农民基本不具备变换身份的自由，使农民既未获得跻身于商品经济舞台的机会，又未受到商品经济的熏陶，难以形成深厚的商品经济意识，乃至于使许多农民固守田园，自安于田垄之得。

由此可见，吉林省农村商品经济落后是诸多因素合力作用的产物。把农村商品经济落后的原因仅归结于哪一方面，都会失之全面。既然如此，解决矛盾改变现状也需合力的作用，采取综合治理的方针，从多方面寻求农村经济的全面起飞。

3.1.3 粮食生产观及综合发展思路

推进农村经济的综合发展，全面繁荣吉林省农村商品经济，首先要解决"粮食生产观"的问题。

首先是如何看待吉林省粮食生产现状及其潜力。近几年来吉林省粮食大幅度增长，主要归结于三个因素：一是联产承包制全面落实所形成的政策投入效应；二是高产玉米品种不断更新换代，以及先进的栽培技术；三是前些年的农田基本建设工程开始发挥作用。目前，三个因素的增产效应已趋于平稳，粮食生产进入稳定增长时期，如果良种和栽培技术不出现重大突破，粮食生产不会出现跳跃式的增长幅度，今后粮食增产主要依靠改造中低产田，提高投入水平，而这只能是一个渐进的过程。

其次是如何确定吉林省的粮食发展战略。根据吉林省目前的粮食生产水平和增产潜力，采取就粮抓粮的正面进攻战略，往往产生欲速则不达的效果。因此，有必要从粮食生产的外部联系中，从农村经济发展的整体出发，研究粮食增长对策，就微观经济行为而论，扩大土地经营规模，提高规模效益与扩大农户收入来源，强化投入产出能力，是促进粮食发展的两个重要条件，而这两个条件都依赖于综合发展的程度。因此，采取迂回发展的战略，通过农村经济的综合发展，为粮食增长创造条件，是当前应当选择的对策。粮食生产对综合发展的依存关系，表现在综合发展可为粮食增长创造两个有利的机制。其一是以工补农的微观调节机制。即针对粮食生产效益低的特点，通过发展乡村工业来扩大农村收入来源，使乡村经济具有以工补农的能力，从而为提高粮食生产投入水平，稳定农民种粮积极性提供物质基础。其二是土地资源重新组合机制，即通过综合发展，在分工分业的基础上，加速劳动力离土经营和土地的相对集中，从而扩大土地经营规模，提高规模效益。粮食生产采取迂回发展的战略，从近期看，效果未必显著，甚至粮食生产会出现暂时徘徊的现象。但从长远来看，没有农村经济的综合发展，就不会有粮食生产的发展。

再次是如何看待吉林省农民的种粮积极性。从全国看，农民种粮积极性出现冷落态势，特别是在经济发达地区尤为突出。但从吉林省来看，虽然由于农用生产资料涨价使粮食成本提高，纯收入减少，但由于吉林省人均耕地多，粮食生产水平高，综合发展落后，所以在产业收益比较中，粮食生产收益仍具有较高水平。因而从总体看，吉林省农民种粮积极性较为稳定。特别是玉米提价后，农民种粮积极性出现新的高涨。相反，牧业生产积极性和经济作物生产积极性却显著减弱。从全面发展农村商品经济来说，农民种粮积极性不是越高越普遍越好，超过了合理的限度，势必对综合发展的积极性产生抑制效应。农村商品经济的发展需要各方面的积极性。如果农民经营活动的兴奋点过于集中，农村分工分业的发展就失去了内在的动力。对吉林省来说，主要矛盾不是农民种粮积极性低落，而是综合发展的热情不足。因而应当把在稳定农民种粮积极性的基础上，全面调动农民发展商品经济的积极性作为我们的主要对策目标。

解决"粮食生产观"的实质，是要理顺粮食生产与综合发展之间的关系，为农村经济的全面起飞铺平道路。那么怎样推进农村经济的综合发展，全面起动商品经济的车轮？笔者认为必须选择适合国情、省情的起飞战略，从吉林省农村经济实际出发，应从如下三个方面展开战略对策思考。

首先，就整体设计来说，要实行资源、产品多层次开发战略，吉林省农村经济综合发展落后，不仅仅是产业结构落后，而是在各个层次上都落后。产业结构中以农业为主体，农业生产结构中以种植业为主体，种植业结构中以粮食为主体，粮食结构中以玉米为主体，形成了多层次的单元化结构。因而单纯强调农转牧，粮食转化，或者单纯强调乡镇企业，都会有所偏废。各乡有各乡的乡情，应因地制宜地提出与本地情况相适应的发展方针。吉林省东部有许多丰富的土特产品资源尚未得到合理开发利用，这些土特产品具有价值高、创汇能力强的特点。在东部山区重点开发以人参为主体的土特产品资源，建立土特产品出口生产体系，发展外向型农业大有发展前途。在中部粮食生产区，多种经营资源较少，但具有发展农区畜牧业的优势，把吉林省畜产品生产重心放在中部，对于促进农牧结合，建立生态农业具有重要意义。而在城市郊区具有发展乡村工业的先天优势，应使乡村工业首先在城市郊区异军突起，这对于全面推进乡村工业发展具有重要的作用。总之，只有根据不同地区特点，进行多层次开发，才符合农村经济全面起飞的客观要求。

其次，在乡村工业生产方向的选择方面，要实行生产方向多元化的战略。从前我们对于乡村工业生产方向的选择，往往强调立足于农业办工业，发展农副产品加工业，这从战略规划布局意义上说无疑是正确的，但这对于竞争能力脆弱，甚至刚刚起步的乡村工业来说，却未必适宜。从农副产品加工业来看，大都是投入多、产出少、利润低，而对技术和设备水平要求很高，市场竞争激烈。吉林省曾一度办粮食转化加工业，但由于利润低、销路差、竞争不利，而导致大量亏损。从吉林省乡村企业实力看，多数都尚未完成"资金原始积累'阶段，让那些刚刚起步的乡村企业挤入城市企业尚不能竞争取胜的农副产品加工业，难免要吞食苦果。而且，仅仅从资源出发，无视市场条件和自身竞争能力而确定生产方向，这本身也不符合商品经济的客观要求。发展商品经济，生产方向必然是多元化的。就吉林省情况看，乡村工业生产方向的选择，首先必须有利于及早完成企业的"资金原始积累"。因此，乡村企业必须打破自然资源的天然格局，以市场需求为导向，按照投资少、见效快、利润高的原则，选定自己的生产方向。从宏观上看，乡村工业的生产方向必然呈现多元化的格局。

再次，在生产要素开发方面，要实行生产要素多方位引进战略。资金、技术、人才的缺乏是乡村企业发展中的主要限制因素。在自力不足的条件下，应当千方百计吸引外部生产要素。所谓生产要素多方位引进，包括两层含义：一是生产要素本身的多方位，即资金、技术、人才等多方面引进（人才方面包括技术人才、管理人才，以及熟练劳动力）。二是要素引进渠道的多方位，即乡村企业要从省内省外以至于海外多方面引进生产要素，多方面开辟生产要素引进渠道，走横向联合的路子。外部生产要素的引进，有助于加快"资金原始积累"阶段。同时，更多的商品经济意识也将随着要素的引进而进入农村经济内部，有助于打破农民原有的心理平衡，按着商品经济的要求，重新构成心理平衡机制。能否全面发展农村商品经济，各项经济政策如价格政策、信贷政策、投资政策的影响极大。要制定有利于农村商品经济综合发展的经济政策，相互配套，以推进农村商品经济的全面发展。

3.2 积极推进粮食后续产业发展

20 世纪 80 年代中期，吉林省粮食人均占有量就已经达到 800 千克，接近发达国家的水平，并开始成为全国第一粮食输出大省。每年吉林省向省外输出 70 亿千克左右的商品粮，为国家做出了突出的贡献，形成了明显的粮食资源优势。然而，粮食产量的增多，并未形成增加地方财政收入的效应。其中最基本的原因，是尚未把粮食资源优势转化为地方经济优势。

作为粮食大省必须努力开发粮食资源，从粮食资源中开发新的经济生长点，建立以粮食为原料的产业链条，这就需要发展粮食后续产业。粮食后续产业，包括畜牧业转化和工业转化。畜牧业转化是以粮食为原料，将粮食转换成肉、蛋、奶、皮、毛等畜禽产品；工业转化是以粮食为原料，进行一次或多次加工，转化成多种类型的产品。不论畜牧业转化还是工业转化，都具有使粮食增值的特点，可使粮食本身的价值增加几倍、几十倍，甚至上百倍。因此，发展粮食后续产业，是把吉林省建成农村经济强省的必由之路。

3.2.1 制约粮食后续产业发展的因素

从目前看，还存在若干阻碍粮食后续产业健康发展的限制因素。

第一，农产品加工业布局不尽合理，重复建设严重。进入 20 世纪 90 年代以来，以玉米为主体的粮食加工业得到了迅速发展，但还存在一些问题。如中部农区几乎县县都有玉米淀粉工厂，有的一个县有几个淀粉厂。由于分散投资，导致工厂规模狭小，设备水平不高，科技力量薄弱．产品单一，缺乏市场竞争力和发展前途。

第二，加工业产品层次低，仍未摆脱输出原料的地位。吉林省的玉米加工业，绝大部分产品都是淀粉，以淀粉为原料的深加工产品很少。淀粉实际上仍是二级原料。关内一些省份利用吉林省的淀粉进行深加工，产品又返销到吉林省市场。吉林省以玉米为原料生产的酒精大量销往山东，山东用吉林省酒精勾兑出各种名酒销往全国，而吉林省的酒类产品在全国市场上却默默无闻。

第三，尚未有效形成合理的企业运行机制。吉林省在农产品加工企业和牧业企业的建设过程中取得了一些成功经验，例如德大公司、黄龙公司等，企业内部有一个良好的运行机制，管理水平高，经济效益好，市场适应能力强。但是仍有相当多的企业沿用计划经济的模式进行建设和管理，效益低下，有的企业，投资几千万元，还未正式投产就进入倒闭状态。

第四，畜牧业产业化程度低。吉林省以德大公司为代表的肉鸡生产在实行产业化经营方面取得了成功的经验。但在猪、牛、羊等其他畜禽生产方面产业化程度发育较低，特别是在种畜基地建设、产前产后的社会化服务等方面还刚刚起步，不能满足畜牧业发展的需求。

3.2.2　粮食后续产业发展的主要措施

近年来，随着"菜篮子"工程的实施，以及国外先进的食品加工技术和设备的引进，粮食后续产业以较快的速度向前发展同时市场竞争也日趋激烈，因此，必须在对省情进行认真调查、科学分析的基础上，抓住粮食后续产业发展中的主要矛盾，采取切实可行的对策，使粮食后续产业有一个较快的发展。

第一，集中力量，搞好科技攻关。推出具有竞争力的拳头产品。主要是抓好以玉米淀粉为原料的加工品的深度开发，拉长粮食产品的链条、在加工增值上下功夫。努力通过加工业的科技进步增强在市场上的竞争力。

第二，搞好加工业和畜牧业的规划布局与行业控制。从目前看，必须控制好淀粉工业的发展规模，重点发展一批具有竞争力、规模效益显著的大、中型加工企业。在论证和落实畜牧业发展项目时，防止地方政府的市场行为，要在深入调查、科学论证的基础上，搞好畜牧业和加工业的生产布局和行业规划，最大限度地减少投资浪费，努力提高规模效益。

第三，按着现代企业制度建立牧业和加工业企业。随着粮食后续产业的发展，将要涌现一批新兴的牧业企业和加工业企业，这些企业从一开始就应按着现代企业制度的模式来建立。

第四，努力加大市场开发力度。从畜产品市场来看，省内市场已无多大潜力，主要是开发省外市场。畜牧业不同于种植业，具有很大的市场风险，粮食多了可以搞"民代国储"，但畜产品则不能。从市场的稳定性来说，应当通过畜产品加工业的发展带动畜产品的开发。例如吉林省的 200 万头肉牛工程必须和牛肉加工工程统筹考虑，不要单纯向外输出牛肉，这样做会加大市场风险，并且效益低。吉林省发展畜牧业具有气候上的劣势和精饲料资源的优势，应扬长避短，重视开发畜产品的精品市场。必须站在全国市场乃至国际市场的角度，搞好市场调查和市场规划，对畜产品市场开发，搞好定量定位的研究。

第五，搞好粮食后续产业的产业化建设。无论是畜牧业还是加工业，都要搞好产业化建设，实际上大型牧业企业和加工企业往往是结合在一起的。只有搞好产业化建设，才能把千家万户连接起来，解决分散的生产统一进入市场的问题。畜牧业的技术性更强，实行产业化经营，有利于先进技术的普及和传播，德大公司肉鸡饲养提供了成功的例证。但肉牛和生猪的产业化组织形式和肉鸡生产有很大不同，相比较而言，组织的封闭性较差，工厂化程度不如肉鸡生产高，因此要按着肉牛和生猪生产经营规律，建立产业化组织形式，注意搞好配种基地建设及流通组织和设施建设，通过产业化组织提高社会化服务水平。

3.3 略论商品粮基地的工农业配置关系 *

一国经济中的工业与农业的关系包括丰富的内容，工业与农业之间的配置关系是其中的一个重要方面。在一国的不同地域空间内，工农业之间有不同的配置内容。本文试图探讨商品粮基地这一特定区域内的工农业配置关系问题。本文的研究视野并不限于县域经济范围，而是着眼于更大的经济空间——由若干个商品粮基地县组成的商品粮产区。

3.3.1 商品粮基地工农业配置关系的基本内容

商品粮基地作为一个特定的经济区域，具有自身的特点。首先，粮食作物在该区域内占有绝大比重，粮食生产是种植业的主体。其次，具有较高的粮食商品率，粮食商品输出最大。再次，按照投入产出原理，高产出必然以高投入为前提条件，因此对商品性外投能源具有较大需求量，这三个方面的特点对商品粮基地的工农业配置关系提出了特殊的要求。因此，商品粮基地的工农业配置关系包括以下三个方面的内容：

第一，农业与农产品加工业之间的关系。合理确定农业与农产品加工产业之间的关系，对于商品粮基地的发展具有重要意义。首先，商品粮基地具有较高的粮食输出能力。商品粮的消费形式一是直接以居民的主食进入最终消费，二是转化加工。转化加工包括把粮食转化成畜产品和加工成食品和工业品。除人们直接作为主食消费的粮食外，其他商品粮与其转入异地消费，莫不如就地转化加工，因为粮食体积大，进行异地转化加工，会加大产品成本，同时也会加重运输的压力，制约其他部门的经济发展。因此，从生产力合理布局的角度来看，应当形成粮食生产与粮食加工业相结合，协调发展的布局。其次，粮食生产是经济效益低的部门，通过加工转化，有利于产品增值，增大粮食生产的

---

* 原载于《农业经济问题》1991 年增刊。

区域经济效益，从而促进商品粮基地的发展。

第二，农业与农用工业之间的关系。商品粮基地是我国农业的高投入区，无论是机械、电力，还是化肥、农药，都具有较高的投入水平，这是开放式的农业商品经济系统的特征。随着农业集约化的发展，农业中的物质投入有越来越增加的趋势，因此，粮食生产的发展对农用工业有较大的依赖性。在一个较大的商品粮生产区域内，为了满足粮食生产的发展对农业生产资料的需求，应当建立与商品粮生产体系相匹配的农用工业体系，形成合理的农用工业布局。特别是那些需求量较大的化肥、农药等以劳动对象形式存在的生产资料的生产，更有必要在地域空间上和粮食产业的发展结合起来。

第三，农业和其他工业之间的关系。从粮食产前产后来说，农产品加工业与农用工业之间存在着直接的结构上和使用价值量上的适应性，而其他工业的发展则不表现出这种直接的关系。但这并不意味着与粮食生产之间不存在制约关系。而且，从某种意义上说，甚至存在着更广泛更深远的制约关系。从促进粮食生产发展来说，其他工业发展应从三个方面创造条件，其一，要建立一批劳动密集型企业，以吸收农业剩余劳动力。我国土地经营规模狭小，限制了粮食主产区的发展，商品粮基地必须率先走规模经营的道路。因此，只有其他部门充分发展并吸收农业剩余劳动力，才能为商品粮基地的规模经营创造条件。其二，粮食生产是效益低的产业，其财政积累效应微弱，甚至给地方经济带来严重的财政负担。因此，应当努力发展工业，活化国民经济整体功能，增强地方财政积累能力。其三，商品粮基地农村经济的发展和粮食生产本身的发展也都需要工业部门提供多种生活资料和生产资料。在生产资料方面如能源、建材等，都是粮食产业本身发展不可缺少的生产资料。在粮食产业和其他工业之间也必须建立一种以工促农的内在联系。

在上述工农业之间的三种关系中，农业并非仅仅处于受工业推动的被动地位，二者之间是互相制约、互相促进的。粮食生产为农产品加工业提供了可靠的原料来源，为农用工业开辟了广阔的销售市场，同时也为其他工业部门的发展提供了重要的物质基础。上述三种关系是商品粮基地建设中的最基本的工农业配置关系，进一步分析，在每种关系内部都有更丰富的内容。理顺这三种配置关系，并使它们之间在比例、速度和实物量方面的协调，是促进商品粮基地健康发展的基本条件。

3.3.2　工业化滞后是商品粮基地的主要矛盾

商品粮基地粮食生产的优势为国民经济其他部门的发展开辟了可靠的生活

资料和生产资料来源，使工业部门发展获得了重要的物质基础。但从工业与农业的关系来看，相当多数的商品粮主产区却表现为工业发展不足，难以适应商品粮基地进一步发展的要求。从农业与农产品加工业的关系看，农产品加工业普遍落后于农业本身发展的需要。以吉林省为例，吉林省是我国著名的产粮大省，人均粮食占有量 700 多千克，位居全国第一，粮食商品率达 50％以上，比全国的平均粮食商品率高出 20 多个百分点。从 1983 年以来，吉林省就一直严重存在着粮食生产过剩，至今尚未缓解。其中的原因，除了运输的限制，难以运往异地销售，从而形成有效需求外，就在于农产品加工业落后，难以实现就地加工转化。吉林省每年的粮食产量中，大约有 75 亿千克的商品粮，主要是玉米，但每年可转化加工的粮食不足可加工量的 1/3。而且加工产品品种单一，以玉米淀粉为主，缺少精加工、深加工产品。从饲料工业看，饲料结构单一，大部分都是鸡饲料，其他畜禽饲料很少，特别是消费量较大的精饲料更是寥寥无几，基本上靠原料作为饲料。因此吉林省养猪业落后，饲养成本高。1989 年以前居民猪肉消费靠省外输入。目前，生猪的饲养成本仍然很高，平均饲养一头生猪所需要精料数量比全国平均水平高出 11％。农产品加工业落后的状态，既限制了商品粮的消费市场，又限制了资源优势向经济优势、商品优势的转化。

农业生产资料短缺，特别是优质农业生产资料的短缺，是商品粮基地普遍存在的问题，这反映了农用工业滞后于农业的落后状态。从吉林省情况看，本省每年生产化肥数量不足实际施用量的 1/3，各县农资部门每年要花大量精力和财力搞“外协”化肥。农药、柴油也供应不足。全省每年需农药 1 万吨，但省内只能生产 1 000 吨，柴油的供求缺口为需求量的 1/7，显然，农用工业的这种落后状况是难以适应商品粮基地发展需要的。

从农业与其他部门的关系看，商品粮基地的其他工业部门，无论是城市工业企业，还是乡办工业，都表现为发展不足的状况，从吉林省情况看，产值超亿元企业仅有 4 家。工业部门结构以重工业为主，产品转换能力差，资金占用巨大，周转慢，经济效益低，百元产值实现利润不到 20 元，乡办工业从业人数仅占农村劳动力的 28％。由于工业发展落后从而使地方经济自我积累自我发展能力微弱，十年来，吉林省粮食产量成倍增长，但省财政却连年赤字，工业本身既无能力为农村剩余劳动力开创就业空间，也未能创造一个推动农业发展的有利的物质条件。

上述关于商品粮基地工农业关系的具体表现，集中到一点，就是工业发展不足，这其中既包括总量上的不足，也包括结构上和速度上的不相协调。这种不合理的工农业配置关系，最终必将阻碍商品粮基地的健康发展。商品粮基地的工业发展不足，或者说工农业的不相协调，是由多方面原因所致。首先从粮食生产来看，在产业比较收益结构中处于劣势的地位。特别是从地方财政来看，经济效益更低，而且为了保护发展粮食生产和经营，地方财政每年还要以大量的财政支出用于农用工业和粮食经营企业。仅 1989 年一年，吉林省财政用于粮食企业经营亏损的补贴就达 4.4 亿元，占省财政收入的 8%。1990 年粮食企业经营亏损高达 15.2 亿元，给地方财政带来更沉重负担。粮食生产给地方财政带来的逆向效应，使地方财政无力发展工业，工业生产缺少有利的资金环境。其次，从国家对商品粮基地建设的投资政策来看，建设投资主要限于提高粮食生产能力，改善粮食生产条件，对生产资料工业和粮食转化加工工业的投资却未进行统一运筹，因此是一种"一元性"的投资政策，其结果必然造成农用工业和农产品加工业与商品粮基地建设不相适应。再次，从各级政府的决策行为来看，往往有一种"优势偏爱"心理：较好的粮食生产条件和较高的粮食商品率是商品粮基地的农业优势，使各级决策者往往会产生一种保护优势心理，从而导致把主要注意力集中到农业上，使工业生产缺少决策的拉力。最后，从商品粮基地农村经济活动主体来看，缺少离土离农的"工业化"意识，在商品粮基地，农村工业的发展一般都比较落后，这除了城市工业辐射能力微弱外，另一个重要原因就在于农民亲土行为过重，商品粮基地一般土地条件都较好，人均土地数量多，生产技术高。从吉林省来看，户均耕地多在 1 公顷以上，有的县户均耕地高达 3 公顷，来自土地的收入基本可以满足温饱。因此，农民离土务工意识较为淡薄。

从上述情况看，尽管并非所有商品粮基地共有，但毕竟是在相当大范围内存在。理顺商品粮基地建设中的工农业关系，使二者在结构、速度、规模上相互适应，这是商品粮基地进一步发展的客观要求。

3.3.3 科学配置商品粮基地的工农业关系

就我国工农业关系的总体特征而言，表现为一种重工轻农的倾向。但就商品粮基地的工农业关系来看，主要矛盾是工业发展不足，工业发展不足并不意味着"重工轻农"，事实上，商品粮基地农用工业发展不足本身就意味着农业外部投入环境的恶化。工业发展不足的实质是工农业关系的不相协调。因此，应当按商品粮基地这一经济区域的特殊性，来确定工农业合理配置的思路。

要使商品粮基地的工农业关系实现合理配置，首先必须打破那种"商品粮基地就是生产粮食"的就粮食抓粮食的观念。商品粮基地建设固然要以粮食商品总量为目标，但这并不意味着基地建设的一切措施和手段都在土地上。既然是商品生产，那么再生产就是一个开放式的系统，就应当形成一个大流量的能量流、商品流和价值流。没有大的能量流，就难以形成大的商品流和价值流。反之，从再生产的循环过程看，没有大的价值流，就不可能形成大的能量流和商品流。大的能量流、价值流的形成，必须发展农用工业和农产品加工工业，农用工业的发展，为能量流提供物质基础。农产品加工业使农产品发生增值效应，提高区域经济效益，从而形成大流量的价值流。由此出发，商品粮基地建设必须实现工农业的协调发展，必须进行综合生产体系建设。所谓综合生产体系就是以商品粮生产体系为基础，并与农业生产资料体系和农产品加工业体系相结合的一体化。综合体系实际上是把供、产、加三个环节有机地结合在一起。

商品粮基地作为一个经济区域，并不意味着该区域必定是以粮食和其他农产品（包括加工品）为主体的农业区。在一定意义上说，没有工业的发展就没有商品粮基地的前途。因为商品粮基地必须走规模经营的发展道路，只有工业得以充分发展，才能为城乡剩余劳动力开辟广阔的就业空间，并为粮食的稳定发展，提供有力的资金和物力的支援。因此，从工农业关系配置的角度来看，商品粮基地工业的发展必须建立在两个支点上，一是较高的劳动力吸纳能力，二是较高的创利能力。为了从根本上推动商品粮基地建设，商品粮基地的建设投资视野不仅仅是农业和粮食，而是整个区域经济，从工农业或区域经济的整体联系中寻求商品粮基地建设的条件和动力。在整个区域经济规划布局中，应有目标地把一些大工业企业与商品粮基地建设有机地结合在一起。

商品粮基地是整个宏观经济区域内的一个组成部分。商品粮基地同商品粮调入区存在着利益平衡关系，这种关系就是由商品粮交换而导致的利益得失关系。粮食生产和农业生产资料的生产都是财政补贴的部门。补贴的价值最终凝结在粮食商品上，并随着粮食的调出而流失。这种流失在现实中能否发生、发生多少，取决于宏观调节政策。就目前而论，商品粮基地在交换中处于不利的地位，利益流失过多。从吉林省情况看，每千克粮食调拨经营费省里就要补贴0.072元。1988年由于为国家专储粮，省里就多支出补贴款3 100万元，形成了调粮、储粮越多，利益流失越多的恶性循环。这种利益流失现象，极大地影响了商品粮基地粮食生产和农业生产资料生产的积极性。因此，作为宏观决策，应当通过建立粮食发展基金，合理核定粮食经营费用等措施协调利益得失关系。并且要对地方农用工业进行扶持，使商品粮基地对发展农用工业有积极性，使其结构和增长速度、产品质量与粮食生产发展相适应。

3.4 发展精品畜牧业是玉米大省的必然选择*

进入 20 世纪 90 年代以来，我国畜产品市场从总体上判断已经进入了供求平衡的发展阶段，而此时正是吉林省的畜牧业进入大规模发展的时期，这意味着吉林省商品粮基地的畜牧业发展越来越面临着市场的约束。在这种市场条件下，吉林省畜牧业的发展必须选择纵向市场开发的战略，即开发优质产品市场，实施精品畜牧业战略。这是把吉林省建设成畜牧业大省的战略选择。

3.4.1 精品畜牧业的内涵

精品畜牧业，是就畜产品的市场开发层次而言。因此，畜产品中的精品是指那些收入弹性较高，能给消费者带来较大满足程度，具有较高价值的畜产品，从市场层次看，属于高档畜产品。精品畜牧业，即生产畜产品精品的畜牧业。从畜产品的生产过程看，精品畜牧业具有科技含量高、投入大、饲养方式严格、饲料水平高的特点。

精品战略不同于名牌战略。著名的产品品牌对企业来说是一种无形资产。它反映了较高的产品质量和消费者信誉程度。名牌往往和产品的市场营销程度相关。精品主要反映了产品较高的消费层次。一个产品是否为精品主要取决于生产过程，而不取决于营销手段的运用，它是生产过程的结果，而非市场活动的结果，精品和名牌之间不存在等价关系。名牌产品可以是精品，也可以是普通大众消费为主的产品。

一般来说，初级农产品（包括植物产品和动物产品）在市场上难以形成固定品牌。这主要是农业生产是以动植物机体为劳动对象和劳动手段进行的生产，而且经济再生产和自然再生产相交织在一起，受诸多自然因素影响，难以刻意创造本企业的产品特征，产品具有较强的同质性。正因为如此，初级优质农产品往往以产地和品种为标记行销于市场，而这些标记反映的是产品本身的使用价值特征，不属于无形资产范畴。基于此，笔者从畜产品的产品品质特征和市场消费层次特征的角度提出了在吉林省发展精品畜牧业的思路。

---

* 原载于《2002 年吉林省农村经济形势分析与预测》第七章，吉林人民出版社 2002 年出版，题目为 "吉林省实施精品畜牧业战略的若干思考"，本次出版时恢复了投稿时的题目和原文内容。

3.4.2 发展精品畜牧业的依据

一个科学合理的经济发展战略必须符合自然规律和经济规律。精品畜牧业战略设想的提出，是以吉林省精饲料资源的优势、畜产品市场的需求状况以及吉林省的畜产品的可供能力为依据的。

第一，我国畜产品市场的供求现状为实现精品畜牧业战略提供了客观必要性。 20世纪70年代末以来我国农村发生的经济变革，使农产品供给状况发生了根本性的变化，就其中的畜产品来说，已经走出了以往的短缺经济状况，各类畜禽产品供给旺盛，形成了买方市场。畜产品价格稳中有降，并经常出现结构性过剩，从畜产品的供求结构来分析，绝大多数产品为普通大众消费品。而质量较好、消费层次较高的精品，则供给偏紧，价位居高不下。与一般大众消费的畜禽产品相比，精品的收入弹性较高，今后随着人民收入水平的提高，精品的需求市场将会呈现继续扩大的趋势，而普通的畜禽产品的市场份额有逐渐缩小趋势，从全国来看，一些农业大省的畜牧业也呈现了较快发展势头。因此在畜牧业的发展中，应注重开发潜力较大、前景看好的精品市场。只有这样，才有利于实现畜牧业持续稳定的发展，同时提高畜产品的创利能力。否则，不研究市场结构和市场潜力，不对市场开发层次做出合理选择，将会使畜牧业发生过剩危机，出现供给的大起大落。

第二，我国精饲料资源分布的不均衡性为发展精品畜牧业提供了资源基础。 从我国的农业生产布局来看，南方是水稻产区，70%以上作物为水稻，而北方则是小麦、玉米、大豆等旱田作物及杂粮的产区。我国的玉米带主要分布在北方，玉米作为饲料之王，是畜牧业精饲料的主体。由于作物布局形成的地域特征，使我国的精饲料资源分布很不均衡。长江以南诸省基本为玉米输入省份，玉米等精饲料资源明显短缺，使南方畜牧业的发展受到精饲料的严重制约。如果依靠北方调入会大大提高饲养成本。据调查，北方玉米运到南方，每千克价格要增加0.20元，同时大规模粮食南下也使目前的交通手段无力承担。北方虽为玉米产区，但各省人均占有粮食水平也不尽相同。与其他省份相比，吉林省既有玉米产区的优势，又有人均占有粮食（主要是玉米）水平较高的优势。据统计，吉林省人均占有粮食水平（70%为玉米）是全国平均水平的2.2倍，是南方诸省的2.6倍。这种粮食占有量水平，接近了世界上农业比较发达的国家的人均占有水平（表3-1）。这种良好的资源禀赋，使吉林省具有绝对的优势发展以消耗精饲料为主的精品畜牧业。

表 3-1　人均粮食占有量比较

单位：千克

	人均粮食产量	位次		人均粮食产量	位次
中国平均	421		世界平均	352	
吉林	902	1	加拿大	1 973	1
黑龙江	845	2	澳大利亚	1 598	2
内蒙古	678	3	美国	1 240	3
江苏	503	4	法国	1 045	4
山东	495	5	德国	1 005	5

注：外国的粮食产量不含豆类和薯类产量。

资料来源：《中国统计年鉴》，1997 年。

表 3-2　高精料与低精料育肥牛（220～550 千克）情况比较

比　　较	低精料饲养（10%精料）	高精料饲养（80%精料）
完成育肥天数（天）	583	304
完成育肥耗用精料（千克）	478	1 994
完成育肥耗用粗饲料（千克）	4 303	409
每千克增重耗用精料（千克）	1.37	5.7

资料来源：日本《粮食自给能力的技术展望》，转引自《中国农村经济》1998 年第 1 期，鄢达昆、徐恩波：《我国肉牛业生产现状及需求形势分析》。

由表 3-2 可见，高精料与低精料育肥牛的精料消费水平具有相当大的差异，前者耗用的精料是后者的 4.16 倍，可见在人均粮食占有量低的地方不可能采用高精料的饲养方式。一般来说，质优肉嫩的精品牛肉需要在短期内快速育肥，低精料的饲养方式饲养周期长，不利于提高肉的品质。因此，从精饲料的占有量上看，吉林省具有生产精品肉的天然优势，精品畜牧业战略是把国情和省情加以区别之后所做出的选择。从国情来说，我国是个人口大国，也是一个粮食短缺大国，此种国情决定了我国在畜牧业的发展道路上只能选择节粮型的畜牧业发展模式。在认识这个国情的前提下，还必须把国情的总体特征和省情的特殊性，加以区别。像吉林省这样一个粮食大省，人均粮食占有量相当于世界上农业发达国家的粮食占有水平，完全有条件发展消耗粮食较多的精品畜产品。精品畜牧业战略的实施，在客观上将会产生两重有利的效果：一是满足了我国市场上消费者对优质畜产品的需求；二是解决了吉林省粮食过剩的困扰。

第三，**实施精品畜牧业战略是畜产品进入国际市场的需要。**世贸组织对畜产品的安全生产确定了较为严格的标准，要使我国的畜产品有能力进入欧美发达国家，必须要使我国的畜产品达到世贸组织规定的标准。在一定意义上说，精品生产就是安全食品的生产，吉林省的目前畜产品的商品率已经达到了较高的程度，特别是肉类生产自 1998 年以来，人均肉类占有量在全国位居第一的水平，作为玉米生产大省，畜牧业是玉米种植业最主要的后续产业，畜牧业还将呈继续发展的趋势。要使新增的畜产品有市场，必须提高畜产品的质量。实施精品畜牧业战略将有利于推动吉林省畜牧业的发展进入更高的层次。

第四，**畜牧业科技进步为精品畜牧业提供了技术基础。**近年来吉林省畜牧业技术的推广普及，生产水平的提高，为发展精品畜牧业提供了技术基础。在 20 世纪 80 年代中期以前，吉林省的畜牧业发展水平较低，畜产品自给不足，大量调入。当时有人断言，东北半年冬天，气候寒冷，发展畜牧业无优势可言，应和南方实施粮换肉的经济协作。20 世纪 80 年代末以来，全省实施了"奔马"工程、畜牧年，科学技术广泛普及，吉林省畜牧业以较快的速度向前发展，特别是冬季暖棚养猪新技术的普及，使畜牧业冲破了冬季气候寒冷的天然限制，冬季饲养可以得到正常的饲料报酬率。目前吉林省畜牧业发展已形成了一批畜产品生产基地，一些地方的规模化、工厂化、集约化饲养已达到了较高水平，使发展精品畜牧业具备了技术基础和组织基础。

总之，精品畜牧业是在对市场需求状况及变动规模、我国饲料资源分布状况、生产技术水平多个方面因素进行分析考察，提出的一种畜牧业发展的战略构想。需要指出的是，实施精品畜牧业战略并不是一切都搞精品，而是就吉林省畜牧业的整体特色而言，而且精品畜牧业本身也要有一个形成发展过程。

3.4.3 发展精品畜牧业的关键措施

同种植业相比，畜牧业的商品化程度更高，而且由于畜产品的鲜活特征，使畜产品生产具有很大的脆弱性。因此，要结合畜牧业发展的实际，针对畜牧业发展的薄弱环节，解决畜牧业发展的一些关键性问题。这对以精品生产为主要战略的畜牧业大省的建设来说，尤为重要。

第一，**千方百计抓好"无规定疫病区"建设。**"规定疫病"主要是相对生产发展危害较大，在国际市场有明确要求的某些传染性畜禽疫病。"无规定疫病区"是指在一定区域或范围内，无规定疫病发生。"无规定疫病区"建设是制约畜产品走向国际市场的关键因素。由于吉林省目前尚未建成"无规定疫病区"，使畜产品市场狭窄，与日益增长的肉类产量很不适应，成为制约生产发展和造成肉类市场波动的主要因素。国际市场特别是吉林省周边的俄罗斯、日本、韩国及欧美等国家，肉类进口量大，市场前景广阔，有很大开拓潜力，但是这些国家对肉类卫生质量的要求越来越严格。进口时，无论是对肉类产地还是在屠宰加工前后的卫生检疫检验上，都有严格的要求和规定，特别是畜禽必须来自无规定疫病的非疫区。要使肉类产品更多地打入国际市场，必须在畜禽防疫上与国际市场接轨，使肉类卫生质量符合国际市场的要求。在畜牧业的发展思路上要扭转"重养轻防"的倾向，从政府的角度说，要加大对防疫体系建设投资的力度，首先在几个重点项目上抓好无规定疫病企业的建设，逐步扩大成无规定疫病区，以便打开一些国家的市场门户。围绕无规定疫病区建设，重点抓好农村基层的防疫体系建设，发挥乡镇兽医站的作用，为其提供可行的运行资金保证。通过典型示范的方式，从几个基础较好的区域抓好畜产品生产环境的建设，用 3 年左右的时间争取在瘦肉型猪和肉牛基地初步建成无规定疫病区，并得到国际有关组织的认可。

第二，**建立畜产品精品生产基地和生产体系**。畜产品精品开发必须形成商品批量规模，没有规模就没有市场，因此，要搞好精品生产基地建设。要从近期市场需求趋势出发，先建立一批易形成市场规模的精品基地。精品基地建设需要以规模饲养户为骨干，发挥精品生产的示范效益，要以基地为基础，进行精品生产体系建设。精品生产既要有较高的科技含量，又要有严密的生产体系，畜产品的精品应当是良种、良料、良法综合作用的结果。因此，应在良种培育、优良饲料生产、科学饲养方法的推广普及方面形成相应的服务体系。从吉林省目前状况看，生产的条件仍很粗放，如肉牛生产，产品的质量形成主要是在直线育肥和初级加工阶段，而在良种定向培育、仔畜母体发育、产品畜育肥前、饲料的配合选择、饲养管理等环节和阶段十分粗放，无法满足精品生产的要求。因此，实施精品畜牧业战略，必须在精品生产服务体系上下功夫，推广普及精品生产方法，为精品生产创造有利条件。

第三，**加快畜牧业社会化服务体系建设**。作为高度商品化的畜产品生产，对市场具有较强的依赖性，社会化服务水平的高低对生产的发展具有明显的约束作用。从目前阶段看，畜牧业生产的配种服务、饲料供应、产中环节的技术服务、产后的产品销售、金融服务等诸多环节的社会化服务水平都较低，农民常常面临着技术指导无人管、经营资金无处贷、产品销售无人问的局面。据对九台市养猪业的调查，相当多的农民因为流动资金的困难使养猪规模难以扩大，出现了盖得起猪舍，买不起仔猪的现象。从发展大牧业的角度看，政府的职责主要是为农户搞好社会化服务体系建设,为农户的生产经营创造良好的市场环境。精品畜牧业是规模化、集约化、工厂化生产达到较高层次的畜产品生产方式。市场需求和资源优势仅为精品畜牧业的发展提供了必要性和可行性,切实实施精品畜牧业还需提供若干方面的措施保证。

第四,努力搞好国内国际两个市场的开发。以精品生产为主要特色的畜产品生产必须同时面对国内国际两个大市场。在农业国际化程度日益提高的形势下,只有同时面对两个大市场才能真正提高农业本身的素质。吉林省作为农业大省只有把自己放到国际的大市场中去,才能真正确立竞争中的地位。具体来说,面对国内国际两个大市场理由有三:一是在我国即将加入 WTO 的形势下,国外的农产品将以较大的比例进入我国市场,如果只进不出,必然大大增加我国对国际农产品市场的依赖程度,这意味着我国农业总份额的下降,农民利益的受损。因此,合理的选择是,在坚持有进有出的前提下,不断增大我国农产品的生产总量,提高农业的创利能力,这样才不至于被别人控制我国的农产品市场。二是吉林省的特殊区位,使其产品输出的口径狭窄,必须通过开辟国际市场来达到产品分流的目的。从 20 世纪 80 年代后期到 90 年代前期,吉林省的卖粮问题之所以有一定程度的缓解,是因为在此期间大量玉米出口,起到了市场分流的作用。作为畜产品市场来说,只有在市场多元化的格局下才有利于规避市场风险,缩小市场供求波动。三是我国的畜产品精品市场的开发是一个渐进的过程,如果只把市场开发的视野放在国内市场上,必然遇到市场的约束,只有把市场运作放到一个较大的空间,才会有利于增大市场的占有率。

第五,重视畜产品深加工产业的发展。要在精品战略的基础上进一步实施加工品的名牌战略。从市场需求结构来分析,作为初级阶段的精品,一部分直接进入市场,满足消费者对鲜活产品的需求,一部分进入加工市场,进行精品深加工,形成加工品的精品。因此,精品畜牧业战略并不仅仅局限于初级产品生产阶段,还应进一步开发加工品。在加工阶段,应以初级精品为原料优势,开发加工品精品,进而通过有效的营销手段,推出名牌产品,实施加工品的名牌战略。在加工品精品开发阶段,要注重产品的多规格、多品种,形成系列产品,适应消费市场多样化的需求趋势。

第六,注重精品畜牧业的人力资本投资。精品畜牧业实质上是高科技含量的畜牧业。因此,必须注重人力资本投资,尽快形成一批技术骨干队伍。20世纪 70 年代末以来,吉林省的玉米栽培水平不断提高,形成了较为完整、水平较高的玉米生产体系和一支水平较高的农民技术队伍。今后在畜牧业生产方面也要向玉米生产那样,形成一支生产第一线的技术骨干队伍,畜牧业生产,特别是精品生产远比玉米生产要求的技术水平高，必须要有一支高水平的农民技术骨干队伍。要利用吉林省大专院校多的优势，结合精品畜牧业生产发展的需求对农民和乡村干部进行技术培训，实施畜牧业绿色证书教育，使之掌握系统的畜产品精品生产技术。

第七，不断提高畜牧业科技进步贡献率。既然精品畜牧业是高科技含量的畜牧业，那么加大科技投资力度，进行科研投资导向，就具有重要意义。应组织精品生产方面的科研攻关立项，增大科研投资比例。同时，政府要引导企业参与科研投资行为，特别是大型牧工商企业应注意和大专院校、科研单位合作，进行高科技产品攻关，在市场竞争中形成企业产品的高科技含量的优势。

3.5 粮食主产区县域经济发展问题分析[*]

吉林省作为全国举足轻重的粮食大省，在多年的粮食生产中为国家粮食安全做出了重要贡献。但至今，吉林省的绝大多数县（市）仍处于农业县（市）的地位。粮食大县、工业小县、财政穷县成为县域经济的基本特征，同时也是粮食大县必须破解的发展困境。从县域经济发展的内在规律来看，必须高度重视非农产业的发展，特别是那些百万人口规模的大县，更要及早走出工业小县的困境，从开放的视角研究县域经济发展的思路。

3.5.1 县域经济发展面临的三个限制

全面考察吉林省的县域经济，因各县所处的区位、资源禀赋和原有基础的差异，可能有不同的影响因素。但从共性因素来分析，县域经济基本上面临着三个方面的限制，制约着县域经济的发展。

第一，流通对生产的限制。对于一个短缺经济时代来说，流通对生产的作用并不明显，因为可供流通的对象比较贫乏。然而，当生产急剧增长，商品率大幅度提高的条件下，流通对生产的瓶颈作用就会表现得十分突出。吉林省从1984年开始就出现了严重的粮食过剩，此后生产继续增长，流通的瓶颈愈益严重。当粮食流通体制改革后，国家不再包揽粮食主产区粮食的销售，吉林省的农产品流通状况进一步恶化。从吉林省目前搞得较好的一些县乡的情况看，都是有一个较为发达的农产品运销体系，有一支农民经纪人队伍。发达的农业

---

[*] 本节为作者于 1999 年完成的吉林省科委软科学项目"吉林省县乡经济发展的对策研究"研究报告中的一部分。

商品生产与不发达的商品流通并存，这正是吉林省县域经济发展中的一个突出矛盾。

第二，工业对农业的限制。一个时期以来，一些观点认为，农业的包袱过重，影响了吉林省工业经济的发展。然而，就事情的真实面目来说，不但不是农业影响了工业的发展，恰恰是工业限制了农业的发展。这是因为，农业作为国民经济的基础，为整个经济的发展发挥提供要素积累、加工原料、剩余劳动力等作用。在落实农业家庭联产承包责任制以后的整个 20 世纪 80 年代，吉林省的粮食曾以每年 8% 的速度递增，可以说，农业为工业的发展准备了十分充足的条件。然而，吉林省的工业并未对农业的发展作出积极的响应。加工业发展迟缓，农产品就地转化市场狭小。据调查，1997 年，在吉林省的工业总产值中，以粮食为原料的食品工业的产值仅占 7%，比全国的平均水平低 8 个百分点。同样作为产粮大省，吉林省区别于其他粮食大省的最大优势就在于吉林省是一个玉米生产大省，玉米是粮食作物中工业加工价值最高的一种作物，规模巨大的玉米商品总量，恰恰是要以加工业为市场。加工业的滞后，必然导致玉米市场狭小，造成卖粮难的困境，同时也难以形成玉米转化的经济优势。因此，工业发展滞后是吉林省经济发展滞后的真正症结所在，是工业限制了农业的发展。

第三，城市对农村的限制。从经济发展的一般规律来看，农村经济的发展依赖于城市经济的发展，只有加快城市化的发展速度，才会为农村经济的发展创造更大市场。在改革开放之初，吉林省的城市化率处于较高的水平，城乡人口的比例约为 4∶6。这是在计划经济体制下，吉林省的国有经济占有较高的比重的缘故。改革开放 20 年来，吉林省的乡镇企业和私营经济发展相对滞后，致使吉林省的农村小城镇建设和城市发展缓慢，城市经济缺少活力。城市化的进程缓慢，必然导致城市对农村的经济辐射能力微弱，城市市场对农村经济的拉力不足。

3.5.2 县域经济发展背负的三个包袱

从正面的角度看，吉林省和全国绝大多数省份相比，具有农业资源较为丰裕、粮食生产水平高和工业化基础好的优势。但辩证地分析，这三个优势在一定条件下又可转化为发展中的三个包袱。

第一，农业资源占有量相对丰富的包袱。从经济发展的一般规律来看，资源的占有量往往会对经济的发展产生正负二重效应。例如，在人少地多的地区，人均占有的资源数量较多，具有较好的资源优势，是发展农业生产的良好条件，不仅具有较高的农业商品率，而且，在以土地经营为主的条件下，会使农户的收入提高较快，这是其正向效应。但较好的农业资源条件，又会使农民安于现状，产生惰性心理，缺少向非农产业发展的动力，使农村家庭经营分化的速度迟缓，这是其负面效应。相反，在那些人多地少的地区（同时具备一定的工业化条件），由于农业资源的相对匮乏，仅靠有限的土地难以满足其温饱的需要，面对着沉重的生存压力，农民形成了较强烈地向非农产业转移的欲望，这是由资源贫乏的现实转换而成的发展动力。按统计数字计算，吉林省400 万公顷耕地，400 万个农户，平均每个农户耕种 1 公顷土地。如果按实有耕地面积计算，大约比统计面积要高于出 30％。在全国比较中，这是一个人均资源占有量比较丰裕的数字。在农村改革之初，由于吉林省农民人均耕地占有量的优势，使吉林省农民的人均收入以较快的速度增长，在 1985 年前后，吉林省的农民人均收入仅次于 3 个直辖市，位居全国前列。但进入 20 世纪 80 年代后期之后，吉林省农民的人均收入的位次开始后移，其直接原因是，发达地区在 20 世纪 80 年代中期以后，农村二、三产业以异军突起之势向前发展，大量农民和农民的大量时间开始向多种经营和非农产业转移，从而使收入构成发生变化，在家庭收入结构中，来自于种植业的收入占家庭收入的比重开始下降。而吉林省农民依然沉醉于土地的收获喜悦之中，满足于丰裕的土地资源带来的既得利益。因此可以得到这样一种认识：在其他条件相等的前提下，农民占有的农业资源越多，向非农产业转移的积极性越低。直到目前，吉林省农民的家庭收入构成中，来自于种植业的收入仍占据 70％～80％的比重。在一定意义上说，这是资源的二重性所产生的负向效应。

第二，粮食产量的包袱。改革开放以后，吉林省农村经济最引人注目的成就就是粮食的高增长率。多少年来，人们常以吉林省在全国的排序中位居第一位的 4 项指标——粮食商品率、人均粮食占有量、粮食调出量、玉米出口量为荣。不可否定，吉林省在粮食生产中创造的巨大成就，而且这些辉煌的数字曾是过去多少年为此而艰辛奋斗，欲求难得的目标。然而遗憾的是，当我们取得这些成就之后，却将此作为了包袱。其具体表现是，在相当多的领导中，一直把粮食总产量的增长作为工作成绩的主要标志，把很大一部分注意力集中到粮食的增产上来，使农村经济发展的路越走越陡，越走越窄。包袱沉重，步履维艰。应当说这是在体制转轨过程中，政府经济工作的错位。

第三，计划经济体制的包袱。从 1992 年开始，中央就明确提出建立社会主义市场经济体制。但是体制的转变过程是一个长期的阵痛过程，计划经济的惯性还将在长期内产生作用。计划经济惯性作用的大小，往往和原有的计划经济体制的作用程度成正相关关系。相比之下，吉林省是一个计划经济作用程度较高的地区，不仅城市经济如此，农村经济也如此。与国内其他省市相比，在农业中吉林省的粮食占据的比重最大，而粮食又是一个计划经济最强的生产部门，由此给吉林省带来的影响是，计划经济意识长期固守在经济工作的思维中，农业中的市场化取向很弱，产品的主要形态是粮食，而粮食的销售主要靠国家，对于农业的市场化进程缺少足够的思想准备，农业的市场开发处于一种近乎沉睡的状态，由此必然导致吉林省在整个农村市场化进程中的被动地位。

3.5.3 实现县域经济突破，必须实施三个拉动

解决县域经济发展中的问题，应从经济互动关系中去发展路径。因此，实现县域经济突破必须实施三个拉动。

第一，流通拉动生产。市场开发不足，流通乏力，是吉林省县域经济发展中的突出矛盾。必须充分重视流通对整个县域经济发展拉动作用。这既是农业市场化程度提高的要求，又是农业发展进入结构调整阶段的特征。实施流通拉动，要解决的一个重要问题就是大力推进农村流通队伍的建设。根据经济发展的一般规律，当农业进入商品化程度较高的阶段以后，从事农产品流通与从事农业生产的劳动力的比例应为 2：1，即从事农产品流通的人数是从事农业生产的人数的两倍。在新的农业发展阶段中，吉林省应当把农民经纪人队伍建设作为一项重要工作来抓。要运用各种形式培训农民经纪人，并制定相应的从业优惠政策。要重视农民流通领域合作经济组织的建设，发挥农民流通合作经济组织连接生产和市场的作用。吉林省作为农产品商品化程度很高的农业大省，只有把市场扩大到全国和世界，才会实现农产品的有效需求。实施流通拉动的另外一个重要方面，就是要搞好农产品及其加工转化产品的市场无形资产的开发和运作。产品市场占有率的高低并非完全取决于产品的质量属性，在很大程度上取决于企业的市场营销活动。吉林省的一部分产品具有较好的品质，但至今不能成为市场热销产品，白酒就是一个突出的例证。究其原因，是因为缺少有特色有效率的市场运作，未能在市场上形成产品的品牌效应。如果对消费者的购买行为进行分析，不难看出，消费者购买商品时不仅购买了商品的有形部分，同时也购买了商品的无形部分。有形部分是就商品的实物形态而言，无形部分是就商品所具有的品牌信誉而言，它是一种无形资产。相比之下，食品市场的无形资产的开发和运作，对促进产品的销售具有更加重要的意义。吸取以往的经验教训，在粮食转化产业的发展过程中尤其要重视产品无形资产的开发和运作。要像开发有形资产那样开发产品的无形资产。只有这样，才会在全国

乃至国际市场上创造吉林省产品的市场繁荣。

第二，工业拉动农业。玉米是吉林省农业的主导产品，玉米和其他粮食作物相比的重要特征，就在于它具有相当大的工业价值。这一特征正是吉林省农业发展的优势所在。但由此也可以看到，农业发展对工业具有较高的依赖程度。对吉林省的农业实施工业拉动的实质就是通过工业的发展，为农业提供一个广阔的中间产品市场。工业拉动的过程，就是一个增强工业和农业产业关联度的过程。在实现工业对农业的拉动方面，要立足于粮食资源优势，努力把粮食转化产业做大，这是吉林省今后产业结构调整的一项重要任务。结合吉林省多年来抓粮食转化产业的经验教训和粮食转化产业的发展规律，在抓粮食转化产业方面，主要应从以下几方面做推进工作：

——**制定并实施向粮食转化产业倾斜的政策。**尽管近年来吉林省粮食转化产业有了长足的发展，但从总体上判断，粮食转化产业仍处在幼小产业阶段。因此必须加大产业政策力度才有利于粮食转化产业的发展。目前吉林省的产业政策还未能给以粮食转化产业以足够的支撑。例如从投资政策来看，全国各省份对食品工业的投资占总投资的比例平均为 15%，而吉林省仅为 5%。投资政策是产业扶持政策的重要内容，要把吉林省的粮食转化产业做大，必须加大投资的力度。今后，应逐步把对粮食转化产业的投资水平提高到全国平均水平以上。此外，在金融政策、科技政策等方面都要进行力度较大的倾斜。

——**努力突破资本瓶颈约束。**资本短缺是经济发展过程中的一个重要瓶颈。减缓资本瓶颈的压力可以采取多条途径。从吉林省实际情况来看，首先要提高资本市场的运作水平，通过资本市场运作扩大资本流入量，发展股份制企业，加快资本集中，增大粮食转化产业的资本总量。其次要加快非国有经济的发展速度，增大非国有经济在粮食转化产业中的比重。再次，改善投资环境，加大招商引资的力度。要充分注意我国现阶段区域经济的差异性所导致的资本分布的不平衡性，注重引进发达地区的剩余资本。

——**加快推进粮食转化产业的科技进步。**吉林省目前的玉米加工产品大都处于二级原料形态，增值幅度不大。改变这种状况的根本途径是加快粮食转化产业的科技进步。加快粮食转化产业的科技进步，一方面要组织科技攻关，另一方面要搞好技术转移。目前吉林省在粮食转化产业方面的科技攻关，既缺少有力度的经费支撑，也缺少具有实力的攻关队伍，更缺少系统的协调组织。今后应切实抓好粮食转化产业科技攻关中的经费支撑、人才吸引、协调组织工作，争取在较短的时间内把吉林省粮食转化产业的科技水平提高到一个较高的层次。在搞好科技攻关的同时，要注意结合省情和市场的需求状况，加快技术转移并提高技术转移的效率。目前粮食转化特别是玉米转化在发达国家具有比较成熟的技术，玉米的加工产品可达数千种。如果搞好玉米转化加工方面的技术转移，既可以少走弯路，又可以降低成本，以较快的速度推进吉林省玉米转化产业的发展。

——按照比较优势的原则进行产品的市场定位。20年的农村经济改革，不仅使我国农产品市场告别了短缺时代，而且农产品市场正向多层次化的方向发展。一般来说，粮食转化产品具有较高的收入弹性，而且随着加工层次的升级，收入弹性不断增大。因此应遵循比较优势的原则，按照市场细分化的思路，对吉林省的产品进行市场定位。从畜牧业来说，市场已开始出现产品过剩的趋势。若对市场进行深层分析，不难看出，目前过剩的畜产品基本属于大众消费档次，而消费档次较高的畜产品，仍然价位较高，供给偏紧。这表现了目前市场开发的不平衡性。从农业比较优势的角度来看，吉林省最大的优势是具有丰裕的精饲料资源，人均玉米占有量高达800千克，比南方玉米短缺省高出几倍。这表现了我国精饲料资源分布的不平衡性。从市场开发和饲料资源分布两个不平衡性出发，吉林省在畜牧业发展方面应选择精品市场开发战略。这种市场定位，既有利于增加玉米的有效需求，又有利于增大产品附加值。在其他加工品的开发方面，同样需要遵循比较优势的原则，选择产品开发的市场层次。农业越是向深层次发展，国民收入水平越高，市场定位就越加重要。

——在粮食转化产业中积极推进农业产业化经营。农业产业化经营是现代化农业的一个基本特征。近年来，吉林省在发展畜牧业产业化过程中，实施"公司＋农户"的产业化经营模式，取得了成功的经验。但畜牧业产业化覆盖的地域和连接的农户还十分有限，而且，畜牧业饲料基地建设方面的产业化尚未得到正常发育，玉米加工业领域中的农业产业化经营还未开始。在粮食转化产业中实施农业产业化经营除了有利于减轻粮食流通中的财政负担、增加农民收入、减少农民市场风险外，还有利于降低玉米加工企业的加工成本，增强企业的市场竞争力。这在日趋激烈的市场竞争中，尤其重要。要在研究农业产业化一般发展规律的基础上，因地制宜地探索一条符合省情、具有特色的玉米产业化经营之路。

第三，城市拉动农村。城市拉动就是要通过城市经济的发展推动农村经济的发展。城市经济与农村经济关联度低是吉林省经济发展中的一大明显不足。必须加快吉林省农村城市化的步伐，增强城市对农村经济的拉动作用。实施城市拉动，关键要选择一个适宜的城市发展道路。从总体上看，我国选择了一条发展小城镇的城市化发展道路。应当说，以发展小城镇为主，对于我国人口比较集中的广大中部地区来说是适宜的，但并不是说，所有的地方都要走发展小城镇的城市化道路。在全国的比较中，吉林省是一个人口密度较小的省份，特别是吉林省的东部和西部表现得更为明显。例如，在吉林省东部的一些县市，有的乡镇总人口不足 3 000 人，发展小城镇比较困难。鉴于此，吉林省应从实际出发，选择一个以发展中、小城市为主体，大中小城市相匹配的城市化体系。通过中心城市的发展，强化对农村经济的拉动作用。

3.5.4 实现县域经济突破，要推进四个创新

吉林省作为一个计划经济体制下的老工业基地，在改革过程中更多的是要从原有的计划经济遗产中解脱出来，以创新的思路推进县域经济发展。

第一，所有制结构创新。所有制结构单一，非国有经济比重低是吉林省经济发展落后于发达地区的一个显著标志。增强农村经济活力，首先是要增强所有制结构的活力，建立一个多种经济成分并存，相互竞争的格局。实现所有制结构创新的关键之点是大力发展私营经济。要把私营经济作为活化农村经济的主要经济形式。同我国东部发达地区比较，吉林省的乡镇企业处于落后的层次。今后不宜再发展以公有制为主体的乡镇企业，应在完善和改造现有乡镇企业的基础上，主要发展私营企业。发展私营经济，增加私营经济比重，关键是要创造一个适宜私营经济发展的市场软环境。通过各种可行的措施，加快私营经济的资本原始积累。

第二，政府行为创新。计划经济和市场经济相比的一个重要不同，就在于政府的经济行为不同。早在 1992 年中央就提出了市场经济条件下政府的经济行为方式，即政府调控市场、市场引导企业。因此，建立社会主义市场经济必须实施政府经济工作行为的创新。但是这个创新过程并非一蹴而就，要经历一个较长的过程。尽管社会主义市场经济体制的提出已历时多年，但时至今日，在相当多的领导中，仍然习惯于抓企业、抓项目，而对抓市场却甚感茫然。可以说政府是抓市场、还是抓企业（或抓项目）既是市场经济和计划经济的差别，也是发达地区和不发达地区的差别。实现吉林省县域经济的突破，必须实现政府经济行为的创新，把政府的经济行为由过去的抓项目抓企业转变到抓市场上来。通过抓市场，既可以为农村经济的发展打破市场的约束，又可以创造一个有利于多种经济成分充分发展的环境。

第三，用人制度创新。现代社会与传统社会的一个重要区别，就在于传统社会是一个突出人性效率的社会，而现代社会则是一个突出制度效率的社会。我国正处在由传统社会向现代社会转变的时期，人性效率仍大于制度效率。因

此，必须重视制度创新在经济发展中的作用。在众多的制度创新内容中，一个重要的内容就是干部制度的创新。只有实现干部制度的创新，才有利于建立一个高效科学的决策系统，提高经济发展的效率。干部制度的创新主要应包括干部选拔制度、干部任期目标制度、干部绩效考核制度、干部弹劾制度、干部任用责任制度等。

第四，经济文化创新。 县域经济的发展不仅受政策、资源、区位的影响，还要受到经济文化的影响。吉林省作为东北的省份，开发历史较晚。清朝时期主要是游牧经济，商业文化极其微弱。晚清之后，东北成为移民区域，几代人向东北移民，但这其中缺少商业文化的成分，是一种生存型的移民文化。在20世纪的前半叶，东北又是一种殖民地和半殖民地文化。新中国成立以后，东北是我国国有经济的主要基地，表现出典型的计划经济特征，是一种比较典型的计划经济文化。总之，东北的经济文化，缺少商业文化的性状，没能形成商业文化的历史积淀。无论在各个时期，东北地区的经济文化与我国的黄河流域、长江流域、珠江流域的经济文化相比，都表现出薄弱的特征。因此，发展县域经济要注重从经济文化的角度进行分析，注重培育与市场经济相适应的商业文化，以商业文化创新带动民间的创业活动。

3.6　吉林省县域经济发展特点及路径 *

县域承载三次产业，涵盖城乡，历来是中国经济社会发展中的基本单元。吉林省作为后发省份，县域经济起步较晚，进入"十一五"以来，出现了快速发展的势头。科学把握县域发展走势，制定可行的县域发展政策和路径，是加快吉林省县域经济发展的要求。

3.6.1　吉林省县域经济发展趋势及特点

在中国的经济带划分中，吉林省属于欠发达的中部经济带。中国改革与发展始自于农村，兴起于县域，无论是大包干责任制还是民营经济，都是如此。在一定意义上说，县域经济的发达程度代表了省域的发达程度。

在20世纪的80年代和90年代，吉林省的县域经济整体上处于较为沉闷的状态。大包干责任制的实施在1982年才完成，几乎是全国最晚的省份。在20世纪80年代中期乡镇企业大发展的潮流里，吉林省起步也较晚，刚刚兴

---

* 原载于《经济纵横》2013年第8期。

起，1989 年就以积极的态度进入了治理整顿。从总体上看，在改革开放以来，吉林省并未形成乡镇企业的产业群体，农村工业化未能给区域经济工业化发展提供必要的基础。90 年代是民营经济快速发展的时期，但吉林省仍然将主要注意力集中在国有企业的改造上，民营经济并未获得发展的机遇。直到 2000 年，吉林省县域经济 GDP 才达到 1 055 亿元，平均每个县 25 亿元，而当年浙江省平均每个县的 GDP 已经达到 69 亿元，是吉林省的 2.8 倍。2002 年东北老工业基地振兴战略实施后，给吉林省的县域经济发展推进到一个新的背景之下，经济发展速度开始加快。特别是 2005 年以后，三次实施扩权强县政策，先后下放政策达 1 000 余项，为县域经济发展提供自主空间，工业化、城镇化呈现加快发展的趋势。

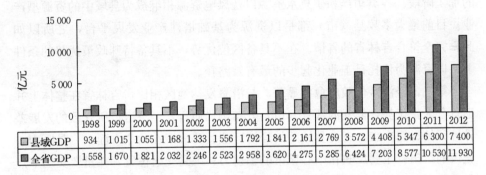

	1998	1999	2000	2001	2002	2003	2004	2005	2006	2007	2008	2009	2010	2011	2012
县域 GDP	934	1 015	1 055	1 168	1 333	1 556	1 792	1 841	2 161	2 769	3 572	4 408	5 347	6 300	7 400
全省 GDP	1 558	1 670	1 821	2 032	2 246	2 523	2 958	3 620	4 275	5 285	6 424	7 203	8 577	10 530	11 930

图 3-1   县域 GDP 变化

资料来源：吉林省统计局。

由图 3-1 可见，县域 GDP 在 1998 年仅为 934 亿元，此后的 7 年间增长速度并不快，到 2005 年，GDP 总量才达到 1 841 亿元，900 亿元的增量用了 7 年的时间，此后开始加快，每增长 1 000 亿元所用的时间逐年缩短。由三年缩短到两年、一年。可以说，2006 年以来吉林省县域经济进入了快速增长期。从总体看，吉林省县域经济呈现出以下发展特点：

第一，县域经济增速普遍加快。吉林省 40 个县（市），加上参加县域经济考核并享受县域经济政策的长春市双阳区和白山市江源区，共 42 个县域发展主体。尽管县域之间在自然与社会经济条件方面存在着诸多差别，但在"十一五"以来的发展中，普遍都呈现出较快的发展速度。不仅基础条件较好的大县以较快的增幅增长，而且一些条件较差的贫困县也同样出现较快的增长。例如镇赉、柳河、洮南等县均为国家贫困县，但近年来的 GDP 增长速度都在 14% 以上，地方级财政收入都超过了 4 亿元。依托本地资源进行产业开发，县域主导产业或支柱产业开始形成。2008 年以来，全省县域经济平均增速达到 16.7%,高于全省平均水平 2.4 个百分点,其中 21 个县增速超过 20%。

第二,资源型产业是县域经济成长的基础。从全省 40 个县(市)的产业类型看,大都是依托本地资源发展起来的产业,这些资源主要包括粮食、畜产品、特产品等农产品,及各类矿产资源的开发,以及依托本地生活资源和优良的生态环境资源发展起来的生物药业。以粮食为主体的农产品加工业起步于 20 世纪 80 年代后期,在整个 90 年代农产品加工业基本处于初级产品加工的阶段,大量的玉米主要加工成淀粉,人参鹿茸等特产品主要进行简单的初加工,以输出原料为主。近十年来,玉米加工产品开始进入较深的层次,逐渐形成重要的产业。以生物制药为主要平台,人参加工开始走出以初级产品为主体的加工阶段。各类矿产和矿泉水资源以及风电资源相继成为县域中的资源型产业。目前绝大多数县(市)都是以资源为基础搭建产业发展平台,之所以如此,完全符合吉林省的省情。在不具备区位优势,不具备特殊政策优势的条件下,以资源为依托是工业化起步的最有效路径。

第三,经济区位效应愈益显著。与沿海发达地区相比,吉林省在整体上并不具备区位优势,但就内部县(市)分布格局而言,经济区位所导致的发展差异性开始显露出来。省内县域间的经济区位就要表现在两个方面,一是距中心城市的距离,主要反映在中心城市的辐射力;二是交通位置,在重要交通节点和主要交通干线上,可占据有利的人流和物流优势。就前者而言,以长春市为主要中心,周边一小时经济圈内形成了明显的产业辐射带动效应。如公主岭、农安、九台、德惠等县(市),承接了汽车、轨道客车等产业项目,其中公主岭市的范家屯、大岭,农安县合隆、烧锅等围绕在长春周边的城镇,已经形成一汽和长春轨道客车的产业配套基地。长春市一小时经济圈内的县(市)招商环境显著优于其他县(市),大项目频繁落地,项目进入优中选优。就后者而言,目前表现较为显著的除了哈大公铁线上的县(市)外,梅河口市的交通区位优势表现突出,作为县级市每天的流动人口可达到 5 万人,且物流产业呈现出较好的发展势头。

第四,经济强县格局显露雏形。在改革开放以来的"六五"到"十五"期间,吉林省县域经济整体上处于大县不强、小县更弱的落后状态。特别是中部主要产粮大县在较长时期内县域经济表现出"粮食大县,工业小县,财政穷县"的特征。这种状况进入"十一五"后,逐渐开始发生变化,尽管目前还不能构成强县格局,但一批发展较快的县(市)的强县势头开始显露。在 2010 年之前,吉林省地方级财政收入超过 10 亿元的县(市)只有延吉市,到 2011

年，增加到 8 个，2012 年增加到 13 个。10 亿元的地方级财政收入还够不上强县，但这些县（市）却具备较优的潜质，预计到"十二五"期末这 13 个县（市）的地方级财政收入可能接近或超过 20 亿元。届时，全省至少有一半的县（市）地方级财政收入可突破 10 亿元。

毫无疑问，吉林省的县域经济进入了历史上最快的时期，伴随着县域经济的发展，必然产生新的裂变。经济发展的空间格局将重新调整，产业结构将会发生质的变化，一批经济强市将会在县域发展中脱颖而出。努力推进县域发展，必然成为今后经济发展战略中的重要组成部分。

3.6.2 吉林省县域经济发展面临的主要问题

尽管"十一五"规划期以来吉林省的县域经济出现了较快的发展趋势，但从总体看，这种发展尚处于较低的层面，还面临着诸多发展中的问题。综而观之，这些问题主要表现在：

第一，工业化发育不足。县域经济发展的过程，说到底是一个产业结构不断调整优化的过程。在传统经济条件下，县域经济表现为农业占较大比重，工业发展不足，而第三产业则是伴随着工业的成长而成长起来的。2006 年以来，县域工业每年以不低于 14％的速度增长，增幅之大既说明发展之快，也说明原有基础之低。在工业化成长进程中，通常用工业增加值所占的比重衡量工业化的程度。一般认为，当工业增加值占 GDP 的比重不足 40％时，属于处在工业化初期阶段。以此来判断，目前尚有近一半的县（市）工业增加值比重没有达到 40％。这说明吉林省目前县域经济整体上还未走出工业化的初期阶段。大约有多个县的农业比重还在 20％以上。因此，至少在整体"十二五"期内，工业化发展不足仍是县域经济发展面临的主要矛盾。以工业化为主导，加快县域经济发展是"十二五"期间内县域经济发展的主要任务。

第二，产业层次不高。由于县域工业化的总体历程较短，目前已经发展起来的产业在层次上并不高，产业链较短，尚未走出初级产品的生产阶段。尽管已经有大成这样的玉米加工企业和一些生物制药企业，但尚未形成较大的产业群体。无论是粮食加工、特产品加工，还是矿产品加工，都存在产业链不长、科技含量不高的问题。以农产品加工业为例，2012 年，吉林省一定规模农产品加工企业 8 900 多户，具有深加工能力的国家级和省级龙头企业不到 500 户，仅占 5.6％。从品种来看，美国和日本稻米深加工产品已经超过 350 种，加工业对稻谷资源的增值率已达 1∶4，而吉林省深加工的稻米产品不到 10

种，加工业对稻谷资源的增值率仅为 1：1 左右。玉米加工产品的粗加工和深加工比例为 5：1 左右，而发达国家玉米精加工比例达 90％以上。这种状况一方面会造成产品竞争力不高，另一方面会导致利益外流。

第三，民营经济差距显著。 20 世纪 80—90 年代是我国沿海发达地区完成资本原始积累的重要时期，在此时期内，以乡镇企业发展和民营经济发展为主题，先后发生了两次工业化浪潮，完成了民营经济的资本原始积累。吉林省作为老工业基地，在国有企业沉重的包袱下，并未能分享两次工业化浪潮的成果，直到 2002 年，吉林省规模以上企业中，国有企业所占比重仍占到 82％。伴随着东北老工业基地振兴战略的实施，吉林省的民营经济开始成长，特别是 2006 年以后，民营经济的发展步伐明显加快。但直到目前，吉林省的国有经济刚刚降至 50％以下，比全国 35％的水平高 10 多个百分点。在民营经济发展方面，各县比较重视引进外部资本，特别是亿元以上的大资本，但对本土微小型民营企业的发展还缺少足够的重视。本土民营经济发展仍处在相对落后和脆弱的状态。

第四，中心城市辐射能力微弱。 在传统经济模式下，县域经济主要体现为农村经济。由传统经济向现代经济转变，中心城市的拉动作用发挥十分重要。自 20 世纪 80 年代中期以来，吉林省实行了市管县的体制，意在发挥中心城市对县域经济的辐射带动作用。但经过近 30 年的发展，至今能够发挥中心城市带动作用的城市仅限于长春市，其他地级市的带动作用或者十分微小，或者基本没有。从吉林省中部各产粮大县的县域经济发展情况看，距离长春市较近的各个大县多数都有了较快的发展，并且承接了较多的长春市重要产业的产业延伸项目，包括汽车零部件和轨道客车相关配套项目。农安、公主岭、九台、德惠等县市表现出了较强的大中心城市的辐射带动作用。由于区位的优势，这些县市已经走出芝麻西瓜一起抓的"招商"阶段，进入了以发展主导产业为平台的"选商"阶段。而其他县市由于所在区位的关系，得不到中心城市产业辐射作用，使县域经济发展主要依靠本地资源和自身的努力。

第五，农业可持续发展面临挑战。 自改革开放以来，吉林省就以农业大省的地位立之于全国。每年以粮食总产量的 40％以上贡献给全国，满足国家对商品粮的需要。在为国家做出重要贡献的同时，农业的可持续发展面临着严峻的挑战。突出地问题表现在，一是耕地质量呈下降趋势。20 世纪 80 年代以来，耕地施肥以化肥为主，有机肥使用很少。国外的玉米带大都实行秸秆还田或轮作，但吉林省仅实施了根茬还田，土地有机质下降。绝大部分玉米都是多年连作，无法实现作物间的能量循环。中部玉米主产区的黑土地面临着退化的危险。二是耕地面源污染严重。大量施用化肥农药，对土壤造成侵害，土地质量明显下降。三是水资源透支使用。小井种稻和西部半干旱地区农田灌溉过量使用地下水资源，在有的县（市）农田灌溉井深已经达到 80 米以下，造成灾难性的地下水超采。这些问题严重地影响了农业可持续发展能力，侵害了后代人的资源，破坏了代际公平。作为国家重要的商品粮基地，可持续发展能力的下降，势必要影响未来的粮食供给能力。

3.6.3 加快吉林省县域经济发展的路径选择

吉林省 40 个县（市），从行政区划数看，在全国处于偏少的省份之列。县域人口占全省人口的 70%，其中 14 个县的人口在 50 万人以上。县域幅员占全省幅员的 90%。县域经济的兴衰起落直接决定了全省经济走向和成长质量。加快县域经济发展，必然是吉林省未来区域经济发展的必然选择。

第一，以工业化为首要任务实现强县建设突破。"十一五"规划期以来，虽然吉林省的县域工业化以较快的速度向前发展，但毕竟起步较晚。总体上判断，县域工业化尚未走出初期阶段。因此，工业化发育不足是县域经济发展中的主要矛盾。必须不遗余力地大力推进县域工业化，在"十二五"规划期内，使全省县域经济稳步达到工业化中期水平。县域工业化务必从省情和县情出发，因地制宜地选择适合本地经济发展的主导产业。从全省的视角看，县域工业化主要依托三种类型的产业，一是资源型产业，如前所述，资源型产业是吉林省县域经济工业化起步中的主导产业，其优势在于回避了区位资源的劣势，从资源的可获性角度开辟了成长和发展的条件。在资源型产业方面吉林省县域还有很大的发展空间，既要继续将既有产业做大做强，又要培育新的产业。二是支柱产业延伸型产业，其中主要围绕汽车、客车、化工等产业在产业链延伸上做足文章。"十一五"以来，长春市周围的各县（市）的发展，较多地是在汽车、客车领域发展支柱产业的延伸产业，进而形成了初具规模的产业集群，形成了良好的发展趋势。以这些产业发展为基础，诸如范家屯、小合隆、烧锅、米沙子等一批卫星城快速成长。三是新兴战略性产业，新兴战略性产业是未来的朝阳产业，把握机遇，适时发展新兴战略性产业是县域经济发展中不可忽视的内容。不可以为县域经济产业层次不高，不具备新兴战略性产业的条件。事实上，多个县域都具备发展新兴战略性产业的机遇和外部条件，诸如新能源技术、信息技术、微电子技术，以及以生命科学为基础的生物产业、医药产业等。新兴战略性产业的发展将会将县域经济的产业推进到一个较高的层次。

第二，以"五大工程"为载体加快民营经济发展。民营经济发展落后是吉林省经济成长的先天性不足，直到 2002 年，在规模以上企业的统计中，民营经济的总量尚不足 20％，而此时在发达地区民营经济已经主打天下了。在一定意义上说，吉林省经济的落后就在于民营经济的落后，吉林省发展的差距就在于民营经济的差距。民营经济兴则吉林经济兴，民营经济弱则吉林经济弱。2013 年年初以来，吉林省将突出发展民营经济作为经济发展的主要任务，无疑是符合吉林省省情实际的重大政策选择。"全民创业、招商引资、素质提升、集群发展、市场培育"五大工程是突出发展民营经济的重要支撑，要以改革创新的思路推进"五大工程"实施。创新招商引资机制，改革和完善适合本地的招商引资政策，开展招商、养商、稳商、强商、孵商系统工程建设。开展县域"全民创业"制度创新，培育全民创业文化，创新小微企业成长政策，企业初创保护制度。推进县域工业集中区运行机制创新，探索产业集群发展规律，培育工业集中区产业集聚和企业集中功能。通过"五大工程"的实施，切实实现县域民营经济突破性的发展。

第三，以五个能力建设为重点推进现代农业建设。吉林省的农业可从国家宏观视角和本省视角进行分析，从宏观经济视角看，吉林省的粮食生产也包括畜产品生产，其在国家粮食安全战略格局中居于重要的地位。全省 40 个县（市），国家级商品粮基地县达到 25 个，占县域行政区划数的 62.5％，生产的商品粮占全国商品粮总量的 10％以上，有 21 个县（市）列为全国的粮食生产大县。年生产肉类产品 245 万吨，生猪年调出量在 800 万头左右，有 6 个县是全国生猪调出大县。从本省经济层面看，吉林省农业，其中主要是粮食和畜产品，涉及两个重要方面，一是农民收入。吉林省农户家庭纯收入的 65％来自家庭经营，即主要来自于粮食和畜产品的生产。农业的丰歉直接影响农民的收入水平。二是农产品加工业的稳定发展。农产品加工业是吉林省的第三大支柱产业，也是县域经济中的主导产业和起步产业。吉林省的农产品加工业的主体原料是粮食和畜产品，粮食和畜产品的商品生产规模直接决定了加工业的发展规模，特别是在国家粮食安全压力越来越大的形势下，增大农产品加工业规模必须建立在粮食和畜产品增量规模扩大的基础上。因此，必须加大现代农业建设力度，强化农业在县域经济发展中的基础地位。从吉林省现代农业建设的重点来分析，主要提升 5 个能力，一是农业综合生产能力，二是农业抗风险能力，三是农民科学种田能力，四是农业组织创新能力，五是农业可持续发展能力。农业综合生产能力是农业土地生产率、劳动生产率、基础设施支撑服务能力、农业再生产协调能力的体现。农业抗风险能力既包括抗御自然风险的能力，也包括了抗御市场风险的能力。农民科学种田能力是指农民应用现代农业科学技术从事农业生产的能力，核心是培养现代农民。农业组织创新能力是提高农业的组织化程度，发展农民合作组织，实施农业产业化经营，建设农业社会化服务体系。农业可持续发展能力就是要合理利用资源，保护农业生产环境，防止资源透支性使用，实现资源分配使用的代际公平。

　　第四，以产业集聚为平台培育县域中心城市。借鉴东部沿海发达地区的经验，在一定意义上说，县域经济发展的过程就是县域中心城市成长的过程。以广东为例，在 30 多年的经济发展中，珠三角不仅像深圳这样当年的小渔村发展成为国内第四大城市，而且像珠海、东莞、中山这样的县发展成为经济强市，以及像顺德这样的县发展成为 GDP 超千亿元的经济强区。同样在长三角成长起一批像张家港、昆山、宜兴、义乌、绍兴等县域经济强市。吉林省作为老工业基地在改革开放前就有较高的城市化率，20 世纪 80 年代初吉林省的城镇化率就达到了 36％，比全国平均水平高出 18 个百分点。在改革开放后的 30 多年中，吉林省的城镇化率与全国的平均水平呈现差距逐年缩小的趋势，到 2012 年吉林省的城镇化率仅比全国平均水平高出 2 个百分点，这是吉林省工业化发展滞后的必然结果。从沿海发达省份的经验看，城镇化的发展走了一条由小城镇开始发展的路子，这是与当时的国情、地情和当地的资源禀赋相适应的。就吉林省的情况而言，无论在发展的背景还是在资源禀赋和地域文化上与发达地区都迥然有别，不能复制发达地区的城镇化模式。在吉林省的城镇化框架中，与其说缺少小城镇，不如说缺少中等城市。在目前 8 个地级以上的城市中，除长春、吉林外，其他 6 个城市的经济活力都较弱，基本没有区域经济辐射能力，从而没有对县域经济发展的带动能力。吉林省 40 个县（市）中 95％ 的县（市）幅员在 2 000 平方公里以上，47.5％的县幅员在 4 000 平方公里以上，有 17.5％的县幅员在 6 000 平方公里以上。而在我国东部和中部地区，绝大部分县（市）的幅员在 2 000 平方公里以下，还有相当一部分在 1 000 平方公里以下。因此，对吉林省来说，在较为辽阔的辖区面积内，发展县域中心城市对于带动县域经济发展十分必要。特别是中部人口在 100 万人左右的粮食大县，只有实现县域中心城市的繁荣发展，才有利于转移农村过剩人口，加快土地流转和规模经营。目前在吉林省 424 个建制镇中，县城以外 5 万人口以上小城镇只有 7 个，绝大部分不具备产业的能力。具有显著产业聚集能力的小城镇主要在县城、重要节点镇和长春市周边的小城镇。从省情出发，积极发展县域中心城市，特别是将一批有较好基础的县城和县级市发展成为中等规模城市，将会大大促进县域经济发展，加快城乡统筹步伐。其中尤其要重视中部地区以长春市为中心的城市群的发展，将有助于中部产粮大县向工业强县的方向发展。

第五，以省直管县为突破口推进行政管理体制改革。有效率的经济体制是影响区域经济发展的重要变量，在县域经济发展中如何通过县域行政管理体制改革，使县域经济释放出更大的活力，是推进县域经济发展不可回避的重要命题。2005 年以后对县域的放权，为县域经济发展提供了较为宽松的空间，但并未触及更为深层的内容。目前除了需要继续为县域发展松绑之外，在体制上需要做的文章是加快省直管县体制改革的步伐，彻底消除实施多年的市管县体制给县域发展带来的束缚和低效率。当初市管市体制设计的出发点是发挥区域中心城市对县域经济发展的带动作用，但多年的实践证明，除长春、吉林两个特大规模的城市外，其他 6 个地级城市经济发展薄弱，并不具备带动县域经济发展的能力。直到 2012 年，其余 6 个地级市的本级市区财政收入不足 20 亿元，而有的经济大县已经超过这 6 个地级市市区经济总量。从发展的效率角度看，即便地级市有一定的辐射带动能力，过多的层级管理，也严重地降低了运行效率。从国内已经实施省直管县体制的省（市）经验看，省直管县将明显提高县域经济运行效率，对于经济发展已经产生明显效果。就县级行政区划规模而言，吉林省属于小省，只有 40 个县（市），去除延边自治州的 8 个县（市），可实施省直管的县只有 32 个，完全具备实施的可行性。

第六，以可持续发展为方向走生态立县之路。无论是已经实现现代化的国家，还是我国发达地区，都不同程度地走了一条先污染后治理的曲折发展之路，付出了巨大的社会成本。吉林省作为后发展省份，绝不能重复以生态环境换取短期经济发展的教训，要在满足生态目标的前提下实现县域经济发展。然而在现实中，仍然存在重经济目标轻生态目标的倾向，这一问题值得关注。在一定意义上说，生态环境的优势就是经济发展的后发优势。县域经济的发展不能只看 GDP 的增长，更要看社会总福利的增加。走生态立县的可持续发展之路，在实践中要科学进行三个选择，一是在人口布局上，根据不同区域的承载能力，形成合理的分布。吉林省东部是生态资源密集区，长白山是吉林省乃至东北亚地区生态资源库，必须重点保护，要大幅度减少人口荷载，特别是要大幅度减少"靠山吃山"的人口，严格限制过度开发。西部地区是生态脆弱区，要大量减少西部地区的过牧、过垦问题，减少人口荷承量。中部地区是典型的农区，具有相对较强的生态承载能力，应以中部城市群发展为基础，成为人口的主要集聚区。二是在产业布局上，一方面要杜绝污染工业项目；另一方面要重视生态产业发展，重视以生态环境资源为基础的优质农产品产业和生物医药和生物产业的发展。三是在农业发展上，尽快采取有效措施进行耕地地力补偿和水资源补偿，积极争取国家生态补偿政策，以可持续发展为目标，实施现代农业建设。四是在城镇建设上，要突出生态理念建设生态化县域，建设生态化城市。应当因地制宜地进行符合本地实际的区域发展规划设计，城镇建设规划设计，力避千城一面的模式化建设。要在发展中既为人民谋取经济收入，又要为人民谋取绿色福利。

第4章
粮食主产区发展困境

4.1　产粮大省的困扰与出路[*]

　　吉林省是我国的重要商品粮产区之一。新中国成立以来，特别是近十年来，为国家粮食生产做出了巨大贡献。但是，由于粮食生产在各生产部门的比较收益结构中处于低谷的地位，使粮食生产给产粮区的经济发展带来了严重的负担，形成了粮食越多，财政越穷的恶性循环。粮食生产的这种负效应，不仅限制了地方经济的全面发展，同时也阻碍了农业本身的进一步发展。如何使产粮大省及早走出这种困境，这是实现农业稳定发展的一个重要问题。

4.1.1　粮食大省面临的困扰

　　吉林省具有良好的农业生产条件。在全省41个县（市）中，有28个商品粮基地县，其中中部的13个县为国家的主要玉米生产基地。1981年以前的十年，吉林省的粮食总产一直在80亿千克上下徘徊，1982年落实农业联产承包责任制之后，粮食生产出现了突破性的进展，1982年首次突破了100亿千克的大关，紧接着1983年和1984年连续创历史最高纪录，粮食总产分别达到147亿千克和163亿千克。大灾的1985年，粮食总产仍达到122亿千克。"七五"期间，在恢复灾前粮食生产水平的基础上，粮食总产持续增长，至1990

---

　　[*]　原载于《农业经济问题》1991年第6期。

年，粮食总产达到 187 亿千克。1980—1990 年的十年，粮食总产提高 1 倍多，平均年递增 10.75％。从近几年的粮食生产水平看，全省人均占有粮食在 700 千克左右，比全国和世界的平均水平高 75％，位居全国第一位。平均每一农业人口生产粮食 1 130 千克左右，比全国的平均水平 460 千克高 1.43 倍。粮食商品率高达 53％。每一农业人口交售商品粮 530 千克左右，比全国的平均水平高出 2 倍，每年可向省外提供的商品粮占粮食总产量的 1/3 以上。

改革十年来，吉林省的粮食生产为国家做出了巨大贡献，然而，由于近年来粮食生产经营环境的恶化，经济效益十分低下，致使吉林省这个产粮大省在富省裕民的道路上，步履维艰，粮食生产给地方经济的发展带来了种种困扰。主要表现在：

第一，投入高，农民收入下降。近年来虽然粮食价格几次上调，但由于农业生产资料价格上涨幅度大大超过粮食上调幅度，致使刚刚趋于缩小的比价关系又出现复归，农民种粮收益流失。1984 年农业生产资料价格实行双轨制后，价格出现飞涨，国家平调的化肥，硝氨每吨由 324 元涨到 468 元，二氨由 500 元涨到 700 元。从投入与纯收入的关系看，1983 年吉林省的投入产出比为 1∶2.77，1988 年下降为 1∶1.63，下降 41％。

第二，补贴多，财政负担沉重。吉林省地方财政每年都要有大量财政支出用于农业，而且随着粮食产量的增加，补贴额出现逐年上升趋势。与邻省比较，吉林省的财政收入分别是辽宁和黑龙江的 33％和 60％，而财政用于农业的支出却是辽宁的 3 倍、黑龙江的 2.4 倍。"六五"期间地方财政直接用于农业的支出达 18.8 亿元，相当同期财政总收入的 25％。"六五"期间用于支农工业的补贴达 1.32 亿元，相当于 1984 年财政收入的 9.3％，同期用于粮食经营的各项补贴 26.7 亿元，相当于 1982 年和 1983 年两年的财政收入。"七五"期间前四年省财政直接用于农业的支出就达 17.12 亿元，相当于 1987 年省财政收入的 45.6％，吉林省每年优质化肥都有缺口，为了弥补化肥的不足，要花费大量外汇进口化肥，然后降价卖给农民，仅此一项，每年就要赔 1 000 多万元。每至丰年，用于粮食经营的补贴更多，形成了粮食越是丰收，财政状况越不景气的恶性循环。用于农业的各项补贴构成了沉重的地方财政负担，削弱了地方财政对其他部门的扶持能力，制约了地方经济的发展。

第三，债务多，粮食生产负债运行。多年来，吉林省一直未摆脱"国家拿钱，农民种粮"的局面。投入农业的大量信贷资金沉淀，债台高筑。中部 13 个县中有 8 个县农民人均收入低于全省平均水平，拖欠逾期贷款 6 亿多元，占全省的 50％，人均欠债 82.44 元，其中曾为全国产粮县之冠的公主岭市人均欠债达 164 元。

第四，储粮难，加剧农民利益流失。由于粮食产量大幅度增长，从 1983 年以来一直存在卖粮难、储粮难的问题。从 1983 年开始，民代国储，据调查，民代国储平均损失高达 5％～7％。1983—1985 年，由于国家给代储费过低，农民多支付代储费 1.2 亿元。

第五，运粮难，其他部门发展受阻。吉林省每年可有 50 亿千克左右的粮食调出省外，占用大量的铁路运力，致使其他部门的产品和原材料拉不进来、运不出去，影响了其他部门的经济发展。

吉林省在粮食生产中所面临的上述困扰，不但直接制约了粮食生产本身，也同时制约了整个地方经济的发展。自 1980 年以来，吉林省的地方财政一直处于收不抵支的赤字状态，而且赤字额连年增长。在这种地方财政不景气的状况下，每年还要拿出大量财力来补贴粮食生产与经营，从而削弱了财政扶持地方经济发展的能力。不难看出，从地方经济角度看，粮食生产已经产生了一种负效应。长此下去，无论是农业再生产能力，还是地方财政承受能力，都将出现难以为继的局面。因此，扭转粮食生产与经营的现状，已成为迫在眉睫之举。

4.1.2　粮食生产的重要地位不可动摇

从地方经济利益的角度看，既然粮食生产已与地方经济发展产生一定矛盾，那么，就应当削减粮食生产指标，以减少地方财政的负担。近年来，有人从地方经济利益出发，提出过减少粮食产量、调整生产结构的建议。然而，这种建议毕竟没有成为地方政府的决策，因为这在客观上是行不通的。

首先，应从国家宏观经济的高度来选择粮食生产决策的视角。从我国的粮食生产水平来看，刚刚到达世界的人均占有 400 千克的水平，而且年际间不稳定。在 30 个省份中，粮食调出省不足一半。吉林省是全国为数不多的粮食调出省之一，粮食商品率位居全国第一，储备量占全国 10％。吉林省的粮食产量在全国占有举足轻重的地位。因此，粮食生产要不要削减，不是根据地方经济需要所能做出的决策，而必须服从宏观经济的总体部署，满足国民经济发展的需要。其次，吉林省具有发展粮食生产的良好的自然条件和社会经济条件。"六五"期间，国家在吉林省中部的榆树、公主岭等 6 个县投资建立了商品粮基地，"七五"期间又在原来 6 个商品粮基地县的基础上，扩大到 28 个，占全省县级行政区划数的 60％。这 28 个商品粮基地县土地资源条件好，人均占有耕地 5 亩左右，土壤肥沃，雨量适中，粮食商品率，每一农业人口生产粮食为

1 300 多千克。特别是其中的 13 个玉米生产基地县，经过"六五"和"七五"两个五年计划的投资建设，已初步形成玉米生产体系，普遍推广和施行了玉米高产系列化栽培技术，农民系统地积累了玉米高产栽培经验，建立了玉米生产相配套的种子繁育、技术推广服务、储运加工等生产环节。它们是我国不可多得的商品粮基地，是我国农业的宝贵财富。对此，必须持保护态度和扶持的政策。从整个国民经济发展的需要来看，任何放松粮食生产和松懈商品粮基地建设的做法无疑都是错误的。再次，粮食生产是吉林省农民，特别是其中的 28 个商品粮基地县农民收入的主要来源，大约占家庭收入的 75％左右，粮食的丰歉直接决定了农民当年的收入水平。吉林省农村第二、三产业发展缓慢，非农产业较为落后，城市工业扩散效应微弱，农业外部就业机会稀少。在此种状态下，削减粮食生产指标，或削减农业投资的做法势必要减少农民收入，损害农民利益，这是与农民的愿望相悖的。

可见，无论从微观来看，还是就宏观而论，粮食生产都是处在背水作战的形势下，而这正是在地方经济决策中的棘手之处。

4.1.3　粮食大省摆脱困境的途径

既然粮食生产无退路可走，那么产粮大县又当如何摆脱这种困扰呢？笔者认为，必须从多条途径寻求解脱的方略。

第一，改善粮食生产经营环境，提高粮食经济效益。在粮食生产中，造成农民收益下降，地方财政负担过重的基本原因是粮价过低和购销差价过大。因此，提高粮食收购价格，理顺粮食内部价格关系，是改善粮食经营环境，解决粮食生产所带来的困扰的根本对策。对此，人们已作了较多的探讨，在此不作赘述。笔者想要说明的是，尽管粮价调整是解决粮食效益低的根本途径，但这种办法在短期内是无法一步到位的，只能是一个长期的过程，近期内粮价只能在一定范围内得到相对调整。这是由于粮价的提高须以消费者的承受能力和国家财政承受能力的提高为前提，而这两方面承受能力的提高又是以城市各部门的劳动生产率提高为基础，即要将粮食涨价造成劳动力成本提高的部分消耗在企业内部和以财政收入的增长部分来补偿，而不是轮番涨价，把有粮价造成的劳动力成本提高的部分再度转嫁出去。近年来各种产品之间的轮番涨价，除了其他方面的因素外，一个重要原因就是在于忽视了社会劳动生产率提高这个物质前提。尽管粮价在比价关系中处于不合理的地位，但是原有的比价关系是历史上长期形成的，反映了一定的利益结构关系，粮价的调整势必牵动社会利益的调整。从消费者利益和社会安定的角度来说，必须随着消费者实际工资水平的提高而使粮价水平提高。就目前而论，我国国民经济发展处于治理调整阶段，市场疲软，企业开工不足，宏观财力微弱。国家、企业和消费者的承受能力都十分有限。因此，在近期内难以通过价格调整使粮食生产与经营状况得到根本好转，不宜对调价寄予过高期望。

除了逐步调整粮价外，改善粮食生产与经营环境的另一个重要措施就是稳定农业生产资料价格。农民种粮收益下降，不仅在于粮价提高过慢，同时也在于农业生产资料价格上涨过猛，抵消了粮价调整给农民带来的收益。农业生产资料实行专营后，农资价格趋于稳定。今后的问题是如何合理确定农产品与农资价格之间的比价关系。为了防止今后再度出现来自农业生产资料流通领域对农业生产的冲击，国家应当制定农业生产资料的流通法，以确保农民利益不再流失。

对吉林省这个产粮大县来说，改善粮食生产与经营环境的另一个内容是合理调整粮食合同定购基数。1985 年以来，吉林省粮食的合同定购数大大增加，合同定购部分占粮食总量的 30%，比全国的平均数 12.5% 高出 17.5 个百分点，大大增加了吉林省平价粮的数量，减少了农民的收益。如果粮食合同定购数减少 10 个百分点，大约可减少 15 亿千克平价粮，按平议差价计算，可增收3 亿元。

第二，建立粮食发展基金，实行财政负担分流。吉林省每年粮食调出量在50 多亿千克（包括出口），接近总产量的 1/3。其中省际调拨量也在 25 亿千克左右，按本身的每百千克 31.78 元的综合比例价计算，25 亿千克粮食为 7.9亿多元，若按粮食价格低于价值 20% 计算，由于价格剪刀差就使粮食收入流失将近 2 亿元。而每年省内财政用粮食生产方面的各种支出和补贴至少在 5 亿元左右，按常年产量计算，25 亿千克粮食要多支出 7 500 多万元。从这个意义上说，吉林省每年至少通过粮食生产为国家和兄弟省份做出了 2 亿多元的贡献。而这种贡献长期做下去，是不利于保护产粮区的粮食生产积极性也不利于粮食生产健康稳定发展的。为此，应当通过宏观调节的办法，来减轻产粮区的经济负担。具体可通过建立粮食发展基金的办法来解决，这部分基金由粮食的受益者，即粮食调入省来筹集。具体额度根据粮食调入省的承受能力来核定，在目前来说，这部分基金主要用于缓解产粮大省过重的财政负担。根据调出粮食的数量给予粮食调出补贴，以改善粮食生产条件，调动产粮大县的积极性。

第三，调整产粮区产业结构，强化地方经济造血功能。近年来人们把吉林省的经济状况描述为"农业大省，工业小省，财政穷省"。农业比重大、工业效益低是造成财政穷困的基本根源。过大的农业比重，使财政收入负担过重，并且占用了大量的信贷资金，削弱了工业发展的能力。而工业发展缓慢、效益低下，又使财政收入能力降低，由此又限制了工农业生产的发展，形成自我抑制的低效循环。这是吉林省产业结构功能低下的必然结果。从我国经济发展来看，财政对于农业的扶持只能强化而不能削弱，而要提高各级财政支援农业的能力，必须强化地方经济的造血功能。吉林省目前的财政状况是每年全省财政收入的总和不及一个大连市，在中部的 13 个玉米生产大县中，12 个是补贴县。各商品粮基地县的农村产业结构表现出了以农业为主，而农业中以种植业为主，种植业中以粮食为主，粮食中以玉米为主的层层单一的畸形结构。在工农业总产值中，农业产值占 69%，由于农业比重过大，占用了大量资金，限制了其他产业的发展。在工业结构中，重工业比重过大，缺少具有市场竞争能力的产品。全省超亿元的大型企业仅有 4 家，财政收入超亿元的城市也只有4 个。整个地方经济表现出一种贫血症状。因此，实行地方产业结构转换，强化地方经济机体功能，应成为稳定农业发展的基本战略。从宏观经济政策来说，对产粮大省应采取优化产业结构功能，为粮食生产创造良好的外部环境条件的政策。

第四，调整粮食增长速度，促进资源合理配置。1984 年以来，吉林省的粮食生产一直处于追求粮食高速增长的紧锣密鼓之中。1988 年以后又提出粮食再上新台阶的口号。可以说，近十年的粮食生产是步步紧逼，并未获得喘息调整的机会。从目前的形势看，吉林省的粮食生产不宜再提更高目标，而应进入稳定增长时期。之所以如此，原因有二：其一，在现有的技术条件、现有的投入水平、现有的要素价格和产品价格条件下，粮食单产水平已趋近边界，在某些高产大县，资源的边际生产力已趋近于零。据典型户调查，1988 年玉米的亩收益（主产品）的增量已补偿不了亩成本的增量，收益增量出现负数。从资源合理配置角度说，在此种境界上，不应再继续向土地盲目追加投入，而应按照盈利原则，引导和鼓励农民向其他生产部门投资，以提高投资效益。而其他部门的发展，又可以反过来促进粮食生产的发展。其二，由于加工转化能力限制和运输调节能力的限制以及库存能力的限制，卖粮难、储粮难问题至今尚未解决，并且由此造成明显的经济损失。如果粮食继续以较大幅度增长，势必加剧这种损失浪费。与其鼠窃虫腐，不如适当控制产量增长，促进要素适当向其他部门流动，实现要素合理配置，以促进农村产业协调发展，为粮食生产的进一步发展，创造良好的外部环境条件。

第五，搞好粮食加工转化，促进粮食增值。吉林省之所以粮多钱少，其中一个原因是由于吉林省的粮食生产目前停留在原料输出型的农业阶段。粮食主要以原粮形式调往省外或出口，加工品、畜产品的转化能力较低，枉有粮富之称，却无财富之实。吉林省粮食以玉米为主，玉米俗有"饲料之王"称誉，但在 1989 年以前，吉林省一直从四川调进猪肉，每年 20 万～40 万头，1989 年刚刚接近猪肉自给。1985 年吉林省粮食加工业占工业总产值的 3.4%，1988 年又降到 2.6%。1988 年食品工业产值为农业总产值的 21.8%，比全国平均水平 37% 低 15.2 个百分点。目前，玉米加工能力不足可加工量的 1/3。粮食就地转化加工能力低，以原料输出为主，既增加了运输压力，又减少了粮食增值收入。据估算，玉米加工转化可使玉米增值 2～3 倍。如果把全省每年尚应转化的 350 万吨玉米转化成深加工食品，按现行价格计算，至少可增收 23.24 亿元，可使农民人均增收 80 元。如果进一步发展粮食转化加工，既可以使粮食增值，农民增收，又可以通过加工业的发展拓宽农村劳动力转移的门路，还可以减少外运的压力，取得一石二鸟之功。因此，从商品粮基地的发展战略上说，应当注意粮食产品的深度开发，在商品粮基地的基础上，同时建设畜产品生产基地和食品加工基地，就地扩大粮食的价值效应。而这一切在目前来说，不在于解决认识上的问题，而在于如何制定合理的产业发展政策和商品粮基地建设的政策，使商品粮基地沿着粮食基地＋畜产品基地＋食品加工基地这样一个多元复合的农产品生产基地的模式发展，并通过宏观上的投资政策、产业结构和生产布局政策予以保证。

4.2　吉林省农民手中粮食滞销问题的分析*

吉林省作为我国商品粮第一输出大省，在 20 世纪 80 年代中期以后曾连续多年出现卖粮难问题。进入 90 年代以后，随着粮食经营体制的改革，粮食流通基础设施的建设以及玉米出口量的加大，使吉林省卖粮难问题得到缓解。但在 1995 年粮食年度（截至 1996 年 3 月底），吉林省又出现了农民议价粮滞销问题。本次卖粮难情况与以往有所不同，对此进行分析，有助于调整宏观政策思路，为粮食主产区创造一个有利的市场环境。

4.2.1　农民手中粮食滞销的状况及其成因

1995 年是吉林省 20 世纪 90 年代以来第三个丰收年。尽管夏季吉林省东部遭受历史罕见的洪涝灾害，西部遭受严重干旱，但粮食总产量仍达到了

---

* 原载于《农业经济问题》1996 年第 7 期。

201.5 亿千克的水平。粮食增产并未给农民带来丰收的喜悦。秋粮收购后，出现了粮价下跌，市场购销冷落的现象。玉米市场价每千克由 1994 年的 1.40 元跌落到 0.84 元，降幅达 40％。截至 1996 年 3 月底，农民手中仍有 60 亿千克左右粮食待销，约占当年粮食总产量的 1/3。农民手中粮食滞销，在客观上产生了两种负效应，其一，影响了农民种粮积极性。1995 年春耕季节，农民受 1994 年粮食年度市场粮价上扬的影响，种粮积极性高涨，投入热情高，高产玉米作物种植比例显著增大，比 1994 年增加 24 万公顷。而在收获之后，粮价大幅度回落，收益剧减，挫伤了农民的种粮积极性。其二，影响了 1996 年的粮食生产投入。粮食收入是吉林农民收入的主要来源，约占家庭收入的 70％。1/3 的粮食滞销，使农民手中粮食不能转化为现金，农民手中现金短缺，无力购买生产资料。何以形成农民手中粮食滞销，主要因素包括：

第一，粮食供给总量增加。1995 年粮食年度吉林省农民手中粮食滞销，从根本上说，反映了我国粮食市场上供求关系的变动。1995 年我国粮食供给增加大致来自于三个方面，一是我国粮食增产 150 亿千克；二是进口粮食增加 150 亿千克；三是减少粮食出口 100 亿千克。三项总和共增加 400 亿千克，将近粮食总产的 10％。我国现阶段粮食市场的调节能力总体看是比较脆弱的，少一点受不了，多一点反应也很敏感。从粮食进口情况看，主要是南方玉米短缺省进口了一部分玉米，这些玉米进口的省份，正是吉林省玉米的主销区。因此，玉米的进口，使吉林省这个玉米输出大省首先受到冲击。

第二，粮食收购资金不足。吉林省的商品粮总量大，每年收购资金约 130 多亿元，由地方和国家共同筹集。由于吉林省粮食企业长期亏损挂账，自筹能力十分有限。国家为了控制通货膨胀率上涨，稳定物价，粮食收购资金实行分期到位。截至 1996 年 1 月底，有些粮食大县筹集到的收购资金不到需求量的 1/10。由于秋粮收购资金不足，收购数量有限。从省外客户看，同样面临收购资金不足的问题，使省外客户收购量明显少于往年。

第三，玉米向南方调运，增加南方玉米库存。1995 年上半年吉林省在国家统一安排下，共向四川等省调运 150 万吨玉米，增加了这些省份的玉米库存，使南方玉米销区对吉林省玉米的需求势头减弱，不急于采购新粮。而全国粮食市场供求关系的稳定，又进一步滞缓了玉米销区的购买行为。

第四，农民的惜售心理延缓了粮食出售。1994 年粮食年度，市场粮价达到了历史最高水平，牌市差价大。1995 年粮食年度，农民的市场心理仍停留在 1994 年的高价位上，不愿接受市场上的低价，期望粮价有所回升，故而持粮不售，造成大量商品粮滞留在手中。

由上可见，1995 年粮食年度，吉林省农民手中粮食滞销是多重因素共同作用的结果，但市场供求关系的变动应是其中最基本的原因。

4.2.2　由农民手中粮食滞销所看到的问题

1995 年度吉林省农民手中粮食滞销显示了两个特点，一是粮食滞销和国家的宏观政策直接相关。国家的粮食进口政策和粮食收购资金政策都从不同角度、在不同程度上导致了粮食市场供求关系的变化，减少了对吉林省玉米的需求。二是表现出农民对市场低价的一种抗拒心理。农民不愿接受市场的低价水平，情愿挨到夏季卖干粮，企盼市场价格有所回升。

由农民手中粮食滞销的经济现象，可发现我国在粮食生产与经营中的一些问题。

第一，现行的粮食经营体制难以起到调节市场供求的作用。在我国粮食放开经营后，实行多渠道经营，除了粮食部门经营粮食外，供销社系统、外贸部门、乡企部门和粮食加工企业纷纷进入市场，从事议价粮购销活动。但这些部门的经营活动都是市场行为。往往是粮食少了多渠道，粮食多了"主"渠道，与宏观调节的方向相悖。1996 年市场粮多，而市场购销却十分冷落，就是一个例证。

第二，在粮食实行自求平衡的政策后，国家对粮食主产区的卖粮难问题估计不足。从 1995 年起，国家实行了"米袋子"省长负责制，各省粮食自求平衡。这一政策的实施，促进了粮食生产的发展，提高了粮食商品率和自给率。但是，在各省的粮食自给率提高后，在一定程度上缩小粮食主产区的市场。这在丰收的年景下表现得明显，使市场变为买方市场，导致主产区卖粮难。对此，在宏观上是估计不足的。

第三，粮食主产区无力筹集大量收购资金。吉林省每年用于粮食的收购资金大约 100 多亿元。在粮食热销的情况下，多渠道收购，可分散收购资金的压力，而且粮食收购资金周转较快。而在粮食滞销的情况下，主要依靠粮食部门这一主渠道收购，要求较充足的收购资金，而且在这种情况下，收购资金周转也较慢。吉林省是个财政收入小省，无力拿出更多的资金投放于粮食市场。从现状看，吉林省每年用于粮食经营的补贴款达 10 多亿元。1990 年前后，吉林省的粮食企业就形成了几十亿元的亏损挂账，陈欠未清，近几年再度形成几十亿元的亏损挂账，使地方财政压得喘不过气来。在国家控制资金投放规模的情况下，仅靠吉林省来解决巨额收购资金，已不具备现实操作性。

4.2.3　稳定吉林省粮食市场的建议

吉林省农民粮食滞销问题和宏观经济政策密切相关，因此，解决粮食滞销，稳定市场，应从宏观上探讨思路和途径。

第一，不断完善粮食进口政策。从 1995 年我国的粮食进出口政策看，表现出"南进北不出"的特点。南方各省直接从国际市场进口粮食，自然减少了对北方粮食的需求。同时，像吉林省这样的产粮大省又限制出口。1995 年吉林省玉米颗粒未出，从而在客观上增加了国内的供给。这种一开一闭的政策，难免不对国内粮食主产区产生冲击。在进口管理上，国家实行只限数量，不限品种的政策。南方诸省最紧缺的是饲料，所以南方粮食进口省进口了较多的玉米，直接挤占了吉林省玉米市场。由此看出，国家在进口粮食时并没有考虑到东北玉米区的市场问题，实际上进口玉米已经产生了冲击国内玉米市场的效应。无独有偶，同样的事情在 1992 年也曾发生过，当时也是南方沿海诸省从国外进口玉米，挤占了东北玉米的南下市场，造成玉米销售难的问题。由此可见粮食进出口政策在思路上的某些缺陷，即对保证粮食总供给问题考虑较重，对保护粮食主产区利益问题考虑较轻。建议国家在制定粮食进出口政策时，要把粮食进出口行为对国内粮食市场，特别是粮食主产区的影响考虑进来，不应发生粮食进口对国内粮食主产区产生冲击的现象。事实上，目前国内粮食价格与国际市场的粮食价格相比已失去竞争力。国际市场玉米价格时常低于国内玉米价格，从吉林玉米看，尽管质量一般优于国际市场，但由于从国外进口玉米具有到货集中、及时、损耗小的优点，而且价格有时低于国内价格，使南方玉米销区更倾向于从国外进口，在这种情况下，若没有宏观政策的调控和保护，势必损害粮食主产区的利益。

第二，国家应为粮食主产区提供足量的收购资金。由于收购资金短缺，使粮食进入不了市场，其中最大的受害者是农民。农民的粮食转化不了现金，生产生活都受到影响。大量粮食积压在农民手中，会因为鼠盗、虫咬、霉变造成较大的损耗。使农民受到多重损失，将严重挫伤农民种粮的积极性。建议国家从粮食主产区的市场现状出发，提供足量的收购资金，尽快将积压在农民手中的粮食转化为现金。这样才有利于稳定农民的种粮积极性，实现粮食主产区粮食生产的持续发展。

第三，适当扩大国家专储粮规模。作为粮食主产区，吉林省承担着国家专储的任务。在粮食收购渠道减少，农民手中粮食滞销的情况下，国家应当适当扩大专储粮食规模，以扩大市场收购量。作为国家的专储粮制度，应具有较大的弹性，发挥调节市场关系的作用。

第四，确定议价粮最低保护价。如前所述，吉林省农民粮食滞销的一个原因是农民不愿接受过低的粮食价格。农民这种低价拒售的行为，暗含着一种无奈和苦涩。1995 年春，农民在粮食高价位的刺激下，进行了较大的投入，而收获后，粮价又跌落得惊人。玉米每千克 0.84 元的售价几乎使农民跌入蚀本的境地。本来吉林省的粮食定购基数就多，农民在定购粮方面已做出了很大贡献，如果再让农民在议价粮方面亏本经营，无疑会产生釜底抽薪的效果，使农民再生产难以为继。因此，应确定一个合适的保护价水平。确定最低保护价的原则应是，在保证农民收回粮食生产成本后，保证能达到正常再生产需要的投入水平。

第五，有区别地调整粮食主产区的风险基金配套制度。对农民议价粮确定最低保护价所需的支出，应从粮食风险基金中支付。但目前的粮食风险基金按国家与地方 1∶1.5 的比例统筹，这样的配套比例客观上对粮食主产区是不公平的。因为粮食主产区生产粮食越多，配套的越多，随着粮食的调出，流失的越多，不便于调动主产区确定最低保护价的积极性。建议国家在粮食主产区粮食风险基金的配套比例上，国家所占部分应多于地方所占部分，以保护主产区的利益和积极性。

从吉林省农民粮食滞销的问题中可以看到，我国目前粮食主产区的市场环境亟待改善，应加大对粮食主产区的保护力度，建立一个使粮食主产区粮食持续稳定发展的环境和机制。

4.3 粮食主产区利益流失问题探析[*]

粮食主产区是为我国提供商品粮的主要农业区域，在我国的粮食供给中起着左右全局的作用。进入 20 世纪 80 年代中期以来，粮食产量逐年增加，但农民的收入效益却逐年下降，地方财政负担逐年加重。为什么粮食增产未能给农民带来富裕，未能给粮食主产区带来经济繁荣，其中最基本的原因，就在于随着粮食这种低价商品的输出，产粮区的利益在流失。1994 年下半年以来，粮价呈大幅度上涨态势，使粮农获得较多收入，但这只是粮食市场供求关系的暂时调整，并不意味着粮食主产区利益流失渠道的消失。利益流失的结果直接制约了粮食主产区经济的发展。长此下去，势必造成粮食主产区农业的衰退。因

---

[*] 原载于《农业经济问题》1995 年第 8 期。

此，有必要采取有效的宏观调控手段，进行利益调节。

4.3.1 粮食主产区利益流失渠道

粮食主产区利益流失的基本含义是指商品粮食在向区外输出过程中所形成的利益损失。这种利益流失是通过三个渠道形成的。

第一，粮食与投入品之间不合理的比价以及不合理的地区差价所形成的利益流失。在农村改革之初，粮食和其他农副产品价格的上调，使工农产品价格剪刀差出现缩小趋势，农民纯收入有明显增长。但不久，随着城市改革的全面展开，工业品价格不断上涨，又使工农产品价格剪刀差重新拉大，抵消了农产品提价给农民带来的收入的提高。尽管后来对粮食多次提价，但从总的看，粮价上涨的幅度小于工业品，特别是农业生产资料价格上涨幅度较大，而且，粮食价格的调整总表现为一种比较滞后的特征。事实上，1985 年以后，粮食的市场交易条件就呈现出恶化趋势。吉林省是我国著名的产粮大省，从该省的情况看，1985 年以来，主要农业生产资料价格连年大幅度上涨，二铵、尿素、硝铵分别上涨 107%、101%、87.2%，柴油上涨 7 倍多，直接导致粮食生产成本上升。1984 年吉林省玉米每千克粮食物质费用 0.138 6 元，1992 年上升到 0.26 元，上升 88%；水稻物质费用由 0.199 4 元上升到 0.374 元，上升 87%。从农业投入产出情况看，1984 年为 1∶4.48，1992 年为 1∶2.74，下降 38%。从工农产品比价看，1985 年每 50 千克玉米可换尿素 36.7 千克，换柴油 65.5 千克。1992 年仅能换尿素 19 千克，换柴油 10 千克，比 1984 年少换尿素 17.7 千克，少换柴油 55.5 千克。1990 年是吉林省粮食大丰收的一年，总产达 204.5 亿千克，比 1984 年增产 40 亿千克，增收 14 亿元，而因化肥、柴油涨价农民多支出 13.6 亿元，收支基本相抵。许多地方出现了增产不增收，甚至减收的反常现象。吉林省每年向外调出的商品粮在 75 亿千克以上，这些粮食大都是平价调出的。仅从农民卖粮这一环节算，如果因工农产品价格剪刀差使农民每卖 1 千克粮食损失 0.1 元钱的话，那么调往省外的 75 亿千克粮食就至少使吉林省农民利益流失 7.5 亿元。

粮食主产区的利益流失不仅表现在不合理的比价关系方面，而且还表现在不合理的地区差价方面。1985 年国家改革粮食购销体制，主要品种实行"倒三七"比例计价，但吉林省作为产粮大省，却明显低于"倒三七"的水平，平均低 3.87%。1985—1989 年，农民由此少得加价款 8 000 多万元。1989 年，国家定购粮收购价格上调 18%，由于按品种调价，吉林省提价水平只有 9.5%。1994 年粮食收购价格进一步调整，但调整后，吉林省与河南、山东、河北等北方省比较，玉米每千克低 0.08 元，又进一步拉大了地区之间的差价，使利益流失在价格环节上又明显加重。

第二，粮食产后经营过程中不合理政策性亏损造成的利益流失。粮食经营环境的亏损更是粮食主产区利益流失的一笔明账。从吉林省来看，粮食储存量占全国的 10%。商品粮总量大，每年储期长。经营环节的利益流失主要表现在以下几个方面：①由于国家对粮食经营过程中的经营补贴费用过低造成的利益流失。国家对粮食主产区的粮食政策性补贴主要包括超储费用补贴、专储粮补贴和调拨经营费。从超储费用补贴看，从 1985 年开始实行，当时是按 1983 年的实际费用水平核定的，每千克粮食超储补贴标准为 0.022 元，1991 年提升到 0.04 元。尽管补贴标准有所调整，但实际补贴水平仍然很低。由于储粮资材价格成倍上涨，运费价格上调，煤、水电涨价，职工工资增加，贷款利率提高等多种因素所致，使粮食实际储存费用大幅度上升。1990 年每千克粮食实际储存费用开支已达到 0.124 元，比实际补贴多支出 0.084 元。从调拨经营费来看，是 1986 年核定的标准，由于近些年来自各方面因素发生很大变化，使这个标准很低，1991 年每千克粮食经营费用实际支出已达 0.091 元，比实际补贴的 0.043 元多支出 0.048 元。1990 年由于这两项政策补贴标准不到位，使吉林省粮食企业少得补贴收入 4.5 亿元。据匡算，每调出一吨粮食亏损 34 元。企业的政策性亏损大部分都要由地方财政承担。由此形成了多购、多销、多调、多储就多亏的局面。实际上粮食产区每年向外调粮就相当于调钱，致使利益大量流失。②不合理的粮食风险基金配套政策所造成的利益流失。粮食风险基金核定后，国家和地方按 1：1.5 比例配套。然而，这种配套政策在实际操作中，粮食主产区随着粮食的调出，相应地使地方配套的那部分资金发生流失，粮食输出越多，地方财政配套资金流失越多。③金融运行体制不合理所造成的利益流失。1983 年以前，银行对粮食企业一行开户，存贷合一。1983—1994 年则实行两行开户，存贷分设，县以上在工行，县以下在农行。由此造成两方面问题，一是受工行资金规模限制，粮食调出，资金不能及时结算；二是调出粮食回收贷款必须经过农行、工行、人民银行才能结算。由于环节多，在途时间长，资金占用大，企业支付利息多。以 1990 年为例，由于存贷分设，吉林省多支利息差 3 100 万元（存款 2.1 厘，贷款 7.5 厘）。④由于仓储设施落后而形成的利益流失。从 20 世纪 80 年代初到 90 年代初的 10 年间，吉林省的粮食产量增长了一倍多。与生产的高速度增长相比较，仓储等流通设施的建设却相对落后。从仓容看，全省大约 1/4 的乡镇没有粮库。完好仓容量只占常年储量的 1/3。全国 70% 的粮食储存在库房里，而吉林省作为全国最大的粮食调出省，80％的粮食是露天存放。储粮占全国的 1/10，而完好仓容只占全国的 2.7％。从烘晒能力看，现有烘晒能力仅占玉米收购量的 60％，其余全部土场晾晒。不仅损失严重，而且影响质量。产粮大省由于仓储设施落后，每年都蒙受损失。1984—1986 年，为解决储粮难问题，连续 3 年实行民代国储。由于民代国储设施条件简陋，损失严重，而且国家支付的储粮费用较低，3 年间农民为储粮多支付 1.2 亿元。⑤由于平价粮出口换汇造成的利益流失。从吉林省情况看，玉米出口量自 20 世纪 80 年代以来一直位居全国首位，每年大约出口 20 亿千克。这些出口玉米大都是平价收购的。出口换汇地方与国家按 2：8 比例分成，国家为受益的主体。在汇率没有放开的条件下，按照国家确定的汇率进行结算使粮食主产区处于十分不利的地位。

第三，**粮食产前要素补贴所形成的利益流失**。粮食主产区的粮食产出必然依赖于对农业的有效投入。然而从吉林省这个头号粮食主产区来看，农业投入品的供应不足一直是一个持续多年的问题。其中主要表现为直接决定粮食增产的化肥短缺。吉林省每年化肥需要为 340 万吨，但实际上国家只能供应 200 万标吨，每年缺口大约 140 万标吨。解决化肥短缺一是进口，二是从省外购入。吉林省每年都要花费大量外汇进口优质化肥，然后降价卖给农民，仅此一项每年就要赔 1 000 多万元。在外购化肥方面，各粮食生产县都要投入大量人力、物力、财力到省外购进化肥，支付了大量的采购成本。对化肥供应所实施的补贴当然都是用于省内粮食生产，但由于吉林省每年大量调出粮食，随着粮食的调出，补贴也随之流失。

如果把上述农民与粮食部门在粮食生产与经营环节所造成的利益损失看作是一种直接的利益流失的话，那么，事实上还存在间接形式的利益流失。即由于粮食的生产与经营对其他部门的经济发展所产生的抑制作用形成的利益流失。在实际运行过程中突出地表现在两个方面，一是粮食经营占用了大量的农贷资金。据调查，吉林省每年库存粮占压资金占农行贷款总额的 70％多，使省内流动资金周转受阻，加剧了资金供求矛盾，制约了经济发展。二是大量输出粮食，挤占了铁路运输能力，许多工业生产用的原材料运输受阻，工业产品运不出去，限制了工业生产的发展。例如，1988 年吉林省粮食丰收，运粮车皮比上一年增加 13％，而运送地方工业品的车皮减少 14％，造成间接的利益流失。

4.3.2 粮食主产区利益流失的原因及其影响

第一，**工农产品价格剪刀差是导致粮食主产区利益流失的基本原因**。农村改革至今，国家先后四次提高粮价，旨在解决粮食生产比较效益低的问题。然而，粮价的提高往往滞后于农业生产资料价格的提高。每次提高粮价之后，农业生产资料提价便接踵而至，很快导致新的比价复归。工农业产品价格剪刀差的问题并未得到有效解决。在工农业产品价格剪刀差显著的条件下，如果粮食生产在区域之间分布不均衡，形成明显的产区和销区，那么工农业产品之间的不平等的交换关系，就会转换成不同经济区域之间的不平等的利益交换关系，导致区域之间的利益分配不公。一旦工农产品价格剪刀差所反映的不合理的工农业产品交换关系转换成区域之间的不平等交换关系，那么也就意味着这种剪刀差政策转换成了不合理的区域经济政策，即以牺牲粮食主产区利益为代价的区域经济政策。这种不合理的区域经济政策，在客观上不可避免地要削弱农业在国民经济中的基础地位，导致农业发展的徘徊，甚至萎缩。

粮食主产区和主销区的不平等的交换关系，损害的不仅仅是粮食主产区广大粮农的利益，同时也损害了该区域内非农部门和非农居民的利益。因为向区外输出的大量粮食，带走了粮食主产区地方财政的巨额补贴，而这些补贴是由各部门共同提供的。这种区域整体利益流失现象在客观上必然产生的一个后果就是，粮食主产区居民对地方政府扶持粮食生产的政策所提出的各种质疑。因此，在一些产粮大县或产粮大省常常可以听到"地方经济要上去，粮食生产要下来"的动议，给地方政府带来压力。这种区域间的不合理的分配关系，在客观上还容易产生一种弱化粮食生产的误导作用，即一些粮食主销区，特别是一些发达地区放松了粮食生产。1986 年我国的粮食调出区为 17 个省份，而到了1992 年则只剩下 12 个。粮食主产区的边界明显地呈现出一种缩小的趋势。

第二，粮食主产区利益流失对粮食生产持续发展的影响。粮食主产区的利益的流失，不仅会从主观上刺伤粮食主产区的粮食生产者的积极性，而且还会在客观上严重削弱主产区进行农业扩大再生产的物质基础，挖空粮食主产区农业持续稳定发展的后劲。在 1984 年以前，由于粮食价格上调的幅度大于农业生产资料价格上涨的幅度，粮食生产对粮农有利，粮食主产区的农民收入增长幅度较快。而在 1985 年以后，随着城市经济改革的全面展开，农业生产资料出现大幅度上涨，1992 年和 1984 年相比，吉林省农民人均纯收入增长幅度为63.80％，而同期全国的增长幅度为 120.6％，显著低于全国的平均增长速度。粮食生产是粮食主产区农民收入的主要来源，粮食生产效益低是粮食主产区农民人均纯收入增长速度缓慢的直接原因。即便是在大丰收的 1990 年，也有30％的农户增产减收或增产平收，相当数量的农民负债经营。全省仅由于农业造成的呆账金额就达 14 多亿元，平均每个农业人口负债 100 元。农民收入的减少直接制约了农户对粮食再生产的投入能力。据统计，1993 年，吉林省每公顷耕地拥有机械动力为 1.54 千瓦，生产性固定资产为 2 421.8 元，化肥施用量 601.5 千克，分别是全国平均水平的 48.4%、52.3% 和 85%。全省农民人均纯收入为 891.5 元，比全国平均 921.4 元低 3.2%。

地方财政连续多年对粮食生产和经营进行补贴，使财政状况愈益窘迫，不堪重负，大大削弱对农业基本建设的投资能力。1979—1988 年的 10 年间，国家农业基本建设投资额占整个基本建设投资额的 9%，由于吉林省地方财政资金紧张，只有 4.1%。限于财力，许多农业基本建设工程年久失修，严重老化。现有的大中型水库中，病险库占 57%。72% 的机械排灌站带病运行，无法发挥应有的效益。由于重点灌区、涝区的排灌工程无钱配套，每年旱涝灾害造成的损失高达 30 亿～40 亿千克。

4.3.3　粮食主产区利益流失的合理补偿

缩小工农业产品价格剪刀差是解决粮食主产区利益流失的基本措施。然而，工农业产品价格剪刀差是历史形成的，而且农产品价格直接决定了全社会劳动力的成本，从而使工农业产品价格剪刀差的缩小以至消失，要在一个较长的时期内才能达到。特别是在目前阶段，社会对提高农产品价格的承受能力十分有限，难以在短期内大幅度提高农产品价格。1994 年下半年以来，市场上粮食价格出现较大幅度的增长，特别是粮食定购价格出现较大幅度的增长，使农民获益匪浅。但是这是由目前市场的供求关系造成的，并不意味着工农产品价格剪刀差已呈现缩小的趋势，也不意味着粮食主产区利益流失的问题已经解决。如不控制好农村工业品价格，不久将会重新出现工农产品比价复归。从多年来工农产品价格剪刀差的关系看，关键是要控制农业生产资料价格的上涨，防止每次农产品提价后出现新的比价复归。控制了农业生产资料价格这一头，就可以随着社会各部门劳动生产率的提高，渐进地提高农产品价格，缩小乃至消灭工农业产品价格剪刀差，从而减少直到消除粮食主产区因粮食生产比较效益低所造成的利益流失。

工农业产品价格剪刀差只能在一定范围内渐次地缩小，因此，解决目前阶段粮食主产区利益流失问题还必须有效地利用中央政府的财政转移支付手段。在我国目前工农业产品的价格剪刀差仍十分显著的情况下，从宏观上进行粮食主产区与非主产区之间的利益调节更显得十分必要。鉴于目前粮食主产区利益流失的渠道和形式，应从以下几方面进行利益的调节和补偿。

第一，确定合理的粮食企业亏损挂账的消化政策。1994 年国家规定，粮食企业的亏损从 1995 年起停息挂账。在 20 世纪末之前，由各省地方财政逐年核销这种亏损消化政策，对粮食调入省和自给自足省来说，确实是个很大关照。但对于向省外大量输出平价商品粮的粮食主产区来说，则明显不公。主产区的粮食大量调往区外，粮食亏损的承担者和粮食消费的受益者不是完全统一的。从吉林来看，每年粮食 200 亿千克，但调往省外的粮食就达 75 亿千克。省外消费占粮食年产量 1/3 多，如果由此造成的亏损全由地方财政负担显然不公。吉林省累计亏损挂账 30 亿元，用 6 年时间逐渐由地方财政核销，平均每年 5 亿元，将近占全省财政收入的 7%，是地方财力所难及的。应当实行地方和中央分流负担的办法，粮食企业经营的粮食确实由省内消费的由地方财政负担，调往省外的按比例由中央财政负担，这样才有利于保护粮食主产区的利益和粮食生产的积极性。

第二，**根据费用实际发生水平，合理确定专储粮补贴标准**。粮食主产区承担着国家专项储备粮的重要任务，如吉林省，专储粮占国家专储量的 1/5。然而多年来专储粮补贴标准一直未能到位，国家实际补贴水平仅占实际费用发生水平的 50%。而且，随着储粮资材价格的上涨，实际费用水平与补贴水平之间的差额还有继续拉大的趋势。补贴标准是否能到位，是粮食主产区利益流失问题能否得到有效控制的关键环节。因此，国家应加大财政转移支付的力度，按照储粮实际费用发生水平确定补贴标准。为了保护粮食主产区的利益，不仅应当运用转移支付手段，对粮食主产区进行合理的补贴，同时也需要根据费用的变化情况，及时调整费用补贴标准。进入 20 世纪 80 年代中期以来，由于我国物价增长速度较快，致使补贴标准调整后不久，就会落后于实际发生的水平，而宏观政策调整则明显滞后。滞后期越长，给主产区带来的损失越大。因此，为了减少粮食主产区的利益流失，还需提高宏观政策调节的及时性，根据变化的情况及时调整对粮食主产区的政策性补贴标准。

第三，**制定合理的粮食风险基金配套政策**。如前所述，粮食风险基金不加区别地按照一个比例进行配套，不利于保护粮食主产区的利益，故应采取区别对待的政策。对于省内消费的部分按中央和地方 1∶1.5 配套的政策进行，而对于调往省外的部分则应采取国家全额支付的办法建立粮食风险基金，不应让粮食主产区再承担配套义务。

第四，**制定合理的不同地区粮食收购价格政策**。目前，不同粮食产区的粮食收购价格之间的差别的确定，基本上是以历史上形成的差价为基础而形成的，而且有进一步拉大的趋势。地区之间价差水平的确定并没有充足的科学依据。随着全国粮食大市场的形成，原有的差价基础逐渐消失，不应再使粮食主产区和其他区域之间保持明显的地区差价，应逐渐使粮食主产区和非主产区的粮食收购价格趋于平衡。

第五，提高粮食主产区农业生产资料的保证率，减少粮食主产区农业生产资料的采购成本。 如前所述，由于粮食主产区的农业生产资料（主要是化肥）供求缺口较大，保证率低，使主产区为此支付了大量采购成本，加重了地方财政负担。因此，为了保证粮食主产区的粮食有效供应，应当加大对粮食主产区农业生产资料需求的保证力度。从吉林省来看，化肥缺口量占每年用量的 2/5 多，而且目前的化肥施用水平还不及全国的平均水平。在农业生产资料供给不足的情况下，国家应对粮食主产区实行重点倾斜的政策，保证粮食生产需要的生产资料的基本需求，起码应使国家计划拨给的化肥占需求量的 80%。这样不但可以减少主产区的生产资料采购成本和高价化肥数量，从而达到降低成本增加收益的目的，同时也为保证粮食的有效供给提供了基本条件。

解决粮食主产区的利益流失问题，不仅仅限于对粮食主产区进行直接的利益补偿，还应从区域经济的角度，制定一套有利于粮食主产区经济综合发展的政策。从 20 世纪 80 年代以来我国实施的商品粮基地建设政策来看，表现出一种重生产轻流通、重粮食轻综合发展的政策偏向。中央财政的投资基本都直接用于粮食生产，而用于商品粮基地的粮食后续产业的发展以及提高地方经济造血功能的非农产业发展的投资却十分微弱，使中央政府对粮食主产区的政策陷入就粮抓粮的弱循环之中。必须明了，无论从农业在国民经济中的基础地位来看，还是从我国未来的粮食供求关系来看，都不应当将一个发达的农业区建立在一个落后的经济区上，发达的农业必须和发达的工业结合在一起。粮食主产区的粮食后续产业发展落后，一个重要障碍就是资金的短缺。国家应调整商品粮基地的投资政策，重视对粮食后续产业的投资，使粮食优势尽早转化成经济优势，使粮食主产区从粮食产业中尝到甜头，把粮食主产区建成一个工农业全面发展的经济区域。此外，国家还应加大粮食主产区流通设施建设的投资力度，减少因粮食储运设施落后造成的损失。

4.4　加入 WTO 后吉林省面临的挑战 *

对于我国这样一个发展中国家来说，加入"WTO"意味着机遇与挑战并

　＊ 原载于中国社科院农村发展研究所：《2001—2002 年：中国农村经济形势分析与预测》，社会科学文献出版社出版，2002 年。

存，风险与利益俱来。农业作为国民经济的基础部门，在"入世"之后，必然成为国人关注的焦点。如果对农业将要面对的"入世"市场环境进行分析，即可知，不同的农业生产项目和不同的农业生产区域，将出现不同的市场利益变化。从我国人多地少的国情而论，粮食生产作为土地密集型的产品生产，"入世"后将成为首当其冲的冲击部位，而为我国提供大部分商品粮的粮食主产区，将成为受冲击最大的农业区域。本文以我国重要的商品粮主产区吉林省为例，分析"入世"后粮食主产区面临的挑战及其对策。

4.4.1 吉林省农业的基本特点

在中国各省区的农业条件比较中，吉林省具有较好的发展粮食生产的条件。现有耕地面积 400 万公顷，占全省总土地面积 20％以上，农耕土壤条件优越，有机质丰富，适合农作物生长。具有十分优越的光热水土条件，除东部高寒山区和西部部分少雨干旱地区之外，大部分地区都适合玉米生长。在整个适生区中，中部松辽平原的榆树、公主岭等 13 个县（市）的自然条件与国外的玉米带有十分相似之处。从地理位置看，美国玉米带位于北纬 37°～54°，而这 13 个县（市）位于北纬 42°49′～47°7′。与罗马尼亚玉米带比较一致，大致处于同一北纬线上。光能和热量资源充足，可以满足玉米中熟以上品种的生长需要。

吉林省是我国最早实施商品粮基地建设的省份之一，28 个商品粮基地县绝大部分位于松嫩平原的腹部，在历史上以盛产大豆高粱而著称。新中国成立以后，经过半个世纪的发展，已改变了当年大豆、高粱、谷子三大作物三足鼎立的格局，形成了以玉米为主体的区域化生产，以"黄金玉米带"著称于世。在"六五"期间首批实施商品粮基地建设的 60 个县中，吉林省就有 6 个县，占全国商品粮基地县的 10％。"七五"期间，吉林省继续用地方财力实施商品粮基地建设，把商品粮基地县建设的规模扩大到 28 个县。历经近 20 年的建设，把吉林省建成了具有稳定的商品粮供给能力和比较完备的粮食生产体系的商品粮基地，成为最大的商品粮输出省，为我国的商品粮供给做出了巨大的贡献。

在全国的比较中，吉林省的农业生产具有与其他省份不同的特点，主要表现在：

第一，种植业比重高，是以粮食生产为主体的农业区域。据 2000 年统计资料显示，在吉林省的农业生产结构中，种植业产值占农业总产值的比重为 47.6％。在农作物总播种面积中粮食播种面积占 84％，而在此前的 1997 年吉林省的粮食种植面积占总播种面积的 88.3%。

第二，在粮食种植面积中以玉米为主，从而为玉米后续产业的发展准备了良好的资源条件。 自 20 世纪 70 年代以后，吉林省的玉米面积伴随着玉米优良品种的推广使用和化肥使用数量的增加，呈现了较快的增长势头，到 80 年代中期，吉林省的玉米种植面积已经占到全省粮食作物总播种面积的 57%，到 2000 年，玉米的播种面积仍保持在 54% 以上。从作物分类看，玉米归属于粮食作物，但伴随着居民生活水平的提高，玉米作物口粮的用途呈现出明显下降的趋势，到目前为止，在玉米的消费结构中，用于口粮的部分仅占 15%，其余用于饲料和加工业原料。与其他作物相比，玉米兼有粮食作物、饲料作物、经济作物三种用途，可谓多功能作物。就饲料功能而言，被誉为饲料之王。作为经济作物，具有一般作物不具备的广泛用途，可加工的产品达 300 多种 4 000 多个。玉米用途的多元性，为玉米后续产业的发展准备了较好的资源条件。

第三，商品粮基地数量多，形成了区域化、大规模的商品粮生产。 从"七五"以后，吉林省在原来"六五"期间建设的 6 个商品粮基地县的基础上，通过地方投资的方式，继续增选了 22 个商品粮基地县，加在一起共 28 个县（市）进行商品粮基地建设。这 28 个商品粮基地占全省县级行政区划的 68.3%，覆盖耕地 330 万公顷，占全省耕地总量的 82.5%，生产的粮食总量占据全省粮食总量的 95.6%。

第四，粮食商品率和人均占有粮食水平高，多年来一直位居全国首位。 自 1984 年吉林省粮食产量连续三年实现跨越式的增长后，人均粮食占有量和粮食商品率一直持续地保持在全国第一的水平，粮食商品率为 60%，其中 28 个商品粮基地县的粮食商品率达到 65%，是全国平均水平的 2 倍。从 1984 年以来，人均占有粮食 900 多千克，是全国平均水平的 2.3 倍。

第五，粮食生产在农村经济中占据重要的位置，是农民收入的主要来源。 从历史到现在，粮食生产在吉林省农村经济中就一直占据重要的位置，其主要标志是，在 2002 年农林牧渔业总产值中，粮食的产值占据 33.3%，在农民的收入结构中，来自粮食生产的收入占家庭收入的 60%～70%。

第六，以玉米资源为基础的畜牧业以较快的速度向前发展，初步形成了畜牧业大省的基本框架。 在 20 世纪 80 年代末以前，吉林省是一个肉类调入省份，尽管具有较丰富的饲料资源，但由于畜牧业比较落后，满足不了本省肉类的供给，每年大约要从省外调进生猪 30 万头左右。80 年代后期，伴随着畜牧业的科技进步，吉林省以较大的力度推广了以"四良四改"为主要内容的畜牧业先进技术，畜牧业以较快速度发展，到 1990 年吉林省实现了猪肉的自给，此后，每年输出的肉类商品，包括猪肉、牛肉和鸡肉，不断增加。1998 年以后，吉林省的人均肉类产量达到了全国第一的水平，成为我国重要的肉类输出大省。

就以上吉林省农业的特点而言，一方面可以看出，经过多年的建设和发展，吉林省已经成为我国重要的、不可多得以生产商品粮为主的农业区域，特别是区域化的玉米生产是在农业科技进步的基础上，以及自然选择和市场选择的基础上形成的宝贵的农业财富；另一方面，在"入世"的背景下，吉林省的农业又表现了明显的市场脆弱性，如何解决其脆弱的一面，这正是"入世"后面临的最严峻挑战。

4.4.2 加入 WTO 后吉林省农业面临的主要挑战

加入 WTO 之后，意味着我国农业比较优势将要发生变化。这种变化的一个基本特征就是，在农业生产中属于劳动密集型的产品将增大竞争优势，而土地密集型产品将出现恶化趋势，这是与我国人多地少的国情相适应的。大宗粮食作物作为土地密集型产品将首当其冲地受到冲击，面临着十分严峻的挑战。吉林省是我国粮食商品率最高的商品粮基地，加入 WTO 后，面临的市场冲击将比一般农区和其他粮食主产区更加显著和剧烈。主要表现在以下几个方面：

第一，国际市场廉价的玉米进入我国市场后，必将大大降低吉林省玉米市场竞争力，加剧卖粮难。吉林省的玉米种植面积占粮食作物面积的 60%，是我国著名的玉米集中产区。1997 年以来，国际粮食市场的玉米价格大幅度下跌，根据中美农业合作协议，对玉米进口实行进口配额，到达 2004 年配额额度将由目前每年 517.5 万吨增至 720 万吨。私营者享受配给份额将由初期的 25% 升至 2004 年的 40%，并可在年度后期重新分配国有企业未能使用的配额。额度内的玉米进口享受优惠税率。这意味着美国的玉米对中国进口具有较强的市场竞争力。从现行的玉米价格比较来看，吉林省的玉米车板交货价格为 1 100 元/吨，而国际市场的玉米价格只有 800 元/吨。吉林省的玉米价格比国际市场的玉米价格高三成以上。按照《中美农业合作协议》中方所作的承诺，从 2002 年起，中国政府将取消对玉米的出口补贴，使吉林省的玉米出口基本丧失市场竞争力。吉林省的玉米价格不仅不具备价格上的优势，而且在质量上也远不及美国的玉米质量高，主要是近年来玉米的越区种植造成了高水分玉米，大大降低了玉米的品质。毫无疑问，"入世"后，吉林省将面临空前的卖粮难。

　　第二，面对廉价的玉米价格，吉林省农民收入水平将出现明显下降。虽然加入 WTO 之后，冲击是就全国而言的，但对不同的区域产生的冲击有很大的不同。一般来说，粮食商品率越高的地方受冲击越大。在广大的非商品粮产区，粮食的商品率在 30％ 以下，受市场价格变化的影响不大。而在吉林省这样的商品粮主产区，粮食商品率高达 60％，是一般农区的 2 倍，粮食生产对市场的依赖性很大。按照市场供求规律，由于质优价廉的进口玉米冲击，将使吉林省的玉米价格下降到生产成本以下的水平，这对农民而言，将造成巨大的利益损失。从吉林省农民的收入结构来看，收入的 60％～70％ 来自于粮食，玉米价格的下跌，将造成农民收入水平的明显下降。

　　第三，以玉米为基础的畜牧业生产，面临着严重的产量质量竞争压力。尽管在各类农产品的比较中，我国存在着畜产品的价格优势，但由于我国畜牧业无规定疫病区建设滞后，目前尚未形成一块得到国际有关组织承认的无规定疫病区，使畜产品生产仍然面临着进入市场的障碍。按着畜产品国际贸易的规则，畜产品若要进入国际市场，特别是发达国家的市场，必须要在无规定疫病的区域内从事畜产品的生产，否则畜产品不准进入市场。吉林省目前尚未形成一个无规定疫病的生产区域，因此，限制了畜产品市场的扩大，难以有效发挥畜产品的价格优势。

　　第四，气候条件不利于发挥园艺作物的生产优势，种植业结构调整面临着十分有限的选择。园艺作物属于劳动密集型生产，"入世"后将产生对我国有利的变化，但吉林省由于气候的原因，并不能获得园艺作物的生产优势。近年来吉林省试图加大种植业结构调整的力度，减少玉米的种植面积，但收效甚微，比较寒冷的气候对园艺作物产品的生产构成了天然的限制，吉林省种植业结构转换的空间很小，结构调整面临着十分有限的选择。

　　第五，农村工业化滞后，农民面临着严重的外部就业压力。如果在农民面临着较大的农业内部的竞争压力时，农业外部相应地提供一些就业的机会，将会有利于降低农民的农业生产风险，通过农业外部的就业提供收入补偿。但对吉林省来说，农村工业化发展缓慢，1998 年吉林省农民家庭经营纯收入中，来自非农产业的收入仅占 2.1％；在农民人均纯收入中，来自非农产业的收入仅占 7.6％。农民在农业以外的谋生空间十分狭小，一旦农业收入状况恶化，将会给农民收入带来根本性的影响。

4.4.3　吉林省农业迎接"入世"挑战的基本对策

　　"入世"后，农业与工业面临的挑战的最大不同，就在于资源配置的可变空间非常狭小，在某些情况下难以根据市场的变化做出相应的选择。就吉林省而言，尽管生产玉米在目前的国际市场条件下已经无优势可言，但并不能由此改变吉林省的种植结构，不能不种玉米或大幅度减少玉米的种植面积，对于广大农民而言，继续种植玉米近乎是一种无奈的选择。因此，对于吉林省这样一个种植土地密集型作物的农业大省而言，"入世"后应从国情和省情出发，通过多条途径运作，迎接将面临的市场挑战。

第一，努力优化种植结构，提升产品质量。 玉米是受冲击最大的产品，而且从目前市场的状况看，又是严重供大于求的产品。因此，迎接 WTO 的挑战，首先面临的必然是如何解决玉米供给总量过大的问题。但从实际情况分析，从横向的角度调整种植结构又面临着不利因素。那么，怎样从横向的角度实现种植结构的调整呢？如前所述，由于气候条件限制，吉林省并不具备园艺作物的生产优势。从大宗作物看，玉米、大豆和水稻是吉林省种植业中的优势作物，加入 WTO 之后，受到冲击的不仅是玉米，同时也包括大豆，我国的大豆不仅在价格上缺乏竞争的优势，而且在质量上同美国的大豆相比，也缺乏竞争优势。因此，增加大豆种植面积并没有什么空间。就水稻而言，虽然来自国际市场的冲击较小，但就国内市场来看，水稻的价格也是跌落的趋势，而且增加水稻种植又要受到水资源的限制，使水稻种植面积的可调空间也不大。在目前的市场供求关系下，在结构的横向调整上，无论怎样选择，都不会有较大的空间，因此，应当从目前市场分层化的变动趋势出发，注重在提升产品质量的基础上，推动产品结构的纵向调整。具体来说，就是要在每一作物的内部实现品种结构的调整。以玉米为例，就是要减少目前普通型的高水分玉米的种植比例，增加各种特用型玉米的种植比例。增加特用型玉米的种植可形成三个方面的优势：①可以现有耕作制度和方式为基础，充分利用多年来积累的玉米生产经验和技术；②由于特用玉米质量高、价值高，可提高农民的收入水平，促进效益农业的发展；③通过特用玉米的发展，可促进玉米加工业的发展；④由于特用玉米质量高、产量低，在供求过剩的条件下，可产生增加收益、控制产量的效果。

第二，以无规定疫病区建设为突破口，大力发展精品畜牧业。 从猪、牛、羊肉的价格水平看，我国分别比国际市场低 57％、84％、54％，具有明显的价格优势，因此，应注重把粮食的劣势转换成畜牧业的优势，把粮食输出转换成畜产品输出。但限制吉林省畜产品进入国际市场竞争的瓶颈因素是，吉林省尚未建成国际公认的无规定疫病区，使畜产品进入国际市场的能力受到了很大限制。在未来的竞争中，卫生防疫是一个重要的壁垒，必须注重提高畜产品的质量，唯其如此，才会有畜产品竞争的真正优势。鉴于此，应把无疫病区建设作为吉林省畜牧业发展的主要突破口，实施精品畜牧业战略，带动整个畜牧业的发展。精品畜牧业战略设想的提出，是以吉林省精饲料资源的优势和畜产品市场的需求状况为依据的。首先，我国畜产品市场的供给现状为实现精品畜牧业战略提供了客观必要性。从我国目前畜产品的供求结构来分析，绝大多数产品为普通大众消费品，而质量较好、消费层次较高的精品，则供给偏紧，价位居高不下。与一般大众消费的畜禽产品相比，精品的收入弹性较高，今后随着人们收入水平的提高，精品的需求市场将会呈现继续扩大的趋势，而普通的畜禽产品的市场份额有逐渐缩小趋势。其次，我国精饲料资源分布的不均衡性及吉林省粮食生产的优势，为发展精品畜牧业提供了资源基础。我国的玉米产区主要分布在北方，玉米作为饲料之王，是畜牧业精饲料的主体。由于作物布局形成的地域特征，使我国的精饲料资源分布不均衡，长江以南诸省基本为玉米输入省份，玉米等精饲料资源明显短缺，南方畜牧业的发展受到精饲料的严重制约。北方虽为玉米产区，但各省人均占有粮食水平也不尽相同。与其他省市相比，吉林省既有玉米产区的优势，又有人均占有粮食（主要是玉米）水平较高的优势。据统计，吉林省人均占有粮食水平（80％为玉米）是全国平均水平的 2.1 倍，是南方诸省的 2.6 倍，接近了世界上农业比较发达的国家的人均占有水平。这种良好的资源禀赋，使吉林省具有绝对的优势发展以消耗精饲料为主的精品畜牧业。精品畜牧业战略是把国情和省情加以区别之后所做出的选择，从国情来说，我国是一个人口大国，也是一个粮食短缺大国，此种国情决定了我国在畜牧业的发展道路上只能选择节粮型的畜牧业发展模式。在认识这个国情的前提下，还必须把国情的总体特征和省情的特殊性加以区别，像吉林省这样一个粮食大省，人均粮食占有量相当于世界上农业发达国家的粮食占有水平，完全有条件发展消耗粮食较多的精品畜产品。精品畜牧业战略的实施，在客观上将会产生两重有利的效果，一是满足了我国市场上消费者对优质畜产品的需求；二是解决了吉林省粮食过剩的困扰，有利于解决我国在粮食出口竞争能力不高的前提下，商品粮的销售问题，从而提高粮食主产区在加入 WTO 之后的抗市场风险的能力。同时也应当看到，只有精品畜产品才会有较强的市场竞争力，才会打开国际市场。

第三，积极构建面向国内国际两个市场的农产品流通体系，建设玉米期货市场。吉林省粮食市场的基本特征是供大于求，粮食严重过剩。解决供过于求的重要措施就是活化市场流通，建立多元化的粮食流通体系。因此，在加入WTO 的条件下，对于吉林省这样一个粮食过剩的区域来说，应从实际情况出发，形成多个粮食流通主体，特别是要重视发展以加工企业为龙头的粮食产业化经营体系建设，大力发展粮食产业化经营，尤其是在特用玉米的发展方面，要通过粮食产业化经营带动特用玉米的开发，带动千家万户农民进入市场。要建立国际区域农业概念，不要仅从国内的粮食市场出发考虑粮食生产资源的配置。吉林省地处东北亚，而东北亚地区的日本、韩国、俄罗斯的远东地区恰是玉米的主要进口国，具备市场销售的地域优势，因此应当注重面向东北亚构建玉米的生产与流通体系，特别是要面向东北亚地区建立玉米批发及期货市场。

第四，发展农业节本增效技术，提高农业的现代化水平。我国的玉米之所以缺乏市场竞争力，主要原因是我国的玉米生产成本太高。玉米生产成本的高位状态可归结为三个方面的原因：一是玉米收购价格的拉动，在20世纪80年代我国的玉米生产具有竞争力，但进入90年代以后，我国的粮食价格多次上调，拉动了玉米生产成本的提高。二是农业生产技术落后，造成生产要素利用效率低下，主要表现为作为生产成本主要构成要素的化肥利用率水平太低，目前我国化肥的有效利用率只有30%，不及发达国家的一半，这必然导致生产成本的提高。三是我国农用工业落后，劳动生产率低，使化肥、农药、柴油、农膜等生产要素的价格高于发达国家，这意味着农业生产缺少一个有利的工业环境。因此，在加入WTO之后，必须以国际市场的农产品成本为参照系，开发降低我国农产品成本的技术，目前要把提高化肥利用率作为节本技术的开发重点。从长期过程看，必须加快农用工业的技术改造，提高农用工业的劳动生产率，为农业生产提供质优价廉的生产资料。

第五，努力发展农产品加工业，发挥农产品加工业对粮食市场的牵动能力。总结吉林省十几年粮食产业的经验与教训，一个值得反思的问题就是农产品加工业发展滞后，未能形成对粮食发展的牵动力量。农产品加工业发展滞后主要来自于两个方面的障碍因素：一是农产品加工业发展缺少多元化所有制结构的支撑，吉林省的非国有经济成分仅仅占到30%，而且大部分属于流通和餐饮服务领域，加工业较少。二是缺少强有力的产业政策，作为粮食大省，理所当然要把农产品加工业作为地方经济的支柱产业来抓。但在1995年之前，农业产品加工业一直没能作为一个重要的产业对待，更谈不上支柱产业。从全国各省市食品工业投资占地方财政基本建设投资的比例看，大约占15%，而吉林省仅占5%，显然，缺少切实可行的具有支持力的产业政策，致使农产品加工业至今未能成为吉林省的支柱产业。从农产品加工业的产品结构看，主要以玉米淀粉为主，基本处于二级原料状态，附加值不高，增值效应较弱。农产品加工业的发展，一方面可以牵动玉米种植业和畜牧业的发展，推动产品结构升级；另一方面，以加工企业为龙头，实施产业化经营，发展订单农业，可以引导农民进入市场，这是提高农业抗御市场风险能力，迎接加入 WTO 挑战的重要途径。因此，对吉林省来说，应在调整所有制结构和制定有利加工业发展的产业政策上着力，大力发展农产品加工业，以农产品加工业的发展带动农业的深度发展，提升粮食主产区的农业发展层次。

4.4.4　WTO 框架下的农业宏观调控与粮食主产区的发展

我国作为人口大国的粮食消费地位和国际粮食市场的可供性，决定了我国必须把粮食供给的基本立足点放在国内。多年来，我国的粮食自给率保持在较高的水平，大致不低于 96％。"入世"后国外廉价的粮食将涌入国内市场，但从总体上说，我国未来粮食的自给率不会低于 90％。关于粮食自给率，我国政府一直持比较谨慎的态度，主要是由粮食在经济与社会发展中的特殊作用所决定的。对于中国这样一个世界第一人口大国来说，其重要性显得更加突出。我国改革开放 20 多年来，经济社会得以持续稳定发展，一个重要原因是得益于我国农村改革的成功，农业为国民经济的发展提供了丰裕而可靠的物质基础。在一定意义上说，农业为社会提供了重要的改革资源。在国际市场粮食价格走低的情况下，有一种观点认为，我国现在已经积累了比较充裕的外汇储备，因此可以大幅度降低我国粮食自给率，通过国际市场填补供求缺口。事实上，可否从国外大量进口粮食并不在于我国是否具有充裕的外汇储备和国际粮食市场的价格，而主要在于国际市场粮食的可供性，即在我国粮食市场形成较大缺口的情况下，国际粮食市场可否提供满足进口的粮食。这里值得注意的是，作为人口大国在国际粮食市场所产生的特殊的供求效应，即我国粮食消费总量每 1％的绝对值在国际市场上都会形成较大的市场份额。例如我国目前国内每年消费的粮食大约在 5 000 亿千克，其 1％的绝对值为 50 亿千克，占国际粮食市场每年贸易量的 2.5％。如果我国粮食进口量占粮食总消费量的 10％以上，就意味着我国年进口粮食的数量占国际粮食市场贸易量的 25％以上，足以造成国际粮食市场较大幅度的供求波动。如果再从边际效应的角度考虑，在此基础上每增加 1％，都将对国际粮食市场造成重大的影响。因此，在一定意义上说，中国的粮食问题就是世界的粮食问题，必须充分认识我国粮食进口对国际粮食市场所产生的大国消费效应，把我国的粮食进口总量控制在一个可操作的范围内，这是保证我国粮食安全所应具备的基本认识。

如果仅把视野放到国内，可以说，经过多年的发展，我国已经形成了具有相对比较优势的粮食主产区。粮食主产区主要集中在我国的中部经济带上，从省份看，主要包括吉林、黑龙江、内蒙古、江苏、山东、湖南、湖北、安徽等。在 20 世纪 80 年代以前，我国粮食主产区主要集中在长江以南，从 80 年代以后，我国粮食主产区出现了北移西进的趋势，同时粮食输出省由 80 年代前的 17 个减少到目前不足 10 个。这个过程既与新粮食主产区所具有的资源优势相适应，也与我国三大经济带农业比较优势的变化相适应。原来生产粮食的东部沿海发达省份，大比例地减少了粮食生产，在农村工业化和外向型经济的带动下，形成了经济作物和园艺作物的生产优势。目前粮食生产总量和人均占有量较高的吉林、黑龙江、内蒙古、江苏、山东 5 个省份，生产了占全国 30％以上的粮食，是我国粮食储备的重要基础，也是保证我国粮食安全的重要基地。

粮食主产区占据了我国商品粮总量的主要部分，是保证我国经济社会持续发展，提供稳定的商品粮源的后方。在我国加入 WTO 之后，粮食作物作为土地密集型的产品生产在国际市场上处于明显的劣势地位，作为粮食主产区理所当然地成为受冲击最大的地区。因此，在加入 WTO 的框架下，保护和提高粮食主产区的农业竞争力应当成为政府宏观农业政策的首要命题，应当形成一个有利于提高粮食主产区竞争力，实现我国粮食生产持续稳定发展的农业政策和农业宏观调控机制。

第一，应根据比较优势的变化趋势，对粮食主产区实施重点保护政策。加入 WTO 之后，我国农业比较优势发生变化，由于东部沿海地区具有园艺作物产品的生产优势，"入世"后将会获得更多的发展机遇。而对于粮食主产区的土地密集型产品的生产来说，则处于明显的劣势。因此，"入世"后我国农业受冲击最大的主要是粮食，进一步分析，各地的粮食商品率是不同的。由于只有进入市场的产品才会遇到市场的冲击，因此受冲击最大的主要是粮食商品率较高的粮食主产区，特别是像吉林省这样的具有较高粮食商品率的主产区。由此可以进一步得到如下结论："入世"后，作为按照 WTO 的规则核定的政策保护额度以及不受限制的"绿箱"政策的实施，应把粮食生产作为保护的主要部位，就其操作方式来说，应按不同地区的粮食商品率核定保护的额度。

第二，积极实施国际粮食市场运作，调节国际粮食市场供求关系。在"入世"的框架下，以怎样的策略实施国际粮食市场的操作，这是我国粮食贸易政策需要认真考虑的重要问题。对于宏观决策来说，有两个因素需要加以考虑，一是我国地域广大，南北绵延达 5 000 多公里，且呈现北粮南运的格局，因此，"入世"应以国内已经形成的粮食产销分区为基础，实施粮食供求调节的分区战略，即没有必要从国家的整体上确定统一的进出口政策，可以根据国际粮食市场的变化，实施分区域的调节。二是在考虑前一个因素的基础上，注重利用我国作为粮食消费大国的"百分之一绝对值"效应。把这两个因素同时考虑进来，我国应当积极开展国际粮食市场的运作，可根据粮食市场价格的利弊变化采取进出口并举的思路，以销区进口拉动产区出口，争取我国在国际粮食市场的主动权，提高粮食主产区在国际市场上的竞争力。

第三，重视粮食主产区经济的整体发展，积极推进粮食生产的规模化经营。我国与世界上最大的粮食出口国美国相比，粮食生产竞争力最弱的部位即是规模效益太低。因此，应当注重粮食主产区非农产业的发展，着眼于粮食主产区区域经济的整体发展，进而为土地的规模经营创造条件。由于粮食是整个国民经济中最重要最基本的产品，使其处于效益低下的地位，当农业发展到了一定阶段之后，粮食生产若没有其他产业的相应发展，就失去了发展的支撑。应当用区域经济的观点看待粮食主产区的建设和发展，而不是把粮食主产区看作只提供粮食的生产基地。粮食主产区不仅要实现农业内部（农、林、牧、副、渔）的综合发展，也要实现农业相关产业的协调发展，这种相关产业既包括产后的相关产业，也包括产前的相关产业，切实把粮食生产的资源优势转化为地方经济优势。同时，从宏观经济的角度看，也要考虑到粮食主产区的工农业布局，有利于培育粮食主产区的区域经济整体功能。根据现代农业发展规律，一个先进的农业只能建立在一个先进的工业基础之上，不能指望一个先进的农业会在一个落后的工业基础之上。由此出发，粮食主产区建设必须实现工农业的协调发展，必须进行综合生产体系建设。所谓综合生产体系就是以商品粮生产体系为基础，并与农业生产资料工业体系和农产品加工业体系相结合的一体化。粮食主产区作为一个经济区域，并不意味着该区域必定是以粮食和其他农产品（包括加工品）为主体的农业区。在一定意义上说，没有工业的发展就没有粮食主产区的前途。粮食主产区必须走规模经营的发展道路，只有工业得以充分发展，才能为城乡剩余劳动力开辟广阔的就业空间，并为粮食的稳定发展，提供有力的资金和物力的支援。因此，从工农业关系配置的角度来看，粮食主产区工业的发展必须建立在两个支点上，一是较高的劳动力吸纳能力，二是较高的创利能力。应着眼于整个区域经济，从工农业或区域经济的整体联系中寻求粮食主产区建设的条件和动力。这正是加入 WTO 的条件下，我国粮食主产区提高自身竞争力所需要的一种经济发展的综合实力。

第5章
粮食主产区农民收入问题

5.1 通过粮食转化拓展农民增收之路[*]

从 1999 年以来，吉林省的农民人均收入处于徘徊下降的境况之中，其中，有四年农民人均收入低于全国平均水平，两个年头农民人均收入为负增长，成为改革开放以来农民收入增长的最困难时期。粮农收入水平，直接影响着农民粮食再生产的能力，从而影响着国家的粮食安全，同时也直接影响着粮食主产区农村小康目标的实现。

5.1.1 粮食转化产业的增收效应

吉林省作为我国最主要的粮食主产区，具有显著的粮食生产优势，增加农民收入的路径包括多个方面，但最直接的路径则是依托粮食资源优势，发展粮食转化产业，这对农民增收至少可以产生三重积极效应：

第一，有利于减少农民卖粮难所导致的利益流失。自 1983 年以来，吉林省就面临着卖粮难的困扰，至今尚未得到根本缓解。卖粮难的存在，除了使农民不能及时顺利地出售粮食，完成粮食由使用价值形态向价值形态的转变外，粮食价格往往处于较低的水平，减少农民卖粮的收益。发展粮食转化产业可以增加粮食的就地需求，起到拉动粮价的作用，为农民增产增收创造良好的市场

---

　　* 原载于《吉林日报》2004 年 6 月 11 日理论版。

环境。

第二，有利于拓宽农民增收渠道。一方面，农民可以利用丰富的粮食资源发展畜牧业，例如成为专门的畜牧专业户或开办较大规模的畜牧农场，增加来自于畜牧业的收入；另一方面，农产品加工业属于劳动力密集型的产业，通过农产品加工业的发展，吸收更多的农业剩余劳动力在加工企业就业，增加农民的工资性收入。

第三，有利于推进农业规模经营。在粮食转化产业形成较大的发展规模之后，可使更多的农民从土地上转移出来，专门从事粮食转化产业的劳动，或是放弃承包土地，专门从事加工业劳动，成为加工业的工资劳动者。与此同时，推动土地相对集中，扩大土地经营规模，增加务农农民的收入。

5.1.2 吉林省发展粮食转化产业的优势及潜力

粮食转化产业的先决条件是要具备丰富的粮食资源，并具备发展的潜力。

5.1.2.1 吉林省发展粮食转化产业的优势

同一般粮食主产区相比，吉林省在发展粮食转化产业方面更具有得天独厚的资源优势。吉林省粮食商品率高达 65%，是全国平均水平的两倍。较高的粮食商品率使吉林省自 1983 年以来，人均粮食占有量、粮食调出量、玉米出口量等多项指标位于全国首位。吉林省不仅具有发展粮食转化产业的丰富资源基础，而且粮食生产的品种结构也使吉林省发展农产品加工业具有特殊的优势。玉米、水稻、大豆构成了吉林省作物生产的主体结构。其中，玉米占粮食作物播种面积的 50%～60%，使吉林省成为我国玉米带的核心部分。和其他作物相比，玉米不仅是饲料之王，成为饲料工业的主要原料，为畜牧业的发展准备了丰富的精饲料资源，而且玉米具有极大的工业加工价值。在玉米加工业最发达的美国，玉米可加工成 3 000 多个产品。大豆加工也具有巨大的潜力，产品的附加值高，可创造较高的经济效益。吉林省的水稻品质优良，深受消费者的欢迎，经过市场整合会形成较高的市场占有率。

5.1.2.2 粮食转化产业促进农民增收的现状

从 20 世纪 80 年代后期开始，吉林省发展粮食转化产业，包括"过腹转化"（即发展畜牧业）和工业转化。经过 20 年的发展，粮食转化产业已经取得了长足的进展。但值得注意的是，粮食转化产业与农民增收的相关度并不高。从 2002 年吉林省农民收入结构来分析，农民家庭收入的 60%～70% 来自于土地经营，来自畜牧业的收入仅占农民家庭总收入的 17% 左右，工资性收入仅占农民家庭总收入的 15% 左右。这说明粮食转化产业还未能成为农民收入的重要来源。按照现代农业发展规律，当人均粮食占有量达到 800 千克以上时，即可实现种植业和畜牧业的平行发展。吉林省的人均粮食占有量，早在 1990 年即达到了 830 千克的水平。按此推算，吉林省的畜牧业应当得到更快更全面的发展，并使来自畜牧业的收入占家庭收入的 30% 以上。农产品加工业作为典型的劳动力密集型的产业，如果能得到充分发展，也会使农民的工资性收入达到 25% 以上。

吉林省的粮食转化产业之所以与农民增收的相关度不高，就粮食转化产业的现状而言，存在若干不合理的因素。从畜牧业来看，主要存在三个方面的问题，一是畜牧业内部结构不合理，主要以肉类为主体，肉类中又以猪肉和禽肉为主，分别占肉类总产量的 38% 和 41.6%，牛肉仅占 18%。吉林省虽然有发展奶业的良好资源，但奶业在全国的排序仅为第 15 位。二是畜产品生产未能有效地发挥商品粮资源丰富的优势。吉林省的人均玉米占有量为 600 千克以上，是全国平均水平的 6 倍，具有以精饲料资源为基础，生产精品畜产品的优势。而且，就我国畜产品市场现状而论，高档的优质畜产品则是供不应求的状态。但从吉林省畜牧业的产品开发层次和结构看，显现不出自身的优势，和其他省份存在较大的趋同性。三是畜产品加工业不够发达。目前的加工业主要限于肉类初加工，肉类深加工品种少，且缺少市场占有率高的名牌产品。奶业加工落后，未能形成知名品牌。更为主要的是，畜产品的综合加工项目较少，致使畜产品的综合效益不高。在现代畜牧业中，凡是取得较高的畜牧业经济效益，都要在综合加工上做文章，除了在动物的主产品方面搞好加工外，还要在皮、毛、骨及其他副产品方面实施深度加工，做到"吃干榨净"。从吉林省的玉米加工业来分析，经过 20 年的发展，已经形成较大规模，但深加工程度不高是制约玉米加工业的一个难题。在 1998 年以前，主要限于玉米淀粉加工，近年来，深加工产品呈现增长趋势，但从总体看，所占比例并不高，有待于进一步开发。由于玉米深加工有限从而也限制了玉米加工业总体规模的扩张，并进一步限制了玉米加工业劳动者从业规模的扩大。

5.1.3 推进粮食转化产业发展的政策思路

吉林省作为我国最重要的粮食主产区，粮食转化产业是最有开发效率、并与农民增收具有较高相关度的产业，因此应在发展粮食转化产业中继续拓宽农民增收之路。

5.1.3.1 推进精品畜牧业战略的实施

目前我国的畜产品市场呈现明显的分层化趋势，收入弹性较高的畜产品比较紧缺，而大众化的畜产品基本供求平衡。因此，要注重开发潜力较大的精品市场，在发展精品畜牧业上下功夫。目前农民在发展畜牧业上还面临诸多困难。首先是资金短缺。一些农民往往是有钱盖畜舍，无钱买仔畜，启动不了生产。其次是缺少畜牧业发展的公共支持体系。改革开放以来，我国的畜牧业公共支持体系一度受到冲击，在实践中难以发挥其公共服务功能。例如畜牧技术推广、动物防疫等。再次是畜牧业的组织化程度不高。除了纳入农业产业化经营的畜产品生产之外，大部分农民从事的畜产品生产大都处于高度分散化的状态，农民的产前购买和产后销售大都要依靠自己，不仅使农民支付了较高的交易成本，而且承担了较大的市场风险。

针对农民在发展畜牧业中遇到的困难，应采取如下措施加以解决：首先，要给农民以金融上的支持。资金短缺是农民向土地以外扩展经营内容的重要限制因素，我国目前的农业金融体制远未能给农民以应有的支持，使农民难以实现向农业以外发展的愿望。其次，要重视畜牧业公共服务体系建设。主要包括以无规定疫病区建设为基础，为从事饲养业的农户提供公共防疫服务。精品畜牧业战略的实施，前提是要切实完成无规定疫病区的建设，给畜产品生产一个安全的环境。再次，要加快提升畜牧业生产的组织化程度。畜牧业生产具有商品率高的特征，对市场有高度的依赖性，分散的农户很难应对千变万化的市场，必须把农民组织起来，有组织地进入市场。提高农户在畜产品生产中的组织化程度，主要是发展畜牧业产业化经营和发展农民专业性的合作经济组织。与农业中的其他产业相比，畜牧业更适合于产业化经营。要通过牧业产业化龙头企业把千家万户的农民整合到产业经营组织中来，降低农户的市场交易成本。在畜牧业发展中，发展专业性的农民合作经济组织是提高农民组织化程度的另一个重要路径。专业性的农民合作经济组织主要是为农民提供产前产后的各种服务，起到降低交易成本的作用，同时可以显著降低农民的市场风险。事实上，牧业产业化经营也离不开专业性农民合作经济组织的存在和发展，专业性合作经济组织是龙头企业与农户连接的桥梁。

5.1.3.2 制定切实有力的农产品加工业发展措施

农产品加工业是粮食转化产业的主体部分，也是经济发展中的朝阳产业。无论是畜产品加工还是粮食深加工，在吉林省都具有十分深厚的潜力。推进农产品加工业的发展，将会吸收更多的农业劳动力，增加农民的工资性收入。从吉林省农产品加工业的发展现状看，加快农产品加工业发展至少要解决三个方面的问题：一是努力培植农产品加工龙头企业。目前吉林省年销售收入在 10 亿元以上的农业产业化龙头企业不足 5 个，对农业发展缺少应有的辐射作用，而且发展不平衡。应努力创造软环境，推进农业产业化龙头企业的发育和成长。二是加快产品的深度开发。产品的深度开发既涉及产品的市场竞争力，又涉及加工业的行业规模。深度开发的实质是产业链的加长，意味着行业规模的扩大。只有实现加工业行业规模的扩大，才有利于增加农业劳动力到农业以外就业的机会。三是制定并实施有力度的产业政策。从中外各国产业成长的历史来看，每个支柱产业的发展都离不开政府产业政策的支持，从吉林省农产品加工业发展的进程看，至今尚未能形成有力度和有效率的产业政策，包括金融支持政策、科技政策、税收政策等。通过产业政策的倾斜，推动农产品加工业快速发展，为农民创造更多的就业机会，以达到优化农民收入结构的目的。

5.2　吉林省效益农业发展途径的研究[*]

在中国各省份的比较中，吉林省是一个具有良好资源禀赋的省份，人均占有耕地数量多，土质肥沃，具有良好的农业生产基础。改革开放以来，农业生产出现了跳跃性增长势头，使吉林省从 1984 年以来就成为全国著名的粮食生产大省。但在粮食增长的同时，农民的收入并未得到同步增长，农业仍处于低效益的循环状态。如何在农业商品实物总量增长的同时实现农业商品价值总量的增长，把良好的农业资源优势转化为地方经济优势，至今仍是一个未解的命题。因此，发展效益农业，提高农业和农村经济的整体效益是吉林农业今后进一步发展迫切需要解决的重大现实问题和农业发展长远的战略问题，本研究将在全面分析吉林省农业发展制约因素的基础上，提出效益农业的发展思路，进而探讨吉林省效益农业发展实现的基本途径。

效益农业概念最早是在 20 世纪 80 年代后期提出来的。效益农业的基本范畴包括：第一，产品效益。产品效益是指每一单位产品销售后所实现的利润，是对农业经营活动的效益含量最直接的反映。从 1997 年以后，我国的农产品多次提价，到目前为止已经达到了较高的水平，甚至超过国际农产品市场的价格，这意味着我国农产品的效益从提高国家收购价格的角度来考虑，已经没有什么潜力可挖。第二，规模效益。规模效益是指由于农业经营规模扩大所导致的农业效益增加。目前农民经济效益差，收入低的主要原因是土地经营规模太小，形不成规模效益。如果按在册的耕地面积计算，吉林省农户平均土地经营规模为 1 公顷。在正常情况下，1 公顷土地的收入可达 200 元。按现在农业生

　＊ 原载于《社会科学战线》2001 年第 1 期，李军国、刘乃季分别为本文的第二、第三作者。

产工具水平来计算，每个农户可以很轻松地经营 10 公顷以上的土地，仅土地一项所得收入至少 2 000 元以上，生活会过得十分富裕。但是，从我国国情看，土地经营规模扩大的可能性很小。第三，微观效益（或称农户效益）。是指农户在一定时间内（通常是一年）通过经营活动所实现的利润。在土地规模一定的前提下，农户的经济效益主要取决于土地以外项目的经营状况。自 20 世纪 80 年代以来，吉林省农业微观效益低，主要是农户经营结构单一，多种经营和农村二、三产业发展缓慢。如果用经济指标来衡量，最突出的标志就是农业劳动力利用率低。除经营有限的耕地外，劳动力的大部分时间处于休闲状态。第四，宏观效益。宏观效益是指农业经营活动给财政带来的收益，即农业能带来多大的税收。一般来说，一个国家的经济越是发达，农业给财政带来的收益越少。从农业保护的角度来看，不发达国家对农业实行的是负保护，即通过农业税和工农产品的不等价交换，从农业攫取大量剩余。而发达国家对农业则实行正保护，对农业进行数额较大的财政补贴。因此，从社会发展的角度看，试图通过农业本身把财政收入的蛋糕做大是不现实的。

5.2.1 吉林省农业经济效益分析

当农业由数量型增长阶段转向质量型增长阶段以后，提高经济效益成为农业发展的基本目标。可以从以下几组指标中分析吉林省农业经济效益的状况。

第一，种植业投入产出比。 吉林省的农业中以种植业为主体，因此首先分析种植业的经济效益。用种植业的收入作为产出，用种植业的生产费用作为投入，分析投入产出的水平。种植业投入产出比如下：

表 5 - 1　种植业投入产出比

省份	1991 年	1992 年	1993 年	1994 年	1995 年
全国平均	2.65	2.55	2.23	2.08	1.97
吉林	2.78	2.65	2.51	2.52	2.31
湖南	2.98	2.94	2.33	1.99	2.00
黑龙江	2.61	2.64	2.56	2.53	2.51
广东	2.67	2.57	2.16	2.13	1.93
江苏	2.38	2.42	2.20	2.21	2.21
山东	2.73	2.34	1.96	1.85	1.77

资料来源：《中国农业统计资料》1991—1995 年，中国农业出版社。

在表 5-1 中选取了南方的粮食生产大省湖南省和东北相邻的粮食生产大省黑龙江省作为比较的样本，选取了位于东部沿海发达地区的广东、江苏、山东三个省作为比较的样本。从表 5-1 中可见，吉林省投在种植业中的每一元生产费用所创造的价值处于较高的水平上，历年均高于全国的平均水平，比东部三个沿海发达省份都高。这说明吉林省的种植业从单位投资的经济效益来分析，处于有利的地位，这也是多年来粮食生产得以不断增长的一个重要原因。

表 5-2　单位耕地面积创造的价值

单位：元/公顷

省份	1992 年	1994 年	1996 年	1998 年
全国平均	4 629	7 768	12 328	13 685
吉林	3 143	5 306	8 464	9 209
湖南	5 816	10 507	14 857	14 913
黑龙江	1 814	3 190	5 051	5 055
广东	11 850	18 194	27 117	32 177
江苏	6 806	12 378	18 559	18 077
山东	6 824	12 264	20 340	24 099

资料来源：《中国农业统计资料》1992—1998 年，中国农业出版社。

第二，单位耕地面积上创造的价值。 在表 5-1 中，从单位投资效益的角度来分析并未发现吉林省农业在经济效益方面的差距，但在表 5-2 中则可以明显看出吉林省与发达省份之间在农业效益方面的差距。从单位耕地面积创造的价值来看，吉林省低于全国平均水平，在这里需要说明的是，由于气候的限制，吉林省复种指数低，在一定范围内看，单位土地上创造的价值低是合理的，一般来说低的幅度不会超过一倍。从具体的比较结果看，吉林省单位耕地面积上创造的价值仅为江苏、山东两省的 40％～45％，广东省的 30％。尽管对吉林省来说单位投资创造的经济效益高于这些发达省份，但单位耕地面积创造的价值明显低于发达省份。这是由种植业结构的差异性所导致的经济效益的差别。可从表 5-3 中分析吉林省与发达省份在种植业结构上的差异。

从表 5-3 中可见，20 世纪 90 年代以来，吉林省的种植业结构中是以粮食作物为主体，粮食作物一直占据 78％以上的比例，高于全国 14 个百分点以上，高于江苏、山东两省 12 个百分点以上，高于湖南、广东两省 20 个百分点以上。这其中固然有因复种指数不同所导致的种植结构的差别。从广东省来看，粮食种植面积基本保持在 65％左右，这意味着 35％的农作物播种面积种植的是高附加值的经济作物和园艺作物。这些作物的资金集约度较高，在单位耕地面积上可以集中较大量的资金，形成较大的资金循环，从而在单位耕地面积上创造出较高的经济价值。尽管吉林省投放在种植业的每一元货币创造的收入并不低，但由于粮食作物对资金利用的集约度不高，形成不了较大的资金流量，从而使单位耕地面积难以创造出更多的经济价值。可见，种植结构的差别是导致吉林省农业经济效益低的一个重要原因。

表 5-3 粮食作物占农作物播种面积比例

单位:%

省份	1992 年	1994 年	1996 年	1998 年
全国平均	74.19	73.44	73.82	73.08
吉林	87.35	87.86	89.21	87.83
湖南	65.86	65.68	64.76	63.94
黑龙江	86.66	86.53	87.56	87.98
广东	66.34	65.53	64.82	63.70
江苏	75.05	73.10	74.26	73.79
山东	73.06	73.68	75.05	73.01

资料来源:《中国农业统计资料》1992—1998 年，中国农业出版社。

第三，农民人均收入。农民人均收入是一个综合性的指标，它从经济活动最终结果的角度反映农业经济活动效益含量。人均收入是农户效益的体现，尽管人均收入的来源并不仅仅是农业，特别是对发达地区来说，更是如此，农民来自于农业收入的比例已经呈现逐年下降的趋势，但同样可以反映出农业经济活动的效益含量。

由表 5-4 中可见，1984 年吉林省农民人均收入处于较高的水平上，在当时的排序中位于全国第四，仅次于 3 个直辖市，显著高于广东、山东、江苏等省份，这主要是当时农村种植业以外的其他各业不发达，土地经营是农民收入的主要来源，对于人均土地数量较多的吉林省农民来说，必然处于较有利的地位。伴随着农村经济的深入发展，种植业以外的各业逐渐发达起来，农业收入在农民的收入结构中所占比例开始下降，但这个过程对于不同地区是不同的。经济较发达的地区土地经营以外的各产业以较快的速度发展起来，扩大了农民的收入来源，使农民的人均收入以较快的速度增长。而农村经济欠发达的地区，土地经营以外的各业则发展较慢，土地经营收入仍然占据家庭收入的主体地位。从表 5-4 中可见，吉林省农民的人均收入增长速度逐渐放慢，并且与

表5-4　农民人均收入水平比较

单位：元

省份	1984年	1986年	1988年	1990年	1992年	1994年	1996年	1998年
全国平均	306	379	545	629	693	1 113	1 822	2 126
吉林	490	474	627	717	785	1 260	2 122	2 128
湖南	267	375	515	545	573	911	1 331	1 550
黑龙江	396	434	553	670	832	1 489	2 183	2 300
广东	363	492	808	951	1 197	1 866	2 827	3 288
江苏	420	538	796	883	916	1 644	2 833	3 253
山东	419	476	584	644	809	1 372	2 201	2 500

资料来源：《中国农业年鉴》1985—1999年，中国农业出版社。

全国的平均水平的差距逐渐缩小。这一现象正是吉林省农村经济不发达的具体表现。从1998年吉林省农民的收入结构来看，来自于种植业的收入仍然占据农民家庭经营收入的86.78%，而广东省农民家庭来自于种植业的收入仅占家庭经营收入的23.25%。吉林省农民收入渠道的单一化，必然影响农业经济效益的提高。

5.2.2　制约农业经济效益提高的因素分析

第一，农村产业结构单一化的约束。 农村产业结构是反映农村经济发达程度的重要指标，改革开放的20年正是我国农村产业结构发生重大变化的时期。然而，吉林省作为我国的重要商品粮基地，在全国农村产业结构中，相对于沿海其他省份来讲农村产业结构的调整步伐却呈现出缓慢的特征。多年来，吉林省农村工业发展落后，20世纪90年代前期，全省农村工业产值占农村社会总产值的比重仅为30%左右的水平。在农业生产结构中，种植业产值占65%左右。在种植业中，玉米播种面积占总播种面积的60%。在整个结构层次中表现出农村产业结构中以农业为主，在农业生产结构中以种植业为主，在种植业中以粮食为主，在粮食中以玉米为主，在玉米中又以普通玉米为主的畸形特点，这种单一化的结构必然导致农村经济活动处于低效益的循环之中。

第二，农业后续产业发展滞后的约束。 在相当长的一个时间里，省内的一些人认为，吉林省农业的包袱过重，是影响全省经济发展和财政收入的重要根源。然而，就事情的真实面目来说，不但不是农业影响了工业的发展，恰恰是工业限制了本省农业的发展。这是因为，农业作为国民经济的基础，为整个经济的发展发挥了提供要素积累、加工原料、剩余劳动力等作用。在落实农业家庭联产承包责任制以后的整个 20 世纪 80 年代，吉林省的粮食曾以每年 8% 的速度递增，可以说，农业为吉林省以粮食为原料的工业发展准备了十分充足的资源条件。早在 1984 年，吉林省的粮食人均占有量就达到了 800 千克的发达国家水平，是全国人均粮食占有水平的 2 倍，也正是从那时起出现了严重的粮食过剩。然而，吉林省的工业并未对农业发展做出积极的响应。农产品加工业发展迟缓，就地转化增值能力弱，所生产出的产品科技含量低，国内外市场占有率低，就已限制和阻碍了粮食生产的发展。但时至今日，吉林省实现转化的粮食数量（包括过腹转化和加工转化）仅占全省商品粮总量的 30%。据调查，1997 年，在吉林省的工业总产值中，以粮食为原料的食品工业的产值仅占 7%，比全国的平均水平低 8 个百分点。从畜牧业的转化产品来看，大都属于大众消费的产品，尚未进行市场的分层开发。至于畜产品的加工品，基本未形成具有较高市场占有率的名牌产品。从玉米加工转化产品来看，主体是淀粉产品，处于二级原料形态，精深加工产品不到加工总量的 10%。而且企业规模效益不高，最大的玉米深加工企业的加工能力不到 50 万吨。由此不难看出，当吉林省农民以极大的生产热情创造出粮食的总量优势之后，工业本身并未能及时有效地将这种产品优势转化成经济优势，农业后续产业发育迟缓，与农业的发展极不适应。

第三，传统的计划经济体制束缚。吉林省是国家的老重工业基地，计划经济体系比较完善，不仅城市经济如此，农村经济也如此，是一个典型的城乡二元结构。与国内其他省份相比，在农业中吉林省的粮食占据的比重最大，而粮食又是一个计划经济最强的生产部门，由此给吉林省带来的影响是，计划经济意识长期固守在经济工作的思维中，农业市场化取向意识很弱，产品主要形态是粮食，而粮食销售主要由国家指令计划来控制，对于农业的市场化进程缺少足够的思想准备，因而农业市场开发处于一种近乎沉睡的状态，由此必然导致吉林省在整个农村市场化进程中的陷于被动地位。而从效益农业的实际运作过程看，它是与农业市场化取向成正比的，即农业的市场化取向越高，效益农业发展的越快。这是因为在市场经济条件下，经济行为要受供求规律的支配，只在具备了较强的市场意识前提下，才有可能灵敏地反映市场的供求关系变化，即市场需要什么就生产什么，而市场所需要的，也正是效益最高的。

第四，资源丰裕和人文观念的约束。从社会经济发展的一般规律来看，一个国家和地区资源占有量的多少和富裕贫乏程度，往往会对这个地区和国家经济的发展产生正负二重效应和影响，特别是在商品经济不发达、信息交通闭塞和不开放的地区，人们的思想观念往往比较守旧，自给自足小农意识和小富即安、安于现状的思想比较浓厚，这个问题在吉林省显得更为突出，在我国东、中、西部地区经济发展出现的差异就说明了这一点。例如，在我国人少地多的东北地区，人均占有的资源数量较多，具有较好的资源优势，是发展农业生产的良好条件，不仅具有较高的农业商品率，而且，在以土地经营为主的条件下，会使农户的收入提高较快，这是其正向效应。但较好的农业资源条件，又会使农民安于现状，产生惰性心理，缺少发展多种经营和向非农产业发展的动力和欲望，使农村家庭经营分化的速度迟缓，这是其负面效应。相反，在那些人多地少的沿海地区（同时具备一定的工业化条件），由于农业资源的相对匮乏，仅靠有限的土地难以满足其温饱的需要。面对沉重的生存压力，农民形成了较强烈地向非农产业转移的欲望，这是由资源贫乏的现实转换而成的发展动力。按统计数字计算，吉林省 40 多万公顷耕地，305 万个农户，平均每个农户 1 公顷多土地。如果按实有耕地面积计算，大约比统计面积还要高出 1/3。与浙江相比，吉林省农村人均占有耕地面积是浙江的 7 倍。在全国来说，也是一个为数不多的人均土地资源占有量比较丰裕的省份。在农村改革之初，由于吉林省农民人均耕地占有量的绝对优势，使吉林省农民的人均收入以较快的速度增长，在 1985 年前后，吉林省的农民人均收入仅次于 3 个直辖市，位居全国前列。但进入 20 世纪 80 年代后期之后，吉林省农民人均收入的位次开始后移，其直接原因是，发达地区在 20 世纪 80 年代中期以后，农村二、三产业以异军突起之势向前发展，大量农村剩余劳动力开始向多种经营和非农产业转移，从而使吉林省农村农民的收入构成发生变化，在家庭收入结构中，来自于种植业的收入占家庭收入的比重开始下降。而吉林省农民依然沉醉于土地的收获喜悦之中，满足于丰裕的土地资源带来的眼前利益。因此可以得到这样一种认识：在其他条件相等的前提下，农民占有的农业资源越多，向多种经营和非农产业转移的积极性越低。直到目前，吉林省农民的家庭收入构成中，来自于种植业的收入仍占据 80% 的比重。在一定意义上说，这既有受人文地域文化传统思想的作用，也有受资源的二重性所产生负面效应的影响。土地经营规模狭小细碎是我国农业的一个基本特征，相对于我国多数省份来说，吉林省虽然人均占有耕地数量较多，但按规模经营的要求相比，吉林省的土地经营规模仍十分狭小，土地上可容纳的农业劳动力十分有限，因此，要想提高农民收入和农户整体经济效益，必须调整农业产业结构和农村经济结构，想方设法使众多农业剩余劳动力从土地上转移出去，向非农产业要收入要效益。

5.2.3 效益农业的发展思路

作为农业资源大省、商品粮大省，面对国内农业发展进入新阶段以及社会转型过程中吉林省农业和农村经济发展出现的各种新情况和新问题，面对"入世"后即将参与国际农产品市场的竞争和挑战，要调整工作思路，把全省农业和农村经济发展再向前推进一步，真正把农业增长方式转到以经济效益为中心的轨道上来，使农业和农村经济发展有一个质的变化，实现农业增产、农民增收、地方财政实力增强的目标。从吉林省的省情和农业发展现状出发，未来效益农业发展必须从以下几方面来寻找途径。

第一，农业结构调整在搞好横向调整的同时必须要向纵深方向发展。以市场为取向推动种植业结构调整，应当充分认识到吉林省以玉米为主的农业生产结构形成是自然和社会选择的结果，这种单一的种植业结构，在后续产业不发达的情况下，使本省农业抗御市场风险的能力大大降低。从吉林省自然资源条件和目前种植业结构现状看，粮食作物占有相当高的比重，特别是玉米比重相当大，从农业结构调整的横向角度分析，玉米、水稻、大豆虽然是吉林省种植业的优势作物，但是由于水稻受到水资源限制，大豆受产量质量和国际市场需求及价格的约束，这两种作物今后发展空间和潜力十分有限，由此看来，吉林省农业结构调整的重心只能转到发展蔬菜、水果、杂粮等经济作物上来，以一个多样化的结构适应市场需求变化。然而，在目前市场农产品供大于求的情况下，与南方一些沿海城市相比，无论在农业内部怎样调整与选择，都不会有太大的空间，特别是受农产品自身易腐烂特点不宜大批量长途运输和气候区位等因素条件的限制，决定了吉林省在具有国际比较优势的园艺产品的生产上，不会形成太大规模的商品优势，因此，从市场消费分层化的变动趋势出发，吉林省的农业结构调整再根据市场需求注重产品质量的前提下，必须推动全省农业结构调整向纵深方向发展，延长农业产业链条，实现农产品多次加工转化增值。

第二，要把发展畜牧业作为当前乃至今后一段时期全省农业和农村经济工作的重点来抓。加快发展吉林省畜牧业，做好玉米转化这篇大文章，不仅是解决当前吉林省玉米积压过剩销不出去的有效途径，也是今后吉林省农村经济发展的一项战略性选择。从未来农业发展趋势看，随着农业市场化进程的加快，如果不及时把解决粮食（玉米）生产能力过剩的问题，放在提高自身需求转化能力上，今后吉林省的农业发展是没有出路的。因此，要抓住当前国内农产品供应充足和饲料价格下跌的有利时机，利用吉林省玉米资源、劳动力资源丰富这一优势，大力快速发展畜禽养殖业，发展以玉米为原料的精品畜牧业，加快吉林省玉米转化步伐，使其尽快成为农民增收致富的主要途径。

第三，要大力发展农产品加工业，发挥农产品加工业对农业市场的牵动能力。大力发展以玉米为主的农产品加工业，这是加快吉林省非农产业发展，推进农村工业化进程的关键。吉林省农业整体效益不高的一个重要因素是农产品加工业发展滞后，农产品加工业是一个产业关联度很高的产业，向前可衔接第一产业，中间可带动配套产业，向后可衍生第三产业，具有较强的产业链条拉伸能力，它在刺激原料生产的同时，也将引导社会消费，创造新的市场需求。它不但顺应了扩大内需的要求，而且能满足人们对食品追求优质化、多样化、方便化的需求。同时为开辟吉林省农村就业门路，解决农村剩余劳动力，增加农民收入，促进农业产业结构升级和小城镇发展提供了空间。加快发展农产品加工业，要从吉林省的省情出发，以市场为导向，重点发展以粮食、畜产品、参茸等特产品为主的农产品加工业。在现有的农产品加工企业中，选择一批既能发挥吉林省资源优势，又适应市场消费需求的加工项目，发展一批以农产品加工为主的产业群体，把这些群体和产业作为未来吉林省的支柱产业和新税源来培育。特别是玉米的精深加工项目选择的起点一定要高，不能在搞一般水平的初加工，要在现有生产的初级产品搞二次或多次加工增值上做文章；畜产品和特产品的加工不能停留在现有的水平上，要依靠科技，进一步向纵深方向发展，在方便、快捷、安全、保健食品上下功夫；各级计划、财政、金融等部门要通力合作，积极筹措资金，集中省内有限的资金，加大对农产品加工业的投资力度，调整现有的投资结构和投资方向，充分发挥税收信贷的杠杆作用，集中人力、物力、财力和科研力量在短时间内开发一批市场前景好、潜力大、辐射带动作用强、有影响的农产品加工项目；要相应制定一些特殊的优惠政策，包括土地征用、减免税费和简化报批手续等一些措施，为农产品加工业发展创造宽松的政策环境，吸引和鼓励不同所有制结构、不同经济成分的企业来我省投资搞农产品加工业，特别要注意引导国内外的大型企业和集团参与吉林省农产品加工业的开发；要打破行业和区域的行政垄断，进一步加强和扩大对外开放力度，利用现有加工能力的改造，加快对农产品加工、保鲜、储运技术和设备引进、开发，努力提高吉林省农产品加工业的科技和管理水平，增强农产品加工企业开拓国内外市场的竞争能力；要切实加强对发展农产品加工业的宏观指导，要搞好规划布局，防止新一轮的重复建设，要把实施名牌战略和发展农产品加工业与农业产业化经营紧密地结合起来，提高产品市场竞争能力和市场占有率，让吉林农产品走出省内、走出国门。

　　第四，东部山区的效益农业发展要在保护资源和环境、实现可持续发展的前提下进行。占全省近 2/3 面积的东部长白山区发展效益农业要立足于本地资源优势，围绕吉林省长白山特色资源，特别是人参、鹿茸、食用菌、山野菜、林蛙等特产资源，搞好深度加工，在名、特、优、新上做文章，生产出高附加值的产品。通过市场需求拉动加工业，实现全省特产业和多种经营的结构调整，把发展绿色食品作为重点，以市场需求为导向，通过扩大规模和产品知名度来实现农业效益的提高。尽管吉林省东部山区开发了若干年，但始终未能形成产业规模，主要原因在于开发层次较浅，缺少加工业的拉动，停留在现成资源的开发上，在很大程度上以农民的自然采集为主，产品难以形成市场规模。因此，要用现代大农业、大市场的观点研究东部山区特产经济的开发。东部山区特产经济的开发在思路上主要是"协调好三个关系，开发好两类产品，形成一个特色"。协调好三个关系的内容：一是协调好资源保护与资源开发的关系。长期以来在东部山区经济开发的问题上一直存有异议，主要是在这个关系如何地处理上。毫无疑问，资源保护是前提，舍此前提，便没有资源的永续利用。然而，就我国的国情而言，还不能像有些发达国家那样，只保护不开发。因此，我国的思路必须是在保护的前提下，搞好合理的开发。二是初始原料生产和深加工产品生产的关系。多年来吉林省东部山区的特产经济开发基本处在原料开发阶段，尽管目前也有一些加工品，但多为初加工产品，包括像人参、鹿茸这样具有一定数量规模的产品，加工程度都不高，使吉林省东部山区的特产经济仍处于原料生产阶段。因此，特产经济的开发必须在深加工上下功夫，以加工业带动原料基地的建设，以加工业促进特产业的发展。唯其如此，才能使东部山区的特产业沿着效益农业的方向向前发展。三是商品质量属性开发与商品市场属性开发的关系。东部山区的许多产品为山珍，具有价值高的特征，无论在原料形态还是在加工形态，都应当适应市场的需求开发好其产品的质量属性。从吉林省的实际看，尽管质量属性尚有相当大的潜力，但市场属性的开发却是当前的主要矛盾。产品的市场属性的含义是指，产品在市场营销过程中，消费者对产品的认同程度，属于产品的无形资产。对于价值较高的山珍野味来说，产品的市场属性尤其重要，因此应把产品的质量属性开发和市场属性的开发结合起来，重点在后者上实现突破。开发好两类产品的具体含义是，开发绿色产品和保健产品。东部山区污染源少，许多产品是在自然的状态下生产，可进入绿色产品的范畴。绿色产品具有价值高的特征，因此，在产品的开发中应重点打好绿色产品这张牌。对于东部山区相当多的产品来说都可以作为保健品进入市场，保健品具有附加值高的特征，要针对市场的需求，开发好功能性保健产品，形成长白山系列保健品，形成较高的市场占有率。形成一个特色的含义是形成绿色经济的特色。形成绿色经济特色既是保护资源的需要，也是使东部山区经济可持续发展的必然选择，只有这样才有东部山区经济开发的价值和地位。

5.3　农户收入结构支撑下的种粮积极性及可持续性分析[*]

　　粮食大省是为国家提供商品粮的核心产区，在本文中，将粮食大省区别于通常的粮食主产区，主要标识是粮食大省具有较高的粮食调出能力。从这个意义上说，我国目前的粮食大省不超过 4 个，即黑龙江、吉林、内蒙古和河南。其中以吉林和黑龙江最为典型，平均每个人口占有粮食 1 000 千克以上，每个农户提供粮食产量 8 吨以上。粮食大省之所以能够成为国家商品粮的主要供给基地，除了自身所具有的资源禀赋之外，很重要的一点在于粮食大省的农户对粮食生产具有相对平稳和持久的积极性。在改革开放以来的 30 多年中，这种积极性为我国粮食稳定增长提供了主体性支撑。关于农民种粮积极性方面的研究文献十分丰富，但在已有的文献中，尚未从农民收入结构的视角对农民种粮积极性的内在动因、变动趋势及政策选择开展研究。就现实而论，进入"十一五"规划期以来，粮食主产区的工业化进程明显加快，农村家庭的收入正在发生结构性变化，工资性收入呈现逐年增长的趋势。到 2010 年，工资性收入在我国农户收入结构中所占的比重平均达到 40％以上，而且工资性收入还将继续呈现不断增长的趋势。伴随着农民就业结构的调整以及由此引致的农民收入结构的变化，粮食大省的农民是否还会保持在过去 30 年中所表现出的积极性？在未来粮食供给市场上应该建立一个什么样的主体群？这既是粮食大省发展中必然提出的疑问，也是未来国家农业政策应当关注的重大问题。本文以我国粮食商品率最高的吉林省为例，从农户收入结构的视角分析以粮为主的收入结构对粮食大省农民种粮积极性的支撑作用。区别于其他文献对农户种粮积极性的研究，本文着力分析一个区域内农民种粮积极性的总体特征，并探寻使这种区域总体特征得以持续的条件和相应的政策选择。

5.3.1　粮食大省的农民种粮积极性及其内在支撑

　　从 20 世纪 80 年代后期以来，我国农业生产中就面临着农民种粮积极性下

　　[*]　国家自然科学基金项目"中国农户粮作经营行为和效率的实证研究"（项目编号：71073068）阶段性成果。发表于《农业经济问题》2012 年第 7 期，博士研究生姜天龙为第一作者，本人为通讯作者。

降的问题，因此，提高农民种粮积极性成为国家农业政策关注的热点。然而，这种状况并非适用于全国各个省份，就粮食大省而言，农民的种粮积极性与一般粮食省份和粮食调入省份相比，表现出明显的差异。在过去的 30 年中，吉林省的人均粮食占有量、粮食商品率、粮食调出量等多项指标位居全国首位，成为我国商品粮供给的重要基地。虽然吉林省也在一定程度和一定时段上出现过农民种粮积极性受挫的情况，但总体来说，在 30 年的粮食生产中，农民基本保持了较高且相对平稳的粮食生产积极性。这种积极性在三个方面得以较为充分的体现。

第一，近 30 年来吉林省基本保持了较高的粮食作物种植比例。农户粮食种植比例反映了农民对粮食生产的土地投入行为。由于耕地资源的稀缺性及不可替代性，粮食作物种植比例的高低是决定粮食产量的首要因素。因此，在自然条件允许的情况下，农户将耕地用于粮食生产还是其他作物生产是农民种粮积极性的基本表现。从 20 世纪 80 年代以来，我国粮食生产主要经历了三次大的波动，即 1985—1989 年的第一次波动、1992—1994 的第二次波动和 1998—2004 年的第三次波动。这三次波动都表现出了粮食播种面积减少的情况，除了第一次波动的面积减少具有农业生产结构调整的合理性因素之外，另外两次波动中粮食播种面积的减少主要是粮食比较收益变化所致。从吉林省情况来分析，在近 30 年中，除了 20 世纪 80 年代后期粮食播种面积经历一次波动外，总体趋势表现出相对稳定的特征。1980 年吉林省的粮食播种面积占农作物播种的比重为 86%，而到 2010 年这个比重仍然在 86%，与全国的总体走势形成显著差异（图 5-1）。在近 30 年中，全国粮食作物占农作物播种面积比重增加的省份有 2 个，减少的有 21 个，没有明显变化的有 4 个。吉林省属于没有明显变化的省份，而且是粮食种植比例较高的省份之一。

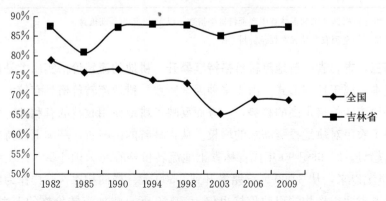

图 5-1　全国和吉林省粮食播种面积占总播种面积比重走势

资料来源：中国统计年鉴、吉林统计年鉴（历年）。

第二，近30年来吉林省基本保持了较高的粮食生产物质投入。粮食生产中的物质投入可以比较敏感地反映农民的种粮积极性，当市场粮价不利或农业生产资料价格上涨时，农民就会减少物质投入，而物质投入的水平则直接决定了当年的粮食产出。20世纪80年代以来，吉林省玉米生产的亩均物质费用的投入逐年增长，并始终高于全国平均水平，从可比价格数据来看，1982—2009年吉林省玉米的亩均物质费用比全国平均水平高出20%以上，2009年吉林省玉米的亩均物质费用比1982年提高了89%。同期，全国的玉米亩物质费用的增长幅度是74%（表5-5）。吉林省玉米生产的亩物质投入无论是实际水平还是增长幅度都显著高于全国平均水平。正是这种不断增长的物质投入为粮食的持续增产提供了要素支持，使吉林省的粮食总产水平在30年提高了2.1倍，粮食单产提高了1.5倍。

表5-5 玉米生产亩物质费用

单位：元/亩

年份	全国		吉林省	
	当年价	可比价	当年价	可比价
1982	26.33	26.33	29.24	29.24
1985	32.42	27.58	44.8	36.94
1990	68.01	36.70	81.08	46.87
1995	147.04	42.06	207.42	63.34
2000	138.13	40.83	159.1	46.53
2005	176.08	43.02	179.77	44.18
2009	241.05	45.94	285.06	55.41
1982—2009年均值	115.91	38.21	135.73	46.48

注：可比价根据全国和吉林省生产资料价格指数，以1982年为基期折算。

资料来源：全国农产品成本收益资料汇编。

第三，吉林省的耕地流转价格持续攀升。耕地的流转价格实质上是耕地的使用成本，属于地租形式。由于多种因素所致，耕地流转价格具有较大的差异性。耕地流转价格走高的趋势，一方面反映了耕地使用收益的有利性，另一方面反映了农民对耕地投资需求的增长。从吉林省的情况看，基本上保持着持续走高的趋势。20世纪90年代吉林省土地流转价格在每公顷1500元左右，进入21世纪以来，从3000元一路攀升到7500元。横向相比，同样作为农业大省的安徽省两季作物的租地价格也仅为7500元。耕地流转价格的上涨趋势，从另一个侧面反映了农民对粮食生产保持着较高的热情。

从上面的分析中可见，在过去的 30 年中，吉林省农民对粮食生产的土地投入、物质费用投入及土地的市场需求都表现出了较高的热情。从生产者的理性分析，对某项生产项目积极性的高低，取决于该项生产项目能否给生产者带来满意的利益。吉林省农民对粮食生产表现出的热情，从根本上说，是粮食生产在农民的经济生活中占据了重要地位，粮食生产是农民家庭收入的主要来源。20 世纪 80 年代以来，在农民的纯收入结构中，来自家庭经营的收入一直保持在 65％以上（表 5 - 6），而农民的家庭经营收入主要是粮食生产的收入或与粮食生产相关的收入。从表 5 - 6 中可见，在 20 世纪 80—90 年代，吉林省农户的纯收入结构中来自粮食的收入占到了 55％以上。直到目前仍占到 45％以上。这是全省的平均数据，根据笔者调查，在吉林省中部和西部的商品粮基地县，农户来自粮食生产的收入普遍占到 50％以上，包括土地上的其他收入，农民来自土地的收入目前仍可占到 65％以上。根据相关资料进行分析，与吉林省相邻的另一个粮食大省黑龙江省，农户收入结构也呈现出与吉林省相同的特征。需要进一步说明的是，吉林省这种以粮为主的收入结构并不是一个低水平的收入结构，从农民人均纯收入的全国排名来看，1984 年吉林省的农民人均纯收入在各省份的排序中名列第一（北京、上海、天津 3 个直辖市除外）。在以后的 20 多年中，除了 2000 年下降到第 17 位外，其余年份都排在前 13位，2008 年以来更是保持在全国的第 10 位。这种排序说明，以粮食生产为主的收入结构并没有使吉林省的农民收入落后于全国平均水平。而 2000 年吉林省农民人均纯收入跌落到第 17 位的原因恰恰是因为这一年粮食的严重减产

表 5 - 6 吉林省农民人均纯收入结构

年份	人均纯收入（元）	家庭经营收入（元）	粮食生产收入（元）	家庭经营收入占纯收入比重（％）	粮食生产收入占纯收入比重（％）
1985	413.74	364.42	251.83	88.08	60.87
1990	717.34	654.71	449.88	91.27	62.71
1995	1 609.60	1 277.47	957.91	79.37	59.51
2000	2 022.50	1 611.65	961.49	79.69	47.54
2005	3 263.99	2 395.50	1 612.75	73.39	49.41
2010	6 237.44	4 085.92	2 969.25	65.51	47.60

注：粮食生产收入是根据全国农产品成本收益资料和粮食播种面积等数据进行推算的结果。
资料来源：中国统计年鉴（2011）。

（2000 年吉林省粮食产量是 90 年代以来最低的一年，比丰收的 1998 年减少了 34.6％），更进一步说明了粮食生产对农民收入的影响，农民收入与粮食生产之间存在高度的依赖关系。同时也正是这种长期的以粮食生产为主的收入结构，成为吉林省农民在较长的时期内保持种粮积极性的重要支撑。

目前农民这种以粮食为主的收入结构主要存在于几个粮食大省，其中吉林省和黑龙江省最为典型，其次，在内蒙古的农区（属于东北区域的东四盟）和河南。在其他省份，近 10 年来粮食生产收入也包括整个来自土地的收入占家庭纯收入的比重都呈现较快的下降趋势。而在工业化发达的省份，农民来自粮食生产的收入已经达到了很低的程度，浙江已经下降到 5％，江苏已经下降到 10％。这种粮食收入占家庭收入很小比重的状况，恰恰与农民种粮积极性不高的表现息息相关。当粮食生产收入占到家庭纯收入的 40％甚至是 50％以上时，农民所采取的投入态度必然是积极的，因为它是收入的主体；当收入降到 20％以下，甚至 10％以下时，粮食收入，或者是来自土地的收入对家庭收入的影响会变得微不足道，必然成为家庭经营中的副业。根据笔者对日本农户的调查，2 公顷以下的农户对土地经营基本没有什么热情，其经营的目标仅仅是不使这份祖上留下的财产荒废。而这正是农民的理性选择。

5.3.2 以粮为主的农户收入结构的成因

以粮为主的农户收入结构支撑了吉林省近 30 年来的农户粮食生产积极性，那么何以形成这种收入结构特征？主要有以下四种原因：

第一，丰裕的耕地资源。丰裕的耕地资源包含两层含义，一是农户占有相对较多的耕地；二是耕地肥沃，具有较高的土地产出率。就数量而言，吉林省平均每个农户的耕地面积为 1.5 公顷，是全国平均水平的 3 倍多。其中东部山区耕地规模小于 1 公顷，西部地区大于 1.5 公顷。吉林省商品粮基地县大都位于松辽平原玉米带，玉米播种面积占农作物总播种面积的 62.7％。松辽平原的黑土地具有较高的土地产出率，吉林省的玉米平均单产比全国平均水平高出 20％以上。水稻是吉林省的第二大作物，单产水平比玉米高出 30％，比全国水稻单产水平高出 17％。丰裕的耕地资源为粮食生产提供了优良的资源禀赋，为农民从土地上获取更多的收入准备了优质的资源条件。

第二，持续增长的单位耕地收益。对多数农户来说，在一定时期内耕地表现为常量的特征。在耕地规模既定的条件下，耕地收益的增长取决于耕地产出水平的提高。耕地产出表现为实物形态和价值形态，实物形态产出水平的提高主要依赖于科技进步和农户的经营能力。价值形态产出水平以实物形态产出为基础，并取决于农业生产资料价格和农产品价格。就吉林省农户情况分析，近30 年来，尽管农民户均耕地呈现减少的趋势，但是同期农民以粮为主的种植业收入却增加了 2.22 倍（用通货膨胀率消减后），这说明单位耕地的收益处于持续增长的状态。例如，2010 年吉林省的玉米亩产水平比 1980 年提高了 1.18倍。粮食单产水平的提高，得益于农业科技的进步，高产良种和先进的栽培技术大大提高了土地生产率。20 世纪 80 年代玉米每公顷的种植密度不足 4 万株，而目前则可以达到 6 万株。就粮食价格因素而言，尽管在较长的时间内存在粮食价格偏低的问题，但从近 30 年来的长期变动趋势来看，按不变价格计算的吉林省的玉米价格提高了 1 倍。

第三，相对滞后的工业化进程。吉林省农民长期以来保持着以粮食生产为主的收入结构，从另一角度看，也是农业劳动力转移进程落后，非农收入增长缓慢的结果。自 1978 年农村改革以来，我国农村先后经历了两次工业化浪潮。第一次工业化浪潮发生在 20 世纪 80 年代中后期，以乡镇企业发展为主题；第二次工业化浪潮发生在 1993 年之后，以民营经济发展为主题。在两次工业化浪潮中，吉林省都未能分享到工业化发展的成果，直到 2002 年，在吉林省规模以上企业的所有制结构中，国有企业仍占到 82%。国有企业面临着数以万计的下岗工人，根本无力吸纳农民就业。吉林省非国有经济极不发达，所以农民缺少非农产业的就业机会。至于跨省域的流动，需要支付较高的流动成本，农民在粮食生产仍然有利可图的前提下，不足以产生向外流动的冲动。非农就业机会的不足导致了农民的工资性收入增长缓慢，2005 年吉林省农民的工资性收入仅占农民人均纯收入的 10%，直到 2010 年也只达到 17% 的水平，远远低于 40% 的全国平均水平。这说明相对滞后的工业化进程制约了农民非农收入的增长，从反向的角度维系了以粮为主的收入结构。

第四，粮食生产收入支持政策。国家近年来推行了一系列的支农惠农政策，对增加种粮农民收入最直接有效的是 2004 年实施的粮食直接补贴政策。这项政策对耕地占有量相对较多，且以种粮为主的吉林省农户来说，几乎成为最大的受益者。从补贴的实际情况看（表 5 - 7），2004—2008 年全国和吉林省亩均补贴金额都呈上升趋势。从品种看，吉林省主要粮食作物玉米、水稻和大豆的亩均补贴明显高于全国水平。2008 年全国和吉林省农户户均粮食播种面积分别为 8.1 亩和 20.1 亩。假定全部用来生产玉米，按照补贴标准，全国和吉林省农户户均分别可以得到 349 元和 1 981 元的政策性收入，后者是前者的5.7 倍。这种补贴政策使吉林省农民的粮食生产收入增速高于全国水平，客观上起到了减缓粮食收入比重下滑的趋势。

表 5 - 7   全国和吉林省粮食作物亩均补贴收入

单位: 元/亩

年份	玉米		水稻		大豆	
	全国	吉林省	全国	吉林省	全国	吉林省
2004	6.7	26.54	21.06	27.3	7.67	27.93
2005	8.36	30.23	21.18	33.15	8.64	29.99
2006	13.78	38.95	33.45	50.45	15.68	43.35
2007	21.6	56.54	39.67	62.66	23.11	61.24
2008	43.01	98.12	69.66	83.2	46.12	100.71

资料来源: 全国农产品成本收益资料汇编 2005—2009 年, 2009 年后《全国农产品成本资料收益汇编》不再统计此指标。

在以上 4 个因素中, 耕地资源丰裕程度和工业化的发达程度是两个作用方向不同的变量, 即耕地资源越丰裕越会强化以粮为主的收入结构, 而工业化程度越发达越会淡化以粮为主的收入结构。在耕地资源趋于常量或减变量的情况下, 是持续增长的耕地收益和粮食生产的收入支持政策进一步支撑了以粮为主的收入结构的存续。正是这种以粮为主的收入结构赋予了农民粮食生产积极性的内在动力, 至今农民对粮食生产仍保持着较高的热情。

5.3.3   以粮为主的收入结构可持续性分析

以上分析说明, 以粮食生产为主的收入结构是农民种粮积极性得以持续稳定的根本原因。那么由此可以进一步提出疑问, 这种以粮为主的收入结构可否长期存续下去? 当这种收入结构发生变动, 或者说当来自粮食生产的收入占家庭收入比重显著下降, 退居到较低的比重时, 农民是否还会保持目前的种粮积极性?

首先考虑在规模不变的前提下, 以粮为主的收入结构的存续条件。规模不变意味着粮食生产经营主体数量不变, 在这种情况下, 必须保证来自粮食生产的收入增速与既定的农民收入增速同步。那么, 耕地收入的增加主要依赖增产增收、提价增收和政策增收。增产增收的实质是提高粮食单产, 就粮食单产水平来说, 吉林省玉米近 20 年的年增长率为 0.43%, 而农民收入在未来五年内的规划目标则为 12% 的年增长率, 显然, 依赖粮食生产实现农户增收的目标没有任何现实性。至于粮食价格, 目前已经达到了较高的水平, 市场已经面对较高的通胀压力, 基本没有上调的空间。至于政策性增收, 目前阶段已经做了较大幅度的释放, 从国情出发, 未来的释放程度不足以支撑农民收入增长的速度。显然，在规模不变的条件下，仅靠耕地或农业本身无法实现既定的收入增长目标。因此，增加非农收入成为实现农民收入目标的重要路径。非农收入的增长，从而导致收入结构的调整，粮食生产收入在家庭收入结构中的比重势必出现下降的趋势。当下降到一定水平时，例如下降到家庭收入的 20% 以下或更少时，就会减弱农民对粮食生产的热情，并显著加大粮食生产的机会成本。在这一阶段上将会出现粮食生产效率降低的状况，收入结构对粮食生产积极性的支撑作用趋于消失。

在我国的农业发展实践中，确实已经出现了当粮食生产成为农户家庭副业后，农民忽视甚至放弃粮食生产的现象。例如，自 20 世纪 90 年代以来，浙江省就出现了较为突出的农民弃粮、弃耕现象。有些地方的耕地抛荒率高达 30%，全省粮食播种面积从 327 万公顷下降到 223 万公顷，下降了近三成。此期间农民来自家庭农业经营的收入从 90 年代初的 43.1% 下降到 90 年代末的 22.4%。浙江的情况恰好说明当农民来自土地的收入下降到较少份额时，农民种粮积极性下降是一个难以回避的趋势。非农就业机会的增加且收入水平的提高，对农民种粮来说意味着机会成本的提高，因此，减少或放弃粮食生产也是一种理性的选择。同样的例证在日本也可以找到，根据笔者对日本农户的调查，只占有日本全国平均数农田（2 公顷）的农户，并不关心土地收入的高低，他们仍然耕种土地的目的不在于从土地上获取令他们满意的收入，而只是在保护家中的一份财产。所以，农业的低效率难以避免。

上面的分析以耕地规模不变为前提，结论是：如果耕地规模不变，只有非农收入显著增长才可能实现农民收入增长的目标，这意味着以粮为主的收入结构的改变同时也意味着收入结构对农民种粮积极性的支撑作用的消失。而抑制这种变化的选择只能是改变农户耕地经营规模，显著增加农户来自土地的收入。在我国耕地总量不变的前提下，耕地规模的改变只能是土地分配关系的改变，即耕地越来越向少数人集中，规模的增长足以使增加的收入满足农民收入增长的目标。耕地规模的扩大取决于两个条件，即农业外部的就业机会和耕地的流动性。就前者而言，在 20 世纪 80—90 年代，吉林省农村劳动力表现出较小的流动性，主要原因是工业化进程缓慢，当时吉林省的乡镇企业和民营经济只占到经济总量的 10%。进入"十一五"之后，吉林省非国有经济进入较快的发展时期，农民外出就业的规模出现了较快的增长。到 2011 年吉林省农民出外打工人数已经超过 300 万人，占劳动力总数的 40%。尽管外出就业的天数还很有限，工资性收入占家庭收入的比重还不高，但已经形成了较快的增长趋势。当农业外部就业机会越来越有利时，就会促进农民向非农领域转移，进而发生身份的彻底改变，成为城市工薪劳动者，为耕地的集中创造条件。但仅有非农产业就业机会还不足以成为耕地流动集中的充分条件，还需要土地制度本身能够创造宽松的流动空间。耕地流动性的大小，取决于耕地流动后给流出流入双方带来的利益。对流出者来说，要有利于实现其土地使用权的权利，能够获得合理的补偿。对流入者来说，要有合理的价格和合理的租期，有利于实现其土地经营的权利。

从上面分析中可进一步得知，以粮为主（或以农为主）的收入结构的持续只能在农业劳动力大量转移的条件下才能实现。因此，这是一个与非农就业机会增长相伴而行的土地使用权重新调整分配的过程。接下来的问题是怎样的规模经营才能有利于建立一个相对稳定的以土地经营收入为主体的农户收入结构。从国际的视野来看，实现农业现代化的国家在土地规模经营方面无不反映本国资源禀赋的特征，与本国的人均耕地资源的丰裕程度密切相关。就我国的情况看，不仅不能建立北美国家那种大规模的家庭农场，而且像欧洲那样户均20公顷的经营规模也要有一个实现的过程。因此，在实践中存在规模尺度问题，即怎样在我国农业发展的不同阶段建立与经济发展相适应的土地经营规模。与本文主题相关的是，确立一个什么样的规模尺度将影响到以粮为主的收入结构的实现程度与速度。规模尺度包含了微观与宏观两个层面的含义，微观层面的含义是指农户来自农业生产（对吉林省来说主要指粮食收入）的收入应占农户纯收入的50%以上，而这正是以粮为主的收入结构的内在规定，唯其如此才可能保证农户对粮食生产保持较高的积极性。借鉴日本北海道的经验，他们对专业农户的界定正是以农户收入的50%来自农业作为标准的。从宏观的层面看，规模的尺度是指专业农户的比例应占从事农业生产农户总数的50%以上。唯其如此，才能保证具有以粮为主的收入结构特征的农户在所有从事粮食生产农户中的主体地位。同样，唯其如此，我国粮食大省的稳定发展才能具备可靠的主体基础，才有持续的可能。

5.3.4 支撑以粮为主收入结构的政策选择

前面的分析已知，转移农业剩余劳动力和增加土地流动性是实现耕地规模化经营的两个必备条件。而以规模化经营为基础，建立以粮为主的收入结构是稳定粮食大省农民种粮积极性的内在支撑。由此出发，我国的农业政策应做出更多的有利于这两个条件形成和发挥作用的选择。

第一，强化农户土地使用权的财产性权利。在我国实行家庭经营后，集体土地所有权与使用权分离，土地使用权是农户土地承包权的体现。农村实施家庭经营制度后，土地使用权形成了高度分散的特征，为规模经营设下了天然障碍。在土地使用权高度分散的情况下，增强使用权的流动性是促进规模经营的重要条件。在我国耕地资源的稀缺性日趋严重，且土地的政策性收入不断提高的背景下，耕地的流动性实际上呈弱化趋势。从国情出发，进一步确认和强化农户土地使用权的财产性权利，将有利于增大土地的流动性。作为农户承包土地使用权的财产性权利应主要明确两个内容，一是在完善土地流转市场的基础上，确定流转土地的合理补偿标准，调动农民转让土地使用权的积极性；二是在 2008 年中央十七届三中全会明确农民土地承包期长久不变的基础上，允许农民在不放弃土地承包权的条件下，实现农民到市民的身份转变，并通过土地使用权的转让继续获取租金，即不以农民户籍和身份转变作为农民放弃土地承包权的条件。在农民城市就业不稳定、社会保障水平不高的情况下，保护农民的土地承包权和使用权既有利于推进农民向市民的转变，又有利于农民转让土地使用权，进而为土地规模经营创造条件。

第二，确定农民作为农地经营者的唯一合法地位。在我国现行的法律中，只规定了农民土地承包权的独占性，而未规定土地使用权的独占性。其结果是，非农民经营主体进入土地经营，这种状况甚至成为许多地方所谓引进农业投资者、发展现代农业的途径之一。非农经营者对农地的介入，进一步加剧了土地的稀缺性，增加了农户扩大土地规模的难度。在我国耕地资源高度稀缺、农村人口众多的国情之下，不仅要重视农村土地承包权的合理分配，同样要重视农村土地使用权的合理分配。只有在严格控制土地经营主体数量的前提下，才有利于扩大农户经营规模，稳定粮食生产收入（或土地收入）在专业农户家庭纯收入中的主体地位。因此，我国必须尽早在法律上明确禁止除农村集体经济组织之外的经营组织染指农地经营，包括工商企业主和城市自然人。切实保证农户在土地经营中的独占权利，从而使农民成为土地规模经营的唯一主体。

第三，实行差别化的粮农支持政策。2004 年以来，我国实行了力度较大的粮农支持政策，除了粮食直接补贴之外，还有多项要素补贴，对调动农民种粮积极性发挥了积极的作用。但普惠型的支持政策，对支持粮食种植大户的作用还不显著，未能有效促进生产效率的提高。伴随着我国现代农业的发展，既要支持广大农民种粮的积极性，又要实行差别化支持政策，使规模经营农户具有更为有利的政策环境。差别化的粮食支持政策应对具有一定经营规模的粮食生产大户在农业金融服务、要素补贴、技术服务、储粮服务和收入补贴等方面实行政策支持，提高这些农户的市场竞争力，使其成为以粮食生产为主的核心农户。差别化的政策还应促进农户分化，为非专业型种粮农户向市民转变创造条件，从而促进专业型种粮农户比例的增加和经营规模的扩大。

第四，支持粮食大省加快工业化进程。在过去的 30 多年中，我国实行了持续的商品粮基地建设政策，对建设国家商品粮基地发挥了重要的作用。但以往的政策主要局限于提高粮食生产能力本身，尚未关注粮食生产主体竞争力的提高和规模经营。从现代农业发展规律来分析，农业的根本出路在于工业化，国家不仅要在商品粮基地的粮食生产条件建设上给予支持，还要在商品粮基地粮食生产规模经营条件上给予支持。就后者而言，国家需要强化支持粮食主产区工业化的政策，提高粮食主产区转移剩余劳动力的能力。在我国目前粮食大省农业收入占有比例趋减的形势下，应特别注重粮食大省农户种粮积极性总体特征或多数农民种粮积极性变动趋势的把握，以工业化充分发展为基础，以农业劳动力转移为路径，在粮食生产经营主体减少的进程中，加快培育粮食生产专业户，使他们占农户总数的 50％以上，并使他们来自于土地的收入占家庭收入的 50％以上。支持粮食主产区工业化，一方面要支持粮食主产区发展以农产品资源为基础的农产品加工业；另一方面要给予粮食主产区发展工业化的支持政策，包括基础设施建设、产业布局及相关的产业政策。

第6章
玉米主产区及其玉米产业发展

6.1 中国玉米主产区的演变与发展 [*]

自 20 世纪 70 年代后期以来，中国的玉米主产区呈现了不断扩张的趋势，其结果是导致了玉米从第三大粮食作物晋升为第二大粮食作物，并进而导致了作为世界第三大玉米带——中国松辽平原玉米带的形成。中国玉米主产区的演变与发展是自然、经济、科技多重因素共同作用的结果，它的形成与发展，不仅在过去，而且在未来都会对中国的粮食安全产生巨大影响力。

6.1.1 中国玉米产区演变与发展的特点

玉米主产区相对于非主产区而言，是指以生产玉米作物为主或玉米作物的种植比例较大的区域。作为技术与经济术语，有其判断和划分的标准。在实际的评价中，主要从玉米的种植面积和产量两个指标来判断，即要看其种植的面积和产量在全国种植面积和产量中所占的比重。

玉米从公元 16 世纪开始引入中国，发展至今，成为中国的第二大作物。从中国的气候和土壤条件看，对玉米种植具有广泛的适应性，从东部沿海诸省到西部的新疆、西藏，从南部的海南到北部的黑龙江，都可种植玉米。在玉米种植区划上划分为 6 个种植区，即北方春播玉米区、黄淮海夏播玉米区、西南

---

* 本文原载于《玉米科学》2010 年第 1 期。

山地玉米区、南方丘陵玉米区、西北灌溉玉米区和青藏高原玉米区。半个多世纪以来中国玉米产区在演变和发展中表现出如下特点：

第一，玉米种植面积不断扩大。在结束多年战争后的 1950 年，中国的玉米种植面积为 1 295.3 万公顷，占粮食作物总面积的 11.3%，玉米总产量占粮食总产量的 10.7%。进入 20 世纪 70 年代以后，玉米种植面积出现了较快的增长，到 1979 年玉米的种植面积达到 2 013.3 万公顷，占粮食作物种植面积的 16.88%，总产量占粮食总产量的 18.07%。20 世纪 80—90 年代，玉米种植面积持续增长，中间伴有个别年份的调减。进入 21 世纪以来，玉米种植面积继续呈上涨趋势，到 2008 年，玉米种植面积达到 2 986.4 万公顷，占粮食作物种植面积的 27.96%，产量占粮食总产量的 31.38%，同期作为第一大粮食作物的水稻的播种面积为 2 924.09 万公顷，占粮食作物种植面积的 27.4%，水稻产量占粮食总产量的 36.3%；小麦种植面积为 2 361.7 万公顷，占粮食作物种植面积的 22.1%，小麦产量占粮食总产量的 21.3%。与水稻和小麦相比玉米在种植面积上已经超过水稻和小麦，位居第一位，但在总产量上仍低于水稻，位居第二大作物的地位。

表 6 - 1　中国玉米种植面积和产量

单位：万公顷，万吨，%

年份	玉米种植面积	占粮食作物种植面积比重	玉米产量	占粮食总产量比重
1950	1 295.3	11.3	1 389.0	10.5
1955	1 463.9	11.3	2 032.0	11.0
1960	1 409.0	11.5	1 603.0	11.1
1965	1 567.1	13.1	2 366.0	12.2
1970	1 583.1	13.3	3 303.0	13.8
1975	1 859.8	15.4	4 722.0	16.6
1980	2 008.7	17.1	6 260.0	19.5
1985	1 769.4	16.3	6 382.6	16.8
1990	2 140.1	18.9	9 681.9	21.7
1995	2 277.6	20.7	11 198.6	24.0
2000	2 305.6	21.3	10 600.1	22.9
2005	2 635.8	25.3	13 937.0	28.8
2008	2 986.4	27.9	16 591.4	31.4

资料来源：《新中国五十年农业统计资料》，中国统计出版社；《中国统计年鉴》2001—2009 年，中国统计出版社。

第二，玉米产区在空间上相对集中。虽然玉米种植在中国具有广适性的特征，但在不同区域的种植面积却存在较大差异，而且在 20 世纪 50 年代以后，玉米的种植面积在不同区域发生了消长不同的变化。以江苏省为例，在 20 世纪 50 年代玉米种植面积为 60.6 万公顷，而到了 20 世纪 90 年代下降到 45.4 万公顷，到 2008 年玉种植面积进一步下降到了 39.8 万公顷。浙江等省的玉米种植面积变化与江苏省也具有相同的趋势。与此相反，北方的一些省份玉米种植则呈增加的趋势，以吉林省为例，在 20 世纪 50 年代玉米种植面积只有 89.64 万公顷（1950—1959 年平均），到了 90 年代已经扩大到了 229.48 万公顷，增长 1.56 倍。到了 2000 年以后，玉米的种植面积继续呈扩大的趋势，2008 年吉林省的玉米种植面积达到了 292.25 万公顷，比 20 世纪 50 年代的玉米种植面积增加了 2.26 倍。在半个多世纪中，玉米种植面积呈减少趋势的省份有 8 个，包括江苏、浙江、江西、湖南、湖北、广西，广东、重庆。增加的省份 24 个。在种植面积增加的省份中，增幅也呈现较明显差别，以 2008 年的数据作比较，虽然北京、上海、天津、广东、新疆等省份的种植面积与自身相比呈现较大增幅，但原来起点较低，增长后的种植面积占全国的比例不足为道。原来起点较高，且增幅又较大的省份主要是在东北、华北地区，从玉米种植区划上，主要分布于北方春玉米区和黄淮海夏玉米区，其中种植面积在 200 万公顷以上的省份有 7 个，包括东北三省和内蒙古、河北、山东、河南，另外 4 个省份的玉米种植面积也超过了 100 万公顷，包括山西、四川、云南和陕西。这 11 个省份的种植面积占全国玉米种植面积的 81.91%，产量占全国的 83.07%，成为中国的玉米主产区，其中以东北松辽平原为主体的玉米产区已经发展成为世界第三大玉米带。

表 6-2　2008 年中国玉米主产区玉米种植面积、产量、人均占有量

单位：万公顷，万吨,%，千克/人

省份	玉米播种面积	玉米播种面积占全国比重	玉米产量	玉米产量占全国比重	人均玉米占有量
全国	2 986.38	100.00	16 591.50	100.00	127.64
黑龙江	359.39	12.03	1 822.00	10.98	476.34
吉林	292.25	9.79	2 083.00	12.55	761.88
辽宁	188.49	6.31	1 189.00	7.17	275.55
河北	284.11	9.51	1 442.20	8.69	206.35
河南	282.00	9.44	1 615.00	9.73	171.28
山东	287.42	9.62	1 887.4	11.38	200.42

（续）

省份	玉米播种面积	玉米播种面积占全国比重	玉米产量	玉米产量占全国比重	人均玉米占有量
内蒙古	234.00	7.84	1 410.70	8.50	584.38
陕西	115.76	3.88	483.60	2.91	128.55
山西	137.86	4.62	682.80	4.12	200.17
四川	132.38	4.43	637.00	3.84	78.27
云南	132.58	4.44	529.60	3.19	116.44
主产区合计	2 446.24	81.91	13 782.3	83.07	233.83

资料来源:《中国农业统计资料》2009 年,中国农业出版社。

玉米种植面积的扩张并不是发生在所有区域,只是在一部分区域内的扩张,因此形成了相对集中的玉米产区分布。在全国 6 个玉米种植区域中,主要在黄淮海夏玉米区和北方春玉米区集中了较多的玉米种植面积,形成了中国玉米带的核心部分,在半个多世纪的玉米种植面积增量中,处于这两个玉米种植区域的东北三省和内蒙古就增加了 747.33 万公顷,占总增量的 44.19%。可以说,玉米产区的集中是向东北地区的集中。

第三,玉米种植面积的增加导致了主产区种植结构和耕作制度的变化。 玉米种植面积的扩大使其由第三大作物跃居为第二大作物,必然伴随着种植结构的变化,但由于玉米产区的集中度不同,使不同区域内的种植结构变化不同。以吉林省为例,在 20 世纪 30 年代,玉米的种植比例占粮食作物的 1/3,与大豆种植面积大体相等,吉林省是国内重要的大豆产区,而非玉米主产区。此后的发展,特别是 20 世纪 70 年代以后的发展,玉米种植面积大幅度增加,与此同步的是大豆种植面积的减少,到 2008 年,吉林省的大豆种植面积已经降到粮食作物种植面积的 10.41%,事实上从 20 世纪 80 年代以来,吉林省就不再是大豆之乡,而是名副其实的玉米带,这种情况不只是吉林省,还包括整个东北松辽平原玉米带。历史上东北松辽平原实行玉米与大豆的轮作制度,而今玉米——大豆轮作制度基本上所剩无几了,作物耕作制度发生了根本性的变化。

第四,玉米主产区内部存在着显著的商品化程度差异。 按种植面积划分,中国玉米主产区涵盖 11 个省份。对其内部进一步分析,可以看出省份之间的玉米商品率存在显著差异。商品率可以分别从两个层面分析,一是农民扣除自己消费后进入市场的部分;二是以省为单位,扣除本省消费后,调出省外销售的部分(也可以称之为玉米调出率)。前者反映通常意义上的商品率,后者反映玉米主产省对全国的贡献,例如,多年来中国玉米出口的 80% 由吉林省提供，而有的玉米主产省调出量为零，甚至是调入省（例如四川）。就前者而言，由于玉米作为主食的功能不断消退，商品率存在提高的趋势。就后者而言，随着玉米主产区玉米转化产业的发展，就地消费的数量逐年增长，实际上调出省外的数量呈现不断降低的趋势。但从整个社会的角度来观察，并不改变它们作为商品玉米存在的意义。鉴于两种商品率在实践中很难分省准确计算，在这里可以用每个省的玉米人均占有量指标来反映实际的商品率差异。即人均玉米占有量越大，玉米生产的商品化程度越高，这符合商品化程度评价的内在涵义。从表 6-2 中可以看出，河南、山东两省的玉米产量较大，但人均占量并不占优势。四川省虽然玉米种植面积也在 100 万公顷以上，总产量在 600 万吨以上，但其人均占有量较低，只是全国平均水平的 61.32%。在 11 个玉米主产省中，大致按人均玉米占有量可以划分为三种类型，一是显著高于全国平均水平的产区，包括吉林、内蒙古、黑龙江、辽宁 4 个省份，人均玉米占有量高于全国平均水平 1 倍以上，其中吉林省是全国平均水平的 6 倍；二是高于全国平均水平的产区，包括河南、河北、山东、山西 4 个省；三是等于或低于全国平均水平的产区，包括四川、云南、陕西 3 个省。

第五，玉米产区与销区的空间距离进一步加大。 20 世纪 50 年代以后玉米产区的变化呈现出"南退北进"的态势，6 个玉米种植面积减少的省份都位于长江中下游以南。长江中下游以南的 11 个省份只生产了全国玉米总量的 7.3%，而增长幅度比较大的区域恰又都在北方的春玉米种植区域，玉米种植呈现了向高纬度产区集中的格局。随着玉米主食功能的削弱，饲料成为主要的消费用途，因此玉米的消费表现出广布性的特征。玉米消费市场的广布性和生产区域的集中性，使中国的玉米在形成了较大的跨区域商品流量，例如，东北玉米产区往往要经过 2 000~3 000 公里的运输进入南方销区，这在客观上增加了东北玉米主产区的流通成本，影响了市场竞争力。

6.1.2 中国玉米主产区演变与发展的原因

半个多世纪以来，中国玉米主产区的不断扩大与集中，是自然、经济与科技多种因素综合作用的结果，综而观之，玉米主产区演变的原因可以归纳为以下几个方面：

第一，社会需求的拉动是玉米主产区扩大的市场动因。 中国长期以来面临着粮食供给不足的问题，1984 年以前，中国的人均粮食占有量一直明显低于世界平均水平，增加粮食总量成为农业生产的首要目标。在所有的粮食作物中，玉米的单产仅次于水稻，位于第二位，具有良好的增产效能，因此，扩大玉米种植必然成为生产决策的优先选择。在 1984 年以前，粮食消费的领域主要是主食领域，玉米主要满足于口粮的消费。1984 年以后，随着中国人均粮食占有水平的提高，玉米逐渐退出了主食消费，但由于玉米消费功能多样性的特征，使其在畜牧业和加工业领域面临着更大的消费市场。21 世纪以来，玉米加工业利益的增大和生物能源的开发，玉米需求呈现刚性化的趋势，推动了玉米种植面积的增加。仅 21 世纪以来，玉米种植面积就增加了 680.8 万公顷，增长幅度为 22.8%。

第二，比较收益的增加为玉米主产区的扩大提供了主体积极性。在市场经济条件下，玉米种植面积的增加说到底是农民经济行为的选择，这种选择是一种利益的选择。东北松辽平原春玉米的增加是与大豆面积的减少相伴而行的，从 20 世纪 70 年代以来，大豆种植面积就呈逐年减少的趋势，减少的大豆面积基本都让位给了玉米。从大豆和玉米的单产曲线来看，大豆的单产曲线比较平缓，而玉米的单产曲线的增势比较明显，两条曲线之间的距离呈现扩大趋势（图 6-1），玉米单产增长明显快于大豆。从 1949—1999 年的 50 年间，大豆的单产增加了 2 倍，而玉米的单产则增加了 4.14 倍，二者相比单产增量形成倍数之差。

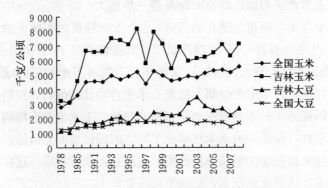

图 6-1　玉米与大豆单产变化

资料来源：《新中国五十年农业统计资料》，中国统计出版社；
《中国统计年鉴》2001—2009 年，中国统计出版社。

玉米与大豆单产增量之差的拉大导致了比较收益的变化，农民更多地选择玉米而放弃了大豆。以吉林省为例，多年来，大豆与玉米产量与价格的比较关系基本是 1∶3 和 2∶1 的关系，即单位面积产量玉米是大豆的 3 倍，大豆价格是玉米的 2 倍。除了个别年份由于自然灾害和市场价格的特殊影响，使大豆的收益高于玉米外，正常年份每亩大豆的利润只是玉米的 60%～80%（表 6-3），比较收益的变化成为农民增加玉米种植面积的强大动力。

表 6-3　吉林省玉米与大豆收益比较

单位：千克，元

年份	玉米				大豆			
	亩产量	亩产值	亩成本	亩利润	亩产量	亩产值	亩成本	亩利润
1981	361.5	86.39	53.83	32.31	98	71.05	49，87	20.19
1985	366.5	96.94	59.43	41.41	121	77.05	41.26	36.69
1990	480.15	190.93	109.67	89.72	126.15	128.16	72.49	57.06
1995	486.5	480.42	262.81	231.16	188.11	334.68	153.05	181.17
2000	394.4	280.02	253.70	16.67	156.3	305.44	192.89	103.08
2005	473	505.01	417.98	87.03	169.6	~429.44	354.23	75.21
2008	509.1	731.17	608.73	122.44	186.1	681.4	455.44	225.96

资料来源：吉林省物价局《吉林省农产品收益资料汇编》，1981—2008 年。

　　第三，农业科技进步为玉米主产区的扩大提供了推动力。观察玉米单产增长的轨迹，20 世纪 70 年代末以来是增长速度较快的时期，此间正是玉米优良品种不断出现并在生产中广泛应用的时期，杂交玉米品种在生产中广泛应用。据有关资料统计，1978—1998 年种植面积在 1 000 万亩以上的玉米杂交种共有20 个，其中 20 年累积种植面积超过 1 亿亩的有 7 个，20 世纪 80—90 年代，一批具有显著高产性能的玉米品种，诸如辽宁的丹玉 13，山东的掖单 2、掖单13，河南的郑单 2，吉林的四单 8 等累计种植面积都在亿亩以上。科学家认为，此时期杂交优势在玉米增产诸因素中起 20%～24% 的作用。除了优势品种的技术支撑作用外，化肥在生产中的应用同样起到了巨大的作用，在新中国成立之初，中国玉米的化肥施用基本为零，20 世纪 80 年代初玉米每公顷化肥的施用量为 124 千克，到了 2000 年施用水平已经突破了 300 千克。玉米良种和化肥在增产中起到了核心的作用，而植物保护技术和地膜的应用等其他技术在生产中的应用也发挥了不可低估的作用。正是这些先进的科学技术在生产中的广泛应用，使玉米成为仅次于水稻的第二大高产粮食作物。

6.1.3　中国玉米主产区发展面临的问题

　　玉米主产区的不断扩大，为增加中国的粮食供给、保证国家粮食安全做出了重大贡献。同时，以逐年增多的玉米商品量为基础，中国的畜牧业和玉米加工业也得到了长足的发展，玉米主产区的玉米加工业已经成为地方经济中的朝阳产业。由此可以进一步推断，未来中国玉米主产区的发展不仅决定着中国粮食安全的保证程度，同时也决定着以玉米为原料的后续产业的发展规模和前景。因此，需要从发展的角度关注玉米主产区面临的问题。

第一，优良玉米品种支撑力不足。玉米主产区的扩大得益于玉米育种技术的进步，大量高产品种在生产实践中的应用成为第一增产要素，但近10年来中国玉米种业又存在种种令人担忧的问题。问题之一是适宜北方春玉米产区的优良主推品种出现弱化趋势，虽然每年审定的玉米品种较多，但高产和抗逆性能并不突出，缺少推广面积较大的主推品种。同时，低纬度区域的品种又不断"北上"，在东北地区大面积地存在越区种植的问题。问题之二是国外种业公司的品种近年来在北方春玉米区形成了强大的竞争优势，美国先锋公司的先玉号品种行销于市场，在东北玉米主产区，2009年每千克种子价格达到40元。从吉林省的调查数据来看，2008年先玉335品种的市场占有率已经达到15.6%，在国内玉米种子市场上已经占据了第三位的份额。虽然国外玉米品种显示了较强的增产效能，促进了中国玉米产量的增长，但同时意味着玉米产业链中利润最丰厚的部分越来越多地被国外公司拿走，而且加大了玉米产业风险。玉米品种竞争力弱化趋势产生的原因有多个方面，但关键性的因素有两个，一是我国玉米种业企业缺乏竞争实力，普遍实行的是短期化经营目标，不具备品种研发实力；二是品种研制的主力军——农业科研院所和农业大学的运行体制与种业发展不相适应，作为品种研究开发遵循的是商业化的产品研发规律，而我国的科研部门和大学则以科研的方式进行育种，对科研人员的评价机制偏重于个人成果，不利于团队合作，无法与国外的种子公司竞争。

第二，玉米生产缺少规模竞争力。玉米种植业属于土地密集型产业，适应大机械化耕作，每个劳动力可以经营较大的土地规模。我国人多地少，农村人口仍占总人口的60%以上，即便在东北玉米带上，农户的经营规模也只在2公顷左右，不仅无法与北美200公顷的农场规模相比，也无法与欧洲的20公顷的家庭农场规模相比。因此，在未来玉米主产区的发展中，如何解决土地密集型生产的规模将是一个重要的问题。在一定意义上说，狭小的土地经营规模是玉米竞争力的最大软肋。在农民尚未实现非农转移的条件下，不可能建立具有竞争力的家庭经营规模。因此需要研究在小规模家庭经营基础上，提高玉米生产的规模竞争力的路径。目前要重点突出玉米连片种植规模的实现问题，即以玉米生产合作社为基础，实现较大地块内的种植计划、栽培技术的推广和机械的共同使用，水利设施的统一建设，突破小规模家庭经营带来的技术措施应用的限制，以提高农业技术推广效率和先进生产要素使用效率。

第三，水资源成为增产的主要限制因子。半个多世纪以来，特别是改革开放 30 年来玉米主产区发展，显示了一条"北上"的轨迹，在东北和内蒙古（东四盟）呈现了较快的发展速度和较大的玉米面积增量，而这些区域较多地受到水资源的限制，干旱成为这些地区增产的决定性因素。而这些地区水利设施建设和灌溉技术落后，水资源短缺与水资源使用浪费并存。以吉林省为例，吉林省西部地区年降水在 400 毫米以内，春旱是制约玉米出苗率的关键因素，但目前抗旱保苗的方法仍然十分传统，主要依靠传统粗放的坐水种方式，费工费时，又不利于水资源的合理利用。生长期主要依赖自然降雨，降雨及时可满足生长需要，获得丰收，否则就要减产。因干旱造成的丰欠产量差异可在40％以上，在严重的干旱年头甚至可以造成绝收。在北方春玉米种植区，具有灌溉条件的玉米田不到总量的 1/5，如果能够解决这些地区的灌溉设施，即可解决这些地区的稳产高产问题，成为稳定的玉米商品生产基地。

第四，玉米流通体系不适应主产区的发展。从 20 世纪 80 年代以来，东北玉米主产区就遭遇到了卖粮难的问题，经过 30 年的发展，虽然粮食流通状况有了很大改善，但与玉米主产区生产发展要求相比，尚未建立起完善的玉米市场流通体系，来自流通领域的制约因素还不时影响玉米主产区的发展和农民的利益。玉米流通体系建设方面的主要问题表现在，一是国家支持性收购体系运行效率不高。玉米种植业作为弱势产业，经常面临着较大的自然风险和市场风险，政府的价格支持政策发挥着重要的作用。近年来中央政府已经在主产区建立了保护价收购制度，但实际落实情况仍有显著差距，保护价收购计划分批下达滞后，经常出现有价无市的情况。二是农民合作社发展滞后。在中国的玉米市场上，农民基本处于被动的地位，农民没有自己的产品流通组织。这是由于农民在粮食生产领域组织化程度低，在产前购买和产后销售方面基本都是一家一户的行为，农民未能以组织化的形式进入市场，在市场交易中往往处于不利的地位，造成农民利益流失，影响农民生产积极性。三是未能建立玉米内外销市场调控机制。多年来中国的玉米出口经常表现为大起大落的态势，不能有效将国内市场与国际市场的供求关系协调起来。出口多的年份出口量可在 1 000万吨，而出口少的年份出口量则为零，使玉米主产区失去了出口的有利时机。从趋势看，由于玉米加工业的发展使中国玉米出口量趋于减少，但目前中国尚未进入净进口的阶段，只要中国不是一个玉米净进口国，就存在出口的可能性，建立一个内外销协调的玉米销售市场就很有必要，特别是东北松辽平原作为玉米带的核心产区距南方主销区空间距离遥远，构建一个进出口相协调的市场调节机制，对于调控市场、保护主产区利益非常必要。

第五，玉米主产区发展缺少战略性设计。玉米作为第二大粮食作物，主产区的建设在国家粮食安全战略中具有十分重要的位置，与水稻和小麦不同，玉米具有用途的广泛性特征，玉米主产区的发展直接涉及畜牧业和玉米加工业等下游产业的发展，因此，需要从战略的视角对玉米主产区的建设与发展进行系统的设计。但就现状分析，多年来对玉米种植业内部品种结构、玉米转化产业规模（畜牧业和加工业）、玉米流通体系建设、玉米种业发展等尚缺少系统化的规划设计，因此，使中国的玉米产业市场竞争力不足，农民不时受到市场的冲击，玉米加工业发展起伏波动，盲目竞争。

6.1.4 中国玉米主产区的发展趋势

中国作为人多地少的国家，增加粮食供给，保证国家粮食安全，将是一个长远的战略安排。玉米作为多元功能作物，具有宽广的用途和较长的产业链条，从长期的角度来看具有需求刚性的特征。未来的玉米需求将在数量与质量两个维度上延伸，由此将给玉米主产区的发展带来新的要求。

第一，玉米主产区扩张空间越来越小。从 20 世纪 50 年代以来，玉米的种植面积基本呈刚性化的增长趋势，其中在北方春玉米区和黄淮海夏玉米区增量最大，在东北松辽平原玉米带上，有的区域玉米种植比例已经达到 70％，玉米大面积连作，而且连作时间长达 30 年以上。在这些最适宜玉米生长的区域，种植面积已经达到临界值。在国家粮食安全战略的安排中，第一位的是居民的口粮安全，其次是居民的副食品安全。因此，在国家的耕地资源分配中首先要满足水稻、小麦的种植面积，然后考虑蔬菜、饲料、果树等产品生产资源的安排。目前玉米的主食消费已经降到总量的 10％以内，主要消费领域在畜牧业，其次是加工业。可见，在国家粮食安全的战略方面，还不会将更多地耕地资源分配在玉米生产上。近期玉米种植面积只能有小幅度增加，来源主要是东北地区的新增耕地。随着中国人口峰值期的到来（2 025—2030 年），用于主食口粮的水稻和小麦的种植面积也将趋于稳定，在满足口粮需要的基础上，玉米种植面积还有一定的扩大空间，但这也要取决于玉米生产的比较收益。

第二，内涵发展是玉米主产区的根本出路。在过去的半个世纪中，玉米主产区的发展是通过内涵与外延两条路径实现的，外延发展主要指玉米种植面积的增加，以及由此而带来的主产区的扩大；内涵发展是指通过科技进步及生产条件的改善实现的玉米单产的提高。从 1987—2007 年的 20 年间，因外延扩大对玉米产量做出的贡献率为 50.3％。在外延性资源越来越少的条件下，内涵发展必然是实现玉米主产区建设的根本出路。内涵发展的路径可以归结为两个方面，一是通过育种和施肥手段以及先进的栽培技术措施，提升玉米生物体的能量转化效率；二是改善农田生产条件，包括土地整理、农田水利设施建设等，为作物创造良好的生产环境条件。据粗略统计，目前东北玉米主产区的中低田约占玉米种植面积的 2/3，其中干旱是主要限制因子。玉米主产区内部的单产存在明显差异，低产田是高产田产量的 2/3，按目前的单产水平分析，在未来的 10 年内，在改善农业生产条件上进行较大的投入，同时改良玉米品种，加大综合栽培技术措施，那么占 2/3 的中低产区的单产可比目前提高 50%。

第三，玉米内部种植结构将进一步调整优化。在 20 世纪 80 年代以前，玉米内部的种植结构较为单一，普通玉米之外的专用品种很少。20 世纪 80 年代以后，专用玉米陆续发展起来，但总体看，玉米的供给结构与需求结构还存在一定差距。目前我国畜牧业对玉米饲料的利用还不尽合理，青贮玉米的消费还占较少的数量，饲料的转化率不高。在玉米加工业领域，高油、高淀粉和支链淀粉的玉米种植量占比例仍很少。伴随着畜牧业和玉米加工业的发展，市场将对玉米生产提出多样化的消费需求，从而推动玉米品种向专用化方向发展。玉米品种结构的优化调整，又将推动畜牧业和玉米加工业向深度发展，形成区域产业特色。

第四，核心产区将建成中国的玉米产业基地。玉米的核心产区是指那些玉米商品率高、商品量大的产区，在空间布局上主要指东北松辽平原黄金玉米带，以及黄淮海区域的山东、河北、河南等省，年产量都在 1 000 万吨以上。20 世纪 90 年代以来，玉米的核心产区在玉米的过腹转化和工业转化方面有了长足的发展，特别是新世纪以来，玉米加工业成为玉米主产区的产业发展热点。在畜牧业发展方面，生猪、肉牛、奶牛等主要畜产品已经在国内市场上占有重要地位。但总体看，玉米的转化产业尚处于初级阶段。从未来的发展趋势看，畜牧业应当依托丰富优质的玉米资源，发展精品畜牧业，开发畜牧业的高端市场。在玉米加工产业方面，东北和山东已经建成了一批玉米加工企业，其中有的加工企业的深加工产品已经进入世界先进水平。然而玉米加工业发展不平衡，多数企业还停留在初级原料生产的层次，尚未形成具有竞争力的玉米加工产业集群，在未来的两个"五年计划"期内，以开发高新技术为基础上，有望建成一批具有国际竞争力加工企业，使玉米加工业成为玉米主产区的支柱产业。以玉米资源为基础的主产区玉米产业的发展，一方面可减少玉米"南销"的压力，另一方面又可以将玉米主产区的玉米资源优势转化成玉米产业优势，形成玉米产业的合理布局，推动玉米主产区经济的发展。

6.2　吉林省玉米产业发展面临的问题及其对策[*]

经过近 30 年的发展，吉林省的玉米产业开始成长为地方经济中的主导产业。从发展的角度看，玉米产业成长中还有诸多值得认真对待和解决的问题，同时也需要采取合理的产业支持政策。

6.2.1　吉林省玉米产业发展的趋势

在我国的玉米产业发展格局中，吉林省占据着得天独厚的资源优势。吉林省的玉米种植业分布在世界三大玉米带之一——松辽平原玉米带上，全省 40 个县市，有 23 个分布在玉米带上，其中 6 个县的粮食产量和玉米产量排在全国产粮大县前 10 位。2007—2009 年全省玉米播种面积 291.11 万公顷，占全省粮食作物播种面积 70%，占全国玉米播种面积 9.6%；玉米总产量 1 897.7 万吨，占全国玉米产量 11.8%；2007—2009 年平均人均玉米占有量 728.6 千克，

表 6-4　玉米主产区玉米生产情况（2007—2009 年平均）

省份	玉米播种面积（万公顷）	玉米单产（千克/公顷）	玉米总产（万吨）	玉米产量占全国比例（%）	人均玉米占有量（千克）
全国	3 017.50	5 326.9	16 072.9	100	110.7
黑龙江	382.92	4 523.8	1 728.1	10.7	319.9
吉林	291.11	6 518.6	1 897.7	11.8	728.6
辽宁	194.92	5 683.5	1 106.4	6.9	226.6
内蒙古	226.72	5 749.0	1 302.4	8.1	455.4
河北	288.47	5 003.0	1 443.1	9.0	185.6
山东	288.19	6 505.8	1 875.1	11.7	189.2
山西	136.68	4 834.0	659.2	4.1	191.9
陕西	115.85	4 325.7	501.2	3.1	118.7
河南	283.15	5 688.1	1 610.5	10.0	153.9
云南	132.07	3 963.7	523.6	3.3	100.8
四川	132.96	4 720.4	627.6	3.9	62.6

资料来源：《中国统计年鉴》2008—2010 年。

---

[*]　本文原载于《玉米科学》2011 年第 5 期。

位于全国第一，是全国平均水平的 6.6 倍，比位列第二的内蒙古高出 273.2 千克。吉林省粮食的 80％由玉米构成。丰富的玉米资源为发展玉米加工业和畜牧业奠定了雄厚的基础。

玉米产业实际上是以玉米种植业为基础，以玉米产品为基本资源的产业链条。因此，玉米产业在构成上包括了玉米种植业、玉米加工业、以玉米作为主要饲料的畜牧业及其畜产品加工业、玉米流通业。从这个意义上说，在 20 世纪 80 年代之前，吉林省尚未形成完整意义上的玉米产业，仅仅是玉米种植业和占份额很小的以初级产品为对象的玉米加工业。在改革开放前，粮食实行统购统销政策，并未形成真正意义上的玉米市场。畜牧业基本以家庭副业的方式存在，而且在当时粮食短缺的背景下，畜牧业的饲料基本上是以副产品为主，玉米尚未成为畜牧业的饲料。真正以产业链方式存在的玉米产业是在上世纪改革开放后的 80 年代以后才得以形成和发展。时至今日，历经 30 年，吉林省的玉米产业平台得到了较大幅度提升，并发生了如下趋势性的变化：

第一，玉米市场由买方市场转向卖方市场。20 世纪 80 年代初吉林省农村落实家庭联产承包责任制之后，粮食生产形成爆发式的增长势头。1982 年是吉林省实行家庭联产承包责任制的第一年，农民的生产积极性空前高涨，1983 年和 1984 年粮食产量连续两年以 47.8％和 10.6％的速度增长，两年累计增产粮食 634.4 万吨，相当于 60 年代后期一年的粮食总产量。粮食生产在短期内爆发式的增长，使粮食流通猝不及防，出现了粮食收不进、储不下、运不出的卖难困境。政府不得已采取了"民代国储"的方式解决粮食收储问题。1984—1986 年共实施了三年的民代国储。在此背景下，国家和地方加大了粮食仓储设施的建设，以提高粮食企业的收储能力。与此同时，吉林省提出了实施玉米就地转化的发展思路，开始加快发展畜牧业，实施过腹转化；发展玉米加工业，实施玉米的加工转化。在畜牧业方面，1990 年以前吉林省畜牧业处于落后的状态，消费量最大的猪肉不能自给，每年从省外调入生猪 30 万头以上。80 年代后期，经过先进的畜牧业生产技术推广，畜牧业得到了较快发展，到 1990 年吉林省的生猪实现了自给。此后，吉林省开始了向省外调出生猪的历史。1990 年吉林省的生猪出栏量为 419.6 万头，到 2010 年达到了 1 454.6 万头，20 年的时间生猪出栏规模增加了 2.47 倍。肉牛和禽类产品也成倍或数倍增长。据测算，2010 年吉林省畜牧业转化玉米可达到 900 万吨。就玉米加工转化而言，最初起步于各玉米主产县的淀粉厂，但生产规模都较小。90 年代末之前，玉米加工都处在以淀粉为基本产品的初加工水平上。90 年代末以后，一批具有百万吨以上加工能力的加工企业开始出现，玉米深加工产品开始进入市场。在此时期，以玉米为原料的乙醇生产进一步拉动了玉米市场需求，国内玉米加工业逐步成为产业开发的热点。特别是 2006 年以后，玉米价格进入走高状态，玉米市场炙手可热。到 2010 年吉林省的玉米加工规模接近了 800 万吨，完全改变了以往卖难的状况。综而观之，玉米市场由买方市场向卖方市场的转变，主要源自于玉米转化能力的提高和玉米流通能力的增强。

第二，玉米销售由外销为主转向内销为主。与前者的变化相适应，吉林省的玉米销售市场半径也发生了显著变化。在 20 世纪整个 80—90 年代，吉林省玉米流通对国际市场具有较强的依赖性，特别是在 90 年代中期以前，玉米出口成为解决玉米销售的主要路径。每年的玉米出口都在 200 万吨左右，最高年份可达 300 多万吨，占玉米年产量的 20％，占玉米商品量的 1/3，占玉米调出量的 40％～70％。伴随着吉林省和国内玉米转化能力的提升，玉米的出口量到 21 世纪以来呈现逐年缩减的趋势（表 6 - 5），到 2010 年玉米出口量几近于零。出口量的减少是与国内玉米需求的刚性增长相伴而行的。尽管吉林省的出口量减少，但调出量基本保持在每年 400 万～500 万吨的水平上，事实上一直担负着平衡国家玉米市场需求的责任。玉米销售市场完全由上世纪 80—90 年代的外销为主转向到内销为主。

表 6 - 5   2006 年以来吉林省玉米出口数量

单位：万吨

年份	2006	2007	2008	2009	2010
出口量	25	100	25	10	8

资料来源：吉林省统计局。

第三，玉米加工由主产品为主转向主副产品并进。吉林省玉米加工业发展的前 20 年基本上是以玉米籽实为加工原料，玉米的副产品很少加工利用。近年来玉米的综合加工利用有了较快发展，副产品中的玉米秸秆、玉米丝、玉米皮、玉米箕、玉米芯开始进入加工领域，以长春大成公司为代表的加工企业已经将玉米秸秆资源开发出具有较高科技含量的产品，居于世界领先的地位。玉米加工业由主产品为主向主副产品并重方向的转变，意味着玉米综合加工水平的提高和产业链和价值链的延长，有利于提高玉米产业的综合效益，提高玉米产业市场竞争力。从总体看，玉米副产品的加工还处在初始阶段，还有很大的发展空间需要开发。

第四，玉米流通主体由一元独占向多元并存转变。在改革开放之前我国实行粮食统购统销政策，粮食流通完全掌握在国家粮食企业手中。1985 年以后，伴随着农产品流通体制改革，粮食流通体制改革开始启动。但粮食流通体制改革曲折反复，改革与回归交替出现。从 20 世纪 80 年代后期到 90 年代后期，统购统销制度打破，粮食流通主体出现多元化格局。1998 年以后实施了"按保护价敞开收购农民余粮；粮食顺价销售；粮食收购资金封闭运行"的三项政策，粮食流通又回归到国有粮食企业专营状态。2004 年粮食流通体制改革进一步深化，向着市场化的方向放开，吉林省成为国内粮食流通体制改革力度较大的省份。民营粮食流通企业甚至外企开始进入粮食流通，逐步形成粮食流通主体多元化的格局。到 2010 年，吉林省玉米流通市场上，国有粮食流通企业占全部流通企业比重下降到 16%，民营粮食流通企业提高到 83%，另有 1%为外资企业。2006 年吉林省粮食收购量中国有粮食企业占 67%，非国有粮食企业占 33%。到了 2010 年收购市场的比例发生了倒转，国有企业下降到 33%，而非国有粮食企业上升到 67%。除了国储和地储粮之外，国有粮食企业不再经营更多的粮食。粮食流通主体的变化，一方面提高了粮食流通效率；另一方面减少了国家经营粮食的财政负担。粮食流通主体多元化的格局在客观上大大促进了玉米产业的发展。

第五，玉米产业成长由外延扩大向内涵提升转变。在近 30 年的玉米产业发展历程中，前 2/3 的时间基本表现为以外延扩大为主要形式的成长方式。在玉米种植业中，外延式的扩大主要表现为扩大玉米播种面积和增加要素投入。1980 年吉林省玉米种植面积占粮食播种面积 47.7%，到 2010 年玉米种植面积占粮食播种面积已经提升到 70%。在市场需求的拉动下，玉米的种植面积已经达到了尽头，玉米施肥水平已经高到了不经济的程度，提高玉米单产开始转向测土施肥、增加栽培密度、进行抗逆性作物品种培育、改善农田灌溉条件等以内涵提升为主的技术措施方面上来。在玉米加工业方面，已经由扩大玉米淀粉生产规模为主要方向转向玉米深度开发、延长产业链方面上来，出现了数倍于淀粉价值的深加工产品。玉米产业成长由外延扩大向内涵提升的转变，既是资源约束条件下的必然选择，也是提高产业效益和产品竞争力的要求。

需要指出的是，上述五个方面的玉米产业变动趋势是在全国玉米产业发展的大平台上发生的，特别是 2006 年以后全国玉米市场供求关系的变化，为上述趋势的形成提供了更为充分的条件。

6.2.2 吉林省玉米产业发展面临的问题

依据农产品丰富的资源禀赋，吉林省已经将农产品加工业培育成全省第二大支柱产业。玉米产业是吉林省农产品加工业的核心组成部分，也是发展前景最广阔，产业链最长的产业。从发展的角度观察，玉米产业的成长远未进入成熟阶段，在其发展进程中仍然面临着值得重视的问题。

第一，玉米种植业结构与玉米转化产业不相适应。玉米属于三元作物，表现出粮食、饲料、工业原料三重功能，这意味着玉米种植业本身应形成三元结构。玉米进入加工业，其产品应在工业作物上表达出其功能特性，有利于提高玉米的加工效率。然而就现状而论，玉米种植业结构并未有效实现与工业需求的衔接。目前，吉林省玉米的品种结构中，糯玉米、甜玉米、高油、高蛋白、高赖氨酸玉米等所占比例只有1％，其他基本上都是属于普通型的玉米，或淀粉含量较高的玉米。专用型玉米比例过低，不利于玉米加工业向广度和深度开发，提高增值幅度。在畜牧业转化方面，青贮玉米所占比例极少，只在个别具有规模的养牛场种植少量青贮玉米。畜牧业对玉米秸秆的利用大多限于干化玉米秆，只能做填充饲料，热量和转化效率很低，影响了玉米秸秆资源的有效利用，造成资源的浪费。造成畜牧业对玉米消费不合理的原因包括多个方面，但从宏观层面值得一提的是，直到目前我国对粮食安全的考量仍然主要限于粮食形态，尚未建立起大粮食、大食品的概念，还未能有效注重资源的转化效率。从提高资源转化效率的角度说，将玉米作为饲料作物来种植并与养殖业有效结合，会在更高程度上提高资源利用效率，从而增大食品的供给总量。

第二，玉米带水土资源长期透支性使用。历史上吉林省松辽平原玉米大都与大豆实施轮作，随着玉米面积的增加，在20世纪80年代后玉米大都是单一的连作，相当多的地专人已经连作30年，而且此期间玉米基本上完全施用化肥，农家肥极少使用，有机物料还田比例较低，近年来主要是实施玉米根茬还田，玉米秸秆还田数量很少，加之不合理的耕作制度，使玉米带黑土地呈现退化趋势。在吉林省西部半干旱地区，为解决玉米生长用水，长期用地下水灌溉，农田机井深度超过80米，而80米以下地下水属于不可补给的深层水，不合理的地下水资源使用方式，将会造成生态性灾难，进一步恶化玉米带的生长条件。

第三，玉米种植业市场竞争力低。玉米属于土地密集型产品生产，土地经营规模是产品竞争力的重要因素，美国玉米带平均经营规模在200公顷以上，欧洲在20公顷左右，日本虽然作为典型的人多地少的国家，户均经营规模比较小，但农产品主产区北海道却形成了类似于欧洲的经营规模，旱田经营规模可达20公顷。吉林玉米带平均经营规模只有1.5公顷，致使农业劳动效率较低，玉米生产的劳动力成本比美国高1.85倍。从资源禀赋来讲，吉林省扩大经营规模具有较高程度的可行性，全省18.7万平方公里，耕地560万公顷，耕地指数为 29.9%，人口密度为 147 人/平方公里。如果按现代农业就业人口比例看，农村人口要降到 20% 以下，以吉林省目前 2 750 万人口计，农村人口至少降到 550 万人以下，需要从农村转移出 930 万人口，届时户均土地经营规模可以达到 4 公顷。如果农村人口的比重能达到发达国家水平，即占总人口 10% 以下，那么户均土地经营规模至少可达到 8 公顷以上。届时将显著提高规模竞争力。事实上，目前发达国家的农村人口基本上都降到了 5% 以内，韩国作为一个人多地少的新兴工业化国家，农村人口也降到了 7%。如果吉林省的工业化得到充分发展，就资源禀赋而言，完全可以将农村人口降到 5% 以内，建立一个与欧洲国家同等的土地经营规模。从技术竞争力来看，吉林省目前的栽培技术和施肥技术还处于粗放状态，玉米化肥投入比美国高 0.8 倍，影响了投入产出效率。从中可以看出，玉米种植业的提升空间仍然较为显著。

第四，玉米产业链条不长。 玉米作为多功能的产品，在发达国家已经形成了多样化的产品和较长的产业链。在吉林省的玉米加工业中，虽然以长春大成为代表的深加工企业在玉米深加工产品开发方面处于世界前沿水平，但在整个玉米加工业当中只是一枝独秀。多数加工企业还处在初加工阶段，在玉米加工品的结构中，淀粉仍占到 75%，这意味着玉米加工业中初级产品仍然占据主体地位。玉米过腹转化后的加工产品大都是处于肉类加工层次，肉类产品的副产物，包括皮、骨、毛、血等的深加工产品或处于中试阶段，或尚未形成规模。

第五，玉米加工业尚未形成较强的产业集群。 经过近 30 年的发展，吉林省玉米加工业已经成长起一大批企业，但具有较强竞争力和独立研发能力的企业为数较少，多数加工企业尚处于小、低、散、弱的水平上。在全部玉米加工企业中，规模以上企业仅占 8%，规模以下加工企业高达 92%。许多的企业还处在作坊式的生产规模上，只能生产初级产品。尽管玉米加工业已经成为吉林省第二大支柱产业—农产品加工业的核心组成部分，但产业集群的培育和成长仍是一个发展中需要认真解决的问题。

6.2.3 玉米产业发展对策

玉米产业无论是在吉林省的地方经济中，还是在国家的宏观产业格局中都占据着重要的位置。由于玉米使用价值的广泛性，以及作为我国第二大粮食作物的地位，使玉米产业发展中渗透着国家利益和地方利益的关系，产区利益和销区利益的关系，经济效益和生态效益的关系，因此，从宏观经济层面和地方经济层面考量玉米产业发展政策，将对玉米产业的健康发展产生重要推动作用。

第一，建立与玉米转化产业相适应的玉米种植结构。此问题的实质是要提高玉米的转化效率，切实实现玉米使用价值的定向化。要使玉米种植结构满足玉米转化产业的要求，关键是要解决三个方面的问题：一是确定科学的粮食供给总量政策。仅仅以粮食总量指标评价一个区域的供给水平，不利于玉米产区种植青贮玉米。应建立大食品的评价指标体系，并以食品当量指标衡量一个区域的食物供给水平。如果这样做，有利于各地区注重提高资源使用效率，将饲料玉米种植与畜牧业直接结合。二是实施玉米产业化推进政策。专用型玉米具有用途上的专用性，需要需求方和供给方在产销环节直接结合。2005 年前后，一些玉米加工企业试图以农业产业化经营的方式与农户合作，建立专用玉米生产基地，但多数失败了。主要原因是市场信用程度太低，当市场价格高时农户不愿遵守合同约定，自行出售；企业方在市场价格低时也未能如期履行收购合同，保证按标准收购。这种状况在其他国家和地区的农业产业化发展的先期阶段也曾发生过，关键是如何引导，特别是如何加快农业产业化立法和加强农业产业化经营的法制化管理。三是积极推进畜牧业的规模化、区域化经营。青贮饲料的消费主要是在肉牛和奶牛业领域，只有在规模化和区域化经营的条件下，才会产生青贮饲料的需求，并实现青贮玉米与畜牧业在微观和区域内的结合，因此，应制定和落实养牛业规模化区域化经营政策，同时对养殖户积极实施技术支持发展支持，推进种植户与养殖户的合作。

第二，提升玉米综合加工水平并确定科学的发展导向。推进玉米深加工是无需阐述的基本道理，在推进玉米深加工的同时，还要积极推进玉米综合加工，使玉米种植业中的副产物及加工过程中的副产物得到合理利用，将可利用的一切资源都充分利用起来。这样做，既符合资源短缺性的要求，也有利于提升玉米加工的综合效益，而有些副产物的开发本身就蕴含着巨大的商机。玉米副产品的开发，要确定科学合理的导向，有利于处理经济效益和生态效益的关系，总的原则是要有利于玉米产业的可持续发展，具体来说，一是不能发展污染型企业，二是不能影响农田生态平衡。例如，目前的玉米秸秆较多地开始了工业加工利用，但秸秆的利用一定要考虑到秸秆还田的需要，如果玉米秸秆大量用于加工，那么土壤有机物如何得到保证，是否有其他措施。起码要在有利于农田生态良性循环，有利于玉米种植业可持续发展上得到保障。

第三，推进玉米主产区规模化经营。玉米作为土地密集型产品生产，经营规模直接决定了生产成本的高低和生产者对先进技术的接受能力。吉林省平均农户 1.5 公顷的规模无法提高规模竞争力，提高规模经营必然成为建设现代玉米产业的必然选择。吉林省具有较好的城镇化基础，在改革开放前城镇化的比例就达到了 36％，高出全国平均水平 18 个百分点。到 2010 年城镇化率提高到 45％。就提高的速度而言，落后于全国平均水平。从吉林省工业化发展的轨迹看，从 20 世纪 80 年代后期和 90 年代中后期在全国发生的两次工业化浪潮看，吉林省都未能分享其果。直到"十一五"规划期，吉林省才进入较快的工业化增长期。从目前吉林省的工业化进程看，还处于工业化初期向工业化中期迈进的阶段。在吉林省经济发展的舞台上，一旦工业化得到了充分表达，就会产生农业劳动力快速转移的效果。如前分析，就吉林省的资源禀赋而言，吉林省工业化达到成熟阶段，完全有能力使农业人口下降到 10％甚至 5％以内，建立一个与欧洲国家基本接近的农业土地经营规模。因此，国家应当从更长期的战略高度考虑吉林省国家粮食安全基地建设问题，走出一条以工业化、城镇化推进农业现代化的道路，能够在吉林省以至整个东北地区建立一个具有显著规模竞争力的国家粮食安全基地。吉林省现代农业发展的根本出路在于工业化，这是一个必须坚持的政策选择。

第四，建立粮食主产区利益补偿制度。吉林省作为我国商品粮调出的大省，伴随着玉米的调出，造成粮食主产区利益的流失。粮食主产区利益流失主要表现为四种形态，一是以工农产品价格剪刀差形式产生的流失。长期以来，我国的农产品价格低于价值，而工业品的价格高于价值，形成了工农产品价格剪刀差，这意味着谁生产的粮食多，谁就通过剪刀差的渠道流失的利益多，反而观之，谁消费了粮食谁就会通过剪刀差获取更多的利益。二是农业生产资料补贴造成的利益流失。为支持农业生产，调动农民粮食生产的积极性，我国政府出台了农业生产资料补贴政策。当粮食调出省外时，由地方财政支付的农业生产资料补贴资金也调出省外。三是粮食经营补贴造成的利益流失。在较长的时期里，我国政府规定了对国有粮食企业实行粮食经营补贴政策，其中很大一部分由地方财政支付。这部分地方财政补贴资金同样是随着粮食的调出而流失了。四是各种农业基本建设投资造成的流失。从"六五"时期以来，国家就实行了对农业基本建设进行中央与地方共同配套投资的政策。包括商品粮基地建设、农田水利设施建设、土地整理等。每 1 千克粮食中都包含了地方配套资金的投入，当粮食输出到销区之后，这部分配套资金自然被销区分享了。粮食主产区的利益流失现象，无论是过去，还是现在都在发生，只不过不同时期的形态有所差异。显然，粮食主产区利益流失的数量与粮食调出的数量成正比。粮食商品率越高，调出量越大，流失的数量就越大。吉林省从 20 世纪 80 年代以来，每年的粮食调出量大约在 450 万吨以上，在 30 年的时间里，吉林省至少调出 1.4 亿吨，相当于我国年产量的 30%，相当于吉林省 6 年的粮食产量。由此形成的资金流失总量在数百亿元之多。粮食主产区长期处于为销区做贡献的地位，既有失于区域之间的利益公平，也不利于粮食主产区的可持续发展。因此，建立粮食主产区利益补偿制度，既是实现区域之间利益公平的需要，也是建设国家粮食安全基地的需要。考虑到粮食主产区利益补偿制度实施的可操作性，应以中央财政转移支付的手段为宜。主要针对粮食商品率超过 50% 以上的区域进行，并根据粮食调出量核定补偿的额度。

第五，制订并实施玉米带生态补偿政策。吉林省玉米带黑土地的退化和土壤有机质的下降，以及地下水的过度开采，将直接危害玉米带的可持续发展。因此，吉林省玉米带的生态补偿已经迫在眉睫。生态补偿主要应采取两个方面的措施，一是发展节水灌溉和引水工程，二是实施秸秆还田。节水灌溉是实现吉林省西部半干旱地区增产稳产的核心措施，在一定意义上说，水就是产量。节水灌溉最有效的就是推广滴灌技术，滴灌设施一次性投入高，没有国家支持农民难以应用，国家应对这些区域实施滴灌设施建设投资支持政策。在实施玉米秸秆还田方面，主要障碍是目前的土壤状况缺少秸秆腐熟的微生物环境，在秸秆还田的前期会造成减产，影响农民进行秸秆还田的积极性，因此需要国家制订和实施秸秆还田补贴，通过政策支持，弥补农民因秸秆还田造成的产量损失。之所以以国家为主体实施生态补偿政策，一方面是由于粮食主产区地方财力有限没有相应的支付能力；另一方面粮食主产区大量粮食调往省外，生态状况直接决定了国家未来的粮食安全，应当将实施粮食主产区的可持续发展作为国家粮食安全战略进行落实。

第六，支持玉米主产区玉米加工业发展。玉米加工业是玉米产业的重要组成部分，从产业布局的角度看，玉米加工业理所当然应布局在玉米主产区。2006 年以后，玉米加工业进入了过热的发展期，引起了国家对粮食安全的关注。如何看待玉米加工业的发展，从国情出发，主要应把握两个原则。一是玉米加工业应以生产食品为主要方向。我国是粮食短缺国家，不可能有更多玉米加工非食品类产品，玉米加工业必须在国家食品安全的框架发展。二是玉米加工业必须在玉米资源丰富的产区发展。由于玉米加工产品有较高的利润，推动了玉米加工业的盲目扩张。尽管多数玉米加工企业都设在玉米产区，但进一步分析，在我国 11 个玉米主产区内部的资源状况存在巨大差异。有些玉米主产区虽然生产总量较大，但人均占有量不高，因此不宜大力发展玉米加工业。从吉林省的情况看，人均粮食占有量、人均玉米占有量和粮食调出量等指标都排在全国第一位，而且吉林省的玉米占粮食总量的 80%。一方面吉林省是玉米资源最富集的省份，当然应当成为最有条件发展玉米加工业的省份。另一方面，玉米是吉林省农产品的核心资源，如果限制了玉米加工业的发展，等于在很大程度上限制了吉林省的工业资源，进一步加剧吉林省地方利益的流失，会使吉林省为此付出巨大代价。当然，作为地方利益要服从国家利益，特别是在粮食安全的战略问题上更是如此，必须使粮食主产区能够作为国家商品粮输出的基地，保证国家实现全国的粮食安全平衡。事实上，吉林省始终处于商品粮调出大省的地位，每年不低于 450 万吨，而且以畜产品转化形态每年大约调出150 万吨商品粮。近年来吉林省玉米加工业增加的玉米消费主要是玉米产量增长的部分，并没有影响调出常量。合理的政策选择应当是，确定吉林省每年调出的玉米总量为以往的常量，鼓励增加玉米产量，在增量部分，确定国家与地方的分享比例。在玉米加工产量方面实施产品开发方向的限制性政策，除少数具有较高科技含量且具有发展的战略意义外，禁止发展非食品类产品，将玉米加工业纳入国家粮食安全的框架。

6.3 积极推进长春市玉米产业化经营

长春市地处松辽平原黄金玉米带，具有丰裕的玉米商品资源，人均玉米占有量 900 千克，位居全国之首。随着长春市玉米加工业的发展，玉米产业的潜在优势开始显露。面对日趋激烈的市场竞争，为了促进长春市玉米产业的发展，按照现代农业发展的规律和发达国家的经验，玉米的生产和加工应选择产业化的经营方式，并通过玉米产业化经营，提高长春市玉米产业化实力。

6.3.1 玉米产业化经营的含义及运作方式

所谓玉米产业化经营是指以玉米生产的专业化、区域化为基础，玉米加工企业和生产单位通过合同的方式，结成利益共同体。种植玉米的生产单位根据经营合同，种植加工企业需要的玉米，加工企业根据合同规定的价格和数量负责收购并提供相应的技术与经营服务。

产业化经营组织中加工企业和玉米生产者之间的关系不同于一般商品市场上的购销关系，而是一个共损共荣的利益共同体。从加工企业对生产者的关系看，它不仅要按合同的规定收购生产者的玉米，同时还要向生产者提供相应的技术服务，包括向生产者供应玉米品种和栽培技术，以保证按质量提供商品玉米。同时还要通过优惠价格收购或向农户无偿返还加工副产品的方式，使玉米生产者能够参与平均利润的分配。从玉米生产者同加工企业的关系看，必须要按合同的规定要求向加工企业提供足质足量的商品玉米，不得违约将产品转售他人，并要接受加工企业的技术指导。根据与加工企业直接联结的主体的不同，可将玉米产业化经营组织分为三种形式。一是加工企业＋农户的形式。即加工企业直接与农户通过合同的方式结成利益共同体关系，双方根据合同，履行各自的责任和义务。这在目前农民组织化程度不高的情况下，比较容易实行。但其缺陷是加工企业直接同千家万户联结，过于分散，不易组织。二是加工企业＋中介组织＋农户的组织形式。即加工企业不是直接同农户而是同中介组织签订合同关系。中介组织可以是村级集体经济组织，也可以是农民技术协会或专业性的农民合作经济组织。这种形式的运行质量取决于中介组织对农民的组织程度。三是加工企业＋农场的组织形式。如果农场是国营农业企业或集体农业企业，那么就属于横向联合的产业化（实际上前面的两种组织形式也属于横向联合的产业化），如果加工企业通过租地方式自己开办农场，那么就属于纵向联合的产业化。

6.3.2　实施玉米产业化经营的重要意义

　　按照产业化的经营方式进行玉米的生产和加工，将具有以下几方面的意义：

　　第一，实行玉米产业化经营有利于促进长春市玉米加工业向深度发展，提高玉米加工产品的附加值和加工企业的经济效益。据有关专家测算，专用型玉米可比普通玉米提高效益 30%～50%。然而，现阶段长春市乃至全国的玉米加工业基本都以普通玉米为原料，不利于提高加工品的附加值和加工企业的经济效益。实际调查资料显示，只有通过产业化的经营方式，才有利于调动广大农民生产特用玉米的积极性，才能保证专用型玉米的有效供给。从发展趋势看，玉米加工业将会成为长春市的支柱产业，只有率先实行产业化的经营方式，才有利于提高长春市玉米加工业的竞争能力，推进玉米加工业的快速发展。

　　第二，实行玉米产业化经营有利于搞活玉米市场流通，降低农民市场风险，减轻政府粮食补贴的财政负担。改革原有的粮食流通体制是推进粮食生产发展的重要措施，而改革粮食流通体制，关键是要搞活粮食流通市场，建立畅通的粮食流通渠道，解决农民卖粮难和国家负担重的问题。搞活粮食流通不能只靠国家，必须采取多种渠道。采用加工企业＋农户（或中介组织）的模式，实行产业化经营，有利于稳定玉米价格和销路，从而解决农民进入市场的问题。这样，既降低了农户的市场风险，又减轻了国家的财政负担，是粮食流通体制改革的一条有效途径。

第三，实行玉米产业化经营有利于提高农民的收入。玉米产业化经营，实行以销定产、以质论价、优质优价的规则，可使农民在单位土地上得到比原来更高的收入。据调查，专用型玉米可比普通型玉米提高效益 50％以上。

第四，实行玉米产业化经营有利于推广特、专用型玉米生产技术。从长春市畜牧业中的"德大模式"来看，产业化经营是推广先进的农业科学技术的有效途径。在长春市的玉米产业开发中，通过产业化的经营方式，以加工企业为龙头，将有效地推广多年来难以解决的专用玉米推广难的问题，可使农户在较短的时间内掌握专用玉米的生产技术，从而推动长春市玉米品种结构的调整。

由上可见，玉米产业化经营将是长春市农业发展的一个方向，也是长春市玉米加工业发展的必然取向。

6.3.3 实施玉米产业化经营要解决的几个问题

农业产业化经营是农业的商品化发展到较高阶段产生的现代经营形式。玉米产业化是农业产业化的一个重要组成部分，它的发展需要相应的条件。从长春市玉米生产及其加工业发展的实际看，发展玉米产业化经营需要解决以下几个问题：

第一，加强玉米专用品种的研究，建立玉米专用品种繁育和推广体系。一般来说，实施产业化经营的玉米应是专用型玉米。近年来，长春市在专用型玉米的培育方面取得了显著的进展，但从深入发展玉米工业的角度来说，还有明显距离，不同品种之间发展很不平衡。例如，优质蛋白质玉米、糯玉米、爆玉米的研究相对滞后，目前在专用型玉米的科研投入和科研条件等方面都不能满足实际发展的要求。玉米品种是玉米产业化发展的基础，其水平高低直接制约着玉米产业化的发展。为适应玉米产业化发展的要求，应把品种研究的重心逐步向专用型玉米方面转移，增加科研投资，改善科研条件。同时，鼓励大型玉米加工企业与农业科研单位合作，向品种研究方面投资，从而适应产业化发展的要求，建立一个政府与企业相结合的玉米品种繁育推广体系。

第二，加快玉米加工业的科技进步，推进玉米加工业向深度和广度发展。目前，发达国家的玉米加工产品已达到几十类、数千种。相比之下，长春市的玉米加工还处于以淀粉为主的阶段，深加工产品占据的比例较小。由于玉米加工品的深度直接决定着玉米产业发展的高度，所以必须加快玉米加工业的科技进步。要加大玉米加工产品研究的投资力度，实施人才吸引和激励政策，建立一支具有国内领先水平的科研队伍。注重建立与市场经济相适应的科研体制，鼓励企业进行科研投资，建立企业科研实体。通过推进玉米加工业的科技进步，建立一个具有长春市特色和较高市场占有率的玉米加工产品结构。

第三，制定并实施有效的产业政策，加快玉米加工"龙头"企业的发育和成长。如果说玉米产业化是一条"龙形"经济，那么加工企业则是"龙头"。在玉米产业化的发展中，"龙头"企业发挥领航的作用，它的发育和发展的程度决定着产业化的发展程度，因此要把玉米产业做大，首先必须把"龙头"企业做大。虽然和省内其他地区相比，长春市的"龙头"企业处于相对优势的地位，但从发展的角度看，长春市的"龙头"企业既存在数量上的不足，又存在布局、规模、结构上的不合理，所以难以满足产业化发展的需要。况且，其中多数企业都以淀粉为主导产品，表现出了明显的产品趋同特征。为此，应通过产业扶优政策，培育具有特色主导产品的"龙头"企业，提高规模效益，形成合理的产业布局。

第四，落实专用型玉米专品专价的政策，调动广大农民种植专用型玉米的积极性。由于专用型玉米和普通玉米相比，具有产量低的特点，所以如果不落实专品专价的政策，就会伤害农民种植专用型玉米的积极性。目前，虽然已经在甜玉米、糯玉米方面较好地落实了价格政策，但在高油玉米、优质蛋白玉米方面则落实得还不够。如前所述，在产业化经营中，价格还具有将加工企业的一部分利润由加工企业向农民转移的功能。因此，在玉米产业化经营中，必须充分发挥价格杠杆的作用，不但要确定一个反映专用型玉米实际价值的价格，还要通过合理的价格水平，使农民能够参与玉米生产经营中的平均利润的分配。

第五，提高农民的组织化程度，发挥广大农民在玉米产业化中的主体作用。玉米产业化是农业产业化的一个组成部分，所以必须有广大农民的积极参与。玉米产业化不同于畜牧业产业化，它具有联结农户众多的特点，加工企业直接与农户联结，组织难度较大。因此，应注重提高农民的组织化程度，通过农民组织与加工企业联结。除了要发挥村级集体经济组织的作用外，还要注意发展农民专业性合作经济组织，例如农民技术协会等。可以肯定，广大农民群众积极参与之日，才是玉米产业化兴盛之时。

6.4 科学合理地把握玉米加工业的发展[*]

吉林省玉米加工业起步于 20 世纪 80 年代后期，其直接原因是玉米的过

---

[*] 本文是 2006 年提供给吉林省政府王珉省长的政策建议，王珉省长批转杨庆才副省长，杨庆才签批了采纳意见，按照本文的建议，吉林省修改了玉米加工业发展规划。2007 年本建议评为吉林省社科一等奖。

剩。玉米是用途较宽广的作物，具有食品、饲料、工业原料三重功能，因此，玉米被称为三元作物。当玉米逐渐退出餐桌之后，其消费主要进入畜牧业和加工业领域。1980—2005 年的 25 年间，我国粮食增长了 1 635 亿千克，其中玉米增长了 764 亿千克，玉米对粮食增长的贡献率 46.7%。玉米何以快速增长，一方面是由于玉米的比较效益较高，另一方面是玉米的消费需求较旺。近几年来玉米加工业转化成为具有较大利润诱惑的产业，一些企业投资者开始对玉米加工业给予较大的投资热情，玉米加工业呈现跃跃攀升之势。吉林省作为玉米加工业大省，需要对目前这种态势作一个冷思考。

冷思考之一是玉米加工业的发展规模。在较为发达的国家玉米主要用于饲料和工业消费，美国是世界上最大的玉米主产国，人均玉米占有量为 860 千克。20 世纪 80 年代美国玉米用于加工的部分占总量的 15% 左右，目前大约占总量的 20%，而且美国的玉米加工品种较为丰富。其余玉米用于畜牧业和出口，用于畜牧业的玉米大约占 60%。美国同时也是世界最大的玉米出口国，出口量占国际玉米市场的 50%。经过 20 年的发展，吉林省已经成为中国最大的玉米加工业省份，目前年加工能力可达到 800 多万吨，实际加工量已经达到 650 万吨。未来吉林省玉米加工转化规模可达到多少？据了解，一些玉米加工项目还呈继续增加趋势，有关部门甚至提出到 2010 年吉林省加工能力可以达到 2 000 万吨。什么样的规模具有可行性呢？笔者认为，规模的决策必须要从具体的国情出发，进行实事求是的可行性分析。粮食作为一种特殊的商品，往往具有超经济的意义。因此，其消费决策要考虑三个因素，其一，国家粮食供求的基本特征；其二，国家粮食安全的需求；其三，地方政府对粮食的支配能力。就国家粮食供求的基本特征而言，我国在长期内都将是供求偏紧的状况，1984 年我国政府第一次向世界宣布中国人均粮食占有量达到了世界平均水平（400 千克），而实际数字是 392.6 千克，并且包括了豆类和薯类（在国际粮食统计中一般不包括这两类）。20 多年过去了，时至今日，我国的人均粮食占有水平仍然没有超过 1984 年的水平，原因是此间新增的万吨粮食被新增的人口吃掉了。供求偏紧的特征意味着粮食的非食品消费将要受到严格的限制。就国家粮食安全而言，不同国家有不同决策，某些农业资源禀赋不太好的国家，例如日本，除个别农产品自给外，其他农产品都可以通过进口的方式满足国内需要。中国是第一人口大国，与其他国家不同的是，粮食安全的立足点必须放到国内，这意味着国内食品的自给程度具有重要意义。至于地方政府对粮食的支配能力，要视国家的粮食供求状况而定，当粮食供求缺口较大，需要在全国的范围内平衡供求的时候，地方政府对粮食的支配能力就会降到很低的程度，这就是粮食作为特殊产品的超经济意义表现。鉴于这三个因素，作为加工业所消费的玉米，必然有一个较为严格的控制。近年来玉米加工业成为投资的热点，除了玉米加工业预示的产业前景的拉力之外，主要受玉米资源供给较为充裕的影响，一是玉米主产区积压了大量的陈化玉米；二是国内的玉米面积和产量都呈增加趋势，而且由于粮食流通体制的改革，使粮食流通效率更高了。当这两个因素的影响充分表达之后，玉米的供求关系将会发生新的变化，由原来的过剩转化为供给不足。这种状况很快就会到来。吉林省作为中国玉米资源最为充裕的省份，20多年来饱受玉米卖难之苦，对加大玉米转化有一种内在的推动力。如何设计未来玉米加工业的发展规模？笔者认为，2 000万吨的玉米加工规模则是断然不可取的。20世纪90年代以来，吉林省的玉米总产量多数年份在1 500万吨左右，产量最高的年份是1998年，玉米产量达到1 924万吨。吉林省也是我国畜牧业比较发达的省份，肉类生产在国内居于优势地位，从1998年以来，连续8年人均肉类产量位居全国第一，每年畜牧业消耗玉米的数量大致在500万吨，而且畜牧业是农民增收的重要途径。因此，在考虑加工业消耗玉米的同时必须考虑畜牧业对玉米的需求。如果把加工业的规模确定到2 000万吨，加上每年500万吨的畜牧业需求及未来增长的畜牧业对玉米的需求300万~500万吨，加上城乡居民的主食消费和种子消费100万吨，这样总量就达到3 000万吨左右。那么吉林省的供给能力有多大呢？吉林省目前的玉米种植面积已经达到粮食作物面积66%，考虑到其适生区的限制以及作物结构的要求，70%应为其极限值（其余30%为水稻、大豆和杂粮），即再增加4个百分点，加上增产的潜力，按目前产量水平看，最高产量可达到2 000万吨左右，缺口为1 000万吨左右。缺口从何解决？有人认为可从相邻的省外玉米产区解决，而相邻的辽宁、黑龙江、内蒙古三省份的玉米总产量大致在2 500万吨左右，其中内蒙古和黑龙江是畜产品主要产区，对玉米的消耗量较大，辽宁的人均粮食占有量仅略高于全国平均水平，可调出的玉米十分有限。粗略估计，吉林省至多可获得三省份产量的10%，大约在250万吨。这样还有750万吨的缺口无从解决。那么可否通过进口解决呢？玉米进口要算两笔账，一是吉林省的玉米进口账；二是由于吉林省取消对省外玉米输出所导致的其他省的玉米进口账。吉林省每年向国内玉米销区输出500万吨左右的玉米，如果吉林省扩大加工消费，输出国内市场的500万玉米就要由进口解决，因此正负相迭的效应至少要增加1 000万吨的玉米进口。国际市场的玉米贸易量大约在6 000万吨，其中东北亚地区的日本、韩国和俄罗斯的远东地区进口量就达2 600万吨，如果再增加这1 000万吨和中国原有的进口量，那么仅东北亚地区国家的进口就可达到国际市场玉米贸易量的 2/3，这样膨胀的玉米市场需求一方面会引起玉米市场价格剧涨，另一方面可能会有价无市，造成市场供给严重缺口。另外有人提出了在国外建立玉米生产基地的设想，从长期看，国外建生产基地的效果和进口玉米的效果基本是一致的，且保证程度较低，加大储运成本。以上的分析是仅从吉林省的自身需求所得到的结论，尚未考虑到国家粮食安全对吉林省玉米的需求。由此可见，2 000 万吨玉米加工规模的设计，不具备可行性。因此，笔者认为 1 000 万吨的加工规模是一个极限值。此外，还要考虑玉米加工业同畜牧业共处于一个原料竞争市场，加工玉米需求增长后，除了在数量上同畜牧业的需求形成竞争外，按照需求规律，必然导致玉米价格的大幅度上涨，加大畜牧业生产成本，降低畜牧业竞争力。畜牧业是吉林省农民收入的重要来源，畜牧业竞争力的下降必将导致农民收入的下降。

冷思考之二是玉米加工业产品的选择。从最粗略的大类划分，可将玉米加工品分为食品和非食品。作为食品消费的玉米加工品可包括以玉米为原料的各类加工食品，例如玉米粥、玉米浆、玉米面条、玉米油、玉米糖以及用作蔬菜的玉米笋等，还包括食用的玉米淀粉、用作食品制造的添加剂等。我国从长期看都是一个粮食相对紧缺的国家，因此粮食的第一位消费用途是用作食品需求。在满足食品需求的前提下，适量进行非食品加工。以粮食为原料进行非食品加工，也要进行科学的选择。一般说来应选择没有或较少原料替代品的那些产品的加工，或加工价值较大的产品。近年来，国内的玉米加工企业在玉米深加工方面已经有了较大的进展，例如长春大成公司以玉米为原料加工化工醇，并继续延伸加工聚酯纤维和不饱和树脂，成为很好的化工原料。但这种化工原料做成什么产品呢？如果用其制造纺织纤维，做服装的高级面料就很不值得，与国家粮食安全的要求相去甚远。如果玉米淀粉做成的纺织纤维有十分特殊的功能，例如在军事或医学领域，那么开展这类产品的加工会有很大价值，否则就不值得。诸如纺织纤维类的产品，有较多的替代产品，包括化学纤维和植物纤维，没有必要用稀缺程度较高、供给弹性较小的粮食作为原料。另外，在以玉米为原料进行乙醇汽油生产方面也需要进行冷思考。乙醇汽油的生产属于高成本的产品，国家一直进行高额的补贴，因而作为商品性生产很难长期维系。目前补贴政策已经开始发生变化，变浮动补贴为固定补贴，说不定哪一天补贴政策还要变，一旦变得对企业不利，势必有一批企业面临活不下去的危险。所以应适当控制规模，并研究替代原料，开发非粮食型植物原料，特别是农产品副产物的开发。

从粮食这一产品的特殊性和延长玉米产业链的角度分析，今后应当在玉米加工品的精深开发和综合开发上投入更大的精力。玉米加工业从 20 世纪 80 年代后期到现在已经推进了 20 多年，在 80—90 年代，玉米加工品基本处于初加工层次，大量地加工普通淀粉，进入 90 年末以后，玉米的精深加工出现了新的突破，特别是长春大成公司，在玉米精深加工方面开发了科技含量和附加值高的产品，这代表了玉米加工业的发展方向。玉米加工业不仅要在主产品开发方面大做文章，还要在副产品方面实现新的突破。玉米的副产物包括玉米芯、玉米箕、玉米皮、玉米秸等都有深度加工的价值，只有提高玉米加工的综合利用程度，才会真正延长玉米产业链，提高玉米产业的经济含量。现在的问题不在于是否有开发价值，而在于谁来开发，投入了多大的开发资金？发达国家的产品研发主要依托于企业，企业有较多的研发资金。但吉林省目前的加工企业多半没有这个能力。这就需要在公共投入上注入较多的研发资金，拉动企业产品的深度开发。

在所有的粮食作物中，没有哪个作物能像玉米那样有十分宽广的用途，形成丰富的加工品系列。玉米加工业确实是一个蕴藏巨大开发潜力的朝阳产业。但是不要忘记玉米作为粮食产品所具有的特性及由此所带来的消费的制约，把这些因素考虑进去，科学地确定玉米加工业的适度规模和产品开发方向，对于玉米加工业的健康发展十分必要。

6.5　中国玉米产消现状与发展战略设计 *

在中国的农作物中，玉米已经位列第 2 位，成为仅次于水稻的第 2 大谷物。玉米具有显著的高产性能，这也是玉米得以快速发展的原因之一。由于玉米功能的多样性特征，使其成为最有发展潜力、产业相关度最高的作物。因此在我国的粮食发展战略格局中，一方面需要对玉米的战略价值进行重新评估，另一方面需要重新制定玉米发展的战略规划及其措施。

6.5.1　中国玉米的生产现状及其潜力

中国的玉米呈现了较为明显的区域分布特征，在地理区位上，形成一条由东北向西南的对角线形状的玉米带。所涵盖的行政区域包括黑龙江、吉林、辽宁、内蒙古、河北、山东、山西、陕西、河南、云南、四川等 11 个省份。这

---

* 原载于《吉林农业大学学报》2008 年第 4 期。

些省份的玉米播种面积均在 100 万公顷以上。这 11 个玉米主产省份的播种面积为 2 172.91 万公顷，占全国玉米总播种面积的 80.56%。其中吉林省播种面积最大，2006 年的玉米播种面积为 280.57 万公顷，占全国玉米播种面积的 10.4%。

玉米作为高产作物，其单产水平仅次于水稻。2004—2006 年我国玉米的单产水平为 5 267 千克/公顷，水稻为 6 267 千克/公顷，玉米是水稻单产水平的 84%。在 11 个玉米主产省中，吉林省的玉米单产水平最高，2004—2006 年平均单产水平为 6 599 千克/公顷，是全国平均水平的 1.25 倍，高于全国水稻的单产水平。

玉米作为仅次于水稻的第二大粮食作物，其总产量水平也仅次于水稻。2004—2006 年三年全国水稻的总产量的平均水平为 18 075 万吨，占三年平均全国粮食总产量的 37.37%。而玉米三年的平均总产水平为 13 838 万吨，占全国 3 年平均粮食总产量的 28.6%。

由于我国玉米主产区的人口分布有较大差异，仅仅看玉米单产和总产水平，不足以看出其玉米生产的贡献率，如果从人均玉米占有量来分析，可进一步看出不同省份的玉米生产地位。全国的人均玉米占有量约为 100 千克，11 个玉米主产区的人均玉米占有量为 200 千克，其中最高的省份为吉林省，人均玉米占有量接近 700 千克，其次为内蒙古，人均玉米占有量为 450 千克。

玉米之所以成为仅次水稻的主要粮食作物主要取决于两个方面的因素：一是农业科技进步极大地开发了玉米的高产性能；二是玉米市场的拉动。玉米种植面积的增加始自于 20 世纪 70 年代以后，玉米杂交种的出现及化肥的使用，使玉米的单产水平大幅度提高。20 世纪 50 年代前期，玉米每公顷产量仅为 1 350 千克，到了 70 年代末就达到了 2 770 千克，单产水平提高 1 倍多。在 20 世纪的 30 年代，东北的粮食作物中大豆还占相当大的比例，当时的吉林省基本上是大豆、玉米和高粱三大作物三足鼎立的格局，但到了 80 年代前期，玉米的种植面积就已经占到了粮食作物面积的 50%，东北的松辽平原成了典型的黄金玉米带。就市场拉动的因素而言，除了受需求拉动的因素之外，更主要的是比较效益的拉动。以吉林省为例，历史上玉米和大豆共存于一个生产空间，由于玉米产量的提高，增加了玉米的比较效益，排斥了大豆的生产。就吉林省的情况看，玉米和大豆之间有一个简单的效益比较，即玉米的单产是大豆的 3 倍，而大豆的价格是玉米的 2 倍，这种简单的对比关系可以清楚地说明为什么大豆的种植面积让位于玉米。

从 20 世纪 70 年代后期到现在，在长达 30 年的时间里是中国玉米种植业以较快速度发展时期，无论是玉米单产还是玉米的种植面积都体现了这一特征。1976 年中国玉米单产为 2 505 千克/公顷，到 2006 年已经增长到 5 394 千克/公顷，30 年里单产增加了 1.15 倍。从玉米种植面积看，1976 年全国玉米播种面积为 1 903 万公顷，占当年全国粮食作物播种面积的 15.76%。到 2006 年全国玉米播种面积为 2 897 万公顷，占当年全国粮食作物播种面积的 27.46%。经过 30 年的发展，玉米播种面积增加了 11.7 个百分点。玉米面积的增加正是在玉米单产水平的拉动下完成的。可以说，在过去的 30 年一直是不断挖掘玉米产量的 30 年，这意味着玉米继续增产面临着巨大的挑战。

从未来发展看，继续提高玉米总产水平主要依赖于三条路径：一是继续增加玉米种植面积；二是以科技进步为支撑继续提高玉米单产；三是改造玉米中低产田，增加高产田比例。在这 3 条路径中，第一条路径的增产潜力最小，因为在玉米的适生区内可种植玉米的面积基本都种植了，特别是 2006 年以来在玉米价格的拉动下又将原来不种玉米的面积改种玉米，依靠扩大玉米种植面积增加玉米产量的空间已经很小。后两条路都属于提高单产，使高产再高产，主要依赖于良种、肥料等生物技术出现重大突破。从已经完成的科学试验样本数据看，每亩玉米种植面积可达到吨粮的产量，但要达到推广水平尚需要一系列相应的投入条件以及经济上的可行性，而且这是一个渐进的过程。改造中低产田属于潜力较大的增产空间，目前我国中低产田大约占农田总量的 70%，在中国的玉米带上有相当一部分低产田属于受制于干旱的因素，即只要解决玉米生育期水的需要即可实现高产。以吉林省西部为例，在保证灌溉的条件下，玉米单产可增加 40%，相对而言，这是比较容易实现的增产措施。因此可以说，改造中低产田将成为增加玉米单产最为直接的措施。

若以目前的产量水平来分析，如果在改善农业生产条件上进行较大的投入，那么占 2/3 的中低产区的产量平均提高 30% 的幅度是可实现的。这意味着仅中低产田提高这块的潜力即可达到 2 200 万吨，比目前的总产量再增加 16%，这是一个十分巨大的潜力。

6.5.2　中国玉米消费结构及其变化

在 1980 年以前，玉米在中国是典型的粮食作物，不仅是玉米主产区农民的口粮，也是城镇居民的口粮，特别是在玉米主产区，玉米占城镇居民口粮的 70% 以上。在现代消费结构中，玉米的第一用途是饲料，即人们对玉米的消费是转化形态的消费。但在改革开放前中国，人民尚未解决温饱问题，不可能将玉米直接作为饲料。当时中国的农区畜牧业基本是一种副业型的畜牧业，即以农副产物作为主要饲料。1984 年以后，我国的人均粮食占有量基本接近了人均 400 千克的世界平均水平，加之统购统销制度的废除，农产品市场的放开，玉米的消费结构开始发生变化。在玉米主产区不仅玉米开始退出城镇居民的餐桌，同时农村居民也开始用细粮替代玉米作为主食。在粮食占有量较高的玉米主产区，则受到了玉米过剩的困扰，例如吉林省连续多年出现卖粮难问题，为解决卖粮难问题提出了玉米过腹转化（发展畜牧业）和过机转化（发展玉米加工业）的方案，并开始付诸实施。到 20 世纪 90 年代以后，玉米消费结构中用于主食的消费逐渐下降到玉米总量的 15%。

当玉米的主食功能弱化之后，玉米的最大用途变为饲料。中国的畜牧业在 20 世纪 80 年代后期以后开始有了较快的发展，并在 90 年代以后，畜牧业的产销格局逐步开始发生变化。在 1990 年以前，东北作为玉米主产区却大量调入生猪以满足本地居民肉食的需要，以吉林省为例，在整个 80 年代，每年从关内调入的生猪数量在 30 万头左右。东北地区的畜牧业落后，除了气候寒冷不利于畜禽生长之外，最根本的原因在于畜牧业科技水平落后。80 年代后期以后畜牧业的快速发展，恰恰是得益于畜牧业先进技术的推广应用，畜牧业是我国从国外引进先进技术幅度最大的领域，在较短的时间内成功地实现了国外先进技术的转移。这些技术集中体现在先进的饲料配方和高产品种，两者的结合，极大地提高了饲料报酬率，缩短了畜禽饲养周期。除饲料和品种技术的推动作用外，对东北地区影响大的技术变革是以塑料薄膜为材料的冬季暖棚技术的推广应用，改善了冬季的饲养环境，突破了寒冷气候的限制。1988 年吉林省还是一个生猪调入省，经过 10 年发展，到 1998 年吉林省已经成为人均肉类产量名列全国第一的肉类生产大省。北方畜牧业的发展，特别是玉米主产区畜牧业的发展对玉米消费市场的扩大起到了重要的作用。

玉米的工业转化是继玉米过腹转化之后，发展起来的另一较大的消费市场。从玉米加工业的发展轨迹看，起步于 20 世纪 80 年代后期，发展于 90 年代，提升于 21 世纪以来。传统型的玉米加工，主要限于以玉米为原料造酒。起步于 20 世纪 80 年代后期的玉米加工业，以玉米淀粉加工为其主导产品，并持续了 10 余年的时间。山东省和吉林省是中国两个玉米生产大省，也是两个玉米淀粉加工大省。在 20 世纪的整个 90 年代，玉米加工业发展体现了产品的单一性和初级性的特征，而且企业间一度发生价格大战。这种状况使玉米加工业并未成为有明显价值增值的产业。90 年代既是玉米加工业在初级产品形态展开剧烈竞争的时期，也是企业在市场竞争压力下孕育新产品的时期。在经历了 90 年代的竞争阵痛之后，进入 21 世纪以来，某些加工企业开始推出具有自主知识产权的新产品，其中最有代表性的是吉林省的长春大成公司。开发出了赖氨酸、化工醇等高附加值产品，实现数倍、甚至是数十倍的价值增值。玉米加工业成为最富有资本吸引力的新产业之一，投资主要活动于两类产品领域：一是生产乙醇酒精的生物能源领域；二是玉米深加工领域，其中尤以生物材料的开发更有吸引力。前者的发展融入了石油能源危机的背景和以处理陈化玉米为目标的政策扶持的背景，使玉米加工成为投资的热点。2003 年以来，玉米加工业以很快的速度和较大规模向前推进，在一些省份纷纷建立了一批工业园，诸如沈阳玉米工业园、长春玉米工业园、青冈玉米工业园等。到 2006 年中国的玉米加工能力估计达到 3 000 万吨，约占当年玉米产量的 20%。玉米加工业的过热导致了玉米市场需求过旺和价格的飞涨，最后导致国家发改委不得不叫停玉米加工业投资。

目前，玉米已经成为名副其实的三元作物，即粮食作物、饲料作物、经济作物，并成为开发用途最广、附加值最高的作物。而其需求的热点排序，恰恰与过去相反，变成了经济作物、饲料作物和粮食作物的顺序。玉米消费结构的变化，既带来了玉米种植业本身的挑战，也带来了对国家玉米消费政策的挑战，面对挑战进行玉米种植业发展的评估及发展政策的选择已经迫在眉睫。

6.5.3 中国玉米发展的战略设计

在中国的农作物结构中，玉米作为仅次于水稻的主要作物，具有其他任何一个作物无法比拟的用途宽广性的特征。就中国粮食的人均占有量水平分析，仍然停留在满足温饱阶段，而且还有 8 亿农村人口，伴随着城市化的进程，至少还要有 5 亿农村人口进入城市，进而发生消费结构、膳食结构的变化。与这个变化相适应，未来中国粮食增长部分的需求主要体现为对玉米的需求。这是因为，未来的膳食结构中，主食消费量继续呈下降趋势，增量消费主要体现为转化形态消费和副食型消费（水果、水产品）。发达国家通常以粮食占有量的多少作为农业结构转变的标准，一般来说，当人均粮食占有量达到 800 千克以后即可实现农牧业平行发展，而农牧业平行发展的前提是有充足的能量饲料。中国目前粮食人均占有量仍未超过 1984 年的水平（392 千克），玉米人均占有量不足 100 千克，人均肉类占有量 61.4 千克，而发达国家的肉类人均占有量已经达到 100 千克。如果未来 10 年中国人均肉类消费量达到目前发达国家70% 水平，即 70 千克（考虑到收入水平的差异和消费习惯的差异），比目前水平增加 8.6 千克，未来人口增量按 1 亿人口计算，肉料比按 1∶3 比例计算，增加的肉类产量所需要的精饲料就需要 548 亿千克，相当于我国目前玉米产量的 40%，这还未考虑到蛋类和奶类产品生产所需要的饲料。在我国耕地面积面临继续下降的情况下，如果没有科学技术的重大突破，那么实现玉米增量的供给难度是巨大的。因此，对我国玉米未来发展实施长远的战略设计十分必要。

第一，在科学确定玉米消费结构的前提下合理确定玉米的生产结构。 玉米作为具有"三元"功能的作物，其消费去向分为主食型玉米、饲用型玉米、加工型玉米。随着人们生活水平的提高，主食型玉米所占比例越来越少，而饲用型玉米将会大幅度增加。饲用型玉米的品种改良应以提高饲料转化率为主要目标，它将占未来玉米消费的主体。

关于玉米作物内部的"三元"结构问题讨论了多年，在认识层面已经没有更多疑问，但在实践落实中却收效不高，其中受多个因素影响，包括市场价格因素、产业组织因素、品种和技术推广因素、耕作制度及畜牧业中的饲养方式因素等。我国作为粮食短缺国家，不仅要重视提高粮食的供给总量，还要重视粮食的消费效率。在工业用转化玉米方面，要重视发展工业用转基因玉米的研究和生产，主要是指非食品类的品种开发和推广应用。以消费结构确定玉米的生产结构是提高玉米消费效率，进而增加玉米生产经济效益和转化产业经济效益的有效途径。

第二，合理规划玉米加工业的发展规模、区域布局及产品开发方向。 在我国未来粮食长期处于紧平衡的情况下，合理规划玉米加工业十分重要，主要考虑到产品发展规模、开发方向、加工业区域布局 3 个问题。

必须严格控制玉米加工业盲目发展的现象，我国作为粮食短缺国家，目前尚不存在大规模发展玉米加工业的可能，应把加工规模控制在玉米消费总量的 1/4 之内。

在控制玉米加工业规模的前提下，合理确定玉米加工品的开发方向。对工业转化玉米要就其产品用途进行区别对待，一些产品虽然经过工业转化，但仍属于食品，例如某些食品添加剂，不应属于严格限制之列。而另一些产品完全脱离了食品领域，则应进行严格限制。伴随着玉米转化产业的发展，加工型玉米有快速增长的趋势，但主要受两个条件限制：一是国家粮食安全的保证程度，在玉米的三重功能中，无论如何其经济作物的功能都要放在第三位。二是玉米加工品的特殊性及原料的可替代性。如果玉米加工品重要性较高且生产原料替代性很小或根本无替代性，那么就要对该种加工品生产给予重视，并保证一定规模的生产。如果玉米加工品重要程度高，但生产原料替代性较强，那么就没有必要使用稀缺程度较高的玉米做原料，或者可在玉米资源相对丰裕的主产区发展一定规模的加工业。在玉米深加工产品开发中,重点发展高技术深加工产品。

在玉米加工业布局上,要实现加工业向优势区域集中。所谓向优势区域集中,即在具有丰裕的玉米资源的地区发展玉米加工业,这一方面是由于玉米是稀缺资源,不宜规模太大;另一方面是由于作为农产品加工,原料规模大,涉及较大的原料运输,在布局上需要与原料产地结合。因此,在玉米加工业布局上,不宜采取一刀切的做法,在控制总体加工规模和非原料产区或商品量不高的产区加工业的前提下,积极支持玉米核心产区加工业的发展。

第三,在确定玉米核心产区的基础上,实施以工程技术措施为主体的玉米生产基地建设。玉米增产的潜力主要在主产区,我国农业发展到目前阶段,农业的进一步发展在一定程度上说主要取决于工业对农业的装备能力,因此以粮食主产区为重点的粮食生产要取决于工业的支持。目前的 11 个玉米主产区多数为以工补农能力不强的地区,因此需要从国家宏观的角度,落实对玉米主产区支持的措施,进行为期 10~20 年基本建设的战略安排,切实把玉米主产区建成具有较强商品粮供给能力的稳产高产区。

作物增产技术措施主要包括 3 个方面,即生物技术、工程技术、机械技术,在 20 世纪 80 年代主要依赖于生物技术措施,即良种加化肥。从目前看,工程技术成为增产潜力最大的措施,因此应当以工程技术措施的安排落实玉米增产计划,并建立玉米生产的核心区域。在工程技术措施建设方面,重点进行农田整治,建设农田灌溉系统,特别是要在形成农田灌溉网上进行重点投资,大力发展节水灌溉,突破粮食生产中的干旱瓶颈。

第四,努力构建玉米主产区技术创新和推广体系。中国作为耕地资源最贫乏的国家之一,未来实现粮食安全的根本出路仍然要依靠科技进步。就玉米生产而言,要长远解决问题,需要建立一个为期 10~20 年的玉米科技创新实施计划,有计划地实施玉米良种培育、玉米栽培技术、玉米耕作制度多个方面的技术创新方案,有目标地实现技术上的重大突破。与此同时,重视农业技术推广体系的建设,切实将可推广的玉米增产技术在农业生产中得到及时有效的推广应用。

在玉米的科技创新和技术推广应用方面,目前尚存在诸多值得重视的问题,例如在玉米主产区普遍存在缺少主推品种、种业竞争无序的现象,在一个省份之内甚至多达上百个品种,既不利于优良品种的推广,也使生产者无所适从,造成利益流失。农业技术推广体系落后,农民得不到应有的技术服务,技术推广效率低。

今后应在玉米主产区内分区域建立技术创新体系，并做好区域分工。积极推进超级玉米增产品种和技术的培育，加快品种和技术的成熟度，尽快进入推广应用，国家要从宏观科技政策上给予积极的支持，实施为期 10 年的优秀良种培育开发计划。要重视先进栽培技术的研究及应用，挖掘栽培技术的增产潜力。在农业技术推广体系建设上给予足够的重视，建立一个"一主多辅"的新型农业技术推广组织体系。"一主"是指由政府提供的农业技术推广网络，即农业技术推广站，按照"既养人又养事，养能人干实事"的原则，建设公共技术服务网络平台，为农民提供技术服务。实践证明，农业技术推广属于公共产品，以商业化的方式运作不能提供有效的服务，长此下去会严重影响我国农业科技进步的进程。"多辅"是指农民合作经济组织、农业产业化龙头企业、农业院校及农业科研院所形成的技术推广平台，它们处于辅助地位。建设一个完善的农业技术推广服务网络是加快农业技术进步、保证玉米持续增产的必备途径。

第五，制定并实施玉米主产区区域经济发展政策。在支持粮食主产区粮食生产方面，我国出台了若干具有不同支持重点和内容的政策，对促进粮食生产发挥了积极的作用，其中影响力较大、持续性较强的政策是商品粮基地建设政策。但以往的政策在实施目标上大都具有较强的单向性，即以直接获取商品粮为目的。例如商品粮基地建设政策的基本内容就是实行"钱粮挂钩"的政策，投多少钱，生产多少粮，而且实行地方配套投资政策。这种政策在一定时期之内是合理的、有效的。随着我国国民经济已经进入工业化中期阶段，应当对这种支持政策进行进一步完善，将对粮食主产区的政策由支持粮食生产发展到支持区域经济发展。具体实施内容包括，在原有支持粮食生产政策的基础上，增加另外 3 个支持政策内容：一是支持玉米主产区发展玉米转化产业，包括畜牧业和玉米加工业。在我国玉米加工业发展过热的情况下，要严格限制玉米非主产区玉米加工业的发展，玉米加工业主要应向玉米商品量高的核心产区集中，通过发展玉米加工为带动地方经济的发展，改善地方经济的财政状况。二是在农用工业的布局上，向粮食主产区倾斜，实行农用工业与农产品主产区在空间上的合理结合，为主产区提供充足优质的农业生产资料。同时对农用工业的发展要给予一定的政策支持。三是加大对粮食主产区宏观财政转移支付的支持力度。要把增加粮食主产区商品粮的生产作为国家宏观经济的责任，减少粮食主产区因粮食生产而产生的经济压力，不仅要调动农民粮食生产的积极性，也要调动粮食主产区粮食生产的积极性。宏观财政转移支付除直接支持粮食主产区改善粮食生产的基本条件外，还要在粮食主产区的公共产品建设上提供更多支持，以缓解粮食主产区财政能力脆弱的压力。

6.6 中国玉米加工业发展探析[*]

近年来，中国玉米加工业以较快的势头增长，在玉米主产区已经形成了"玉米产业"或"玉米经济"的说法，特别是燃料乙醇和玉米深加工产品丰厚利润的拉力，更使玉米加工业发展呈现十分强劲之势。玉米是三大粮食作物之一，在中国的粮食安全战略中占据重要的位置。因此，科学合理地把握玉米加工业的发展规模、区域布局及其产品开发方向，既是实施中国粮食安全战略的需要，也是推进玉米加工业健康有序发展的要求。

6.6.1 玉米加工业发展规模

中国玉米加工业起步于20世纪80年代后期，其直接原因是粮食主产区玉米过剩。中国粮食产量跨越式的增长，对粮食流通体系及流通设施产生了猝不及防的压力，一时出现了粮食储不下、运不出、卖不了的局面。例如，吉林省作为中国重要的粮食主产区之一，1983年，粮食产量达到了147.8亿千克，1984年再度增长到163.4亿千克，比1978年增长62%。为解决储粮难问题，吉林省迫不得已采取了"民代国储"的办法，以解决燃眉之急。在这种背景下开始实施粮食转化工程，包括"过腹转化"和"过机转化"两条途径。所谓"过机转化"，就是发展粮食加工业。从20世纪80年代后期开始直到今天，玉米加工业已经走过了20多年的发展历程。

目前，中国的玉米消费结构为：用于饲料的玉米约占总量的70%，用于主食消费的玉米约占总量的15%，用于工业转化的玉米约占总量的12%。在20世纪80年代，玉米加工业除传统的酿酒外，主要是加工淀粉。近年来，生产燃料乙醇的玉米加工业有迅速增长的趋势，其背景主要是石油价格的陡涨及燃料乙醇生产补贴政策的拉动。2005年以来，受燃料乙醇项目高利润的驱使，以玉米为原料的燃料乙醇加工项目纷纷上马，加工能力不断提高。据粗略估计，2006年，中国玉米加工能力已经接近3 000万吨。不仅玉米产区大力发展玉米加工业，而且玉米销区也争上玉米加工项目。包括像广东省这样玉米调入量较大的省份以及像江苏省这样玉米产量不大的省份，也在纷纷建设玉米加工企业。按目前的趋势估计，到2010年，中国的玉米加工能力至少在4 000万

---

[*] 原载于《中国农村经济》2007年第7期。

吨以上。加上畜牧业和食品的消费，届时中国不仅会变成玉米净进口国，而且会出现明显的玉米供求缺口。

讨论玉米加工业的合理规模，至少要考虑两个问题，一是可供给的玉米总量（自产加进口）可以达到多大；二是在可供给的玉米总量中有多少可以用于工业转化加工。就第一个问题而言，主要应考虑中国的玉米播种面积、玉米单产、进口玉米的数量等几个主要因素的影响。1986—2006 年 20 年间，中国的玉米播种面积增长了 1.2 亿亩，在粮食作物播种面积中的比例由 17.2％增加到 27％，仅次于稻谷的播种面积。这 20 年间增加的玉米播种面积，主要是南方籼稻区改种玉米、北方春麦区改种玉米所增加的面积，以及玉米价格提高后，由其他作物改种玉米所增加的面积。玉米单产由 3 705 千克/公顷提高到 4 813 千克/公顷，增长 30％。从未来发展看，伴随着中国的工业化和城市化，耕地面积仍呈下降趋势，增加玉米播种面积基本上没有空间。增加玉米总产量主要依靠提高单产，但单产的提高是一个缓慢的渐进过程，因而玉米产量短期内不会有明显的供给弹性。至于来自国外的玉米供给，可以分为两条途径：一是从国际市场进口，二是在国外建立玉米生产基地。就进口而言，现阶段国际市场每年的玉米贸易量大约为 6 000 万吨，中国在多数年份出口玉米 500 万吨左右，如果变出口为进口，再进口 1 500 万吨，等于国际市场上其他国家的贸易量减少 1/3。在这种情况下进口玉米，中国除了要承受明显上涨的国际市场玉米价格之外，还要考虑到增加进口玉米来源的可能性。美国的玉米出口量占国际市场贸易量的 50％以上，2005 年以来，中国作为玉米主要出口国减少玉米出口后，美国出口玉米在国际市场上占有的份额已经跃升到 70％以上，占据绝对的卖方垄断地位。目前，美国也在大力发展玉米加工业，只要有利可图，就不会给国际市场提供更多的玉米。在国外建立玉米生产基地，其本质意义与进口玉米相差无几。在玉米价格很高的情况下，再加上玉米的远途运输成本，加工产品的成本会大大增加。一般说来，按照农产品加工业布局的规律，国外玉米生产基地提供的原料玉米，从降低成本的角度出发，会以就地加工的方式加工，除非是为了满足国内的饲料需求，才会远程运输到国内。第二个需要考虑的问题是，在可供给的玉米总量中有多少可以用于玉米加工业原料。以国内可供给的 1.3 亿吨玉米数量来论，70％要用于畜牧业，即有 9 100 万吨要用作饲料。有 15％用作主食消费和种子，即 1 950 万吨的口粮和种子玉米。二者之和为 1.1 亿吨，所剩无几。此外，还要考虑到畜牧业每年增加的饲料需求。最后可供加工的玉米不足 2 000 万吨。显然，目前中国玉米加工业的发展规模与中国的玉米供给能力不相适应。

近年来，中国玉米加工业迅猛扩张，在供求规律的作用下玉米价格大幅度上涨。据调查，到 2007 年 5 月下旬，吉林省玉米市场价格达到了 1 500 元/吨的水平，比 2006 年同期价格（1 160 元/吨）上涨 22.7%。由于粮食具有很强的稀缺性，且供给弹性小，甚至在一定时期内或在一定条件下供给价格弹性为零，因此，由玉米加工业需求导致玉米价格上涨，将在客观上导致多重负面效应。首先，将导致玉米加工成本提高，不利于玉米加工业的健康发展。其次，会明显加大畜牧业的生产成本。玉米总量的 70% 用于饲料，由于加工业的需求增长导致玉米价格上升，会带动整个玉米市场价格上涨，作为玉米消费量最大的饲料市场必将受到严重冲击。目前，饲料企业已经开始受到了玉米价格上涨的冲击。2006 年下半年以来部分省份生猪价格的上涨，到 2007 年 5 月份已蔓延到全国，全国平均猪肉价格比上年同期上涨 30% 以上。由于饲料涨价，每头生猪饲料成本增加 40~50 元。再次，会带动整个粮食价格上涨。玉米价格上涨，会导致一些饲料加工企业寻找其他粮食作为玉米的替代品，例如，有些企业已经开始用小麦来替代玉米作为饲料。小麦需求量增加会导致小麦价格上涨，而小麦涨价后消费者又会增加对稻米的需求，进一步带动稻米价格上涨。因此，在粮食总量供给弹性较小或供给无弹性的条件下，当某一品种的粮食需求增加后，如果产品之间存在替代关系，粮食价格整体水平必然会上升。粮食是基础性产品，既是多种产品的原料，又是生活必需品的重要组成部分，粮食价格上涨将拉动多种产品价格的上涨和劳动力成本的提升。

从农民的角度分析，粮食价格上涨可能会增加农民收入，但由于每个农户经营的土地面积十分有限，即便粮食价格上涨一倍，给农民增加的收入也是很有限的。而且粮价上涨导致的畜产品成本的提高，以及多种相关产品价格的上升又会将农民从粮食涨价中得到的好处再拿走。因此，发达国家往往采取收入支持和价格补贴政策，将农产品价格维持在一个相对稳定的水平。显而易见，中国目前的玉米加工业规模已经完全超出了中国的玉米可供给能力，过度发展的玉米加工业对玉米加工业本身也会产生多重负面后果：一是玉米加工企业不能获得原料保证，开工不足，导致生产能力过剩，甚至一部分企业由于原料短缺，尚未开工即面临倒闭；二是刚刚兴起的玉米加工业不能健康发展，并出现恶性竞争；三是玉米加工业会再现大豆加工业恶性竞争原料的局面，导致国内企业失去对玉米加工业的掌控。

6.6.2　玉米加工业区域布局

中国的玉米种植表现出比较明显的区域性布局，玉米种植带呈东北向西南方向的对角线分布。玉米主产省份主要包括吉林、辽宁、黑龙江、内蒙古、河北、河南、山东、安徽、陕西、山西、四川、云南、贵州等，其中，东北的松辽平原是中国玉米带的核心区域，也是世界知名的第三大玉米带。如表 6－6 所示，中国玉米播种面积超过 60 万公顷的省份有 13 个，其中，播种面积在 200 万公顷以上的省份有吉林、黑龙江、河北、山东、河南 5 省，100 万～200 万公顷的省份有内蒙古、辽宁、四川、云南 4 省（区）。表 6－6 所示的 13 个玉米主产省份中，商品玉米的数量表现出较大的差异。例如，2005 年，全国玉米人均占有量为 106.5 千克，而安徽、四川、云南、贵州 4 省的人均占有水平低于全国平均水平。玉米人均占有量相对较高的省份为吉林和内蒙古，其次为黑龙江和辽宁。其余省份的玉米人均占有量都在 200 千克以下。这说明，即便在中国的玉米产区，多数省份的人均玉米占有量并不高，且存在较大差异。

表 6－6　2005 年中国玉米主产区玉米供给状况

省份	玉米播种面积（万亩）	玉米产量（万吨）	玉米单产（千克/亩）	玉米人均占有量（千克/人）
全国	39 537.1	13 936.5	352.5	106.5
黑龙江	3 330.3	1 042.9	313.1	273.0
吉林	4 162.8	1 800.7	432.5	662.9
辽宁	2 688.7	1 135.5	422.3	269.0
河北	4 016.1	1 193.8	297.2	174.2
安徽	1 005.3	264.9	263.5	43.2
河南	3 762.4	1 298.0	344.9	138.3
山东	4 097.1	1 735.4	423.5	187.6
内蒙古	2 708.7	1 066.2	393.6	446.8
陕西	1 645.6	459.7	279.3	123.5
山西	1 775.5	616.1	346.9	183.6
四川	1 794.9	580.8	323.5	80.5
云南	1 773.9	449.3	253.2	100.9
贵州	1 079.2	344.3	319.0	92.3

资料来源：《中国统计年鉴2006》，中国统计出版社，2006 年。

按照农产品加工业布局的要求，玉米加工业要与玉米主产区相结合，以保证充足的原料供给。在中国玉米人均占有量不高的情况下，玉米加工业不要一哄而起，应集中发展，向玉米资源优势区域集中。所谓玉米资源优势区域，应是玉米播种面积、单产、总产、商品量、商品率、人均占有量等指标都具有显著优势的区域。因此，可用这些指标进行不同区域的玉米资源优势评价。本文运用玉米资源优势评价方法对中国各玉米主产省份的玉米资源优势进行排序，得出如6-7所示的结果。对中国玉米主产省份玉米资源优势排序的方法是：13个玉米主产省份，选取玉米播种面积、玉米单产、玉米人均占有量三个指标（2003—2005年平均值），根据这三个指标对玉米资源优势的影响程度不同分别赋予不同的权重，加总求和后进行优势综合排序。所得到的玉米资源优势排序为：吉林、辽宁、内蒙古、山东、山西、黑龙江、河北、陕西、贵州、河南、云南、四川、安徽。

表6-7　玉米资源优势综合排序

优势序 省份	权重：$w_1 : w_2 : w_3$ 0.4 : 0.3 : 0.3	位次	权重：$w_1 : w_2 : w_3$ 0.6 : 0.2 : 0.2	位次	权重：$w_1 : w_2 : w_3$ 0.5 : 0.25 : 0.25	位次
黑龙江	6.7	6	5.8	6	6.25	6
吉林	1.3	1	1.2	1	1.25	1
辽宁	2.1	2	2.4	2	2.25	2
河北	6.1	5	6.4	7	6.25	6
安徽	12.1	12	12.4	13	12.25	13
河南	9.6	9	9.4	9	9.5	10
山东	4.8	3	5.2	4	5	4
内蒙古	3.2	13	2.8	3	3	3
陕西	8.9	7	8.6	8	8.75	8
山西	5.3	4	5.2	4	5.25	5
四川	10.5	10	11	12	10.75	11
云南	10.9	11	10.6	11	10.75	11
贵州	9.5	8	10	10	9.75	9

注：玉米资源优势综合排序：$Si = w_1 \times S_1 i + w_2 \times S_2 i + w_3 \times S_3 i$。式中，$w_1$代表玉米播种面积的权重，$w_2$代表玉米单产的权重，$w_3$代表玉米人均占有量的权重；$Si$代表$i$省的玉米资源优势序，$S_1 i$代表$i$省玉米播种面积优势序，$S_2 i$代表$i$省玉米单产优势序，$S_3 i$代表$i$省玉米人均占有量优势序。

资料来源：历年《中国统计年鉴》，中国统计出版社。

玉米加工业向优势区域集中有三个方面的益处：①有利于加工业获得相对稳定的原料来源。玉米加工作为加工业，必须立足于本地的玉米资源，世界上很少有依赖外部农产品资源而发展的农产品加工业。没有稳定的原料来源，就不可能保证加工业的稳定发展。②有利于降低异地运输带来的巨大成本。玉米作为农产品具有单位产品运输成本高的特点，不利于远途运输。③有利于缓解主产区"卖粮难"的压力。像吉林省这样的玉米主产区，从 1983 年以后就面临着严重的"卖粮难"的困扰，玉米加工业的发展就是以缓解"卖粮难"为初始目标发展起来的，对吉林省来说，"卖粮难"就是"卖玉米难"。在这样的主产区发展玉米加工业，是解决中国局部地区粮食相对过剩的重要途径。④有利于优化地方产业结构，推进玉米主产区的经济增长，扭转长期以来工业化滞后的困境，并调动玉米主产区增加粮食生产的积极性。⑤有利于发挥既有的玉米加工业优势。玉米优势产区不仅有资源的优势，而且由于有较长的玉米加工业发展历史，形成了加工业的优势，目前，中国玉米加工业具有竞争力的企业主要集中在玉米资源优势区域。

现在值得注意的是，即使在具有玉米资源优势的东北地区，玉米加工业的发展也明显超过了资源的承载能力。目前，黑龙江省的玉米加工能力已经达到 1 417 万吨，玉米加工企业达到 1 326 家，吉林省的玉米加工能力也接近了 1 000 万吨。一批玉米工业园拔地而起，规模较大的是沈阳玉米工业园和长春玉米工业园，其中，沈阳玉米工业园设计规模为年加工玉米 800 万～1 000 万吨，长春玉米工业园设计规模为 800 万吨。此外，其他玉米产区也纷纷打造玉米工业园，例如黑龙江省的肇州玉米工业园、青冈玉米工业园等。粗略地估计，目前，东北三省已经建成和在建的玉米加工能力在 3 500 万吨以上，而东北三省玉米的实际产量也只有 3 800 万吨。这其中还包括畜牧业消费和主食、种子消费。东北玉米加工业的发展预示着将要出现明显的资源短缺；这也意味着，东北作为国家重要的粮食生产基地，在玉米加工能力完全实现以后，将会无粮可调。由于各地区都看好玉米加工业的市场商机，都在争上玉米加工项目，而且在相互博弈中，都假设加工业原料基地能向相邻省份延伸，扩大原料基地的空间覆盖，那么，最后的博弈结果必然是玉米加工业变成无原料来源的无根产业。因此，在宏观政策的干预中，不仅要使玉米加工业向玉米资源优势区域集中，而且在具有玉米资源优势的地区，同样需要进行合理布局，遏止玉米加工业的恶性竞争，按照扶优扶强的原则，支持具有资源优势的地区在保证国家粮食安全的目标下适度发展玉米加工业。

6.6.3 玉米加工业产品选择

中国玉米加工业发展中值得关注的不仅仅是规模问题，在规模之外还有必要讨论玉米加工业产品的选择。

玉米加工品大致可分为四个大类：一是玉米淀粉；二是燃料乙醇；三是玉

米食品；四是以玉米为原料的精深加工产品，包括赖氨酸、化工醇等。这样的划分，不具有准确的科学含义，只是就目前加工企业所生产的产品而言。从20世纪80年代中期直到90年代末，中国玉米加工业的产品主要是玉米淀粉，因而所谓玉米加工企业就是淀粉加工企业。近年来，玉米加工业迅猛发展的领域主要是燃料乙醇的生产，此外，以玉米为原料的化工醇生产也成为发展的热点。燃料乙醇的生产在中国有特定的背景，当初发展燃料乙醇的一个重要出发点是消化积压多年的陈化玉米。到目前为止，陈化玉米已经消耗殆尽。显而易见，燃料乙醇的发展带有明显的短期资源背景。今后，燃料乙醇的原料开始转向新鲜玉米，资源背景条件发生了根本性的变化。因而，目前纷纷上马的燃料乙醇企业并不具备可靠的资源基础。就燃料乙醇的成本效益来说，并无市场竞争力，发展之初受到了国家政策的保护，每吨燃料乙醇补贴 2 000 元左右。近年来石油价格上涨之后，燃料乙醇获得了更大的市场空间。到 2006 年，中国在汽油中添加燃料乙醇试点已扩大到黑龙江、吉林、辽宁、河南、安徽 5 省及湖北、山东、河北、江苏 4 省的 27 个市。

从总体上判断，中国目前尚不具备大量实施玉米转化燃料乙醇的条件，其根本原因在于中国是粮食短缺国家，粮食人均占有量不足世界平均水平。对食物需求和能源需求两个目标来说，毫无疑问要首选第一个目标，只有在满足食物需求的前提下才可以用剩余的粮食生产工业品。一些研究者经常提到美国、巴西等国家的玉米加工业，但不能以这些国家的玉米加工业规模和产品类型作为中国效仿的样本。以美国为例，其谷物年总产量为 3.6 亿吨（2003—2005年 3 年平均），谷物人均占有量 1 226 千克；玉米总产量 2.67 亿吨，玉米人均占有量 920 千克。中国谷物年总产量为 4.04 亿吨（2003—2005 年 3 年平均），谷物人均占有量仅为 311.2 千克，仅为美国的 1/4；中国玉米总产量虽排列世界第二位，但人均占有量只有 96 千克（2003—2005 年 3 年平均），仅是美国人均占有量的 10.4%。美国谷物产量中 76% 是玉米，其产量是中国玉米产量的两倍。美国的玉米出口量占世界出口量的 50%～70%，美国发展玉米加工业是在为过剩的玉米找市场，而且美国为减少农产品过剩，实行了限耕政策，全国 29.5 亿亩耕地，仅耕种了 25 亿亩，其余处于休耕状态，因而为满足玉米加工业对原料的需求，还可以释放一些耕地来增加玉米产量。显然，中国与美国相比，在发展玉米加工业的资源禀赋方面存在着根本性的差异，中国目前尚不具备条件大量发展燃料乙醇工业。

美国等玉米加工业较为发达国家的产品开发实例和中国玉米加工业的开发成果显示，玉米加工业具有极大的潜力和前景。玉米可加工的产品很多，问题在于选择哪类产品更符合中国的国情和玉米产业的发展方向。目前，中国85％以上的玉米消费都在食品消费领域，其中，70％的玉米是以转化后的畜产品形态进入食品消费的。因此，玉米加工业消费的玉米数量直接涉及国家粮食安全目标的保证程度。在粮食安全目标的约束下，对玉米转化加工为非食品应确立一些基本准则。首先，玉米加工品应当是具有高度稀缺程度的产品，这类产品具有较少的替代品，且这类产品处于十分紧缺的状态。其次，玉米加工品应是具有较高附加值的产品，可以增值若干倍，带来较高的经济价值。再次，玉米加工品应是具有特殊功能的产品，这类产品具有原料的特殊性，非用玉米不能加工生产，或用其他原料也可生产，但原料稀缺，不能满足需要，而这类产品往往可以用于国防、医药等特殊的领域或高科技领域。就现实而论，中国玉米深加工业还处在刚刚起步的阶段，很难满足这三个方面的要求。但是，作为未来产品开发的方向来说，应当考虑到如何在粮食安全目标的约束下，确定玉米资源的用途顺序和应用领域。例如，中国目前有些玉米深加工企业在生产玉米化工醇的基础上，加工出纺织纤维，进而加工出较为高级的服装面料，这种加工技术显然是一个新的突破，但就其开发方向来说，笔者认为并不可取，因为纺织纤维的替代品较为丰富，包括棉、麻、毛、丝以及以石油为原料的化学纤维等，尽管目前石油价格较高，但纺织纤维仍有许多粮食以外的替代品可供使用。如果少量生产或在玉米资源较为丰富时生产这类产品，可能有其可行性，而大量生产这类产品并不具备资源条件，也不符合中国的粮食安全战略。

从 20 世纪 80 年代以来兴起的玉米加工业，主要在玉米主产品上下功夫，将玉米籽实加工成淀粉，然后以玉米淀粉为原料进行深加工。从合理利用资源、提高玉米加工业综合效益的角度来看，玉米加工业不仅要在主产品开发方面大做文章，还要在副产品开发方面实现新的突破。玉米的副产物包括玉米芯、玉米箕、玉米皮、玉米秸秆等，都有深加工的价值。只有提高玉米的综合利用程度，才会真正延长玉米产业链，提高玉米产业的经济含量。现在的问题不在于玉米产品是否有开发价值，而在于谁来开发，投入多大资金开发。发达国家的产品研发主要依托于企业，企业有较多的研发资金，但中国目前的加工企业多半没有这个能力，这就需要政府注入较多的研发资金，拉动企业在玉米产品开发的广度和深度上做更多的文章。

6.6.4 玉米加工业原料基地建设与产业化经营

从玉米加工业发展的外部联系看，实施原料基地建设和玉米产业化经营是其发展的外部战略，这将有助于玉米加工业在前向产业联系上构建具有内在互动关系的产业链条。

首先，从宏观的角度看，应充分重视玉米种植结构的优化，以适应玉米加工业发展的需要。优化玉米种植结构，一个内容是增加专用型玉米种植，另一个内容是推进转基因玉米技术的研究和应用。在技术上，前一个内容没有什么争论，而就后者而言，则有不同的看法。对转基因食品来说，它是否会产生负面作用尚无明确结论，但就以转基因玉米为原料加工工业品来说，不应当存在太大的障碍。因此，当玉米的工业价值凸显之后，应当重视对工业用转基因玉米的研究。目前，美国的转基因玉米已经占到了玉米产量的 50%，这将大大提高美国在玉米加工业方面的竞争力。玉米主产国阿根廷也在加快对转基因玉米的研究，以适应加工业发展的要求。因此，要形成玉米加工业与玉米种植业的互动关系，积极推进工业用转基因玉米技术的研究和应用，这是在中国玉米资源人均占有量不高的情况下，推进玉米加工业发展所应采取的技术战略。在推进转基因玉米研究和应用的基础上，中国还要重视对玉米单产水平提高的研究，中国的玉米亩产仅为 350 千克，而美国已经达到 640 千克，差距明显。目前，中国玉米主产区吉林省的玉米亩产实验数据已经达到 1 000 千克，这意味着中国的玉米单产具有相当大的潜力。

其次，玉米加工业发展应坚持走产业化经营的道路。实施玉米产业化经营至少可以带来两个方面的利益：其一，有利于建立稳定的原料基地；其二，有利于满足加工企业对玉米加工原料的质量要求，提高玉米的加工转化效率。就前者而言，对于玉米加工业，原料的稳定供给具有决定性的意义。由于粮食产品体积大，不宜于远途运输，加工企业更应当与原料基地在空间上结合，并以本地基地的原料供给作为主要来源。在原料基地建设中应当采取农业产业化经营的方式，玉米加工企业与玉米种植农户结成利益共同体，保证原料的稳定供给。就后者而言，在玉米加工业的发展中，必须考虑到玉米的加工转化效率，因此，应当更多地使用转化效率较高的专用性玉米作为原料。从近年来中国玉米产区专用型玉米发展的经验来看，采用农业产业化经营的方式，有利于建立以加工企业为龙头的专用型玉米技术推广体系，从而有利于推广专用型玉米品种和种植技术，制定并推广与加工业相适应的产品标准，形成稳定的玉米购销关系。现阶段中国玉米加工企业很少以农业产业化经营的方式建立专用型玉米的生产基地，绝大多数企业都是依赖收获季节的市场收购来获得原料，从近期看还可以满足企业的原料需求，但从长期看，这种方式既不利于满足企业对原料数量的需求，更不利于满足企业对原料质量的要求。

6.6.5 结论

中国作为世界第一人口大国，在长期内都面临着粮食供给不足的问题，只能在满足粮食安全目标的前提下，适度发展玉米加工业。玉米加工业应向玉米优势产区集中，支持玉米优势产区发展玉米深加工产业。对玉米优势产区而言，也应适度控制玉米加工业的规模，防止一哄而起的过热现象。在对玉米加工业规模进行控制的同时，要重视玉米加工业产品的选择，控制以玉米为原料的非食品加工品的生产规模，以保证国家粮食安全目标的实现。要重视玉米深加工领域高新技术的研究，支持对高附加值玉米深加工产品的开发。应重视玉米种植结构的调整，增加专用型玉米种植，建立与玉米加工业发展相适应的玉米种植结构。要积极发展玉米产业化经营，建立稳定的玉米原料基地，满足玉米加工业发展对玉米原料的数量需求和质量要求。

6.7 玉米主产区：困境、改革与支持政策[*]

从 1983 年以来，吉林省一直是我国重要的商品粮输出省，粮食商品率超过 80%，提供的商品粮占全国的 10%，储备粮占全国的 20%。吉林省同时也是玉米生产大省，玉米总产量占全国玉米产量的 12%，2006 年之前，玉米出口量占全国的 80%。连续 20 多年粮食调出量雄居全国之首，为国家粮食安全做出了巨大贡献。近年来，玉米作为粮食作物、饲料作物、经济作物兼而有之的三元作物，既给吉林省带来了较强的产业优势，同时也遇到了其他作物主产区所没有的问题，这些问题严重地制约了地方经济发展，尽快解决这些问题已成燃眉之急。

6.7.1 玉米临时收储价格的"双重效应"及其改革

2008 年以来，国家对玉米主产区实施了临时收储价格政策，类似于小麦和水稻的保护价收购。近几年玉米临时收储价为每千克 2.24 元，按临时收储价格收购的玉米实行顺价销售政策，致使产区玉米价格高于销区，出现产区和销区价格倒挂现象。临时收储价格的初衷是保护种玉米农民的积极性，这一目标已经达到了。但玉米与小麦和水稻不同，除不到 10% 的部分进入主食消费外，其余部分都要以原料形态进入畜牧业和加工业。因此，高位的玉米临时收储价格在保护种玉米农民利益的同时，却伤害了以玉米为原料的玉米加工企

---

* 原载于《农业经济问题》2015 年第 4 期。

业、养殖企业和养殖户的利益。近两年来，吉林省的畜牧业和玉米加工业因玉米高价，蒙受了巨大损失。目前全省 22 户规模以上玉米加工企业在高成本的压力下，基本都处于亏损状态，其中已经有一户企业破产，10 户企业停产，开工率不足 10%。与此同时，畜牧业发展也面临着冲击，2014 年吉林省农户养猪平均每头猪赔 200～300 元，其中固然有生猪市场供求失衡的问题，但也包含作为精饲料主体的玉米价格过高问题。过去吉林省畜牧业发展一直占据着玉米大省玉米价格相对便宜的优势，现在这个优势已经消失。玉米加工业和畜牧业是吉林省的重要产业，在增加农民收入、转移剩余劳动力方面发挥着重要作用。玉米临时收储价格政策旨在保护种玉米农民的利益，就其出发点而言，无可争议。但一项政策如果在释放正效应的同时也释放出较大的负效应，就应当考虑这项政策的可行性。事实上，玉米临时收储价格在保护农民利益的同时，不仅仅伤害了加工企业和养殖企业，也在不同程度上损害了从事养殖业的农民和在玉米加工业从业的农民的利益。事实证明，玉米临时收储价格是不成功的政策，在客观上已经形成了"保一伤二"的双重效应，对其进行改革已经到了刻不容缓的程度。玉米临时收储价格除了造成下游产业的巨大成本压力外，还扭曲了我国玉米市场正常的供求关系和玉米的市场竞争力，形成供求市场的"背逆"现象，一方面玉米主产区造成巨额库存积压，另一方面玉米又出现大量进口。据有关方面反映，我国玉米库存近亿吨，吉林省的库存玉米几近两年的玉米产量。历史上我国是玉米净出口国，2010 年后，转变为净进口国。2012 年以后，玉米进口量已经超过 500 万吨。近几年玉米临时收储价格为每吨 2 240 元，而美国二号黄玉米到岸价格只有 1 900 元，甚至更低。数百元的价差是吸引粮食企业进口玉米的根本原因，这种价格机制已经使本来竞争力不高的我国粮食生产进一步丧失了竞争力。

玉米临时收储价类似于收购保护价，在效果上同水稻、小麦的保护价没有什么本质区别，只不过没有形成相对固定的制度。其弊端在于扭曲了市场供求关系所决定的价格，在客观上起到了抬价托市的作用，使玉米加工企业分享不到产区市场价格带来的利益，增加了企业成本，降低了企业的竞争力。如何改革？目前在方式和方向上基本形成共识，即实行目标价格制度。在玉米收购市场上，发挥市场形成价格的作用，由市场供求关系形成市场价格。从 2014 年起，国家先行在黑龙江和吉林进行了大豆的目标价格制度改革，从目前已知的方案进展情况看，并不顺利，主要难点在于如何对众多的种植户实施量化到位的价格补贴。这样的问题似乎又回到了 2004 年粮食直补政策时遇到的同样问题，当时对农民的种粮补贴难以核定准确的种粮数量，无奈采取了按地块补贴的方式。这种粗放的补贴方式使粮食直补政策一直受到非议，主要原因在于，作为支持粮食生产积极性的政策，未能在政策投入和政策目标之间建立有效的函数关系。在目前研究如何实施目标价格政策的调研中，试点单位仍提出按种植地块的方式实施补贴，显然这是不可继续复制的政策模式。从目前实施目标价格所遇到的困难可以发现，经过 30 多年的发展，我国至今尚未建立与现代农业相适应的粮食市场流通体系，无法为实施现代农业支持政策提供有效的流通平台及有效的政策实施路径。从东北玉米主产区现状看，粮食收购市场上的经营主体仍然是经纪人。在具体收购方式上，经纪人直接到农户收购，一手交货，一手付钱，然后经纪人再转售到国有粮库，通常经纪人与粮库之间存在约定关系或委托关系。这种收购方式看起来简便快捷，效率较高，但毕竟表现为一种原始、粗放、分散的特征，未能形成严密的现代市场流通体系，无法实现国家支持政策与农户之间的对接。由此，不能不反思我国粮食流通体制改革走过的艰难曲折过程，至今国有粮食收储企业仍然不能有效胜任调控国家粮食市场的职能，不能不说这是长期持续在我国粮食流通领域难以抚平的改革之痛。

目标价格在发达国家已经是一个成熟的政策，其政策的要点无非是由市场形成价格，农户根据市场价格销售粮食，当粮食价格低于国家制定的目标价格时，国家按照目标价格与市场价格的差额进行补贴。以目前吉林省玉米市场为例，临时收储价格显著高于国际市场，如果将临时收储价格政策改变为目标价格政策，将目前的临时收储价格水平确定为目标价格水平，农民按市场目标价格销售粮食。如果市场价格降到每千克 1.80 元，市场价格与目标价格的差额为每千克 0.44 元，这 0.44 元的差额由政府补贴。显然，这样的市场价格水平既有利于下游企业降低成本，也有利于提高玉米的市场竞争力。目标价格操作的难点在于如何确定农民的粮食出售量，粮食出售量的真实性及其相关的道德风险。与发达国家不同，我国农户总量大，经营规模小，组织化程度低，控制难度大，运行成本高，但并不意味着目标价格就无法操作。所幸的是，信息化的发展为收集农户信息提供了基本平台，目前我国粮食直补款的发放已经利用这个信息平台。应当看到，农村信息化发展给农村改革与发展带来了有利条件，目标价格改革已经具备了信息化提供的基本技术平台。在具体操作方式上，农户和收粮企业（从监管的角度看，也需要资质认定）在授权的金融机构同时开户（图 6-2），载入农户相关信息，并设定超常规红线。例如，一个农户种植 1 公顷玉米，常年产量为 7 500 千克，极值产量为 9 000 千克，超过了极值产量不予补贴。同时，增加信息透明度，加强监管，对收粮企业和农户确定若干道德风险惩罚措施，增大违规成本。就粮食流通企业而言，主要可分为三大类：一是国有粮食流通企业，包括国家储备库和地方储备库；二是粮食加工企业；三是民营粮食流通企业。在三类粮食收储企业中，国有粮食收储企业发挥着调控保护作用，承担着公益性的市场调节功能。有人担心，当价格由市场形成的条件下，如果价格很低，农民粮食卖不出去怎么办？事实上，既然是市场形成价格，那么就意味着市场要发挥调节作用，价格低本身就是竞争优势，可以促进玉米向更大的市场流动，减少进口或增加出口。而粮食本身是市场供给弹性不大的产品，通常情况下不会形成超常供求差额。同时，作为目标价格也不是一成不变的，国家也可以根据市场供求关系适时调整目标价格水平，以调整供给的导向和数量。也有人担心在目标价格政策下，如果市场价格长期或较大幅度地低于目标价格，国家财政背负不起怎么办？如果从我国粮食供求关系的走势看，这种担心很难出现。近十年来，我国粮食市场自给率一直处于下降的趋势，未来15年内，我国的人口和耕地的变化继续呈逆向运动，粮食供给不足是基本趋势。不但发生这种状况的概率很低，而且从长期过程看，在目标价格政策下，发挥市场机制的调节作用，国家可能比目前的临时收储价格政策节省财政开支。

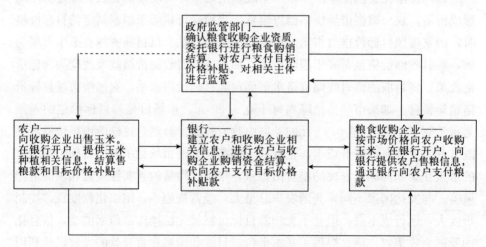

图 6-2　目标价格运行示意图

注：图中虚线表示政府不直接与农户发生交往。

　　尽管目标价格的实施在目前的现状下确实要投入较大工作量，但在目前农村信息化已经提供基本平台的基础上，以及农村金融机构网点布局的基础上，经过努力可以实现购销之间的衔接，可以获取市场交易信息，以达到对农户收入差额的补贴。技术上的难点已经构不成实施目标价格的绝对障碍，相反，改革中利益相关者的利益流失倒可能成为目标价格改革方案实施的阻力，这也是改革中需要高层设计者重视的问题，否则，将会使我国粮食市场流通体制和农业支持保护政策的改革徘徊不前，甚至进入迷局。

目标价格改革方案推进的困境，从另一角度也显现了我国农民组织化程度仍然十分落后，与建设现代大农业严重不适应。1983 年我国农村普遍实施家庭联产承包制之后，确定了统一经营与分散经营相结合的经营体制，但在实际运行中，集体经济组织绝大多数名存实亡，农村基本进入了超小农户、高度分散的组织结构之中。20 世纪 80 年代后期，农民之间的合作重新发展，主要在专业化生产领域。2007 年实施的《农民专业合作社法》是我国第一部农民合作社法，这是一个巨大的历史进步。但遗憾的是该法将农民合作社限定在专业合作范围内，其组织结构、组织功能和涵盖群体受到了很大的限制。截至目前，虽然我国目前专业合作社总量已经超过 120 万个，但切实发挥作用的合作社最多也不会超过 10％。这意味着我国专门从事农业生产的近 2 亿户农民仍然处在高度分散化的组织结构中。那么，国家的若干支农政策当面对这样一种松散状态时，就会变得束手无力。因此，按照符合农民意愿、符合市场经济规律、符合农业组织规律的要求，以家庭经营制度为基础，实施农业组织制度创新，提高农民的组织化程度，确实到了迫在眉睫的时候。

6.7.2 玉米主产区"生态透支"问题及其补偿政策

近 30 年来，吉林省作为国家重要的粮食主产区之一，在为国家提供巨额商品粮的同时，也出现了"资源透支"问题。具体表现在，30 多年的玉米连作，大量使用化肥，造成土壤有机质下降，土壤生态恶化。松辽平原的黑土地黑土腐殖质层厚度已由 20 世纪 50—60 年代的平均 60～70 厘米下降到现在的平均 20～30 厘米，甚至更薄。目前，吉林省黑土腐殖质层厚度 20～30 厘米的面积占黑土总面积的 25％左右，腐殖质层厚度小于 20 厘米的占 12％左右，完全丧失腐殖质层的占 3％左右。在世界各主要玉米产区，大多实行玉米—大豆连作和玉米秸秆还田，但在东北玉米带不仅没有实施玉米—大豆连作，而且也没有有效实施玉米秸秆还田。近年来主要是搞有限的根茬还田，替代了从前的"刨茬子"作业方式，并非玉米秸秆还田，还田的有机物难以满足土壤有机质更新的需要。随着玉米产量的提高，玉米秸秆量逐年增加，大量秸秆被烧掉，造成巨大环境公害。为解决玉米焚烧问题，国家财政支持搞了玉米秸秆工业化利用的方式，包括秸秆发电和造纸等。从其效果看，完全属于亏损补贴型项目，无法达到正常的商业化和产业化。据对吉林省的调查，某秸秆发电企业，一年亏损 2 000 多万元，国家补贴 2 700 万元，仅有的利润完全是靠国家补贴实现。而吉林省又是电力富余省份，上网困难，难以实现电产品的消费。而且，工业化利用的秸秆数量十分有限，无法解决玉米秸秆过剩以及由此导致的秸秆焚烧问题。

在玉米秸秆利用方式上，近年来似乎进入了误区。相关部门将主要注意力集中在秸秆的工业化利用方面，而在玉米秸秆直接还田方面几乎没有什么支持政策。在玉米秸秆处理方式的选择上，必须确立科学的价值取向。显然，在诸种处理方式中，首要的是要突出玉米的生态化利用。从各发达国家的经验看，基本都是以秸秆还田作为第一选择，在欧美国家，秸秆还田占秸秆总量的60%～70%，剩余的秸秆作为饲料或工业化利用。秸秆还田之所以成为首选，除了具有大宗消费的意义外，最根本的意义在于，它是增加和保持土壤有机质不可替代的选择，唯其如此才可实现土地的可持续利用。

秸秆还田的生态价值无可置疑，但现实的问题是，作为直接生产者的农民，不是不想还田，而是无力还田。玉米秸秆还田需要专门的机械，小规模的农户无力购置。而在现有的土地制度下，又难以调动农民从长远和根本利益的角度关注土地的可持续利用。近十年来，伴随着玉米种植密度的加大，秸秆产量越来越大。据调查，目前每公顷的玉米秸秆产量比20世纪80年代增加了45%。与此同时，玉米秸秆的传统消费能力却越来越下降。如过去以畜力耕作为主的阶段，玉米秸秆是饲养耕牛的重要饲料，但现在机械替代了畜力。以吉林省为例，目前的役畜数量比10年前减少了60%以上，玉米秸秆已经淡出了役畜饲料消费领域。随着农民生活水平的提高，煤炭和液化气在农户家庭中的消费也呈现逐渐增加的趋势，玉米秸秆作为农户烧柴的功能也在减弱。一方面是秸秆产量逐年增长，另一方面是秸秆在农村的消费逐年下降，生产与消费的逆向变化加剧了秸秆过剩的矛盾。目前，作为农民消化过剩秸秆的一个重要方式是焚烧，每年的秋末冬初，因秸秆焚烧造成了严重空气污染和环境公害。公共管理部门就此问题采用了看、抓、堵、罚等多种严厉措施，但事倍功半，难以奏效。事实上，这样管理方式对农民有失公允。就事实本身而言，农民除了焚烧之外，没有其他可行的消化出路。诸多国家经验已经证明，秸秆还田是不可替代的大宗秸秆消费方式，既可以防止因秸秆焚烧造成的环境公害，又可以培肥地力，是生态效益最显著的处置方式。与其国家花钱补贴不成熟的秸秆工业化利用项目，不如支持玉米秸秆还田。因此，建立玉米主产区玉米秸秆还田制度，是对黑土地实施生态补偿、实现粮食生产可持续发展的迫切要求。由于秸秆还田需要动力相对较大的专用机械操作，小规模的家庭经营农户无力经营还田机械，需要政府支持专门的农机专业户为农民提供秸秆还田服务。玉米主产区地方政府一直是吃紧的财政，特别是对于产粮大县来说，至今尚未摆脱"粮食大县、工业小县、财政穷县"的区域经济特征，无力支持玉米秸秆还田。因此，要以国家财政支持为主体实施玉米秸秆还田制度。在具体政策设计上，要制定玉米秸秆还田补贴政策，主要补贴秸秆还田所发生的成本。根据吉林省玉米秸秆还田试点初步测算，每亩补贴额度大致在 60 元左右。还田成本补贴可以直接补到实施还田作业的农机经营户。但必须建立还田农户、农机作业户和集体经济组织三位一体的监督运行机制。以财政支持方式推动玉米秸秆还田，意在产生启动和示范效应，可以确定支持保护期，当农民认可并受益后可减少甚至取消财政的支持。

除了对耕地的生态补偿外，就吉林省而言，还包括水资源方面的生态补偿。吉林省 25 个国家商品粮基地县主要处于松辽平原，其中西部各县属于半干旱地区，年降水不足 400 毫米。吉林省中部产粮大县的年降水理论值为 500～600 毫米，但多年来降水呈下降趋势，有的年份降水不足 500 毫米。无论是中部还是西部，水成为粮食稳产的重要瓶颈因素。对吉林省西部各县而言，水就是粮，有水就有粮。在丰水和缺水年份，因水而产生的产量落差达到 40% 以上。在粮食生产投入的各项要素中，水是边际报酬最高的要素。从 20 世纪 80 年代以来，为解决粮食生产的灌溉问题大量开采地下水，一些地方大量发展井水种稻，严重超采地下水。西部有些县的地下水开采深度已经超过 80 米，甚至达到 200 米。而 80 米以下地下水是不可补给水，长期过度开采已经造成水资源的生态灾难。因此，从保证国家粮食安全的角度看，必须尽早禁止深层井水灌溉。加快吉林省农田水利建设，既是解决粮食生产用水为国家提供商品粮供给的需要，也是保护生态、进行生态补偿的需要。从吉林省农田水利设施的现状看，一方面现有水利设施年久失修，全省 3 000 多座水库中，目前还有 1 000 多座处于病险库状态；另一方面是农田水利设施严重不配套。虽然建设了较多的水库，但农田渠系建设却被严重忽视，普遍存在农田水利建设"最后一公里"问题，大量水资源并未转化成为生产力。国家应高度重视吉林省这类粮食调出省的农田水利设施建设，尤其是配套设施的建设。禁止开采深层地下水，大力发展节水灌溉技术。以河湖（水库）水源为主体，完善农田灌溉渠系，加快推广农田滴灌技术，并给予力度更大的资金支持。同时，还要关注水稻种植引起的水资源变化。近年来东北大米以其较高的质量受到消费者的青睐，但是，东北大米数量的增长，也付出了巨大的生态代价。据对吉林省中部的调查，至少有 30% 的水田是井水灌溉。其实井水种稻在东北大部分地方都普遍存在，从 20 世纪 90 年代以来，井水种稻在东北大量发展，已经成为地下水资源下降的重要致因。要减少和限制井水种稻，合理开发利用地下水资源，不能以牺牲子孙后代利益的代价换取现阶段的粮食增长。

6.7.3 玉米主产区利益流失及其补偿制度

由于粮食是低效益的产品，使粮食产区及生产者长期处于做贡献的地位，由此也形成了粮食调出省的利益流失。早在 20 世纪 90 年代，笔者就提出过粮食调出省利益流失的形态及数量问题。从历史的角度看，由于商品粮的调出，粮食调出省的地方利益流失主要体现为三种形态。第一种形态是以工农产品价格剪刀差所形成的流失。如 20 世纪 90 年代中期笔者曾经测算，吉林省每年平价调出商品粮 75 亿千克，如果按工农产品价格剪刀差使农民每卖 1 千克粮食损失 0.1 元计算，吉林省农民每年利益流失在 7.5 亿元左右。按照当时的经济发展水平，7.5 亿元相当于 1994 年 15 个商品粮基地县的一年财政收入（1994年吉林省 25 个商品粮基地县平均财政收入 4 912.8 万元），相当于 46 万个农民（占吉林省农村人口总数的 3.2%）的一年纯收入。第二种形态是粮食产后经营过程中不合理政策性亏损造成的利益流失。一是国家对粮食经营过程中的经营补贴费用过低造成的利益流失。据 20 世纪 90 年代中期的匡算，每调出一吨粮食亏损 34 元，企业的政策性亏损大部分都要由地方财政承担。由此形成了多购、多销、多调、多储就多亏的局面。实际上粮食产区每年向外调粮就相当于调钱，致使地方财政利益大量流失。二是不合理的粮食风险基金配套政策所造成的利益流失。粮食风险基金核定后国家和地方按 1∶1.5 比例配套。在实际操作中，随着粮食的调出相应地使粮食生产区地方配套的那部分资金流失。粮食输出越多，地方财政配套资金流失越多。第三种形态是地方财政对商品粮基地建设进行配套投资和粮食生产要素补贴所形成的利益流失。以商品粮基地建设为例，从 1983 年以来，吉林省先后建设了 25 个国家商品粮基地县，国家实行"钱粮挂钩"的政策，国家每投资 1 元钱，商品粮基地县要增加 0.5千克粮，尽管国家对商品粮基地进行了较大幅度的投资，但国家和地方实施配套投资政策，国家投 1 元钱，地方财政也相应投 1 元钱。据初步匡算，自 1983 年以来，仅商品粮基地建设专项投资一项，国家和吉林省累计投资 350亿元以上，其中一半来自吉林省地方财政。吉林省每年至少有 1/3 的粮食调出省外，这意味着 30 多年来吉林省商品粮基地建设地方财政配套投资大量流失。此外，在其他农业投资项目中也相应实施了配套政策以及生产要素补贴等，也造成了大量的地方财政资金的流失。2006 年至今，吉林省销往省外及出口粮食 1 000 多亿千克，年均 125 亿千克以上，每一粒粮中都包含了地方财政投入。这种"失血"现象,在客观上降低了地方财政对公共产品的提供能力和对本地工业化、城镇化的支持能力,不利于粮食主产区地方经济发展,不利于调动粮食主产区粮食生产积极性。古今中外的诸多经验证明,合理平衡区域之间的利益关系是保证国家基础产业协调发展、区域经济社会协调发展所要遵循的原则。一个区域长期处于做贡献的地位,就会削弱该区域经济发展的内生动力,也会滋生若干有伤和谐的消极因素。应当看到,近 30 年来,我国粮食主产区呈现逐步收缩的趋势,商品粮生产的集中度越来越高。我国粮食调出省由 20 世纪 80 年代初的 17 个,降到目前的 13 个,其中有两个省的粮食人均占有量已经在全国的平均线上下徘徊,粮食调出能力逐渐丧失。目前只有 5 个主产省份(黑龙江、吉林、内蒙古、河南、安徽)有显著调出能力,人均粮食占有量在 550 千克以上,其中黑龙江、吉林、内蒙古的人均粮食占有量在 1 000 千克以上,将近全国平均水平的 3 倍,粮食产量占全国的 20%,成为商品粮的核心产区。商品粮生产的集中度越高,意味着核心产区所做贡献越大,同时,地方利益流失得越多。

近年来国家对粮食主产区利益流失问题给予了关注,并认可建立粮食主产区利益补偿制度。2008 年中共中央十七届三中全会上通过的《中共中央关于推进农村改革发展若干重大问题的决定》,已经明确"支持粮食生产的政策措施向主产区倾斜,建立主产区利益补偿制度"。但就进展情况看,至今尚未从根本上建立起来有利于粮食主产区可能持续发展的补偿制度。主要问题表现在三个方面,其一,地方财政对中央投资实施配套的政策依然实行。包括对粮食生产进行的某些专项投资,粮食生产保险保费的地方配套等。其二,近年来对粮食大县的奖补政策,主要是针对粮食生产的专项资金,在资金的使用领域上局限于粮食生产,没有产生对粮食主产区财政资金的补偿作用,因而并不能改善粮食主产区在工业化和城镇化方面的支撑能力和公共产品建设的支撑能力。其三,已经实施的某些补偿政策,存在明显的大锅饭现象。例如,粮食大县的奖励政策虽然在奖励标准上考虑到了区域系数,但在同一区域内贡献不同的产粮大县却没有明确的区别政策。吉林省榆树市作为全国第一产粮大县,粮食产量在 350 万吨以上,与宁夏的产量相当,但享受的奖励资金同生产 5 亿千克的县没有什么区别。其四,粮食风险基金配套投资政策虽然已经取消,但粮食亏损挂账依然存在,对吉林省而言,粮食风险基金中 1/3 的额度用于亏损挂账的利息。致使粮食风险基金不能用于需要的用途,粮食主产区反成为农业发展银行的最佳打工者。粮食亏损挂账已经有近 30 年的历史,其形成有许多国家政策的因素,不能让粮食主产区长期背负亏损挂账的历史重负,否则将会继续发生粮食主产区的利益流失，国家用于粮食主产区发展的资金无法用于粮食主产区的发展上。

如何建立科学合理、简便易行的粮食主产区利益补偿制度，此问题至今尚未有效破解。笔者认为，建立粮食主产区利益补偿制度，应当解决三个方面的问题。首先，明确三个区别。一是将粮食主产区与非主产区区别开来。通常在宏观上所讲的粮食主产区是以省域为单位，即目前的 13 个粮食主产省份。从1983 年以来，国家连续建设了 745 个产粮大县，如果以县为单位确定粮食主产区利益补偿的对象，将会同时覆盖粮食主产区与非主产区。我国从 20 世纪90 年代初实行的"米袋子"省长负责制，提出了以省域为单位实行区域内粮食供求平衡的目标。从"米袋子"省长负责制政策来讲，销区内粮食大县贡献主要满足区域内的粮食供求平衡，不存在省际间的利益流失问题。因而，对销区粮食大县的利益补偿应纳入省级地方财政的范围。二是将一般粮食大县和重点粮食大县区别开来。目前，我国将粮食年产量达到 50 万吨以上的县认定为粮食大县，在这个范围内仍然存在巨大区别。以吉林省为例，有 4 个县的年产量在 300 万吨以上，是国家认定标准的 6 倍，如果笼统地将粮食大县作为无差异的补偿对象，就会使重中之重的粮食大县吃亏。三是将一般性补偿和专项补偿区别开来。作为粮食主产区，因粮食生产而产生的利益流失主要体现在省、县两级地方财政的粮食生产经营补贴方面，因此，对粮食主产区的利益补偿应分为一般补偿和专项补偿，一般补偿是指用于地方经济社会发展和公共产品建设方面的补偿。专项补偿是指专门用于提高粮食生产能力的补偿。其次，建立两个目标，一是粮食主产区的综合生产能力的培育，主要由专项补偿来支撑；二是粮食主产区的可持续发展，主要着眼于粮食主产区经济社会的整体发展水平的提高，即中央提出的要让粮食大县的地方财政支出水平达到全国平均水平。再次，确定一个尺度，即以粮食调出量作为补偿的尺度。粮食主产区利益补偿制度，着眼于国家粮食安全，着眼于粮食产销格局的不平衡性及粮食生产的低效益性。应以粮食主产区为国家所作的贡献为依据来确定补偿尺度，从省际利益考虑，粮食调入省分享了调出省的利益，因而才会产生利益补偿诉求。所以，唯有粮食调出量才是可遵循的依据。至于国家对粮食生产其他方面的支持，可体现在其他政策中，而不宜纳入补偿范围。关于粮食调出量，还要有一个合理的范围界定，既包括直接形态的粮食调出，也包括间接形态的粮食调出，间接形态的调出包括饲料，以及粮食转化的肉、蛋、奶等畜产品，应将间接形态调出的产品折算成一定的粮食产量，这样才是一个真实的粮食调出量，有利于调动粮食主产区发展畜牧业的积极性。

第7章
玉米市场与流通

7.1 吉林省玉米市场分析[*]

从总体上说，中国是一个粮食供给相对不足的国家，人均粮食占有量仅相当于世界的平均水平（415 千克，2000 年），但就不同区域来说，粮食的占有量则存在较大的差异。中国东北部的吉林省是中国最重要的粮食产区之一，其粮食总产量是全国总产量的 5%，而粮食的商品量则占全国的 10%，人均粮食占有量 960 千克。吉林省是一个以玉米为主要粮食作物的省份，玉米产量占全省粮食总产量的 80%，在输出省外的商品粮中，基本上是玉米，因此，吉林省实际上是一个玉米生产大省。尽管就全国而言，中国的粮食供给仍然不足，但就吉林省这样一个商品粮产区来看，则多年来面临玉米有效需求不足的困扰。在中国加入世贸组织之后，还将面临来自国际市场的严峻竞争，因此，如何从国际市场的视角研究中国吉林省的玉米市场供求平衡问题，是一个在现实中迫切需要解决的问题。

7.1.1 吉林省的玉米供给

自中华人民共和国成立之后，吉林省就是一个粮食输出省，但在 20 世纪 80 年代之前，吉林省的粮食输出总量并不高，大约每年在 10 亿千克左右。进

＊ 原载日本富山大学主办《远东研究》2004 年第 2 期。

入20世纪80年代以后，吉林省的粮食生产出现了较快的增长速度，1983年吉林省的粮食产量首次达到了120亿千克的产量目标，达到了历史的最好水平，1984年吉林省的粮食产量再攀新高，达到了161亿千克的水平。从1984年以后，吉林省的粮食供给指标有多项位居全国首位，包括商品粮的调出量，人均粮食占有量，玉米出口量。对吉林省来说，与其说粮食多，不如说是玉米多。从种植业结构看，玉米占全省粮食播种面积的60%，在20世纪80年代中期，玉米的播种面积曾经达到过75%。在调出的粮食品种中，基本上是玉米。因此，吉林省的粮食生产实际上是以玉米为主体的生产，吉林省的玉米供给问题实际上是玉米的供给问题。

表7-1　吉林省玉米供给变化

年份	播种面积（万公顷）	每公顷产量（千克）	总产（万吨）
1981	155.1	3 405.0	527.3
1982	160.5	3 675.0	589.3
1983	171.5	5 490.0	941.0
1984	185.5	5 955.0	1 103.8
1985	167.9	4 725.0	793.1
1986	198.9	5 115.0	1 016.4
1987	212.2	5 803.9	1 231.6
1988	198.7	6 150.0	1 221.0
1989	198.3	5 085.0	1 007.5
1990	221.9	6 900.0	1 529.6
1991	228.0	6 585.0	1 501.4
1992	223.4	6 596.0	1 743.6
1993	209.3	6 594.0	1 344.6
1994	210.0	6 853.0	1 439.4
1995	234.4	6 307.0	1 478.5
1996	248.1	7 066.0	1 753.4
1997	245.5	5 135.0	1 260.3
1998	242.1	7 949.0	1 924.7
1999	237.5	7 125.0	1 692.6
2000	219.7	4 520.0	993.2

资料来源：历年《中国农业统计资料》，中国农业出版社。

吉林省的玉米生产之所以在20世纪80年代以后以较快的速度增长，主要得益于以下几个重要因素：

第一，农村改革释放出了农民的生产积极性。20 世纪 80 年代初吉林省农村落实了"家庭联产承包责任制"，调动了广大农民的生产积极性，极大地解放了农村的生产力。与中国其他省份相比，吉林省是一个落实"家庭联产承包责任制"较晚的省份，1982 年才开始落实，但 1983 年末基本上大部分农村基层组织都已经完成了"家庭联产承包责任制"的落实工作。农村微观经济体制的改革，使广大农民的生产积极性空前高涨，粮食产量呈现出跨越式的增长，1983 年的粮食产量达到 148 亿千克，比 1982 年增加 48 亿千克，增长幅度为 48％；1984 年粮食产量达到 163 亿千克，比 1983 年增加 15 亿千克，增长幅度为 10％。

第二，农业科技进步为玉米生产的增长提供了内在的增产因素。进入 20 世纪 80 年代以后，玉米的快速增长，得益于玉米良种的培育及其不断地更新换代和化肥在玉米生产的大量使用。1978 年粮食作物良种面积占粮食作物面积 66.4％，其中玉米占 68％，到 1984 年良种面积达到 95.8％，其中玉米达到 98.9％。优良作物品种的普及推广，使单产水平大幅度提高，1949 年粮食每公顷产量为 1 095 千克，到 1984 年达 4 665 千克，1994 年为 5 625 千克，比 1949 年增加 4 530 千克。化肥等农业生产资料在农业中的广泛使用，为玉米种植面积的扩大准备了投入条件。玉米是高肥作物，特别是一些高产的优良品种问世之后，一般都需要有高肥作保证，70 年代以后化肥开始在农业中大量使用，进一步推动了玉米种植面积的扩大。1965 年吉林省化肥施用总量为 7.6 万吨（实物量），平均每公顷施化肥 18 千克，处于很低水平上。1975 年达到 60.5 万吨，每公顷施化肥 148.5 千克，与 1965 年相比增长 7 倍。到 1986 年。全省化肥施用总量达到 179 万吨，每公顷施化肥 450 千克。到 1994 年，全省化肥施用量达到 245 万吨，每公顷施化肥 615 千克。1994 年比 1975 年施肥水平提高 3.2 倍，化肥的增产作用不仅表现在施肥水平提高方面，同时也表现在肥料结构的调整和施肥方法的改进上面。70 年代末、80 年代初以后，在全省范围内开展了以推广测土配方施肥技术为主要内容的化肥施用技术的改革，使用配方施肥技术以后，一般增产都在 10％～15％。

第三，中国政府追求产量的政策目标拉动了玉米生产的增长。中国是一个粮食短缺国家，在 20 世纪 90 年代以前，中国农业政策的首要目标是增加粮食产量，以解决人民的吃饭问题。玉米作为高产作物，理所当然地成为粮食生产首选的目标。从 70 年代后期开始，吉林省的玉米生产就出现了较快的增长趋势，进入 80 年代以后，玉米生产出现了更快的增长趋势。到 1988 年吉林省的玉米种植面积已经达到了农作物总播种面积的 49.2%，比 1978 年增长 11.7%。

第四，较高的经济效益使玉米成为农民的首选作物。从吉林省的粮食主产区来看，主要适合玉米、大豆、水稻三种主要作物的生产，在三种作物中水稻的经济效益最高，但水稻的种植受水资源的限制，使其种植面积很有限。玉米和大豆相比，经济效益显著高于大豆，因此可以说，玉米生产的增长是农民经济理性的选择。

第五，玉米生产是吉林省农民收入的主要来源。在没有条件种植水稻的地区，农民为了增加收入必然要增加玉米产量。吉林省的非农产业不够发达，在吉林省农民的收入结构中，来自粮食生产的收入占农民收入的 60%～70%（主要是玉米的收入），为了增加收入，农民势必要增加粮食产量，从而推动了玉米产量的增长。

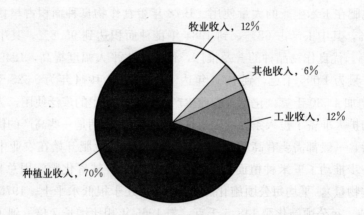

图 7-1 2000 年吉林省农业家庭经营纯收入结构

资料来源：《吉林统计年鉴》2001 年，中国统计出版社。

在上述诸因素的作用下，吉林省自 20 世纪 80 年代以来，玉米产量以较快的速度向前增长，使吉林省成为中国主要的商品玉米供给区域。以玉米为标志的多项经济指标吉林省都排在全国的前列，包括人均玉米占有量、玉米调出量、玉米出口量等。

7.1.2　吉林省玉米的需求

玉米作为谷物，与其他作物相比，在用途上具有多重性的特征，首先它是粮食作物，可以用作口粮；其次，它是饲料作物，通常人们把玉米誉为饲料之王；再次它又是经济作物，与其他粮食作物相比，具有比较广泛的加工价值，据调查，玉米可加工的产品种类可达 300 余种，产品数量可达 4 000 余个。因此，在玉米市场上，玉米的需求表现为多重用途的需求。而这三种用途的需要又表现出层次性，即随着居民收入水平的提高，玉米的需求逐渐由口粮需求向饲料需求和加工原料需求方面转移。

在 20 世纪 80 年代以前，吉林省的玉米需求主要表现为口粮的需求，这是和当时中国粮食的短缺状况是相适应的。在 80 年代中期以前，中国农业发展的基本目标是解决人民的温饱问题，增加玉米生产主要是为了满足人民口粮的需要。1984 年中国人均粮食占有水平达到 392 千克，基本接近了当时世界人均占有粮食 400 千克的水平。中国居民对玉米的消费开始明显减少，在 80 年代中期以后，在吉林省这样的玉米主产区，居民对玉米的消费也明显下降。伴随着玉米产量的增长，从 1983 年以后，吉林省的玉米出现显著的过剩，在此背景下，吉林省提出了玉米就地转化的发展思路。玉米的需求开始向饲料需求和加工业需求方面转变。1990 年以前，吉林省基本上是一个畜产品调入的省份，每年从省外进的生猪在 30 万头左右。从 80 年代后期开始，吉林省的畜牧业以较快的速度向前发展，并于 1990 年吉林省的生猪实现了基本自给。伴随着畜牧业的科技进步，畜牧业的发展在吉林省呈现出较快的发展势头，特别是 1995 年年末，吉林省政府确定建设牧业大省的发展战略之后，畜牧业进入了一个新的发展时期。以生猪发展为主体，进一步发展肉牛、肉鸡、肉鹅，显著增加了玉米的需求。

和其他作物相比，玉米具有很广泛的工业用途。传统的玉米加工业主要是造酒，可消耗的玉米数量十分有限。新兴的玉米加工业从 20 世纪 80 年代后期开始发展，但初期的产品大都是淀粉，产品形态比较初级。玉米淀粉加工企业规模较小，相当一部分属于县办小型企业和乡镇企业，生产技术比较粗放，产品品种比较单一，加工附加值也比较低。玉米的深度加工在 90 年代后期有了进一步发展，主要是增加了变性淀粉的品种。规模较大的玉米加工企业开始增加。加工用玉米呈现增长的趋势。但从总体看，玉米加工业的发展仍然处在较低的层次，加工的品种也仅有十几种，玉米加工业尚未能形成推动地方经济的支柱产业。

吉林省本地的玉米需求是十分有限的，相当一部分需求来自省外和国外。从 1983 年以后，吉林省每年都要向省外输出大量的玉米，输出的数量大致在 100 亿千克左右。从 20 世纪 80 年代中期以后，玉米出口的数量也以较快速度增加，在 1990 年左右，每年出口的玉米数量大致在 200 万吨左右。在中国的各省份的比较中，吉林省相对具有较好的粮食生产条件，特别是 20 世纪 80 年

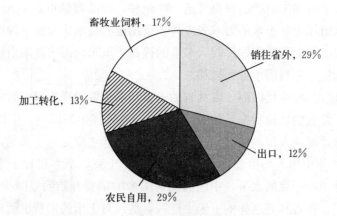

图 7 - 2　吉林省玉米需求结构示意图

资料来源：根据吉林统计年鉴（2001 年，中国统计出版社）及对相关部门的调查整理。

代以后，吉林省经过国家投资进行的商品粮基地建设，使粮食的生产能力进一步加强，成为中国重要的粮食主产区，因此，从中国粮食供求的整体市场来看，吉林省担负着满足国内其他省份粮食需求的义务。

7.1.3　吉林省粮食供求的主要矛盾及其解决方式

中国人均粮食占有量仅为世界的平均水平，因此，中国总体上看属于缺粮国家，从目前的粮食进口数量看，大致在总消费量的 5% 以内。在未来的 30 年之内，中国的人口仍是一个增长的趋势。在人口增长的同时，伴随着工业化和城市化的进程，中国的耕地数量将呈现递减的趋势，人口与耕地两个变量的逆向运动，将导致中国的粮食供求缺口进一步加大，因此在未来的较长时间内中国仍然面临着粮食供给不足问题。但这仅是一个总体情况的判断，具体到不同区域来说，则表现为不同的供求关系。可以说，对吉林省而言，自 20 世纪 80 年代以来就一直面临着需求不足的问题，这就是在中国粮食以较大的幅度增长之后，出现的局部性过剩，这正是和全国的总体性矛盾不相一致的地方。伴随着粮食的局部性过剩，对吉林省困扰最大的是农民的卖粮难问题。自 1983 年以来，吉林省农民的卖粮问题持续不断，至今不能从根本上解决，在中国加入 WTO 之后，卖粮难问题有进一步恶化的趋势。

如果仅从粮食流通的角度看，吉林省卖粮问题的出现，在不同时期有不同的原因。在 20 世纪 80 年代初出现卖粮难主要因为农业家庭联产承包责任制落实在农民中迸发出极大的生产热情，粮食生产出现了跳跃式的增长，粮食流通设施和方式建设滞后，无法适应巨大的生产增长。例如，20 世纪 80 年代前期，吉林省每年秋粮上市需要入库的粮食为 70 亿千克，但实际库容只有 30 亿千克，储存能力严重短缺。在 90 年代初吉林省卖粮难主要是粮食运输方面的障碍因素所致，这直接是由中国玉米产销格局的南北分布特征所决定的。从中国的作物布局看，玉米产区主要是在北方，南方的玉米生产基本不具备比较优势。这样一种作物布局使南方成为玉米的重要销区。吉林省作为中国重要的玉米产区，在地理位置上，处于中国的东北部，距玉米销区形成了 2 000 公里以上的运输距离，为沟通南北之间的供求设置了运输上的较大障碍。进入 90 年代后期，粮食卖难主要是国外的玉米以质高价低的优势，争夺了吉林的玉米市场。

从生产的角度分析，吉林省玉米供给过剩的重要原因是玉米质量不高。质量不高主要是由以下原因造成的：

一是玉米品种越区种植。 自 20 世纪 90 年代以来，吉林省的玉米种子就大量从辽宁、山东引进，主要是一些产量高、生育期较长的品种。纬度低地区的品种的引进，虽然提高的玉米的产量，但也造成了玉米成熟度低，收获季节玉米含水量过高的问题。相当多的玉米在入库时的水分高达 23％，不仅给粮食收贮企业造成了粮食烘干的压力，而且烘干后玉米品质大大下降。

二是玉米品种冗杂。 生产中使用的玉米品种较多，且生产规模小，造成了产品质量的参差不齐。吉林省平均每个农户经营的耕地只有 1.3 公顷，尽管规模很小，但每个农户种植的品种也不尽一致，据对农户的调查，一个农户在十分有限的 1 公顷土地上，要种 3～4 个玉米品种，产品的标准化程度极低，不能满足用户对产品质量规格的要求，使产品的质量在市场大打折扣。

三是生产组织化程度低。 在农户分散经营的条件下，难以按照统一的产品质量规格组织生产。中国在 20 世纪 70 年代末实行家庭联产承包责任制以后，生产进入了高度的分散化的状态，虽然名义上存在集体经济组织，但大部分都不发挥作用，农民实际上进入了以户为单位的分散化生产状态，与市场的衔接程度低，不能有效地提供用户所需要的产品。

中国是一个人多地少的国家，目前人均粮食占有的数量仅相当于世界的平均水平，无论现在还是未来，吉林省的粮食过剩都是局部的、暂时的和结构性的。在整个 90 年代中期以前，中国都是以增加粮食总量为主的数量增长型的发展目标，无论是生产者还是流通组织者还尚未从数量目标的追逐中解脱出来，可以说，中国的粮食生产正处在增长目标的转变期中。

中国目前已经加入世贸组织，农产品贸易环境和规则发产了新的变化，解决玉米过剩的方式和过去比也将发生较大的变化，中国不可能再通过出口补贴，鼓励玉米的出口，而且按照《中美农业协议》的规定，中国将要接受720万吨的玉米进口配额。因此，必须按照 WTO 的规则确定解决玉米过剩的思路。总体来说，在解决吉林省玉米供求平衡的问题上，应从以下几个方面展开思路：

一是从中国总体作物布局的角度优化粮食生产资源的配置。在中国市场受到国际市场廉价玉米冲击的情况下，中国应从总体资源配置的角度考虑农业资源的配置，最大限度地减少低产田玉米的种植。中国的玉米带主要沿东北—西南一线分布，核心区域在东北。长江以南基本不具备生产玉米的资源优势。吉林省玉米生产在全国相比具有最强的优势，其单产水平是低产省份的两倍多。表 7-2 中列出的省份是中国玉米的主要生产区域。除 2000 年外，1998 年和 1999 年两年吉林省的玉米产量均显著高于其他省份，高出的幅度可达一倍以上。因此，中国应当削减不具备比较优势地区的玉米生产，减少玉米市场的压力，并重点支持玉米主产区的玉米生产。

二是要把提升产品质量作为吉林省今后农业生产的一个主要发展目标。对吉林省来说，当务之急是解决玉米高水分问题，除了要推广适合当地的玉米主导品种之外，要从收购制度上解决，严格执行收购标准，拒收低质量玉米。同时，要注重解决分散的小规模经营带来的品质混杂的问题。加大农业经营组织的创新力度，实现玉米的规模化和规范化生产。具体的整合方式可通过发展专业性的农民合作社、发展农业产业化经营以及发展以农民承包地入股为基础的公司化经营。

三是加快发展吉林省的玉米转化产业。在 20 世纪 80 年代之前，玉米是吉林省城乡居民的主食。伴随着居民生活水平的提高，玉米基本上退出了居民的餐桌，目前中国玉米用于主食消费的数量仅占玉米总量的 15%。玉米的主要用途已经转向饲料和加工业原料。解决吉林省目前玉米供给过剩的重要出路在于发展以畜牧业和玉米加工业为主体的玉米转化产业。吉林省的畜牧业虽然以较快速度的向前发展，但总体规模还不够大，消耗玉米的能力还十分有限，特别是肉牛业的发展尚处在副业型、粗放化的阶段。玉米加工业虽然已经历经十几年的发展，但加工层次仍然处在较低的水平上，导致加工规模不大。玉米加工业发展缓慢的重要原因是没有形成推动玉米加工业的产业政策。目前在吉林省的固定资产投资结构中，用于食品加工业和食品制造业的投资仅占整个工业固定资产投资总量的 6%，不足以推动玉米加工业的发展。

表 7-2　各地区玉米播种和产量

单位：千公顷，万吨，千克

省份	2000 年			1999 年			1998 年		
	播种面积	总产量	公顷产量	播种面积	总产量	公顷产量	播种面积	总产量	公顷产量
全国平均	23 056	10 600	4 598	25 903	12 808	4 945	25 239	13 925	5 268
吉林	2 197	993	4 520	2 375	1 692	7 125	2 487	1 924	7 949
辽宁	1 422	551	3 874	1 677	985	5 873	1 638	1 120	6 843
黑龙江	1 801	790	4 390	2 651	1 228	4 632	2 487	1 199	4 823
内蒙古	1 298	629	4 847	1 571	771	4 908	1 470	839	5 710
河北	2 478	994	4 012	2 663	1 088	4 084	2 581	1 187	4 600
山西	793	354	4 470	923	375	4 067	886	476	5 370
山东	2 413	1 467	6 079	2 768	1 551	5 604	2 781	1 553	5 585
安徽	485	219	4 507	588	213	3 625	570	226	3 972
广西	610	184	3 016	594	171	2 889	578	156	2 700
云南	1 129	473	4 190	1 159	459	3 963	1 095	418	3 816
四川	1 235	547	4 431	1 359	640	4 709	1 364	623	4 565
重庆	500	197	3 945	519	191	3 678	526	190	3 627
甘肃	464	210	4 533	531	255	4 804	511	258	5 042
陕西	1 056	413	3 914	1 123	440	3 920	1 065	481	4 517

资料来源：《中国农业统计资料》1997—1999 年，中国农业出版社。

四是努力探索降低玉米成本的途径。玉米生产成本高，缺乏市场竞争力，是导致玉米供给过剩的重要原因。规模效益低是造成成本高的重要因素，但扩大土地经营规模受到工业化和城市化的限制，要在一个较长的时间之内才能解决，因此还要从其他方面寻找降低成本的途径。造成成本过高的另一个重要因素是化肥利用率过低，目前只有 30%，而发达国家为 60%。化肥在玉米的生产成本中约占 40% 的比例，提高化肥的使用率，将会对降低玉米的成本产生显著的效果。和发达国家相比，中国玉米生产成本高的另一个原因是国家间接对农业的投入较少，农民可享受的公共产品较少。因此，在加入 WTO 之后，中国应当重视把对农业的支持转移到增加对农民和农业的公共产品的供给上来。

7.2　吉林省玉米流通路径分析 *

在中国的饲料谷物中，玉米处于主体的地位。吉林省的玉米产量占中国玉米总产量的 13%，人均玉米占有量为 760 千克，从而使其成为中国最重要的玉米主产区之一。自 1983 年以来，吉林省玉米就处于过剩的状态。因此，近20 年来，对吉林省来说，农业的一个主要矛盾是如何解决玉米的有效需求问题。正是由于此，拓宽玉米流通的路径，增大玉米流量成为解决玉米有效需求不足的重要途径。

7.2.1　吉林省玉米流通路径及流量的现状分析

粮食作为一种关系到国计民生的特殊商品，在任何国家其流通路径都有别一般普通商品。在 20 世纪 80 年代之前，中国人均占有粮食的水平只有 300 千克左右，生产的谷物主要是满足人们的口粮，因此，畜牧业不发达，人均占有肉类产品不足 10 千克。直到改革开放后的 1984 年，中国的人均粮食占有量才接近 400 千克的世界平均水平。此后，中国的谷物产量持续增长，不仅成功地解决了十几亿中国人民的吃饭问题，而且也为发展畜牧业并进而提高中国人民的营养水平创造了基础条件。到 20 世纪 90 年代后期，作为主食消费的玉米仅占玉米总产量的 5%，70% 的玉米作为饲料来消费。

就狭义而言，玉米流通路径是指玉米从产地到销地实现空间转移和价值转移的方式。就广义而言，除了狭义内容外，还应包括实施玉米流通的主体及玉米市场结构。无论狭义的还是广义的玉米流通路径，都是一定的流通体制的产物，因此可以说，有什么样的粮食流通体制就会产生什么样的流通路径。本文按照广义的解释讨论玉米流通的路径。

从 20 世纪 50 年代开始，中国就开始实施了一个严格的以计划经济为特征的粮食流通体制，在这种的粮食流通体制下，粮食流通从初级市场的采购到最终市场的销售，基本上是在国家的严格控制之下进行。这就是统购统销的粮食流通体制。在这样的流通体制下，粮食流通基本上是以统一调拨的方式进行的。可以用图 7-3 说明统购统销体制下的粮食流通路径。

由图 7-3 可见，在粮食实行统购统销时期，粮食流通路径表现为单一化

---

* 本文是 2002 年参加日本富山大学远东地域研究中心主办的"东北亚谷物贸易与合作"国际学术讨论会上发表的论文。

的特征，粮食的购销活动全部处于国家的控制之下。这种状况既是与传统的计划经济体制适应，又是与当时粮食的短缺状况相适应。在一个短缺的经济中，对于粮食这类涉及国计民生的重要商品来说，实行计划分配是必要的。20 世纪 70 年代末开始的中国农村的改革，极大地解放了中国农村的生产力，使中国农业生产在一个较短的时期内实现了较大幅度的增长，而增长量最大的就是

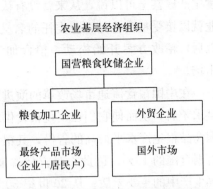

图 7-3　统购统销体制下的粮食流通路径

粮食，从 1978 年到 1984 年中国的粮食总量增加了 10 255 万吨，增长幅度为 34%。中国粮食的增长为粮食流通体制的改革奠定了物质基础，中国从 1985 年开始对粮食流通体制实施改革，在粮食收购市场和零售市场上逐渐出现了多元化的格局。图 7-4 是 20 世纪 80 年代中期到 90 年代后期中国粮食流通市场的图示：

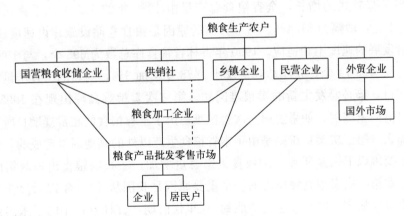

图 7-4　20 世纪 80 年代中期到 90 年代后期的粮食流通路径

由图 7-4 可见，从 20 世纪 80 年代开始，中国粮食收购市场上开始出现多元化的格局，除了原有的国营粮食收储企业外，增加了供销社、乡镇企业、外贸企业和民营企业。这种多元化的流通主体，并不仅仅限于省内的市场，在粮食产区的收获季节，销区的粮食经营企业也进入市场进行收购。粮食收购市场多元化的格局持续到 1998 年，开始发生了变化，中国政府规定只有国营粮食收储企业才能进入粮食收购市场，以便实现新的粮改方案。但新的粮改方案从一开始就存在较大的争议，因此在实践中并未得到认真的实施，特别是在粮

食主产区甚至可以说，从来就没有认真的实施。在实施的第一年，粮食加工企业就以接受粮食收储企业委托的名义进入收购市场。正因为如此，自 2000 年以后，粮改方案开始松动，粮食加工企业可以以自己的名义进入粮食收购市场。

在中国粮食流通市场改革的演进过程中，粮食主产区和销区面临着不同的供求矛盾，从而使它们在实现粮食供求过程中有不同的路径选择。吉林省是中国商品粮生产水平最高的省份，其粮食产量占全国总产量的 5%，而商品量则占据全国的 10%。因此，对吉林省来说，如何实现粮食的有效需求，是粮食再生产中的主要矛盾。从 20 世纪 50 年代开始，吉林省就是一个粮食调出省，但直到 70 年代末之前，吉林省的粮食总产量一直没有突破 100 亿千克的大关，因此，在历史上并未出现过卖粮难的问题。卖粮难问题的出现，始于 20 世纪 80 年代初期，一直到 90 年代末，先后经历了三次卖粮难的高峰。第一次卖粮难高峰是在 1984—1987 年。此间的卖粮难主要是粮食生产出现跳跃性增长，从而使粮食流通能力一时难以适应形成的。第二次卖粮难高峰出现在 1990 年，本次卖粮难问题的出现主要由两个方面的原因所致，一方面是 1990 年粮食产量出现了跨越式的增长，全省粮食总产量由 1989 年的 135.1 亿千克猛增到 204.6 千克，增幅为 51.4%。另一方面的原因是粮食仓储设施建设速度放慢，与粮食发展的速度不相适应。1990 年吉林省粮食库总数为 698 个，与 1988 年比较，仅增加 14 个，仓库总容量仅比 1988 年增加 3%，与新的粮食增量相比很不相衬，势必要发生新的卖粮难问题。第三次卖粮难高峰出现在 1995 年，直到目前尚未缓解。如果说第一次卖粮难是由于本省粮食的超常规增长所导致的，那么，第三次卖粮难则是由于本省粮食生产以外的其他因素造成的，概括起来主要因以下因素所致：①粮食供给总量增加；②我国粮食出口政策的变化。导致第三次卖粮高峰出现的一个重要原因是我国从 1995 年以后停止对玉米的出口。从 20 世纪 80 年代中期到 90 年代前期，吉林省每年的玉米出口量在 200 万～300 万吨，占每年玉米调出量的 1/4～1/3。停止玉米出口，势必造成国内市场调节的困难，从而形成新的卖粮难。据调查，到 2001 年年底，吉林省库存在积压的玉米达到 300 多亿千克。

从总体上说，自 20 世纪 80 年代初期以来，吉林省就一直面临着卖粮难的困扰，因此对吉林省来说，近 20 年来粮食流通中的主要矛盾是解决有效需求不足的问题。从吉林省粮食供给结构来看，表现出了以玉米为主体的特征，这是因为吉林省是中国玉米带的核心部分，对玉米的生长具有很强的适应性，在各种作物的收益中，玉米的比较收益仅次于水稻，但由于水稻受水资源的限制，种植面积有限。因此，吉林省粮食流通问题实质是玉米的流通问题。从吉林省玉米的流向和流量来看，省内需求量约占总产量的 60% 左右，省外需求占 20%～30%，出口量不稳定，但在 80 年代中期至 90 年代中期，出口的玉米约占总产量的 20%。1995—1999 年，由于中央政府的政策影响，导致玉米出口量骤减，但在 2000 年以后，玉米出口量开始回升，各时期的玉米流量与流向如表 7-3 所示：

表 7-3　吉林省玉米流向与流量

单位：万吨

年份	上年产量	省内需求	省外需求	出口
1985	1 103	490	156	145
1990	1 007	667	317	186
1996	1 639	908	360	361
2000	1 692			

资料来源：《吉林统计年鉴》1985—2001 年。

如果按人均提供的商品粮计算，吉林省是中国最大的商品粮输出省，从而对市场具有较大的依赖性，吉林省每年都要向省外和国外输出数量较大的商品粮。省外和国外粮食市场的供求状况直接影响着吉林省的粮食销售和再生产的进程。从中国的作物布局来看，玉米产区主要分布在北方，因而自 20 世纪 80 年代中期以来，形成了"北饲南运"的格局。从吉林省所处的地理位置来看，处于中国的东北部，距南方的玉米销区较远，从国内市场来说，处于不够有利的市场区位。吉林的玉米主要销往江苏、浙江、上海、广东、福建、四川等地，如图 7-5 所示。从中国的外部市场来说，玉米的出口流向主要是日本、韩国、马来西亚、印尼、越南、朝鲜等东亚和南亚的近邻国家，而其中的东亚国家对吉林来说，具有较为有利的区位条件。

在粮食收购和销售两个市场上，各有不同的因素制约着吉林省的粮食流通。在粮食收购市场上在不同时期有不同的经营主体，在 1985 年之前由国营粮食企业进行收购。20 世纪 80 年代后期，在统购统销的农产品制度实施改革之后，多种经营主体开始进入粮食收购市场，包括粮食加工企业、乡镇企业、外贸企业和私营粮贩。1990 年中国粮食供给不稳，国家又改合同定购为国家定购。从总体上说，在粮食收购市场上国营粮食企业占据主导地位，在玉米总产量中，由农业内部消费的玉米数量约占 30%，其余 70% 进入市场，在这 70% 的商品玉米中，由国有粮食企业收购的约占 80% 以上（表 7-4）。

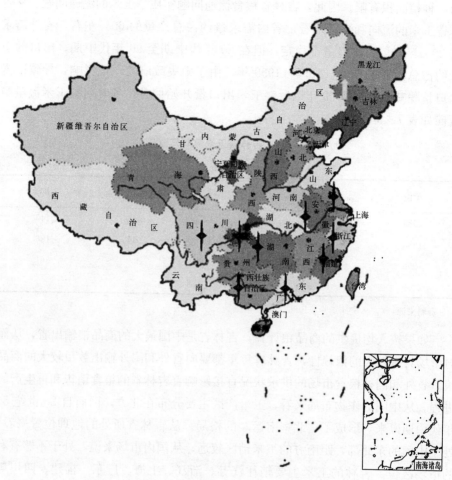

图 7-5　吉林省玉米销区分布示意图

注：星号标志区域为玉米销区。

表 7-4　吉林省国有粮食企业收购玉米情况

单位：万吨,%

年份	玉米总产量	玉米收购量	收购量占产量比重
1985	793.13	308.12	38.85
1986	1 016.42	473.88	466.2
1987	1 231.58	751.73	61.04
1988	1 220.97	564.25	46.21
1989	983.90	576.22	58.56

（续）

年份	玉米总产量	玉米收购量	收购量占产量比重
1990	1 529.55	1 706.81	70.40
1991	1 400.13	764.09	54.57
1992	1 326.20	728.00	54.89
1993	1 290.56	643.16	49.84
1994	1 439.40	636.92	44.25
1995	1 639.40	718.19	43.81
1996	1 753.40	1 327.74	75.72

资料来源：《吉林统计年鉴》，吉林省粮食厅。

在多种经营主体进入粮食收购市场的条件下，事实上并未起到增加市场有效需求的效果，一个重要原因就是各个经营主体都从各自的经营利益出发，其市场行为往往是买涨不买落，在粮食市场旺销时，争相购买，在粮食市场滞销时，减少购买，实际上是一种逆向调节。在粮食收购市场上，影响粮食收购的主要因素是粮食的烘干能力和仓储能力。从 20 世纪 80 年代初以来，由于粮食产量的突发性增长，粮食的仓储能力建设明显滞后，不能满足粮食增长的要求。在整个 80 年代，粮食仓储能力仅是需求能力的 60％～70％。在粮食的销售市场，主要是实现省内自给以外的需求，这部分的需求要依赖于国家的调拨政策和粮食出口政策。粮食在国内市场上实现需求的最大难题是产销区运距较远，要占据国家较多的运力并形成较高的运输成本。吉林省输出的粮食基本上是玉米，而中国的玉米销区和产区形成了南北分布的特征，在整个产区中，吉林省基本处于最北部，距销区有 2 000 公里以上的距离。而且基本上是南下一条路径，形成了较为严重的运输瓶颈。

表 7 - 5　吉林省玉米出口数量及占全国的比重

单位：万吨，%

年份	1985	1986	1987	1988	1989	1990	1991	1992	1993	1994	1995	合计
国家	634	564	392	391	350	340	778	1 034	1 110	784	11	6 388
吉林	206	283	210	205	241	186	344	474	530	496	10	3 185
占全国比重	32.4	50.0	53.6	52.4	68.9	54.7	44.2	45.8	47.7	56.8	90.9	49.9

资料来源：《吉林统计年鉴》1986—1996 年，《中国统计年鉴》1986—1996 年。

从 20 世纪 80 年代中期到 90 年代中期，吉林省玉米出口基本保持着稳中有增的态势（表 7-5），此间每年出口数量大致在 200 万～300 万吨，最高的年份可达到 500 多万吨，平均占全国玉米出口总量的 49.9%，在中国的各省份比较中，位居第一位，对实现吉林省玉米需求发挥了重要的作用。1995 年以后，中国在粮食出现暂时供给偏紧的背景下，实行了限制粮食出口的政策，1995 年吉林省仅出口玉米 10 万吨，1996 年国际市场的玉米价格看好，达到每吨玉米 220 美元，但中国基本停止了玉米的出口。1997 年以后，国际粮食市场价格走低，吉林省的玉米价格明显高于国际市场，在较大的程度上丧失了玉米出口的能力，直到目前吉林省的玉米市场竞争力仍然低于美国的竞争力。

7.2.2　加入 WTO 对吉林省粮食流通路径的影响

中国是一个人多地少的国家，人均占有的农业资源数量十分稀少。在中国各省市的比较中，吉林省虽然人均耕地数量相对较多，但与世界平均水平和农业资源丰富的国家相比，人均耕地占有量仍然是贫乏的，如表 7-6 所示，在中国的比较中，吉林省的人均农业资源占有量显著高于全国的平均水平，但与其他国家相比，农业人口人均耕地占有量仅是世界平均水平的 27.7%，仅是美国的 1/182，与人多地少的日本相比，也仅是日本的 30.6%。从农户和农场的经营规模来看，美国的家庭农场平均规模可达到 200 公顷，在欧洲可达到 20 公顷，而中国仅为 0.3 公顷。因此，加入 WTO 后，中国农业比较优势变化的一个基本特点是土地密集型产品将处于不利的地位。中国劳动力多，劳动力成本较低，因而劳动力密集型产品的优势将得到加强。吉林省作为生产玉米为主的典型的土地密集型产品的生产区域将受到巨大冲击，形成更为严重的市场约束，因此，吉林省玉米的流通路径将更为瓶颈化。

表 7-6　人均占有耕地资源和谷物数量

国家或省	农业人口比重（%）	人均耕地占有量（公顷/人）	农业人口人均耕地占有量（公顷/人）	农业人口人均谷物生产量（千克/人）
世界平均	43.47	0.23	0.54	809.08
中国	68.05	0.10	0.15	536.44
吉林	56.87	0.15	0.27	1 600.02
美国	2.36	0.65	27.35	54 039.00
日本	4.50	0.02	0.49	2 100.68
印度	55.87	0.16	0.29	408.21
法国	3.70	0.31	8.45	31 498.16

注：全部采用 1998 年数据，来源于《中国农业年鉴》2000 年、2001 年，《吉林统计年鉴》1999 年。

7.2.2.1 加入 WTO 后吉林省粮食流通面临的市场冲击

加入 WTO 对吉林省粮食流通将面临着多个方面的冲击，其中主要表现在：

一是面临着来自国际市场廉价粮食的冲击。在入世谈判中，中国政府承诺从 2001 年开始，对玉米等主要粮食作物产品实行进口配额，其中玉米 2001 年即可达到配额 450 万吨，到 2004 年可达到 720 万吨。这对中国市场来说，并不是一个小的数目，因为近年来中国虽然从国外市场进口较多的玉米，但最多的年份也未超过 700 万吨，一旦配额的玉米全部进到中国市场将会对中国玉米的生产和流通产生较大的冲击。自 1997 年以来，中国的玉米逐渐失去价格竞争优势，如表 7 - 7 所示。中国玉米和美国玉米相比，价格明显高于美国玉米。自今年以来，国际玉米市场的价格有所回升，但这是以今年美国玉米的减产为条件的。

表 7 - 7　中国和美国玉米价格比较

年份	1998	1999	2000	2001
比较价格	1.52	1.50	1.24	1.30

注：以美国玉米价格为 1。

资料来源：中国农业部信息中心。

二是粮食流通体制不相适应。中国原有的以计划经济为特征的粮食流通体制和流通规则将失去效用，而与市场经济相适应的新的粮食流通体制，不能有效地提高粮食市场的流通效率。从总体上看，中国加入 WTO 缺乏足够的流通体制上的准备，直到 1998 年出台的粮食流通体制改革方案仍然具有高度集权控制的特征，收购市场上实行的是国有粮食企业的专营化，这是与入世后的市场发展趋势是相悖的。

三是粮食出口竞争力将显著下降。入世后中国承诺不再对粮食出口进行任何形式的补贴，这在客观上将显著降低吉林省玉米的出口能力，在一定程度上说，吉林省的玉米有可能丧失出口能力。自 20 世纪 80 年代以来，中国吉林省的玉米出口在多数年头要依靠国家的出口补贴，一旦出口补贴取消，中国吉林省的玉米将大大降低竞争力。

7.2.2.2 加入 WTO 对玉米流通路径的影响

由于上述三个方面的冲击，将会对粮食流通路径产生影响，其中主要表现为：

一是将减少吉林省玉米在国内市场的流量。在一个计划经济的体制下，粮食流通市场基本在国家的控制之下，吉林省粮食流通的半径最远可达到广东省和四川省，这在以往常常是通过国家调拨方式实现的。在入世之后，这种方式在很大程度上已经失效，中国南方的玉米输入省份将根据市场的供需状况进行选择，而这种选择的一个重要出发点就是有利于提高产品质量，降低采购成本。在国际谷物市场价格走低，产品质量高于国内市场的条件下，必然使南方诸省减少对吉林省玉米的购买，长江以南的省份很可能成为国外玉米的市场，大大缩小吉林省玉米的国内市场。事实上，近年来在国际谷物市场价格走低的形势下，南方的省份已经开始加大从国外进口的力度。

二是将明显缩小吉林省玉米的市场流通半径。从 20 世纪 80 年代前期以来，吉林省的玉米销售就对国际市场有较大的依赖性，可以说，一旦出口出现问题，吉林省的玉米就会出现较大数量的积压。入世后，由于中国政府承诺不再对出口的农产品进行任何补贴，必然大大缩小吉林粮食流通的半径，这意味着吉林省粮食出口能力的下降和出口市场的缩小。这种状况在入世后的第二年第三年将表现得较为明显。

三是中央政府对谷物市场的控制力将大大削弱。与流通体制的变化相适应，中国粮食市场上的流通主体将发生新的重大变化。根据入世规则的要求，中国进口配额的粮食中须有 40％以上由私营粮食企业来经营，这意味着将打破原有的国有粮食流通体制的垄断，从而中央政府将在较大的程度上失去对粮食进出口市场的控制力。

四是粮食流通路径将会出现多元化的趋势。中国粮食流通在 1998 年出台粮食流通体制改革方案以后，出现了粮食流通初级市场一元化或专营化的格局，这是与 WTO 的规则相悖的。遵循 WTO 的规则，中国粮食的进口市场将至少有 40％的数量由私营企业操作，这在较大程度上也将影响国内市场的流通格局和流通政策。另一方面，在粮食面临着较大的需求约束的条件下，为扩大粮食的外部输出流量，也有必要开辟更多的流通渠道。因此，在入世后，中国粮食流通的路径将会趋近于多元化。

7.2.3 吉林省玉米流通路径的选择

关于吉林省饲料谷物流通路径的选择，要从收购市场和销售市场两个方面进行分析。1998 年中国中央政府的粮食流通体制改革的方案，实行了谷物初级市场专营化的政策，目的在于国家能够控制商品粮源，并控制初级市场粮食价格，以实行粮食的顺价销售。这一政策刚一出台，就遇到了较大的异议，诸多意见认为这是一种与市场经济相悖的计划控制模式，在客观上不具有操作性。由于国有粮食收购企业是粮食初级市场的唯一收购者，加大了流通的成本，降低了饲料谷物的市场竞争力，不利于实现顺价销售。就其最初的实践效果看，也甚为不佳。因此，在中国入世之后，粮食流通路径的改革，在收购市场上的一个重要选择就是要建立谷物流通主体多元化的格局。谷物流通主体多元化格局应由这样几个部分构成：①国有粮食收储企业；②粮食加工企业；③私营粮食流通企业；④农民合作型的粮食流通企业；⑤其他类型的粮食流通企业。

在五种类型的流通主体中，国有粮食流通企业仍将是处于核心地位的流通主体，这是因为中国毕竟是一个人口大国，稳定粮食市场对国家的社会稳定具有至关重要的意义。通过国有粮食企业控制粮食市场是实现国家控制粮食市场的必要前提。但国家并没有必要控制全部的粮源，特别是在国家经营粮食成本较高的情况下，更是如此。作为粮食加工企业进入粮食收购市场是十分必要的，一方面粮食加工企业进入粮食收购市场可以降低粮食流通成本，从而降低粮食加工企业的原料价格，提高粮食加工企业的竞争力；另一方面可以满足粮食企业对原料质量的需求。吉林省的谷物加工企业以淀粉为主，淀粉生产对原料谷物的含水量要求较高，而由粮食收储企业收购的谷物则要求谷物保持安全的水分或较低的水分，在 1998 年实行初级谷物市场由国有粮食企业专购政策以后，由于粮食加工企业不能进入收购市场，不仅加大了粮食企业的原料成本，而且也难以满足粮食企业对谷物质量标准的需求。1998 年出台的粮食初级市场的专购政策，由于其在实践上的操作性较差，所以执行不久，即开始松动，准许粮食加工企业进入初级市场进行收购。近几年来，在中国农业产业化的发展过程中，以农产品加工企业为龙头，开展了所谓"订单农业"业务。订单农业的发展，大部分限于杂粮类的小品种业务，对于大宗饲料谷物业务来说，并不适用。从今后发展来看，饲料谷物的收购，应鼓励粮食加工企业进入收购市场，这样做既可以减少国家在粮食收购与储藏方面的财政负担，又可以给加工企业一个宽松的选择空间，同时也有利于拓宽粮食主产区的流通路径，改善粮食流通环境。私营粮食流通企业应是今后发展的重点，自 20 世纪 80 年代中期以后，曾一度出现过私营粮食流通企业进入初级粮食市场进行收购的状况，但私营粮食收购企业在整个市场份额较小。在市场经济条件下，私营企业进入粮食初级市场是搞好粮食流通拓宽粮食流通的必要途径。在全国的比较中，吉林省的农民合作经济组织发展相对较慢，而在粮食流通领域的农民组织化程度则更为低下，这是与粮食生产与流通的高度计划性特征相适应的。发展农民在谷物流通领域的合作经济组织将是一个较为缓慢的过程，而且农民合作经济组织的存在与发展需要一定的支撑条件和环境，具体来说，农民在粮食流通方面的合作经济的发展要与农业产业化的发展相适应。除了这四种类型的流通主体外，还会存在其他类型的流通主体，例如外贸系统从事农产品对外贸易的企业可以直接进入谷物初级产品市场开展收购业务，一些从事其他产品贸易的企业也可以兼做初级市场的收购业务。总之在谷物的初级市场上应当形成一个多元主体并存的格局，而不再是独家垄断。

在谷物收购的初级市场，制约吉林省饲料谷物流通的客观因素主要是仓储和收购资金的限制。就仓储来说，从 1983 年以后就处于十分紧张的局面，主要是粮食突发性的增长，使流通领域呈现猝不及防之势。在此以后的近 20 年里，仓储设施不断建设，但至今仍不能满足实际需要。到 90 年代后期，吉林省全省共有粮库 731 个，最大的仓储能力 1 750 万吨，而每年入库新粮加上库存原粮至少要达到 2 300 万吨，因此，仓储容量缺口在 500 万吨左右。粮食收购资金是制约粮食收购的另一个重要因素，每年新粮上市所需的资金大约要 30 多亿元，形成较大的资金占用量。这两个方面制约因素的形成都与过于单一化的流通主体结构直接相关。

吉林省的玉米销售市场大体上可以分为三块，一是省内市场；二是向国内市场输出；三是出口国际市场。就省内市场而论，吉林省的饲料谷物以玉米为主体，作为商品输出的部分基本上都是玉米，近 10 多年来，玉米基本上退出了城乡居民的餐桌，使玉米主要成为畜牧业和加工业的原料，因此省内消费主要取决于畜牧业和加工业的发展规模。在 20 世纪 80 年代，吉林省每年自己消费的粮食大致有 100 亿千克，其余 50 多亿千克都要销往省外或国外。80 年代由于畜牧业发展落后，以及粮食加工业刚刚起步，省内对粮食的消费水平较低，进入 90 年代以后，伴随着畜牧业和粮食加工业的发展，省内的消费水平有了显著增长，但与此同时，粮食总量也有了较大幅度的增长，因此，直到目前需要销到省外的玉米仍占玉米产量的 1/3 左右。

在中国加入 WTO 之后，吉林玉米的市场竞争力进一步下降，直接以原料形式进入市场处于十分不利的地位，如何扩大就地的消费，以转化的产品形态进入市场应是在新的市场条件下，考虑的新的路径。就地消费主要是畜牧业消费和工业消费两个部分，玉米是工业加工价值较大的谷物，可加工出多种产品，但其主要用途仍然是饲料，即便是在美国这样的玉米加工大国，用于加工的玉米也仅占玉米总量的 20%，畜牧业仍是消费玉米的主要领域。对于以生产玉米为主要品种的吉林省来说，存在着畜牧业发展模式的选择问题。从总体上说，中国是一个粮食相对短缺的国家，所以中国选择的节粮型的畜牧业发展模式，这样做无疑是正确的，但就中国内部的不同区域来说，则存在较大的差异。吉林省作为一个玉米生产大省，人均占有的玉米水平达到 760 千克，接近最发达国家的水平，减少玉米市场销售的压力，增加本地的消费是十分必要的。因此，对吉林省来说，则不应拘泥于统一的节粮型畜牧业发展模式，而应从精饲料资源比较丰富的省情出发，选择一个以消费精饲料为主的畜牧业发展模式，即实施精品畜牧业战略。如果精品畜牧业战略得以全面实施，那么至少可以使吉林省本地消费玉米的能力增加 10% 以上，通过谷物产品向畜产品的转化，可以变直接形态的输出，为转化形态的输出，同样可以满足国内对玉米的需求。

扩大省内市场消费，实现粮食转化增值固然是最佳的出路，但要有一个实现的过程。在近期内不会实现太大幅度的本地需求。因此，在下面以省内市场消费不变为前提，讨论国内市场和国际市场的开发程度及流通路径的选择问题。

从总体上和长期的趋势判断，中国仍属于一个缺粮国，这样一个国情决定了粮食的销售首先是满足国内市场。但中国玉米的区域布局形成了典型的地域性分布特征，中国的玉米带基本上呈现了由东北向西南分布的特征，其中主要的适生区域基本上处于北方的省份，例如山东、河北、山西及东北、内蒙古等。在玉米产区的省份中，吉林省是玉米种植商品率和土地生产率最高的省份，但是吉林省地处中国的东北部，商品玉米的输出基本上呈现南下一条流向，出口的瓶颈化特征较为明显，且距南方销区远。吉林省所处的这种地理区位及其中国产销区的分布特征，与国内国外其他玉米产区所能够选择的流通路径均有较大的不同，这就使吉林省的玉米销售成本远比关内的其他玉米产区高，并决定了吉林省的玉米销售半径的有限性。可通过公式 $R=(P_2-P_1)/C$ 来计算玉米的流通半径。其中：R 为流通半径，P_2 为销地接收价格，P_1 为产区输出价格，C 为吨公里运费。

根据公式，假定吉林省玉米的输出价格为 1 000 元/吨，销地的接收价为 1 200 元，吨公里费用为 0.09 元（包括途中各项费用）。那么，流通半径 $R=$ 1 200-1 000/0.09=2 222.2（公里）。

同样，如果已知运输距离（流通半径 R），还可以确定销地的最低接收价格，$P_2=RC+P_1$。例如吉林省的玉米要销往广州，长春站至广州站的距离为 3 341 公里，则可算出广州的最低买入价 $P_2=3\ 341×0.09+1\ 000=1\ 300.69$ 元/吨。国际玉米市场 2000—2001 年两年的平均报价，玉米每吨的离岸价格为 88.9 美元左右，约合人民币 736.50 元/吨。而同期中国国内的市场玉米价格为 895 元人民币，可见国内的玉米在价格上已经失去了竞争优势。

以上这种分析是在目前国际玉米市场价格处于极其低落的情况下所作的分析，假定国际市场上的玉米价格恢复到1995年以前的价格水平或接近1995年以前的价格水平，按160美元/吨计算，约合人民币1 480元/吨，以此为参照，国内市场可接受的玉米价格可为1 500元/吨左右，那么实际可行的流通半径大约为前面计算的2 222.2公里，即仅可运到南京、上海这一带市场。

即便是玉米的运输成本不构成限制，那么也要考虑作为主要运输工具的铁路状况目前阶段，吉林省每年需要调出的玉米大致在75亿千克左右，如果这些商品粮全部采用铁路运输的话，一年内天天运粮，即使是每列50车皮的货车，每天也需近8列火车，如果在玉米大丰收的年份，还将形成更大的输出量，最高时将占用吉林省70%的铁路运力。在工业化程度越来越高的形势下，对工业原料和工业品的运输将构成很大的限制。

在中国加入WTO之后，按照中国政府的承诺，既要放弃对玉米出口进行补贴的政策，又要对配额之内的玉米实行低关税的政策，这意味着吉林玉米的国内外市场环境进一步恶化。这迫使吉林省必须对国内市场的运作方式重新进行选择。加入WTO，意味着中国将自身的经济不断地融入世界，因此，需要重新审视中国农产品的进出口市场以及农产品产销区的划分。在入世的条件下，中国没有必要再像过去那样仅在国内市场上考虑农产品的供求关系，实现农产品的供求平衡。中国应当把国内市场和国外市场统筹进行考虑，在国际市场调节的范围内谋划饲料谷物的供求平衡。同时中国政府应当进一步按照市场经济的运作模式考虑改善中国谷物流通的市场环境和生产环境，以降低谷物的生产成本和流通成本，提高市场竞争力，具体来说，第一，在中国已经失去饲料谷物市场竞争优势的前提下，应当主动调减国内一些饲料谷物低产区的种植面积，以减少国内饲料谷物的供给总量，从而减少国内饲料谷物的市场压力。第二，在国际市场价格有利的条件下，适当增大南方玉米销区的玉米进口数量。这样做既可以增大国内销区的经济福利，又可以在一定程度上拉动国际市场饲料谷物的价格，有利于改善北方玉米产区进入市场的条件，增加玉米的出口能力。中国是一个人口大国，谷物消费总量的1%绝对值对国际市场会产生较大的放大效应，从而对国际市场的谷物价格产生一定程度的拉动作用。第三，适当缩小吉林玉米在国内市场的流通半径和流量，在价格有利的条件下，适时开展玉米出口业务，把国内国外的市场统筹起来进行运作。

　　至于玉米出口，从 1951 年就已经开始，但是一直到 1984 年之前，吉林省每年的玉米出口量最多的年份也不足 6 万吨。玉米出口数量的明显增长是在 1985 年之后，每年的出口数量在 200 万～500 万吨，为缓解玉米的积压发挥了重要的作用。1994 年以后，由于国家玉米两项旨在提高中国粮食企业市场竞争力的政策，大幅度地减少了玉米的出口。1997 年以后，国际粮食市场发生了急剧性的变化，价格大幅度跌落，跌幅达一倍以上。

　　从吉林省现阶段的玉米竞争力看，出口不具备竞争的实力。但从长期趋势看，面向国际市场销售仍不失为一条重要路径。之所以如此，在于吉林省地处东北亚，东北亚诸国，包括日本、韩国、俄罗斯的远东部分均对玉米进口有较大的需求，需求总量在 3 000 万吨左右。目前这些国家主要从美国市场进口玉米，从产销布局的区位来说，这些国家从中国的吉林进口玉米更为有利，一方面是运距短，运输成本相对较低；另一方面，由于运距短，运输所需要的时间也较短，大约 5～7 天，而如果从美国进口玉米大约需要 2～3 周的时间。在期货市场的条件下，运输时间长本身就意味着一定的市场风险。因此，从吉林省所处的国际市场区位来说，具有相对有利的周边市场条件，但这仅仅是有利的条件之一，而要在实践中真正拓宽吉林省玉米的国际市场，尚需要满足以下三个条件：①国际市场价格的好转。目前国际市场的玉米低价状态并不是一个长期趋势，在一定条件下，会出现价格回升的可能；从 2002 年以来，国际玉米市场由于美国玉米的减产，出现了有利于中国玉米出口的势头。按目前美国海湾港口 FOB 价格折算，美国玉米到中国口岸价格至少为 1 320～1 340 元人民币/吨，而吉林省的玉米运到东面沿海港口的价格为 1 150 元人民币/吨，比美国玉米要便宜 150 元/吨。国际玉米市场的变化，改变了吉林省玉米的出口形势，2002 年 1—7 月份出口玉米 349 万吨，比上年同期增长一倍。②中国政府稳定、积极的谷物出口政策。在过去的一些年里，中国作为计划经济模式，进出口业务严格地控制在中央政府手中，人为的干扰因素较多，政策缺少连续性，不利于同贸易国形成稳定的贸易关系，在中国加入 WTO 后，由于 WTO 相关规则的制约，将会改变或减少这种政策的不稳定性。另外，中国加入 WTO 后，承诺不再对玉米出口进行补贴，这将大大削弱中国玉米的出口竞争力。为扭转这种不利的形势，中国政策于 2003 年 4 月份出台了两项旨在提高中国粮食流通企业市场竞争力的政策，一项是从 4 月 1 日起对铁路运输的稻谷、大米、小麦、面粉、玉米、大豆等征收的铁路建设基金实行全额免征，从而使玉米从产区以铁路运往销区的运输成本平均降低 40％左右。这对于处于中国东北部、距离南方较远的吉林省来说，将在较大程度上提高市场竞争力，从长春到广州的每吨玉米的运费可以减少近 50 元人民币。另一项是，国家批准对大米、小麦和玉米实行零增值税税率政策。据测算，这两项政策可使玉米出口成本每吨减少 200 元左右人民币，相当于 24 美元。③具有竞争力的玉米成本和产品质量。增强吉林省玉米的市场竞争力，可从宏观和微观两个层面进行调节，宏观的调节主要是压缩玉米非优势产区的产量，减少国内的玉米供给；微观调节主要是降低玉米的生产成本和提高玉米的质量。就吉林省目前玉米生产成本的现状而言，还有一定的潜力，其中主要的措施是实行经济施肥和提高肥效的利用率，如果措施到位可将成本降低 10%～20%。此外，按照 WTO 准许的"绿箱"政策，中国仍然具有十分巨大的空间，诸如农田基本建设、农业科技推广、增加公共产品的供给等，在目前阶段支持的水平较低，加大支持后有利于降低中国饲料谷物的生产成本。吉林省作为中国重要的饲料谷物的供给省份，将会优先得到这种政策倾斜。吉林省玉米质量差的主要原因是严重的越区种植以及收获环节、储运环节的粗放管理，这是以往收购制度造成的弊端，如果在收购环节上严格执行质量标准，可较好地推行适合本地种植的品种，从而解决越区种植的问题。

关于饲料谷物销售市场的流通主体，将会随着中国入世的深入和流通体制的改革，而呈现新的格局。在原有的流通体制下，中国饲料谷物的出口业务基本由外贸部门来做，伴随着中国的入世和外贸体制的改革，内外贸的界限将趋于淡化，粮食经营企业开始进入外贸领域。进一步发展，从事粮食贸易的企业不仅包括国营粮食企业，也包括混合所有制的股份制企业，以及私营企业，从而形成多种流通主体并存的竞争格局。

由上分析可见，无论是国内市场还是国际市场，吉林省的饲料谷物的流通路径均处于比较困难的时期。目前吉林省的饲料谷物仍有较大量的积压，这给地方财政带来了较大的负担。饲料谷物流通路径的拓宽依赖于多种条件，包括供给总量的调整、市场价格的回升、流通制度的改革、谷物生产成本的调整和质量的提高等。尽管目前面临着较大的困难，但在客观上也给吉林省提供了提高农业整体素质，增强市场竞争力的机遇。

7.3 吉林省玉米市场竞争力探析 *

我国加入 WTO 后，农业比较优势变化的一个基本特点是劳动力密集型产

---

* 原载于《经济纵横》2005 年第 5 期。

品的优势得到进一步加强，而土地密集型产品的市场竞争力进一步受到削弱。这一变化，使我国以生产玉米、大豆、小麦等土地密集型产品的农业生产区域面临着十分严峻的挑战。吉林省是我国最主要的玉米生产区域之一，其粮食总产量占全国的 5％，粮食的商品量占全国的 10％，粮食的人均占有量是全国的 2.3 倍，粮食的商品率在 65％左右，约比全国的平均水平高出一倍；玉米产量占全省粮食产量的 70％，占全国玉米产量的 15％；人均粮食占有量、粮食商品率、人均玉米占有量、玉米出口量等多项指标多年来一直位居全国第一。我国加入 WTO 后，这些曾经辉煌过的指标，恰恰成为一个个严峻的挑战。吉林省是以生产玉米为主的重要的商品粮基地，在一定意义上说，吉林省玉米的国际竞争力代表了中国玉米的国际市场竞争力。提高吉林玉米的国际市场竞争力是应对入世挑战的重要内容之一。

7.3.1 吉林省玉米市场竞争力现状

吉林省的以玉米为主体的作物结构的形成发生在 20 世纪的 60 年代以后，在 20 世纪的 30 年代，吉林省的玉米种植面积仅占农作物种植面积的 30％，当时吉林省农业是一个典型的以玉米、大豆、高粱、谷子等作物为主体的多元化种植结构。玉米种植面积的增加，主要来自于追求产量目标和农业科技的进步两个主要因素。在 20 世纪 60 年代，中国人均粮食占有量只有 250 千克左右，增加粮食产量解决中国人民的吃饭问题理所当然地成为中国政府的首要政策目标。玉米是仅次于水稻的高产作物，有利于满足增加产量的要求。与时同时，玉米的品种改良取得了显著的效果，单产水平不断提高，每公顷产量从 50 年代末的 1 400 千克提高到 70 年代末的 3 200 千克，提高 1.3 倍。到 90 年代前期，吉林省玉米的播种面积已经占到农作物总播种面积的 55％。吉林省成为我国玉米带的最核心部分，也是我国最重要的商品粮基地之一。

价格是商品竞争力的最主要标志，除价格外，产品的质量、生产与贸易区位、政府的农业政策等等因素也对竞争力的形成产生重要影响，因此，可以从价格、质量、区位、政策等多个指标分析吉林省玉米的国际竞争力。在国际玉米市场上，美国占据整个出口量的 50％以上，吉林省的玉米主要面临着美国的竞争，特别是在加入 WTO 之后，国内市场已经国际化，国内市场的竞争对手同时也是国际市场上的对手，因此，在这里市场竞争力的分析主要同美国的玉米进行比较。

就玉米价格竞争力而论，经过了一个动态的变化过程，而且在不同的市场供求关系下，价格竞争力表现出较大的差异。20 世纪 80 年代前期，是吉林省玉米产量增长最快的时期，得益于农业家庭联产承包责任制的落实，吉林省的粮食产量连续上了几个台阶，出现了超常规的增长。从 1983 年开始，吉林省的粮食出现了储不下、运不出的局面，第一次出现了卖粮难。为解决卖粮难的问题，国家在加快解决粮食仓储设施建设的同时，着力解决粮食的省外调拨和出口。从 1985 年开始，玉米的出口成为解决吉林省玉米销售的重要出路之一，每年以 200 万～300 万吨的规模出口，在 90 年代前期，最高出口规模达到年出口玉米 500 万吨，使吉林省成为国内最大的玉米出口大省。80 年代，国际粮食市场的玉米到岸价格为 100～120 美元/吨，合人民币 500～600 元/吨，吉林省的玉米市场销售价格为 400 元/吨。因此，在当时吉林省的玉米具有一定的竞争力。进入 90 年代以后，玉米价格曾几次上调，在推动产量增长的同时，也推动了成本的提高。特别是 1994 年前后，粮食市场价格上涨，国内市场的粮食价格明显高于国际市场。1997 年以后，国际玉米市场的价格一度处于低迷状态，玉米到岸价从 1995 年的 1 600 元/吨，下降到 2002 年的 910 元/吨左右，而 2002 年吉林的玉米运到玉米的主销区——长江以南，每吨要在 1 300元以上，1998—2002 年吉林省玉米比美国玉米价格平均高出 39%。然而，2003 年情况发生逆转，因为美国玉米 2002 年度减产导致国际玉米价格上涨，另外，当时中国铁道部取消农产品运输中的铁路建设基金，使吉林省玉米在流通中的费用大大降低。2003 年吉林玉米销地价为 1 280 元/吨，美国玉米的到岸价为 1 560 元/吨，差价 270 元，价格比是 0.82，降到了 1998 年以来的最低点（表 7 - 8）。2004 年 6 月，国际海运运费下降，吉林玉米与美国玉米在广东港的差价为 250 元/吨，价格比为 0.85，比 2003 年略有提高。但从总体上看，吉林省的玉米和美国玉米相比，在价格上缺少竞争力，2003 年以来的市场价格虽对中国有利，但表现为一种短期市场的特征，从长期看，中国吉林的玉米并不具备价格上的优势。

表 7 - 8 中国和美国玉米价格比较

年份	1998	1999	2000	2001	2002	2003	2004
比较价格	1.52	1.50	1.24	1.30	1.42	0.82	0.85

注：以美国玉米价格为 1。

资料来源：中华人民共和国商务部网站。

价格实际上是反映了成本水平，吉林省的玉米价格高，是因为生产成本和流通成本较高，就生产成本来说，吉林省每千克玉米为 0.52～0.68 元，而世界上最大的玉米出口国美国则为 0.36 元。吉林省玉米比美国玉米每千克高出

44%以上。在玉米的流通费用方面,美国占有着天然的优势,美国的玉米带生产的玉米以伊利诺河和密西西比河两大河系为主要运输通道,流通费用很低。吉林省每年大约有 100 亿千克的商品玉米需要运出省外,但基本上是铁路运输,且只有南下一条通道。运到长江以南每吨玉米的运费和其他附加费用要高达 400 元以上,约占玉米销售价格的 30%以上。

在价格同等的条件下,玉米的质量就成为竞争的主要要素。从质量的比较看,吉林省玉米和国际市场的玉米相比也存在明显的差距。美国的玉米含水量在 14%～14.6%,完全达到了安全水分。但吉林玉米收获时水分可以高达 25%以上,收购玉米的水分一般也要在 18%以上。玉米收购入库后必须进行烘干降水,从而导致玉米皮厚,品质差。此外,玉米在收储的环节,管理粗放,存在诸多漏洞,使玉米的杂质含量较高,降低了玉米用户的使用效率。

对作物产品来说,区位的竞争力主要表现在生产区位和贸易区位两个方面。就生产区位来说,美国的玉米产区是世界第一大玉米带,具有生产玉米的良好条件;吉林省的玉米产区位于东北松辽平原的腹部,是世界上著名的第二大玉米带,同样具有生产玉米的良好条件。因此和美国相比没有太大的区别。就贸易区位而论,吉林省在国内贸易的区位上劣于美国,但在国际贸易的区位比较上,则具有相对优势。吉林省周边的国家,包括日本、韩国、朝鲜、俄罗斯的远东部分均为世界上主要玉米进口国,进口总量约为 3 000 万吨,约占世界进口量的 40%以上,如图 7-6 所示。

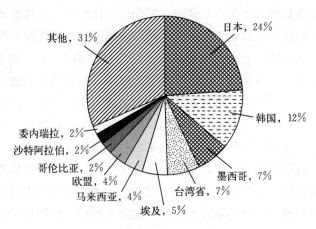

图 7-6 各国进口玉米情况

日本、韩国从中国进口玉米所需的运输时间为 5～7 天,而从美国进口则要 15～20 天,运输费用远远高于我国。在东北亚玉米市场上,吉林省玉米是美国玉米的主要替代品,1994—1995 年我国停止玉米出口时,日本和韩国对美国玉米进口的依存度高达 98％，这两个国家急欲降低这种过高的进口依存度，因此，在东北亚玉米市场上，只要改善玉米的质量并有一个相对可接受的价格，即可形成一定的竞争力。

政策竞争力主要是评价一国在农业支持政策和农产品出口政策对农产品生产和流通的干预程度。美国作为最大的发达国家，长期以来形成了支持力度很大的农业保护政策体系，美国对农业的国内支持量占农业总产值的 50％，而中国仅占到农业总产值的 3.25％。在农产品的出口政策上，美国主要是通过市场进行调节，价格发挥供求的调节作用。但我国的农产品出口政策，其中主要是粮食出口政策相对不稳定，政府人为的干预程度较高。例如，1994—1995年，在国内粮食供给偏紧的背景下，吉林的玉米基本上停止了出口。这种政策的不稳定性，对我国出口的市场信誉影响较大，不利于我国和周边国家形成相对稳定的贸易关系。

7.3.2　影响玉米竞争力的因素分析

从总体上判断，吉林省的玉米竞争力在国际市场上处于明显的弱势地位，这是多重因素共同作用的结果，概括起来说，主要包括如下若干因素：

第一，规模效益低是导致玉米成本高、竞争力弱的首要因素。玉米属于土地密集型产品，适于大面积机械化耕作，对人多地少的国家来说，可以获得较明显的规模效益。我国的人均耕地占有量仅为 0.1 公顷，仅为世界平均水平的27％，户均经营规模大致在 0.6 公顷。在全国的比较中，吉林省属于人多地少的省份，但户均规模也只有 1.5 公顷。而欧盟国家的农场规模平均在 20 公顷，美国一般在 200 公顷以上，吉林省只是它们的 1/13 和 1/133，如表 7-9 所示。尽管中国的劳动力比较便宜，但由于经营规模小，在相当多的地方，田间作业仍以人畜力为主，致使每一单位产品的劳动力成本仍比美国这样的国家高。狭小的经营规模不仅是导致玉米生产成本高的重要因素，同时也是导致玉米质量低的重要因素。这是因为我国农村土地采取好坏搭配分配的方式，在本来很小的家庭土地经营规模的条件下，承包地又分成若干地块，对吉林省这样的省份来说，一般农户要经营 5 个地块以上，每个农户都经营 3 个以上的作物品种，不同的品种之间没有必要的隔离带，品种间混杂授粉，特别是对专用型的玉米来说，作物品质的纯度更是难以保证。

第二，越区种植降低了玉米品质。自 20 世纪 90 年代以来，吉林省就大量从辽宁、山东引进一些产量高、生育期较长的品种。纬度低地区的品种的引进，虽然提高了玉米的产量，但也造成了玉米成熟度低，收获季节玉米含水量过高的问题。相当多的玉米在入库时的水分高达 23%，不仅给粮食收贮企业造成了粮食烘干的压力，而且烘干后玉米品质大大下降。

表 7 - 9　人均占有耕地资源和谷物数量

国家或省	农业人口比重（%）	人均耕地占有量（公顷/人）	农业人口人均耕地占有量（公顷/人）	农业人口人均谷物生产量（千克/人）
世界平均	41.98	0.22	0.53	815.79
中国	72.11	0.10	0.14	427.57
吉林	55.54	0.21	0.38	1 350.98
美国	2.16	0.62	28.72	52 790.98
日本	3.65	0.04	0.97	2 636.60
印度	9.10	0.16	1.74	2 571.75
法国	3.19	0.31	9.73	31 821.15

注：全部采用 2002 年数据，来源于《中国农业年鉴》2003 年，《吉林统计年鉴》2003 年。

第三，粮食收购制度不尽合理。玉米越区种植是导致含水量高的直接原因，这种越区种植现象已经持续了近 10 年，而至今未能得到解决的重要原因则是不尽合理的粮食收购制度。多年来，政策强调的是保证农民把粮卖出去，而并未对卖什么样的粮给予足够的注意。近年来，政策又强调保护价敞开收购，而同样对敞开收购什么样的粮未能给予足够关注。从粮食收购的实际操作过程来观察，不能说未能对高水分玉米给以某种限制，但这种限制主要是体现在扣除水分上。水分虽然扣除了，但由于高水分造成的玉米皮厚、品质差的问题并未能随之解决。其结果是农民认可了高水分的扣除，而收购部门认可了农民每年交售的高水分玉米，这在事实上是形成了一个"高水分"玉米的制度容忍空间。而对专用性较强的特用玉米也未能有效地贯彻专品专价的原则，使事实上质量较优的玉米又未能得到制度的认可，牺牲了优质产品应得的利益。因此，在一定意义上说，现有的收购制度保护了落后。

第四，农业投入效率不高。据对吉林省的玉米成本情况调查，在投入的物质费用中，化肥投入约占 40%，但化肥的有效利用率却只有 30%，这意味着另外 70% 的化肥是无效投入。从发达国家的情况看，化肥的有效利用率可以达到 70%，比我国高出一倍多。

第五，农业保护政策力度低。我国作为一个发展中国家，从总体上看，对农业的政策尚处在负保护阶段，而发达国家对农业则形成了一个强有力的支持体系，这种支持表现在对农业的直接和间接的支持上。美国对农业的国内支持占农业总产值的 50%，中国只占到 3.25%，相比之下中国只是美国的 1/15。世界上绝大多数国家农民没有农业税，只有所得税，而我国农民上缴的税费一般要占农民收入的 8% 以上。这在很大程度上降低了我国农产品在国际市场上的竞争力。事实上，像美国这样的发达国家农产品的竞争力，在很大的程度上依赖于保护政策的支持。

7.3.3 提高玉米竞争力的对策思路

从现阶段看，吉林省的玉米和美国这类发达国家相比，不具备竞争的优势，但并不意味着完全处于劣势的地位。一方面市场本身处于波动状态，在价格对我国有利时可以形成一定的市场竞争力，例如 2002 年美国玉米减产，和上一年相比，国际玉米价格上涨 30% 以上，形成了对吉林玉米出口的有利形势，该年度吉林省玉米出口达到了万吨，比上一年增长一倍；另一方面，玉米的生产成本和流通成本尚有很大的下调空间，例如，2002 年我国实行了减免粮食流通的铁路建设基金和粮食出口增值税两项政策后，使吉林省的玉米运输成本降低了 40%。因此，我国必须善于在国际国内两个市场上操作，努力寻找提高玉米竞争力的途径。从近期看，提高吉林省玉米国际竞争力的途径可从这样几个方面着手：

第一，优化玉米种植区域。运用宏观经济政策手段，调整作物布局，压缩玉米非主产区的种植面积，从而减少国内的玉米供给总量，达到调整市场供求关系，保护玉米主产区的目的。如表 7-10 所示，我国各地区的玉米生产水平存在较大的差异，在种植面积为 400 万亩的 14 个省份中，吉林省的玉米单产水平最高，位居全国第一位，与较低的省份相比，是其单产的两倍多。我国的玉米产量占世界玉米产量的 20%，在世界的玉米总产中占有较大的份额。我国应当主要减少缺少比较优势的产区的玉米产量，重点保护具有比较优势的玉米主产区的玉米生产，减少非主产区的玉米产量，降低我国玉米的供给水平，适当增加玉米的进口，可以起到提升国际市场价格的作用，以提高国内玉米竞争的效果。

第二，为提高农产品质量提供组织体系保证。吉林省玉米主产区的农户经营规模大约在 1.5 公顷，一般要分散成 5 个地块以上，而每个农户为分散经营风险又要经营几个品种，对于种植专用型玉米来说，这样一种细碎化的土地经营方式，无法保证产品的纯度，从而影响产品的质量。可以说，目前的土地经营方式不仅不能获得规模经济效益，而且构成了农产品质量提高的障碍，因此必须重视农业经济组织创新。在目前阶段，对于农村工业化和城市化程度不高的粮食主产区来说，农业经济组织创新的重点主要是在坚持农业家庭联产承包责任制的前提下，进行土地种植方式和经营方式的整合，具体形式可以包括发展农业产业化经营，以"龙头"企业牵动千家万户，坚持统一的技术标准，生产同一标准的产品；也可以是发展专业型的农民合作经济组织，在合作组织内部统一种植计划、统一种植品种、统一产品标准，以提高产品的标准化程度；在有条件的地方也可以发展农业租地公司，在不改变农户的土地承包权的前提下，相对实现规模化经营。

表 7 - 10　各地区玉米播种面积和产量

单位：千公顷，万吨，千克

省份	2000 年			2001 年			2002 年		
	播种面积	总产量	公顷产量	播种面积	总产量	公顷产量	播种面积	总产量	公顷产量
全国平均	23 056	10 600	4 598	24 282	11 409	4 699	24 634	12 131	4 925
吉林	2 197	993	4 520	2 610	1 328	5 091	2 580	1 540	5 970
辽宁	1 422	551	3 874	1 567	819	5 225	1 432	858	5 993
黑龙江	1 801	790	4 390	2 133	820	3 843	2 286	1 071	4 684
内蒙古	1 298	629	4 847	1 519	757	4 984	1 562	822	5 259
河北	2 478	994	4 012	2 543	1 060	4 166	2 577	1 035	4 016
山西	793	354	4 470	838	310	3 699	891	425	4 884
山东	2 413	1 467	6 079	2 505	1 532	6 117	2 530	1 316	5 201
安徽	485	219	4 507	589	280	4 750	651	357	5 477
广西	610	184	3 016	165	65	3 961	142	54	3 770
云南	1 129	473	4 190	1 138	477	4 194	1 129	462	4 088
四川	1 235	547	4 431	1 201	452	3 767	1 208	525	4 347
重庆	500	197	3 945	490	181	3 687	477	197	4 139
甘肃	464	210	4 533	467	199	4 260	504	219	4 354
陕西	1 056	413	3 914	1 005	353	3 510	1 000	375	3 745

资料来源：2001—2003 年《中国农业年鉴》。

　　第三，改革农产品收购政策。 现在的玉米保护价敞开收购政策，在发挥其保护农民利益的积极功效的同时，也存在一定的弊病，主要问题是未能有效地坚持玉米收购的质量标准。适宜的政策应当是保护农业的弱质性的一面，克服农民交换行为中的劣质性一面，农业保护政策要有利于提高农业的市场竞争力。

　　第四，改变越区种植的状况。 就吉林省的玉米品种来说，并不亚于美国的玉米，品质不高的原因主要是越区种植。改变越区种植的状况，一方面要重视适生品种的培育，培育出高产优质的适合本地种植的新品种；另一方面要改革收购制度，坚持玉米收购的质量标准，以形成有利于提高玉米质量的政策导向。

第五，注重栽培技术的推广应用。化肥等农业投入品效率不高，反映了我国作物栽培技术的落后。自 20 世纪 90 年代以来，我国的农业技术推广体系受到了较大的冲击，因此也使我国的粮食作物栽培技术发展较为缓慢。要重视先进栽培技术的推广应用，科学施肥，合理施肥，推广精量播种，合理密植。如果把化肥的利用率提高到 60％，意味着把目前的化肥投入量减少 50％仍然可以达到目前的效果，同时意味着可以使玉米的物质费用降低 20％。

第六，减轻农业与农民的外部负担。政策支持是影响玉米竞争力的重要因素，我国在农产品支持方面水平较低，在对农业的支持方面，无论是"微量允许标准"，还是"绿箱"政策，我国都有较大的空间。入世之后，不同的作物品种和不同的农业区域，受到的影响和冲击是有较大差别的。要根据优势的变化充分发挥我国劳动力密集型产品的生产优势，增加劳动力密集型产品的市场份额；同时也要根据我国作为世界第一人口大国的国情，重视主要粮食作物的自给能力和自给水平，要把支持的重点放在商品率较高生产主要粮食作物的粮食主产区。进一步减轻农民的税费负担，特别是承担较大市场风险的粮食主产区的农民负担，尽快在全国取消农业税，完成农业政策由负保护向正保护的历史性转变。进一步提高农业公共产品的供给水平，例如玉米生产中虫害的生物防治措施、农田水利设施建设等，通过公共产品的投入，改善农业生产条件，提高土地生产率来降低玉米的生产成本。

单一地从某一方面采取措施来提高玉米竞争力，不会产生显著效果，但如果从多个方面采取措施，形成叠加效应，对提高玉米的国际竞争力就会产生明显的效果。因此，在我国加入世贸组织后，尽管存在种种困难和不利条件，但只要从多个方面挖掘潜力，吉林省的玉米竞争力仍然存在提高的空间，我国的土地密集型产品同样可以赢得竞争中的一席之地。

7.4 中国玉米市场分析[*]

中国既是一个玉米生产大国，又是一个玉米消费大国。中国玉米市场的供

　＊ 本文为 2009 年笔者参加日本农经学术年会的大会发言，原载于日本农业经济学会主办的《农业经济研究》2009 年秋季号。

求状况，对国际市场会产生显著的影响。就中国未来的玉米市场而论，应在合理安排玉米消费的前提下，重视玉米供给能力的提高，并建立一个开放的玉米市场。

7.4.1 近 30 年来的中国玉米需求的变化

玉米因其功能多元化的特征，使其具有十分宽广的消费用途，从而形成了玉米市场上日益增长的需求。中国作为一个发展中的人口大国，随着人口和收入两个变量的变化，玉米需求呈现持续增长的趋势。玉米加工业展示出的广阔发展前景，使玉米的工业需求成为最为强劲的部分。

在 20 世纪 90 年代之前，中国玉米的消费主要限于主食领域，这种状况受制于当时中国的人均收入水平和食物占有水平。在 1978 年以前，中国政府长期致力于提高粮食供给水平，但由于路径的错误，收效甚微。1978 年中国的人均粮食占有水平仅有 247.8 千克，此前，中国人民一直饱受衣食之忧。始于 1978 年的中国农村改革，极大地释放了农业生产力，到 1984 年中国的粮食总产量已经达到 4 073 亿千克，人均粮食占有量达到 393.6 千克。由于中国农业资源的限制，以及人口的增长，此后的 20 多年，中国的人均粮食占有量并没有出现明显增长，基本在 400 千克水平上下徘徊。但此间由于农业生产结构的变化，粮食以外的食物供给明显增长，这意味着食物总量的增大，从而使粮食人均占有量在没有继续发生明显增量变化的前提下，推动了粮食消费结构的变化，其中玉米开始从主食型消费向饲料消费和工业消费转变。

表 7 - 11　1978—2007 年中国人均主要食物占有量

单位：千克

年份	粮食	肉类	水产品	水果	蔬菜
1978	247.8	8.9	4.8	6.8	
1979	330.2	10.9	4.4	7.2	
1980	324.7	12.2	4.6	6.9	
1981	324.8	12.6	5.1	7.8	
1982	349.1	13.3	5.1	7.6	
1983	377.8	13.7	5.3	8.3	
1984	393.6	14.9	6.0	9.5	
1985	361.0	16.0	6.7	11.1	
1986	370.3	18.0	7.8	12.7	

（续）

年份	粮食	肉类	水产品	水果	蔬菜
1987	372.9	18.4	8.8	15.4	
1988	367.0	22.8	9.7	15.3	169.0
1989	368.2	25.3	10.9	16.6	176.1
1990	393.0	21.3	11.8	16.5	181.0
1991	380.1	27.5	10.1	19.0	187.7
1992	383.0	33.0	13.4	21.1	190.9
1993	391.5	33.0	15.5	25.8	216.1
1994	378.2	31.4	18.3	29.7	217.3
1995	393.9	44.4	21.2	35.9	216.5
1996	410.0	49.5	23.5	38.8	253.4
1997	409.8	42.6	25.5	42.1	285.1
1998	412.4	46.1	27.2	43.9	316.8
1999	405.8	49.5	28.5	49.8	
2000	366.0	49.5	29.4	50.3	342.8
2001	355.9	49.8	29.9	52.3	378.7
2002	357.0		30.9	54.3	411.5
2003	334.0		31.6	112.7	418.1
2004	362.0		32.8	118.4	423.6
2005	371.0		33.9	123.6	431.7
2006	379.0		35.0	131.5	443.7
2007	380.6	52.0	36.0	137.6	459.7

注：1978—1987 年无蔬菜产量统计数字。

资料来源：历年《中国统计年鉴》《中国农业年鉴》《中国农村统计年鉴》及国家统计局网站。

从 20 世纪 80 年代中期开始，中国的玉米主产区发生了"卖难"问题，解决玉米"卖难"的一个重要路径是发展畜牧业，实施玉米就地转化，由此推进了玉米由主食消费向饲料消费的转变。在 20 世纪 80 年代前期，中国玉米的主要用途为主食，在玉米主产区，玉米不仅是农村居民的主食，也是城镇居民的主食。以吉林省为例，在 20 世纪 80 年代前，城镇居民的主食结构中，50％以上为玉米。80 年代以后，伴随着农业生产结构的调整，城乡居民的主食结构发生变化，在东北玉米主产区，不仅城镇居民很少消费玉米，农村居民的玉米主食消费量也明显下降，大米代替玉米，成为城乡居民消费量最大的主食。到

20 世纪 90 年代初，中国玉米的主食消费已经降至 19％，玉米消费总量中，饲料消费已经占 68％，玉米加工占 5％，出口占 8％。20 世纪 90 年代以后，是中国畜牧业发展较快的时期，东北地区作为历史上畜牧业发展落后的地区，畜牧业比重逐渐提高，由原来的畜产品输入区转变为畜产品输出区。到 2007 年，东北三省的生猪出栏量达到 4 670.49 万头，是 1989 年的 3.19 倍，人均肉类产量达到 69.8 千克，比全国平均水平高出 34％，其中玉米生产大省吉林省的人均肉类产量达到 85 千克，比全国平均水平高出 63％，中国东北的玉米带成为肉类产品生产的重要基地。到 2007 年，在中国的玉米消费结构中，用于饲料的玉米占 65％。

中国改革开放的 30 年间，居民的畜产品消费水平大幅度提高，但城乡之间却显著不平衡。从中国城乡居民畜产品平均占有水平看，与目前发达国家的占有水平相比存在明显差距，2007 年中国人均肉类占有量为 52.1 千克，仅为发达国家的 65％，奶类人均占有量 27.6 千克，仅是世界平均水平的 25％。如果以目前发达国家的畜产品占有水平为参照系，在未来的 10 年内，使中国城乡居民的肉类消费接近目前发达国家的消费水平，即比目前水平提高 50％，考虑到畜牧业科技进步的因素，至少要增加饲料玉米 4 000 万吨。饲用玉米是一个持续增长的过程，是居民收入增长的函数。同时也要看到，在未来的 20 年内，中国的人口仍是一个正增长的过程，至少会产生 2 亿人口增量，因此要考虑到新增人口所增加的畜产品生产需要的玉米饲料用量，按城乡平均水平估算，同时未来 10 年按新增人口 1 亿人计算，需要增加 1 450 万吨左右的玉米需求。

近 10 年来，特别是近 5 年来，中国玉米市场上需求最为强劲的部分是加工业用玉米。畜牧业对玉米饲料的需求是一个持续增长的量，主要受收入和人口增长两个变量的影响。而作为工业性的玉米需求则表现为较大的弹性，特别是伴随着玉米生化工业的发展，玉米的工业需求在一定条件下会呈现无限大的特征。在 20 世纪 80 年代中期以前，中国的玉米加工业主要限于传统的酿酒工业，所占比重不高，这与当时的粮食供给水平直接相关。新型的玉米加工业起步于 20 世纪 80 年代后期，是在玉米主产区发生玉米相对过剩的背景下发展起来的。从玉米加工业的产品看，前期产品主要是玉米淀粉，山东省和吉林省是两个主要的玉米淀粉生产大省。玉米深加工的发展主要是在 20 世纪 90 年代后期，以长春大成公司为主要代表，提供了变性淀粉、化工醇等深加工产品，创造了较为可观的经济效益。进入 21 世纪以来，玉米加工业以较快的速度发展，其中玉米乙醇成为投资热点。2005 年以来，随着燃料乙醇项目的高利润驱使，以玉米为原料的燃料乙醇加工项目纷纷上马，加工能力不断提高。以玉米为原料的化工醇生产是近年来玉米深加工的另一个热点，玉米化工醇可以进一步加工出一系列产品，具有很高的附加值，是玉米深加工的必争之地。不仅玉米产区大力发展玉米加工业，而且玉米销区也争上玉米加工项目。包括像广东这样玉米调入量较大的省份以及像江苏这样玉米产量不大的省份，也在纷纷建设玉米加工企业。一批玉米工业园拔地而起，规模较大的是沈阳玉米工业园和长春玉米工业园，其中沈阳玉米工业园设计规模为年加工玉米 800 万～1 000 万吨，长春玉米工业园设计加工能力 800 万吨。此外，在一些其他玉米产区也纷纷打造玉米工业园，例如黑龙江省的肇州玉米工业园，青冈玉米工业园等。粗略地估计，目前东北三省已经建成和在建的玉米加工能力为 3 200 万～3 500 万吨。到 2007 年，中国的玉米加工规模已经达到 3 550 万吨，由于金融危机的影响，2008 年的玉米加工规模基本与 2007 年持平或略有下降。从平衡发展的角度看，未来 10 年中国玉米加工规模应控制在 5 000 万吨左右。

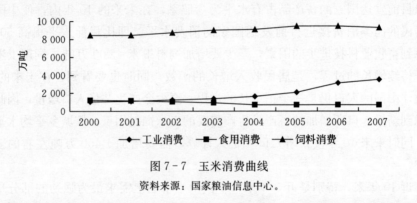

图 7-7　玉米消费曲线

资料来源：国家粮油信息中心。

进入 21 世纪以来，中国玉米加工业之所以较快的发展，主要有三个方面的原因：第一，政府产业政策的拉动。玉米乙醇生产本身是在政府的推动下发展起来的，最初的设计是为推动玉米主产区陈化玉米的消化而出台的政策，但由于乙醇生产本身效益较低，如果完全采取市场化的方式，企业将会亏损运行。因此政府采取了补贴政策，每吨燃料乙醇补贴 1 000 余元，在政府补贴政策的推动下，燃料乙醇生产成为利润可观的行业，进而成为投资的热点。第二，玉米是玉米主产区重要的资源，使其成为玉米主产区新型产业的重要生长点。东北三省是中国玉米的核心产区，其中吉林省的人均玉米占有量是全国平均水平的 6 倍，以玉米加工业为主体的农产品加工业成为吉林省的第二大产业。黑龙江和辽宁省也分别建立了玉米工业园，实施了推动玉米加工业发展的产业政策。第三，玉米深加工的产业前景，诱发了地方经济投资玉米深加工产业的积极性。在所有的粮食作物中，没有哪一个作物的工业价值可与玉米相比，其深加工产品产生了显著的增值效应，特别是像化工醇等高附加值产品进入市场后，使投资者看到了巨大的增值空间，投资玉米深加工，特别是以玉米为原料的生化产业成为投资者所青睐的朝阳产业。

2006 年下半年以后中国政府实施了停止审批玉米加工业投资项目的政策，这是针对当时出现的玉米加工业投资过热现象所出台的产业控制政策。玉米加工业的投资热点主要表现在燃料乙醇项目方面，这在一定程度上说是政府补贴政策的结果，同时其中也包含了在石油价格上涨拉动下的未来能源短缺状况的预期因素的影响。玉米加工业的迅速扩张成为玉米需求增长的重要因素，尽管如此，目前中国的玉米加工业并不具备大规模扩张的条件，一是与发达国家相比，中国的玉米深加工技术不够先进，可加工的产品品种较少，只有少数加工企业的产品实现了深度开发，多数产品尚属于初级产品，缺少市场竞争力，某些产品离开政府的产业支持政策，无法实现正常再生产。二是中国作为一个人口大国，粮食安全始终是一项基本的国策，中国政府不会冒着粮食安全的风险扩大玉米加工业规模。由于人口增加和耕地资源减少的因素，中国从 1984 年以来人均粮食占有量始终在 400 千克上下徘徊，人均玉米占有量只有 100 千克左右，不具备大规模发展玉米加工业的资源条件。因此，尽管中国玉米加工业出现了较大幅度的需求增长，但从政府的角度会将其控制到资源可承受的程度，并以保证国家粮食安全为底线。

综上分析可见，在未来 10 年内，中国的玉米需求量大约在 2.2 亿吨左右，比目前增加 7 000 万吨，增幅为 46％以上。

7.4.2　中国的玉米供给

中国的玉米供给表现为明显的区域分布，从东北向西南呈现对角线分布的特征，覆盖 11 个省份。其中东北松辽平原是中国玉米带的核心部分，具有较高的生产效率。由于自然条件的差异，中国的东南部诸省较少种植玉米，玉米的单产水平较低，以福建省为例，其单产水平仅为吉林省的 1/2。除东北三省具有较优越的玉米生产条件外，山东、河北、河南、内蒙古等也具有较优越的玉米生产条件。这 11 个省份的玉米播种面积都在 100 万公顷以上，总播种面积为 2 572.2 万公顷，占全国玉米总播种面积的 87.3％。其中吉林省播种面积最大，2007 年的玉米播种面积为 285.4 万公顷，占全国玉米播种面积的 9.7％。从中国玉米产区内部的生产水平看也存在着明显的差异，玉米单产从 3 500～6 300 千克/公顷不等，总产量从 250 万～1 800 万吨不等。由于资源禀赋的差异，使各省之间的玉米人均占有量从 70 多千克到 600 多千克不等。

表 7 - 12　2007 年中国玉米主产区玉米供给状况

省份	玉米播种面积 （万公顷）	玉米产量 （万吨）	玉米单产 （千克/公顷）	玉米人均占 有量（千克/人）
全国	2 947.8	15 230	5 166.0	115.3
黑龙江	388.3	1 442	3 712.5	377.1
吉林	285.4	1 800	6 307.5	659.3
辽宁	199.9	1 167.8	5 842.5	271.7
河北	286.3	1 421.8	4 966.5	204.8
河南	277.9	1 582.5	5 694.0	169.1
山东	285.4	1 816.5	6 364.5	193.9
内蒙古	201.3	1 155.3	5 740.5	480.4
陕西	115.4	493.9	4 279.5	131.8
山西	127.0	640.4	5 040.0	188.7
四川	133.0	602.8	4 530.0	74.2
云南	128.2	498.6	3 889.5	110.5

资料来源：《中国农业统计资料》2007 年，中国农业出版社。

　　在 20 世纪 60 年代中期，中国的玉米播种面积并不很高，仅占粮食作物面积的 13%，到 1987 年玉米播种面积占到粮食作物面积的 18%，此后，玉米播种面积呈现较快的增长趋势，到 2007 年玉米播种面积占粮食作物比重已经达到 28%。1987—2007 年，玉米播种面积增加对总产的贡献为 50.3%。从玉米播种面积增加的区域分布看，东北和内蒙古的面积增加幅度最大，其中内蒙古和黑龙江省增加幅度都在 1 倍以上。玉米播种面积的增加与玉米单产的增加表现出同步性，20 世纪 60 年代玉米单产只有 1 445 千克/公顷，而 2 005—2007 年三年平均单产达到 5 282 千克/公顷，单产增长 2.65 倍。同期水稻单产增长只有 1.25 倍，玉米单产增长幅度远远高于高产作物水稻，单产提高对玉米总产增加的贡献率为 49.7%。目前中国的玉米总产量超过小麦，成为第二大作物。

　　玉米供给的增长主要由四个方面原因所致，第一，科技进步的推动。在20 世纪 70 年代以前，中国玉米还处于传统种植阶段，良种和化肥极少使用。进入 20 世纪 70 年代以后，玉米双交种、单交种开始在生产中使用。以吉林省为例，1978 年粮食作物良种面积占粮食作物面积 66.4%，其中玉米占 68%，

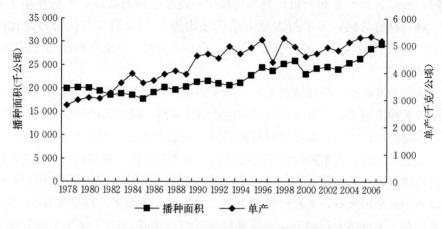

图 7-8 玉米播种面积和单产变动曲线

资料来源：《中国农业统计资料汇编 1949—2004》，《中国农业统计资料》2005—2007 年，中国统计出版社。

到 1984 年良种面积达到 95.8%，其中玉米达到 98.9%。优良作物品种的普及推广，使单产水平大幅度提高，1964 年中国玉米每公顷产量为 1 485 千克，到 1984 年达 3 960 千克，1994 年为 5 625 千克，比 1964 年增加 4 140 千克。化肥等农业生产资料在农业中的广泛使用，为玉米种植面积的扩大准备了投入条件。玉米是高肥作物，特别是一些高产的优良品种问世之后，一般都需要有高肥作保证，70 年代以后化肥开始在农业中大量使用，进一步推动了玉米种植面积的扩大。以吉林省为例，1965 年化肥施用总量为 7.6 万吨（实物量），平均每公顷施化肥 18 千克，处于很低水平上。1975 年达到 60.5 万吨，每公顷施化肥 148.5 千克，与 1965 年相比增长 7 倍。到 1986 年。全省化肥施用总量达到 179 万吨，每公顷施化肥 450 千克。到 1994 年，全省化肥施用量达到 245 万吨，每公顷施化肥 615 千克，1994 年比 1975 年施肥水平提高 3.2 倍。第二，政府政策的拉动。在 20 世纪 80 年代以前，中国长期受粮食短缺的困扰，因此政府一直致力于增加粮食产量，玉米作为高产作物成为增产的重点作物，来自政府的行政力量推动了玉米面积的扩大。第三，市场需求的拉动。从水稻、小麦、玉米三大作物的需求看，水稻、小麦的需求主要表现为居民主食的需求，需求空间相对容易满足。而对玉米来说，作为"三元"作物，其功能的多样性决定了需求空间的广阔性，尤其是工业需求，具有需求无限大的特征。特别是 2002 年以后，多个玉米工业园投入建设，工业用玉米需求进一步推动了玉米产量的增加。第四，经济效益的推动。在玉米主产区玉米种植面积之所以成倍增加，说到底是农民的市场选择。在玉米种植面积增加的同时，大豆、春小麦和杂粮作物相应减少，这些作物的收益水平明显小于玉米。以吉林省为例，玉米与大豆的单产之比为3：1，但二者的价格之比则为1：2，玉米效益明显高于大豆，导致了吉林省大豆种植面积比20世纪60年代减少60%。

从未来发展看，继续增加玉米总产水平主要依赖于三条路径，第一，继续增加玉米种植面积，一方面是通过种植业结构调整，减少其他作物种植，增加玉米作物种植；另一方面是增加新的耕地。就前者而论，调整余地已经很小，在玉米适生区内，玉米种植面积已经达到了很大的比例，例如最有玉米生产优势的吉林省，玉米播种面积已经占到粮食作物的65.8%，农作物种植面积的57.7%。从全国来看，玉米已经成为第二大作物，近年来，特别是在2006年以来，在玉米价格的拉动下，玉米播种面积继续增长，2007年玉米播种面积比上一年增加250.7万公顷，增长幅度为9.3%。在可种植玉米的范围内扩大种植面积的潜力基本接近底线。就后备耕地资源而论，主要是吉林和黑龙江和新疆三个省份，但同时还要看到，中国的玉米主产区中的大部分省份相对于东部沿海发达地区而言，是工业化和城市化发展相对滞后的地区，伴随着工业化和城市化的进一步发展，必然面对着耕地减少的压力。中国的未来10年，主要是保证耕地保有量不低于18亿亩的红线。第二，以科技进步为支撑继续提高玉米单产。中国玉米单产水平还有较大潜力，在世界各国玉米单产的比较中，中国玉米单产水平仅列第38位，与高产国家相比尚有明显的差距。而从中国不同区域的玉米单产看，差距也十分明显，高产与低产成倍数之差。从20世纪80年代以来，中国玉米单产的提高主要依靠良种和化肥，在玉米综合增产技术措施的推广普及上存在很大潜力。从已经完成的科学试验样本数据看，每公顷玉米可达到吨粮的产量。若目前的高产田（按现有玉米播种面积33%计算）平均达到11 500千克/公顷，可增产3 400万吨。但要达到推广水平尚需要一系列相应的投入条件以及经济上的可行性，而且这是一个渐进的过程。第三，改造玉米中低产田。在这三条路径中，改造中低产田属于潜力较大的增产空间。目前中国中低产田大约占农田总量的67%，玉米带上的中低产田中低产区大致也占67%。有相当一部分低产田主要受干旱因素的影响，只要满足玉米生育期水的需要即可实现高产。以吉林省西部为例，在保证灌溉的条件下，玉米单产可增加40%以上。因此，改造中低产田将成为增加玉米单产最为直接的措施。若以目前的产量水平来分析，在未来的10年内，在改善农业生产条件上进行较大的投入，同时改良玉米品种，加大综合栽培技术措施，那么占2/3的中低产区的产量平均提高50%是可实现的。这意味着仅通

过改造中低产田的生产条件即可增加玉米产量 3 900 万吨。依靠科技进步和改
造中低产田两条途径增产之和可以达到 7 300 万吨,可以满足未来 10 年中国
玉米需求增长的需要。但这是在满足各项增产条件之下方可达到的目标,同时
也包括了保证目前玉米种植面积不减少的前提下实现的目标。

7.4.3 中国玉米的进出口

1978 年以前中国是一个粮食十分短缺的国家,粮食出口量很少,出口粮
食在很大程度上也是满足换取外汇的需要。进入 20 世纪 80 年代以来,中国的
粮食出现大幅度增长,1984 年达到了历史的最高水平,人均粮食占有量接近
了当时 400 千克的世界人均粮食占有水平。20 世纪 80 年代初,中国年出口玉
米数量也仅为 10 万吨左右。1983 年以后,随着玉米主产区"卖粮难"问题的
出现,玉米出口成为解决玉米主产区玉米过剩的路径之一。1984 年中国出口
玉米达到 61 万吨,其中 90%以上是来自于玉米生产大省吉林省。进入 20 世
纪 90 年代后,中国玉米出口出现了较快的增长,其中 1992—1994 年三年的出
口量每年都超过 1 000 万吨。但中国的玉米出口不稳定,1995 年之后玉米出口
开始减少,1995—1996 年两个年度锐减到不足 20 万吨。1997 年以后玉米出口
恢复增长,2000 年突破 1 000 万吨,2003 年达到 1 638 万吨。但此后又开始跌
落,到 2008 年,全年出口量只有 40 万吨。

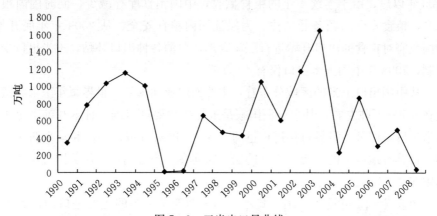

图 7-9 玉米出口量曲线

资料来源:《中国统计年鉴》1991—2008 年,2008 年数据来源于中国海关统计网。

1985 年以后中国的玉米出口量逐年增加,但从 1990 年以后中国玉米出口
变动情况看,表现为大起大落的特征。从根本上说,中国玉米出口的起伏波
动,主要源自于政府的政策。中国政府一直将国家粮食安全作为社会稳定的首

要条件，因此在粮食资源的配置上一旦出现不足，政府就会做出大幅度减少出口的决策。就目前中国的体制而论，政府对出口决策的控制仍处于较高的程度。从不同时期的起落情况看，又有不同的政策背景。1992 年之前，中国基本上是一个完全的计划经济体制，对外贸易完全是国家的行为。1985 年以后中国玉米出口量明显加大的直接原因是玉米主产区的过剩情况所致，例如仅吉林省 1985 年的玉米出口量比 1984 年增加了 2.66 倍。此后连续 5 年，每年的玉米出口量都在 200 万吨以上。1992—1994 年的 3 年里，每年的玉米出口量都超过 1 000 万吨，达到此前历史的最高水平。1992 年以后，虽然中国的经济体制开始向市场化方向转变，但政府仍可运用不同手段控制玉米的出口。1995—1996 年玉米出口量减少到谷底的水平，年出口量仅有 0.1 万吨，几近于零。玉米出口量骤降的原因是，1994 年粮食价格大幅度上涨，通货膨胀严重，为稳定粮食供给，停止了粮食出口，同时增加了粮食进口，1995 年从美国进口玉米达到 581 万吨。1997 年以后，中国玉米出口量又开始增加，2000年突破 1 000 万吨，2003 年达到 1 638 万吨。这一时期出口增加的主要原因在于，粮食丰收，库存紧张，为了缓解库存压力和增加农民收入，政府增大了出口，但由于中国玉米几经提价，已经失去竞争力，为了弥补粮食出口企业亏损，增强出口竞争力，中国政府实行了出口补贴措施。加入 WTO 后，又实行了减免大宗粮食品种的铁路建设基金、出口销项税和出口退税，以鼓励出口。2003 年以后，由于连续 4 年的粮食歉收，中国粮食库存减少，同时国内粮价上升，粮食安全问题备受关注。为保证国内粮食安全，从 2003 年年底开始，中国政府对粮食的出口开始进行配额管理，取消各种出口补贴，玉米出口受到限制，2008 年中国玉米出口仅有 40 万吨。

从中国出口玉米的区域分布看，主要面向亚洲国家。世界每年玉米的贸易量在 6 500 万吨左右，其中亚洲国家是玉米的主要进口国。日本和韩国每年的玉米进口量即可达世界每年进口量的 1/3。中国对日本、韩国和马来西亚等国的出口具有地域上的优势，正常的船运时间在一周之内，而从美国进口船运时间则在 2~3 周。

由表 7-13 可见，韩国、日本、马来西亚是中国的主要进口国，其中韩国的进口量最大，2002—2007 年的 6 年中，从中国进口的玉米占中国玉米出口量的 56%。其次是马来西亚，占 14%，日本排列第三，占 9%。韩国是世界第二大玉米进口国，每年进口玉米在 950 万吨左右，主要从美国和中国进口，2002—2007 年平均每年从中国进口玉米 310 万吨，占总进口量的1/3。

表 7 - 13　1992—2007 年中国玉米出口国/地区份额

年份	出口总量（万吨）	各进口国/地区所占比重（%）				
2002	1 167.35	韩国 52.58	马来西亚 21.30	印度尼西亚 11.50	日本 2.71	越南 2.29
2003	1 639.95	韩国 49.07	马来西亚 15.03	印度尼西亚 9.79	伊朗 9.76	日本 7.99
2004	231.82	韩国 56.87	日本 23.74	马来西亚 10.86	台湾省 2.91	朝鲜 1.70
2005	861.10	韩国 68.49	伊朗 11.92	日本 9.69	马来西亚 5.54	朝鲜 3.10
2006	307.05	韩国 64.31	日本 14.00	马来西亚 11.84	越南 2.75	印度尼西亚 1.76
2007	491.66	韩国 65.37	日本 14.55	马来西亚 10.54	印度尼西亚 6.31	伊朗 1.28

资料来源：联合国统计局。

　　与玉米出口相比，中国的玉米进口量很小。1980—2008 年 29 年间，中国有 21 个年头进口，进口最多的年度是 1995 年，玉米进口量为 581.1 万吨。进口最少的年度是 1991 年和 1994 年，分别只有 1 000 吨。从中国主要粮食和豆类产品的进口变化情况看，除个别年份外，总的趋势是小麦、水稻和玉米都呈逐渐减少的趋势，而大豆则呈现逐年增加的趋势。到 2008 年，中国大豆的进口量已经达到了总消费量的 70% 以上。中国粮食进口量减少的趋势，与中国政府坚持粮食自给的政策直接相关，中国政府始终坚持把粮食安全建立在自给的基础上，粮食自给率基本保持在 95% 以上。

　　由于玉米加工业的发展，使中国的玉米需求呈现较强的势头，这在客观上将抑制中国玉米的出口，但这并不意味着中国会退出玉米出口国。中国不仅是一个玉米消费大国，同时也是一个玉米生产大国。在贸易全球化的趋势下，合理的格局应是有进有出。中国幅员广大，玉米生产呈现明显的区域分布，玉米产区主要集中在北方，特别是东北三省是中国的玉米核心产区，占据中国玉米产量的 30%，南北之间的产销调节具有较大的地理跨度，把国内玉米市场产销平衡的视野适当放大到国际市场的范围内，将会更有利于实现国内市场的供需平衡。以这样的思路判断，中国东北在今后可以实现与日本和韩国之间的玉米贸易合作。

7.4.4　结论与政策建议

综上所述可以得到如下结论：

第一，中国既是一个玉米生产大国，又是一个玉米消费大国，随着玉米需求向多元化方向发展，玉米需求空间呈现不断扩大的趋势，其中工业消费需求将是一个最大的领域。

第二，在中国工业化和城市化的趋势之下，耕地将会呈现继续减少的趋势，增加玉米供给的空间主要依赖于提高玉米单产水平。中国玉米的单产水平处在比世界平均单产略高的水平上，具有很大的增产潜力。提高玉米单产既要重视科技进步的作用，包括改良玉米品种、改善玉米栽培技术；同时要重视玉米生产条件的改造，占 67% 的玉米中低产田将是中国玉米增产的重要潜力所在。

第三，中国作为玉米消费大国的现实，无疑将会出现玉米出口减少、进口增加的趋势，但并不意味着中国会停止玉米出口。政府高度重视粮食安全问题，中国不会将国内玉米加工业的发展放在依赖进口的路径上。

从稳定玉米市场供求的角度看，建议中国政府应在控制玉米需求合理增长，有效增加玉米供给及稳定玉米进出口市场方面采取如下政策：

第一，控制玉米加工业发展。就玉米需求增长而论，弹性最大的是玉米加工业。近年来中国玉米加工业发展出现了盲目的倾向，不仅规模，也包括产品的开发方向，例如以玉米为原料开发玉米纤维，并不符合玉米作为短缺资源开发的特点。中国在玉米加工业发展方面应做到三个控制，一是控制加工规模，要在保证粮食安全目标的前提下适度发展玉米加工业；二是控制玉米加工业布局，主要应在玉米主产区发展，不宜在非主产区发展玉米加工业；三是控制玉米产品开发方向，主要在精深产品加工上做重点开发，并且主要开发那些缺少替代资源的产品。

第二，重视综合技术措施在玉米增产中的作用。在 1978 年以来的 30 年中，中国玉米产量的提高主要依赖于良种和化肥技术，就目前中国玉米施肥水平而论，已经超过了美国，但肥料有效利用率不及发达国家一半。中国目前的玉米增产潜力空间是在占玉米播种面积 67% 的中低产田上，实施以工程技术措施为主体的中低产田改造是提高玉米产量的关键。同时，重视提高施肥技术和栽培技术措施，对玉米增产会产生显著效果。

第三，实施相对稳定的玉米出口政策。中国作为玉米生产大国和消费大国，应当从国际的视角来考虑国内玉米市场的供求平衡。玉米市场实施"南进北出"的格局，符合中国的国情，东北作为中国的玉米主产区，距南方销区较远，与其片面强调国内市场封闭式的平衡，莫不如将进口和出口结合实施开放式的平衡。东北大连口岸距南方厦门口岸 2 100 海里，而距韩国口岸仅 279 海里。因此，中国东北玉米主产区适度出口，与韩国和日本建立一定规模的稳定的玉米贸易合作，形成"南进北出"的格局，实现中国玉米市场的动态平衡。

第 *8* 章

商品粮基地建设及其政策

8.1　中国商品粮基地建设政策评析[*]

中国商品粮基地建设政策的实施始于 20 世纪 80 年代，时至今日，该项政策已经运行了近 20 年。该项政策的实施，使中国形成了一批稳定提供商品粮的基地，对提高中国的商品粮供给水平发挥了巨大的作用，成功地解决了十几亿人口的吃饭问题。中国作为世界第一人口大国，不仅在现在，而且在将来，粮食供给都将是一个值得认真对待的重要问题。因此，有必要继续完善和实施商品粮基地建设政策，使中国在未来能够获得稳定的商品粮供给。

8.1.1　商品粮基地建设政策出台的背景

中国建立商品粮基地的政策动议始于 20 世纪 70 年代中期。1975 年，中国国家计委在研究"五五"规划时，提出了建设商品粮基地的思路，即国家重点抓两头，一头抓商品粮基地建设；一头抓改变低产田地区面貌。但由于面铺得过大，建设重点不突出，以及资金未落实等原因，规划没有完全落实，建设效果不够理想。1978 年中国共产党的十一届三中全会以后，中共中央《关于加快农业发展若干问题的决定》中，又提出了建设一批商品粮基地，以解决我

＊　原载于国际农业科技大会论文集 748～759 页，2001 年 11 月中国北京。

国粮食有效供给问题。1980 年，国家计委、国家农委开始研究，并进行规划，提出在 13 片粮食重点产区，建设 300 个县，投资 200 多亿元。

但如何解决这么多资金，如何大面积推开建设等问题难以落实，未能实施。1982 年 7 月全国的计划会议上，又把商品粮基地建设问题作为重要议题提出，要求抓紧落实，并提出了基本思路，即以县为单位建设商品粮基地，主要搞挖潜配套，良种投资，钱粮挂钩，并把建设任务包给省、县。这就是"以县为单位，联合投资，钱粮挂钩，承包建设"的经济责任制管理办法。从 1983 年开始，在江苏、安徽、湖南、河南、湖北、江西、吉林、黑龙江、内蒙古、辽宁、广东 11 个省份，选择了 60 个自然条件较好，粮食增产潜力较大的县开展了商品粮基地建设的试点工作。国家和地方按 1∶1 的投资比例，联合建设，实际落实投资比例为 1∶1.36。经过三年的建设，到 1985 年基本完成了投资规模和总体规划，并取得了显著成效。粮食商品率由 28% 提高到 42%，比全国高 20%。这些试点县的成功，为以后商品粮基地以至整个农业商品基地建设提供了经验。

"七五"计划一开始，国家在总结前三年商品粮基地建设经验的基础上，继续实施了商品粮基地建设工程，分三批在全国 24 个省（自治区、直辖市、计划单列市）择优选择了 214 个商品粮基地县，不仅在区域上扩大，而且在建设的内容上也更加丰富。"七五"第一批商品粮基地县共安排 111 个县，分布在山东、河南、河北、山西、陕西、辽宁、内蒙古、湖北、江苏、安徽、江西、湖南、福建、广西、四川、云南等 16 个省（自治区）和重庆、青岛两个计划单列市。总投资 3.84 亿元，其中中央投资 1.9 亿元、地方配套 1.94 亿元。这批基地以小麦为主，兼顾水稻；以粮食调出区为主，兼顾调入地区，重点安排在黄淮海小麦集中产区，建设期为两年（1987—1988 年）。从 1989 年开始，国家继续投资建设"七五"第二批商品粮基地。重点安排在西北旱作农业区、南方水稻区和粮食调入省区，包括陕西、山西、福建、广西、广东、海南、四川、贵州、青海以及西藏等 24 个省（自治区、直辖市）。共选建了 83 个基地县。总投资 3.8 亿元，其中地方配套 1.9 亿元。建设期仍为两年（1989—1990 年）。1990—1991 年，国家为了探索在不同类型地区夺取粮食高产以及"高产再高产""贡献再贡献"的新路子，国家每年又拿出 2 000 万元，在四川、湖南、浙江、湖北、山东、河北、吉林、辽宁等 17 个省份和计划单列市，择优选建了"七五"第三批 24 个商品粮基地县。这批基地基础条件好，生产水平高，提供的商品粮多。进入"八五"之后，国家进一步贯彻实施商品粮基地建设的政策，于 1991—1992 年又在各地粮食主产区选建了 88 个商品粮基地县，国家和地方各投资 2.1 亿元。这批基地县重点安排在东北平原、华北平原、黄淮海平原和长江中下游地区的粮食主产省。1993—1994 年，国家实施了"八五"第二批商品粮基地建设项目，共投资建设了 117 个商品粮基地县。1995 年在进入"九五"之前，国家又重新安排了 155 个商品粮基地县的建设计划。这次的商品粮基地县绝大多数为年提供 5 000 万千克以上的产粮大县，主要分布在东北、黄淮海、长江中下游平原的粮食调出区。在国家制定"九五"计划时，对商品粮基地建设问题又给予了高度的重视，把大片商品粮基地建设列入了重要的议事日程。在《中共中央关于制定国民经济和社会发展"九五"计划和 2010 年远景目标的建议》中明确指出，国家"要有重点地选择若干片增产潜力大的地区，集中投入建成稳定的商品粮生产基地"。1996 年 7 月，经国务院同意，国家计委会同农业部、水利部联合下发了《关于建设国家大型商品粮生产基地的通知》，决定在"九五"期间以地区（市）为单位，在全国重点选择 20 个商品粮集中产区，由国家重点投资，建设国家大型商品粮生产基地。1997 年国家启动了"九五"第一批商品粮基地县的建设项目，新安排的商品粮基地县 169 个，绝大多数为年提供商品粮 5 万吨以上的产粮大县，主要分布在东北、黄淮海、长江中下游平原的粮食调出区，重点是南方水稻产区，同时兼顾西南、西北缺粮省的粮食产区。品种以水稻、小麦、玉米为主，兼顾大豆和小杂粮。这批商品粮基地县建设期限为两年，1997 年中央预算内投资 2.55 亿元，地方配套投资 4 亿元。

8.1.2　商品粮基地建设政策的目标及主要内容

商品粮基地建设政策是进入 20 世纪 80 年代以来，中央政府在农业上实施的一项历时较久、覆盖面较宽、效果比较突出的政策。可从以下几个方面考察该项政策：

8.1.2.1　商品粮基地建设政策的主要目标

增加商品粮的总供给水平是该项政策的基本目标。众所周知，中国是世界上第一人口大国，人多地少是最基本的国情，解决人口的吃饭问题始终是社会发展中的一件大事。中国不同于其他任何国家，不能把粮食供给的保证放到国际粮食市场，因为这样做既无实施的可能，也不利于维护国家政治经济的稳定。因此，为保证国家的粮食安全必须提高粮食的自给率，建设一批具有较高商品率的商品粮基地。

8.1.2.2　商品粮基地建设政策的主要内容

该项政策从内容上看，包括以下几个方面：

一是以县为基地建设的单位。县域经济是国民经济大系统中的一个子系统，是以县城为中心、集镇为纽带和广大乡村为基础的区域经济网络，它具有区域性、综合性、中介性的特征。它是经济发展的区域基础和基本支柱。以县为商品粮基地建设的单位，有利于提高基地建设的效率，有利于国家的宏观调控和各项政策的实施。

二是配套投资。商品粮基地建设政策虽为中央政府的一项政策，但就投资方式来说，则是中央和地方的共同行为。政策规定，中央和地方按 1∶1 的比例进行配套投资，即中央投资 1 元钱，地方相应配套 1 元钱。这种投资政策旨在调动地方投资的积极性，增大商品粮基地建设的投资总量。

三是钱粮挂钩。此点既表现了鲜明的投资目的性，又注重了投资的效果。"六五"期间的商品粮基地规定国家投资 1 元钱，地方要多交 2.5 千克粮食，连续交 6 年。即投资 1 元，国家可以拿到 15 千克商品粮。"七五"期间提出的要求是，商品粮基地建成后，粮食总产增长幅度要达到 15%，提供商品粮增长 5%。

四是承包建设。建立项目承包管理责任制，在项目落实过程中，层层签订协议，县对省负责，省对中央负责。在安排项目时，还把对各项服务项目的投资与项目的服务内容、计划目标挂起钩来，实行按项目管理，由建设单位或项目负责人承担经济责任，并规定明确的奖罚办法，使承包人和单位都增强了责任感。

8.1.2.3 商品粮基地的选择条件

商品粮基地县的选择要服从商品粮基地建设的目标，因此在选择商品粮基地县时国家主要根据这样几个条件：①具有优良的粮食生产条件。农业生产对自然条件具有明显的依赖性，因此，作为重点投资的粮食生产基地必须以良好的自然条件为建设的前提。一般来说，商品粮基地县应当是人均占有耕地比较多，土壤肥沃，适于发展粮食生产。如果人均占有耕地少，必然可提供的商品粮少，不可能为国家提供数量可观的商品粮。②具有较大幅度的增产潜力。国家实行钱粮挂钩的政策，要求每一元投资提供相应的粮食产量，这就要求必须选择那些增产潜力大的地区作为商品粮基地县，否则就无法完成预期的建设目标。③交通方便，具有较好的储运条件。商品粮基地建成后要提供大量的商品粮，如果没有较优越的交通便利条件和粮食储存条件，就无法实现其商品价值，实现粮食在产区和销区的合理配置。④地方领导重视，有相应的配套资金。商品粮基地建设的效果，取决于中央和地方两个方面的资金投入状况，如果地方没有资金的配套能力，就会影响商品粮基地的投资规模，从而无法达到预期的建设效果。因此必须强调地方进行商品粮基地建设的积极性和实际的投资能力。

从 1983 年至今，历经 4 个五年计划期的时间跨度，商品粮基地建设的政策在实践中取得了令人瞩目的成果。截至 1997 年，国家和地方累计投资 59.46 亿元（内含 10 亿元左右的其他农产品商品生产基地建设投资），建设商品粮基地县 663 个，为国家提供商品粮 8 960 万吨，占全国商品粮的 70%。中国的商品粮基地建设取得了巨大的成就，这些成就主要包括：

一是显著地增强了中国的商品粮供给能力。从各个时期商品粮基地建设的成就看，商品粮基地建设的政策对于提高中国农业商品粮的供给能力发挥了巨大的作用。从"六五"期间首批选建的 60 个商品粮基地建设情况看，尽管 1983—1985 年的 3 年间，因农业生产结构调整粮食播种面积有所减少，加上 1985 年农业生产遭受了严重的自然灾害，但由于商品粮基地县增强了物质技术基础，改善了农业生产条件，提高了科学种田水平，使粮食总产、单产、商品量和商品率仍然获得大幅度提高。建设 3 年累计生产粮食 833 亿千克，比建设前 3 年（1980—1982）的 624 亿千克，增加 209 亿千克，增长 33.5%，比全国同期 17.7% 的增长幅度高 15.8%；粮食亩产提高 60 千克，比全国同期增长高 19 千克。3 年累计交售商品粮 350 亿千克，比建设前交售数增加 174 亿千克，增长近一倍；商品率由 28% 提高到 42%，比全国同期高 20%；人均贡献粮食由 415 千克提高到 824 千克，翻了将近一番。

二是商品粮基地县的农业生产条件和基础设施得到了明显的改善。仅从 20 世纪 80 年代建设的四批 274 个商品粮基地县的统计情况看，通过基地建设，共建设了 247 个县级农技推广中心，3 565 个乡镇农技综合服务站，新建和完善配套了 194 个县种子公司，建设了 563 万亩种子基地，购置了 57 万台农业机械。农机总动力达到 586.6 亿瓦，比 1985 年增长 41.6%；有效灌溉面积和机耕面积分别增长 10% 和 41.8%，占总播种面积的比重分别为 57.6% 和 62%，比全国平均水平分别高出 7.6% 和 9.6%；排灌机械动力为 170.6 亿千瓦，比 1985 年增长 75.2%。

三是粮食生产水平大幅度提高。商品粮基地县通过大力推广农业科学技术，引进优良品种，培训农业技术推广人员，大大提高了单产和劳动生产率。根据 1996 年的统计，商品粮基地县的粮食平均单产为 5 145 千克/公顷，比全国平均水平 4 245 千克高出 900 千克，高 21.2%；人均占有粮食 572.3 千克，比全国平均水平 393.9 千克高 45.3%，出现了一批吨粮县。

8.1.3　商品粮基地建设面临的问题

中国商品粮基地建设取得的上述三个方面的成就，从客观上进一步说明了商品粮基地建设政策是适合中国国情的一项成功的政策，同时也说明它是在中国未来的经济发展中应当继续实施的一项政策。因此，当中国的农业已经进入一个新的发展阶段的时候，客观地对中国的商品粮基地建设进行实证分析，提出进一步完善商品粮基地建设政策的思路，是推进商品粮基地发展的客观要求。

从 80 年代初到 90 年代末，经过近 20 年的建设历程，中国的粮食产销格局和粮食市场的供求关系都发生了显著的变化，农业已经进入了一个新的发展阶段。在变化的形势下和新的农业发展阶段上，必然使商品粮基地建设面临一些新的问题和新的困难，影响着商品粮基地的健康发展。这些问题主要表现在：

8.1.3.1　商品粮基地在取得粮食增长的同时，地方经济未能实现同步发展

大部分商品粮基地县，特别是其中的老商品粮基地县，都面临着地方财政拮据的问题。"粮食大县，工业小县，财政穷县"几乎成了商品粮基地县的一个共同特征。农村产业结构单一，农民收入增长缓慢。

8.1.3.2　粮食再生产环节受阻，卖粮难问题反复出现

80 年代中期以来，伴随着粮食供求关系的变化，在中国的老商品粮基地县卖粮难问题时而发生，给商品粮基地造成了严重的收粮、储粮、运粮的负担，同时也给农民带来利益损失。以吉林省为例，从 1983 年实施商品粮基地建设开始，一直到 1998 年的 15 年间，粮食生产一直经受着卖粮难、储粮难、运粮难的困扰。此间流通受阻现象持续不断，但大体上有三次卖粮难的高峰。第一次卖粮难高峰始于 1984 年，由第一次卖粮难导致了农民定购粮"民代国储"形式的出现，这种形式历经 3 年。1985 年吉林省遭受涝灾，粮食出现了较大幅度的减产，粮食生产出现了暂时的徘徊。80 年代后期，经过灾后恢复，粮食生产又出现了新的增长势头，1990 年吉林省的粮食生产又跨上了 200 亿千克的新台阶。伴随着粮食的大丰收，又出现了新的一轮卖粮难，进入了第二次卖粮难的高峰。第三次卖粮难出现在 1995 年，该年度的粮食产量达到了199.2 亿千克。农民手中大量粮食找不到销路，直到 1996 年的 4 月份，尚有30 亿千克粮食滞留在农民手中。总之，从 80 年代前期到 90 年代后期，吉林省卖粮难问题持续不断，历经三次高峰，无疑对商品粮基地建设造成了不可低估的负面效应。可以说，一些老商品粮基地是在粮食过剩的条件下，走过了商

品粮基地建设的历程。这在客观上反映了中国粮食总量不足与局部过剩的矛盾和生产超常增长与流通相对滞后的矛盾，以及粮食增长较快而粮食转化产业发展较慢的矛盾。

8.1.3.3 商品粮基地利益流失严重

在商品粮基地建设中，出现的一个值得重视的现象就是粮食主产区利益的流失。造成粮食主产区利益流失的根本原因，在于工农业产品价格剪刀差的存在。当粮食生产在区域间分布不均衡时，工农业产品价格"剪刀差"就会转化为粮食产区和销区之间的利益差别。随着粮食由产区向销区的流动，使产区的利益流向销区。主产区的利益流失主要有三条途径。首先是直接由工农业产品价格"剪刀差"所形成的利益流失。以吉林省为例，从 80 年代后期以来，每年向外调出的商品粮大约在 70 亿千克左右，这些粮食 50% 是平价调出，如果按每千克粮食损失 0.1 元计算，每年仅此一条途径至少要损失 5.6 亿元。其次，粮食产后经营过程中不合理的政策性亏损造成的利益流失。经营环节的利益流失主要是由于国家对粮食经营过程中的经营补贴费过低和企业经营管理不善造成的。1990 年每千克粮食实际储存费用开支为 0.124 元，但实际到位的超储补贴费用仅有 0.04 元。从调拨经营费看，每百千克粮食经营费用支出为 0.91 元，但补贴只有 0.43 元。1990 年由于这两项政策补贴标准不到位，使吉林省粮食企业少得补贴收入 4.5 亿元。再次，粮食产前要素补贴所形成的利益流失。吉林省每年需要化肥 340 万标吨，但实际上国家只能供应 200 万标吨，每年缺口大约 140 万标吨，吉林省每年都要花费大量外汇进口优质化肥，然后降价卖给农民，仅此一项每年就要赔 1 000 多万元。此外，各粮食主产县每年都要支付大量采购成本到省外购进化肥，用于化肥方面的补贴每年随着粮食的调出而流失。

8.1.3.4 粮食经营形成了严重的财政挂账负担

在中国的经济体制改革中，粮食流通体制改革相对滞后，造成了规模巨大的粮食经营亏损黑洞，给商品粮基地的地方财政带来沉重的负担。据资料显示，各主要商品粮产区一般都是粮食经营亏损量较大的地区，例如吉林省作为中国最大的商品粮输出省，也同时是中国最大的粮食经营亏损省，到 1998 年年底，吉林省的粮食经营亏损挂账额已经超过了 200 亿元。黑龙江、辽宁、湖北、湖南等产粮大省，也紧列其后，成为粮食亏损大省。

上述四个方面的问题是商品粮基地建设过程中出现的问题，也是影响商品粮基地进一步发展的不可轻视的问题。这些问题构成了商品粮基地发展过程中的重要限制因素，不利于商品粮基地的健康发展。这些问题既是发展过程中存在的问题，也同时表现了现行的商品粮基地建设政策的不完善性。概括地分析，这种不完善性主要表现在三个方面：

第一，商品粮基地建设政策偏重于数量型目标，忽视质量型目标。 在1983 年中国启动的第一期商品粮基地建设的时候，中国农民从总体上看，尚未解决温饱问题，当时的目标理所当然地要以增加农产品总量为基本目标。在中国的农业进入 20 世纪 90 年代以后，农产品数量不足的矛盾逐渐被农产品质量不高的矛盾所取代，应当说商品粮基地建设的政策背景开始发生明显的变化。从 80 年代初到 90 年代初，中国不仅实现了粮食总量的增长，而且粮食替代品也以较快的速度增长，在粮食等农产品以较快的速度增长的同时，居民的收入以较快的速度增长，因此，改革开放以后中国经济的发展，不仅准备了居民消费的物质基础，而且也准备了居民消费的收入基础。进入 90 年代后期，农产品市场明显地出现了分层化的趋势，大多数农产品出现了盈余，而一些优质农产品却显得数量不足，并居于相对较高的价位。在商品粮基地的粮食生产中，同样表现出优质粮食品种不足，而低质粮食品种过剩的特征。突出的表现是南方的早籼稻和东北的高水分玉米和春小麦在市场上表现了明显的滞销趋势。从中可见，提高粮食质量已经是农产品消费市场发出的呼唤，特别是对一些商品率较高的老商品粮基地来说，提高粮食商品质量更是提高市场竞争力的需要。从 1992 年以后，中国政府提出了"两高一优"的农业发展方向。这意味着中国的农业政策已经注意到了提高农产品质量的问题，但紧随其后出现的粮食市场供求紧张的状况，使商品粮基地的供给目标仍然停留在追求数量层次上，商品粮的价格政策和收购政策都未能向推进质量型增长方向转移。

第二，偏重外延型建设，忽视内涵型建设。 "六五"期间以来的商品粮基地建设主要是侧重在外延型建设，其具体表现是，商品粮基地县的数量不断增多，覆盖面越来越宽，到目前为止，基本覆盖了全国绝大多数省份。现已建设660 个商品粮基地县，占全国行政区划县市总数的 30.9%。基本覆盖了具有发展粮食生产优势条件的多数县市。从发展的角度看，除了继续实施中低产田改造，适当发展一批新的商品粮基地之外，应当继续对这些已经布局建设的老商品粮基地进行内涵型建设。事实上这些老商品粮基地还有相当一部分具有较大增产潜力的中低产田，以吉林省为例，在 28 个商品粮基地县内部，尚有 40%耕地为中低产田，如何在这些老商品粮基地加大内涵型建设，应是在新的发展阶段上商品粮基地建设实施的重点。这种内涵型建设的基本目标应是提高商品粮基地县的农业现代化水平，把推进商品粮基地的农业现代化作为我为农业现代化的重点区域，建立粮食生产可持续发展的生产体系，建立与社会主义市场经济相适应的产供销一体化的粮食生产经营模式。

第三，偏重单项功能建设，忽视综合功能建设。 在"六五"和"七五"期间的商品粮基地建设基本上是集中力量进行粮食生产能力的建设，建设的内容表现出单一性的特征，从"八五"以后，对商品粮基地的综合发展问题开始关注，并实施了一定的建设内容。但从总体上说，对商品粮基地综合功能的建设仅仅是在初始的阶段。在中国的商品粮基地建设已经完成较大的空间覆盖，逐步转向内涵型建设的情况下，综合功能的建设必然要提到议事日程。综合功能的建设应当包括生产功能、流通功能、加工功能的建设，从商品粮再生产的角度全面实施商品粮基地的建设，这既是粮食商品化生产达到一定阶段产生的必然要求，也是粮食生产现代化的要求。

8.1.4 商品粮基地建设的政策支持

中国的商品粮基地建设已经进入一个新的发展阶段，在新的发展阶段上商品粮基地建设面临着新的形势和新的任务，因此，应进行商品粮基地建设思路的调整。商品粮基地建设既然是中央政府宏观经济政策的产物，那么，就应当根据商品粮基地建设形势的变化和发展的要求，不断完善商品粮基地建设的政策。

第一，在中国粮食生产由计划经济向市场经济转换的过程中，中央政府应对商品粮基地给予足够的支持。 商品粮基地作为一个特殊的经济发展区域，是中央宏观经济政策的产物，商品粮基地的形成与发展和宏观经济政策息息相关。在中国的粮食经营的市场化程度日益提高的情况下，如何使商品粮基地能够顺利地完成体制的转换过程，培育其承受市场波动的能力，中央政府具有责无旁贷的责任。在中国的经济发展中，商品粮一直作为一种特殊的资源由中央政府在全国的范围内统一配置，在目前商品粮基地遇到市场困境的时候，如果把商品粮基地完全推向市场，无疑是对商品粮基地建设一个沉重的打击，意味着全部的市场风险由商品粮基地承担了，这样做在客观上十分不利于商品粮基地持续稳定的发展。

第二，重视商品粮基地建设面临的市场约束。 在中国的商品粮基地建设之初，中国的粮食生产正处在一个粮食十分短缺的背景之下，从总体上看，并不存在粮食生产的市场约束。经过十几年的发展，中国的粮食总量比 20 世纪 80 年代初增长了近 1.8 亿吨，增长幅度达 55%，人均粮食占有量增长 80 千克，增长幅度达 24%。具有意义的是，不仅仅是粮食的总量和人均占有量有了较大幅度的增长，而且，肉类、蔬菜、水果、水产品等也有了成倍的增长，这意味着粮食以外的食物总量和 80 年代初相比，已经是成倍的增加，在客观上必然产生对粮食的替代效应，影响粮食市场供求关系的变化。虽然中国的粮食人均占有量仅仅是世界的平均水平，但在中国现阶段的居民生活消费和生产消费的水平上，中国的粮食出现了区域性和结构性的过剩，卖粮难已成为困扰许多商品粮基地进一步发展的障碍因素，因此，在商品粮基地的发展中面临着越来越多的市场约束。可以把市场约束形成的主要原因概括为四个方面：一是食物总量的增长，使粮食商品率显著提高，与市场的联系越来越紧密，大量的商品粮要拿到市场上去销售，市场的起落波动必然对粮食生产发生越来越多的影响。二是中国的粮食生产在区域之间呈现较大的不平衡性，必然形成商品率较高的商品粮基地的区域性的过剩。从 80 年代后期开始，中国的粮食产销格局出现了"北粮南运"的趋势，"北粮"的实质性含义是饲料，即玉米。较南北之间的大跨度的粮食调运，在市场的实际运作中具有相当大的实现难度，从而给北方的商品粮产区带来了较强的市场约束。三是在中国的农产品总量增长的基础上，市场的消费层次发生了变化，劣质或质量不高的粮食，诸如南方早籼稻、北方春小麦、高水分玉米等成为市场滞销产品，形成了市场上的结构性的过剩。因此，商品粮基地面临着如何适应市场变化，生产适销对路的产品的问题，一改以往在短缺的经济条件下的市场评价标准，产品质量状况开始成为商品粮基地的市场约束。四是伴随着农业国际化程度的提高，特别是在即将加入 WTO 的市场条件下，粮食市场面临着来自国际上的竞争，在国际市场上廉价的粮食的冲击下，商品粮基地面临着愈来愈严重的粮食卖难问题。

第三，按照区域经济的观点建立商品粮基地建设的思路，努力搞好商品粮基地的经济布局。就中国工农业关系的总体特征而言，表现为一种重工轻农的倾向。但就商品粮基地的工农业关系来看，主要矛盾是工业发展不足。商品粮基地农用工业发展不足意味着农业外部投入环境的恶化。工业发展不足的实质是工农业关系的不相协调。因此，应当按商品粮基地这一经济区域的特殊性，来确定工农业合理配置的思路。

从区域经济的角度看，商品粮基地的工农业配置关系主要表现为三个方面，一是农业与加工业的关系；二是农业与农用工业的关系；三是农业与其他工业的关系。就农业与加工业的关系来说，在上面已经论及，不再重述。从农业与农用工业之间的关系看，商品粮基地是中国农业的高投入区，无论是机械、电力，还是化肥、农药，都具有较高的投入水平，这是开放式的农业商品经济系统的特征。特别是随着农业集约化的发展，农业中的物质投入有越来越增加的趋势。因此，粮食生产的发展对农用工业有较大的依赖性。

在一个较大的商品粮生产区域内，为了满足粮食生产的发展对农业生产资料的需求，应当建立与商品粮生产体系相匹配的农用工业体系，形成合理的农用工业布局。特别是那些需求量较大的化肥、农药等以劳动对象形式存在的生产资料的生产，更有必要在地域空间上和粮食产业的发展结合起来。要使商品粮基地的工农业关系实现合理配置，首先必须打破那种"商品粮基地就是生产粮食"的就粮食抓粮食的观念。商品粮基地建设固然要以粮食商品总量为目标，但这并不意味着基地建设的一切措施和手段都在土地上。既然是商品生产，那么再生产就是一个开放式的系统，就应当形成一个大流量的能量流、商品流和价值流。没有大的能量流，就难以形成大的商品流和价值流。反之，从再生产的循环过程看，没有大的价值流，就不可能形成大的能量流和商品流。大的能量流、价值流的形成，必须发展农用工业和农产品加工工业，农用工业的发展，为能量流提供物质基础。农产品加工业使农产品发生增值效应，提高区域经济效益，从而形成大流量的价值流。

由此出发，商品粮基地建设必须实现工农业的协调发展，必须进行综合生产体系建设。所谓综合生产体系就是以商品粮生产体系为基础，并与农业生产资料体系和农产品加工业体系相结合的一体化。综合体系实际上是把供、产、加三个环节有机地结合在一起。商品粮基地作为一个经济区域，并不意味着该区域必定是以粮食和其他农产品（包括加工品）为主体的农业区。在一定意义上说，没有工业的发展就没有商品粮基地的前途。因为商品粮基地必须走规模经营的发展道路，只有工业得以充分发展，才能为城乡剩余劳动力开辟广阔的就业空间，并为粮食的稳定发展，提供有力的资金和物力的支援。因此，从工农业关系配置的角度来看，商品粮基地工业的发展必须建立在两个支点上，一是较高的劳动力吸纳能力，二是较高的创利能力。为了从根本上推动商品粮基地建设，商品粮基地的建设投资视野不仅仅是农业和粮食，在一定意义上说，应着眼于整个区域经济，从工农业或区域经济的整体联系中寻求商品粮基地建设的条件和动力。在整个区域经济规划布局中，应有目标地把一些大工业企业与商品粮基地建设有机地结合在一起。

第四，重视和推进商品粮基地粮食生产的规模经营。从总体上说，商品粮基地大都具有人均占有耕地较多的特点，因而一般比非商品粮基地县的粮食商品率要高，经营规模要大，但这仅是相对而言，同规模经营相比，即便是像吉林省这样的人均土地占有量较高的商品粮基地，土地经营规模同样是相当狭小。因此，规模效益低是商品粮基地粮食生产进一步发展的重要限制因素。伴随着中国农业国际化和农产品贸易自由化程度的提高，粮食越来越面临来自国际市场的竞争，在农产品成本的国际比较中，中国的粮食生产已经明显地表现出了由于经营规模小所造成的劣势。在中国城市化和工业化不断向纵深发展的形势下，粮食生产的机会成本将呈现不断加大的趋势，这在客观上必然带来规模经营的压力。因此，在经过 16 年的发展之后，商品粮基地建设在新的形势下，应把提高规模经营效益作为今后发展的重点。在商品粮基地的建设中，特别是在老商品粮基地建设中，要通过规模经营的优势在市场竞争中取得有利地位。在一定意义上说，没有规模经营的发展，就不会有商品粮基地的农业生产的现代化，就不会形成商品粮基地在粮食市场上的竞争优势。

第五，必须通过区域经济的整体发展求得商品粮基地的发展。 作为商品粮基地，是以提供商品粮的供给为建设基本目标，这是无可置疑的。但是，由于粮食是整个国民经济中最重要最基本的产品，使其处于效益低下的地位，当农业发展到了一定阶段之后，粮食生产若没有其他产业的相应发展，就失去了发展的支撑。应当用区域经济的观点看待商品粮基地的建设和发展，而不是仅仅把商品粮基地看作一个农产品生产基地，更不能仅仅看做是只提供粮食这一单项产品的生产基地。商品粮基地不仅要实现农业内部（农、林、牧、副、渔）的综合发展，也要实现农业相关产业的协调发展，这种相关产业既包括产后的相关产业，也包括产前的相关产业，切实把粮食生产的资源优势转化为地方经济优势。同时，从宏观经济的角度看，也要考虑到商品粮基地的工农业布局，有利于培育商品粮基地的区域经济整体功能。根据现代农业发展规律，一个先进的农业只能建立在一个先进的工业基础之上，不能指望一个先进的农业建立在落后的工业基础之上。

第六，从中国粮食供给的长期战略出发，重视商品粮基地粮食供给能力的培育。 1997 年以来，以国际粮食市场的粮价下跌为背景，中国粮食主产区进入了新的卖难时期。尽管在粮食主产区粮食出现了较大数量的过剩，但从中国人均占有粮食和其他农产品来看，也仅仅是一个世界平均水平或低于、接近于世界平均水平。中国正处在工业化发展的中期，城市化水平不高，伴随着工业化和城市化的进程，现有耕地不可避免地要出现新的流失，与此相反，人口总量仍要继续增长，因此，中国未来的粮食供给前景不容乐观。那么，这就需要人们对目前阶段的粮食主产区的粮食过剩问题进行远期的思考，而不应以目前暂时性、区域性、结构性、阶段性的过剩，作为未来粮食长期供给决策的依据。

对未来中国粮食供求形势的分析,使我们不能不冷静地看待中国粮食生产和商品粮基地建设。在未来较长的时期内,中国的粮食供给都将趋于偏紧,增加商品粮供给将是中国经济发展中的一个长期主题。商品粮基地是提供商品粮的主要区域,是经过新中国成立以来的半个世纪的发展,特别是商品粮基地建设政策实施以来,经过近20年的辛勤建设培育起来的宝贵的农业财富。因此,从粮食长期供给战略的角度来考虑,必须十分重视保护广大农民种粮的积极性,保护商品粮基地发展粮食生产的积极性。当然这种保护应符合社会主义市场经济的基本原则,有利于商品粮基地经济的全面发展,有利于农业素质的全面提高。

8.2　加入 WTO 后商品粮基地的建设与发展[*]

伴随着中国加入 WTO 的到来,中国农业将越来越融入世界,面临着来自世界农产品市场的挑战。在来自国际农产品市场的各种挑战中,当属粮食的挑战最大。在我国,商品粮基地是商品粮的主要供给区域,在粮食面对严峻的市场挑战的情况下,如何有效地保证作为世界第一粮食消费大国的粮食供给,使我们不能不考虑到在"入世"之后商品粮基地的建设与发展。本文以我国最大的商品粮基地吉林省为例,探讨入世后商品粮基地的建设与发展问题。

8.2.1　加入 WTO 后商品粮基地面临的冲击

1999 年 4 月 10 日中美双方签订的《中美农业合作协议》确定了我国加入世贸组织之后农产品进出口贸易的基本框架。从《中美农业合作协议》的内容看,主要涉及以下四个方面:

第一,市场准入。即在规定的时间内逐步放开国内的农产品市场。主要包括两个方面,一是降低进口关税水平;一是取消数量限制,实行关税配额。从前者来看,到 2004 年,我国将农产品平均进口关税从目前的 40% 左右降至17%,其中美国特别关注的农产品降至 14.5%。从具体项目来说,肉类减税幅度达 50%～73%,水果类达 67%～70%。从后者来看,对粮、棉、油等重要农产品的进口取消许可证数量限制,实行关税配额制,在规定的配额内进口实行 1%～3% 的低关税,超过规定配额的进口实行高关税。

＊　原载于《山西农经》2000 年第 4 期。

第二，出口补贴。即在规定的时间内削减现行的对于农产品出口贸易中的补贴出口数量与预算开支。在《中美农业合作协议》中，我国承诺不采取任何农产品出口补贴。

第三，国内支持。要削减产生贸易扭曲的政策，如价格支持、营销贷款、面积补贴、牲畜数量补贴、种子肥料灌溉等补贴以及某些有补贴的贷款计划等。

第四，动物及植物检疫。除了以保护人类健康、动植物生命安全及其生产为目的的措施外，对于利用动物及植物检疫的方式限制进口的行为，从而造成隐蔽性的对农产品的国际贸易的限制的做法，要加以废止。在此方面，我国做出了较大的让步，在几年前，我国对美国西北部七大洲生产的带矮腥穗病的小麦，以卫生检疫不合格为由，实行禁止进口，对加利福尼亚等南部各洲带地中海果蝇的柑橘也以同样理由限制进口，此次协议的达成，意味着大大放低了美国农产品进入我国农产品市场的门槛。

《中美农业合作协议》中的上述有关内容实施后，将使我国农产品在国际市场上的比较优势发生新的变化，从而使我国的农业面临着来自国际农产品市场的冲击。但是在对我国农产品市场形成的各项冲击中，核心的问题是粮食问题。因此，加入 WTO 后，对于提供商品粮数量较多的商品粮基地而言，将面临着更加严峻的挑战。

吉林省是我国最大的商品粮基地，加入 WTO 后，面临的市场冲击比一般农区和其他粮食主产区具有显著的不同。这主要表现在以下几个方面：

第一，吉林省是我国粮食商品率最高的省份。吉林省位于东北的中部，具有粮食生产的优越条件，历史上就是我国粮食商品率较高的地区。新中国成立以后的半个多世纪中，多数年份吉林省都是粮食净调出省。特别是从 20 世纪 80 年代以来的 20 年中，在农村改革开放的各项政策推动下，吉林省的粮食生产呈现出了跨台阶式的增长速度，粮食产量成倍增长。从 80 年代中期以来，吉林省的粮食商品率、商品粮输出量、人均粮食占有量、玉米出口量等多项指标就位居全国首位。其中粮食商品率高达 60%，比全国的平均水平高出近一倍。在市场经济条件下，粮食商品率越高，对市场的依赖性就越强，当市场条件对卖方不利时，也就意味着面对的市场冲击越大。而对于一般农区来说，可拿到市场上卖的粮食占产量的比例较低，当价格变动时，无论是正面效应还是负面效应，对粮食商品率不高的非主产区来说，都不会带来明显的影响。

第二，吉林省是以生产玉米为主的商品粮产区。在各类农产品中，受冲击最大的是粮食，而在粮食品种中，受冲击大的当首推玉米。从吉林省的种植业结构看，在 20 世纪 30 年代基本是大豆、玉米、高粱三大作物为主的种植结构，这三大作物所占的面积大体相当。从 60 年代以后，种植业结构开始变化，主要趋势是玉米的种植比例逐年增大，特别是在 70 年代以后，伴随着玉米杂交种的应用和化肥施用量的增加，玉米的种植比例出现了快速的增长，到 80 年代后期，玉米的种植面积已经达到农作物种植面积的 70% 以上，吉林省中部成为从事玉米区域化生产的并具有较高商品率的"黄金玉米带"。自 1984 年以来，吉林省就面临着比较严重的卖粮难问题，因此，从 80 年代后期以后，玉米出口就成为解决吉林省玉米销售的重要途径。1986—1995 年，每年大致出口数量在 200 万～300 万吨。按照《中美农业合作协议》签订的内容，我国承诺对农产品不进行任何出口补贴。在目前的价格水平上，若没有出口补贴，吉林省的玉米则没有任何出口的可能。同时，按照《中美农业合作协议》签署的内容，我国对世界上最大的玉米出口国实行低关税配额的管理办法，到 2004 年，进口玉米将达到 750 万吨，这对长期以来就承受沉重的卖粮难压力的吉林省来说，无疑是雪上加霜。

第三，玉米生产是农民收入的主要来源。 在目前吉林省农民的收入结构中，70% 的家庭收入来自于粮食生产，而在粮食生产中，玉米的种植比例又占据 70% 以上，在吉林省中部的玉米主产区，占到 80% 以上。这就意味着，在加入 WTO 之后，在来自国际粮食市场的冲击下，如果玉米价格下跌，将使吉林省农民的收入受到显著影响。

加入 WTO 之后，意味着我国农业比较优势将要发生变化。根据《中美农业合作协议》达成的条款和目前国际农产品市场的价格状况来分析，加入 WTO 之后，我国的园艺产品在国际市场上会有较强的竞争力，这主要是园艺产品的生产属于劳动力密集型的产品生产，我国恰好具备劳动力的优势。但对吉林省来说，由于气候寒冷，吉林省并不具备生产水果、蔬菜等园艺产品的优势，因此，并不能从新的比较优势中得到补偿。

从产品价格的角度来分析，我国目前在肉类产品的价格上具有竞争优势。按目前的市场价格进行比较，我国的猪、牛、羊肉的价格分别比国际市场低57%、84%、54%，但这种价格比较，并不是以同质的产品进行的比较。我国的肉类产品的质量目前普遍较低，在提高肉类质量的前提下，这个价差将大大地打折扣。另外，困扰我国肉类产品竞争的重要因素是我国畜牧业生产中的无规定疫病区的建设严重滞后，基本未能建设成得到发达国家认可的无规定疫病的畜牧业生产区域。因此，即便是在肉类产品上我国有较大的价格优势，由于产品检疫关口的限制，也难以使我国的肉类产品进入国际市场。

在加入 WTO 之后，对我国整体来讲是既有机遇又有挑战，但具体到不同地区来说，机遇和挑战的分布则会形成差异。对吉林省这样的商品粮基地来说，机遇主要表现在有利于加快农业生产结构的调整，提高农业生产结构优化程度，有利于引进国外的先进的农业生产技术和资本等。机遇具有长期性特征，面临挑战则在近期表现得比较突出。对吉林省这样的商品粮基地来说，在现阶段则是挑战大于机遇。如何应对这些挑战，使我国的商品粮基地在加入WTO 之后，能够得以健康顺利的发展，应是我国农业发展中认真思考和解决的问题。

8.2.2 商品粮基地应对入世冲击的对策选择

加入 WTO 是我国在经济上改革开放的必然选择，而保证商品粮的有效供给又是我国作为世界第一人口大国的必然选择，把这两个必然选择结合起来做出的选择就是千方百计地提高我国商品粮基本的功能和农业的素质，使我国有能力把自己融入世界。吉林省作为我国最大的商品粮输出省，在商品粮基地建设中极具典型意义，因此，建设好吉林省这样的商品粮基地，将会把我国的商品粮基地建设从整体上向前推进。

提高商品粮基地进入粮食市场的竞争力，核心的是降低粮食生产成本，提高粮食生产效益。制约粮食生产成本的因素主要包括两个方面，一是规模效益低，我国农业人口人均占有耕地数量低是一个不争的事实。在吉林省这样的粮食主产区，在现在的农业生产力水平上，每年投入到土地上的劳动时间不足全年劳动时间的 1/5，造成了农业劳动力的严重浪费。二是物质投入要素价格高。据调查，若以美国的化肥二铵价格为 1，我国则可达到 1.6，这是我国工业发展落后，未能给农业的发展提供现代化的工业支撑的具体表现。值得注意的是，我国的粮食生产成本在 1993 年以后，有一个较快的上升过程，一是定购价两次提价，二是当时粮食市场的供给偏紧状况，对粮食的市场价的上扬进一步推波助澜。出现了玉米每千克 1.50 元的市场高价。较高的粮食价格对农民生产积极性拉动的同时，也拉动了粮食投入水平的提高。商品性物质投入对农民来说是一项较为敏感性的投入，即当粮食价格变动或商品性投入要素本身价格调动时，会使其投入数量发展较为明显的变化。事实上，近几年随着玉米价格的下跌，农民开始对物质投入要素的数量下调。随着要素投入数量的变化，会使粮食的产出数量有所下降，但一般来说，粮食产量减少的数量要少于商品性投入减少的数量，因为农民要用其他自给性生产要素替代商品性要素，以达到不使产量大幅度下降的效果。这对于以粮食为收入主体的商品粮基地的农民来说，尤其如此。进入 80 年代以来，化肥、农药等商品性要素投入的数量大幅度增加，而农家肥等对土地有保护作用的自给性的要素投入则明显减少。在粮食价格大幅度下降之后，势必迫使农民减少对土地的商品性投入，以达到降低成本的效果。这实际上是一个市场强制性调整的过程。从商品性投入的角度来观察，这实际上是在产品的新价格水平上，通过按照下降的序列调整边际要素投入，使其等于边际产出的过程。从吉林省的实际运作情况看，这个过程是可实现的。但这个过程是以农民的收益下降为代价的。

以市场为取向推动种植业结构的调整，应是吉林省商品粮基地在加入 WTO 之后所要做出的必然选择。种植业结构的单一化是吉林省商品粮基地长期以来存在的突出问题。主要表现是种植业中以粮食为主，粮食中以玉米为主，玉米中又以高产型的普通型玉米为主。这种状况使吉林省长期以来在农业的优质、高效上以较低的效率向前发展。在吉林省中部的商品粮基地县，基本上是一个玉米占 80％的种植业结构。显然这种状况不利于提高商品粮基本的市场竞争力和增强抗市场风险的能力。从吉林省的实际情况和市场状况出发，应建立一个横向调整与纵向调整相结合的种植业结构调整思路。从横向的角度看，玉米、大豆和水稻是吉林省商品粮基地种植业中的优势作物，加入 WTO 之后，受到冲击的不仅是玉米，同时也包括大豆。我国的大豆不仅在价格上缺乏竞争的优势，而且在质量上同美国的大豆相比，也缺乏竞争优势。因此，增加大豆种植面积并没有太大的空间。就水稻而言，虽然来自国际市场的冲击较小，但从国内市场来看，水稻的价格也是跌落的趋势，而且增加水稻种植又要受到水资源的限制，使水稻种植面积的可调空间也不大。由此可以得到这样一个基本认识：吉林省商品粮基地种植业结构的调整的重心并不在大宗作物上，而应把结构调整的视野放到粮食作物以外的杂粮、蔬菜和经济作物上，以一个多样化的结构适应市场需求的变化。但同时应当看到，在目前的市场供求关系下，在结构的横向调整上，无论怎样选择，都不会有较大的空间，特别是由于气候的限制，决定了吉林省在具有国际比较优势的园艺产品的生产上，不会形成较大的商品总量优势。因此，应当从目前市场分层化的变动趋势出发，注重在提升产品质量的基础上，推动产品结构的纵向调整。具体来说，就是要在每一作物的内部实现品种结构的调整。以玉米为例，就是要减少目前普通型的高水分玉米的种植比例，增加各种特用型玉米的种植比例。增加特用型玉米的种植可形成三个方面的优势：①可以现有耕作制度和方式为基础，充分利用多年来积累的玉米生产经验和技术；②由于特用玉米质量高，价值高，可提高农民的收入水平，促进效益农业的发展；③通过特用玉米的发展，可促进玉米加工业的发展；④由于特用玉米质量高，产量低，在供求过剩的条件下，可产生增加收益、控制产量的效果。

发挥玉米资源优势，实施精品畜牧业战略。加入 WTO 之后，对吉林省商品粮基地建设来说，最大困扰就是粮食的销售问题。解决粮食的销售一是外销，二是就地转化消费。在目前粮食市场的低价状态下，以及我国政府做出的不对农产品出口做任何补贴的承诺下，吉林省的玉米已经丧失市场竞争力。因此，提高就地消费转化能力是迎接"入世"挑战的重要对策。在玉米就地转化消费方面，最好的出路是发展畜牧业。作为饲料消费，是玉米最好的用途。如何以玉米资源优势为基础，创造畜牧业的发展特色，是一个需要因地制宜进行选择的问题。从吉林省的情况看，在畜牧业的发展方面应选择精品畜牧业的战略。精品畜牧业战略设想的提出，是以吉林省精饲料资源的优势和畜产品市场的需求状况为依据的。首先，我国畜产品市场的供给现状为实现精品畜牧业战略提供了客观必要性。70 年代末以来我国农村发生的经济变革，使农产品供给状况发生了根本性的变化，就其中的畜产品来说，已经走出了以往的短缺经济状况，各类畜禽产品供给旺盛，形成了买方市场。畜产品价格稳中有降，并经常出现结构性过剩，从畜产品的供求结构来分析，绝大多数产品为普通大众消费品。而质量较好，消费层次较高的精品，则供给偏紧，价位居高不下。与一般大众消费的畜禽产品相比，精品的收入弹性较高，今后随着人民收入水平的提高，精品的需求市场将会呈现继续扩大的趋势，而普通的畜禽产品的市场份额有逐渐缩小趋势。其次，我国精饲料资源分布的不均衡性及吉林省粮食生产的优势，为发展精品畜牧业提供了资源基础。从我国的农业生产布局来看，南方是水稻产区，70％以上作物为水稻，而北方则是小麦、玉米、大豆等旱田作物及杂粮的产区。我国的玉米带主要分布在北方，玉米作为饲料之王，是畜牧业精饲料的主体。由于作物布局形成的地域特征，使我国的精饲料资源分布不均衡、长江以南诸省基本为玉米输入省份，玉米等精饲料资源明显短缺，使南方畜牧业的发展受到精饲料的严重制约。如果依靠北方调入会大大提高饲养成本。北方虽为玉米产区，但各省人均占有粮食水平也不尽相同。与其他省份相比，吉林省既有玉米产区的优势，又有人均占有粮食（主要是玉米）水平较高的优势。据统计，吉林省人均占有粮食水平（70％为玉米）是全国平均水平的 2.1 倍，是南方诸省的 2.6 倍，接近了世界上农业比较发达的国家的人均占有水平。这种良好的资源禀赋，使吉林省具有绝对的优势发展以消耗精饲料为主的精品畜牧业。精品畜牧业战略是把国情和省情加以区别之后所做出的选择，从国情来说，我国是一个人口大国，也是一个粮食短缺大国，此种国情决定了我国在畜牧业的发展道路上只能选择节粮型的畜牧业发展模式。在认识这个国情的前提下，还必须把国情的总体特征和省情的特殊性加以区别，像吉林省这样一个粮食大省，人均粮食占有量相当于世界上农业发达国家的粮食占有水平，完全有条件发展消耗粮食较多的精品畜产品。精品畜牧业战略的实施，在客观上将会产生两重有利的效果，一是满足了我国市场上消费者对优质畜产品的需求；二是解决了吉林省粮食过剩的困扰，有利于解决我国在粮食出口竞争能力不高的前提下，商品粮的销售问题，从而提高商品粮基地在加入WTO之后的抗市场风险的能力。

努力发展农产品加工业，发挥农产品加工业对农业的市场牵动能力。总结吉林省十几年商品粮基地建设的经验与教训，一个值得反思的问题就是农产品加工业发展滞后，未能形成对农业发展的牵动力量。农产品加工业发展滞后主要来自于两个方面的障碍因素，一是农产品加工业发展缺少多元化所有制结构的支撑，吉林省的非国有经济成份仅仅占到30%，而且大部分属于流通和餐饮服务领域，加工业较少；二是缺少强有力的产业政策，作为粮食大省，理所当然要把农产品加工业作为地方经济的支柱产业来抓。但在1995年之前，农业产品加工业一直没能作为一个重要的产业对待，更谈不上支柱产业。从全国各省市食品工业投资占地方财政基本建设投资的比例看，大约占15%，而吉林省仅占到5%，显然，缺少切实可行的具有支持力的产业政策，致使农产品加工业至今未能成为吉林省的支柱产业。从农产品加工业的产品结构看，主要以玉米淀粉为主，基本处于二级原料状态，附加值不高，增值效应较弱。农产品加工业的发展，一方面可以牵动玉米种植业和畜牧业的发展，深化产品结构；另一方面，以加工企业为龙头，实施产业化经营，发展订单农业，可以引导农民进入市场，这是提高农业抗御市场风险能力，迎接加入WTO挑战的重要途径。因此，对吉林省来说，应在调整所有制结构和制定有利加工业发展的产业政策上着力，大力发展农产品加工业，以农产品加工业的发展带动农业的深度发展。

建立国际大市场的粮食经营理念，创建面向国际的粮食批发大市场。中国加入WTO，作为农业尽管有其薄弱之处，但并不意味着一定要处于被动的地位。相反，却要主动出击，主动参与国际粮食市场的大循环。从现代粮食交易方式来说，像吉林省这样商品粮规模较大的省份，应当努力建设好一个具有集散中心功能的粮食批发市场，特别是在我国取消粮食统购统销制度之后，粮食流通的市场化功能越来越强的趋势下，粮食批发市场的建设越来越显得重要。在粮食批发市场建设思路上，要分为两步走，第一步是把目前的玉米现货市场做大，形成市场规模，充分发挥其集散功能。第二步是在现货市场的基础上，进一步发展期货市场，发挥期货市场在制定价格，引导生产者，促进市场竞争等方面的功能。无论是现货市场还是期货市场，从市场规模来说，应把它建成一个面向东亚，特别是东北亚的具有较高国际化功能的粮食中心批发市场。可以说，以长春为中心，建设这样一个玉米批发市场，已经具备了良好的市场区位。东北的大连港、营口港距长春距离较近，其中大连距长春只有 702 公里，营口距长春只有 487 公里。无论是铁路还是公路，都可以较快的速度将粮食运至港口。距这两个港口较近的周边国家，包括日本、韩国、俄罗斯都是玉米主要进口国，日本每年进口量大约为 1 600 万吨，韩国每年进口大约为 600 万吨，俄罗斯每年进口大约为 1 000 万吨。除了具备了良好的市场区位之外，还具备了较为丰富的粮食资源。东北是我国重要的商品粮基地，辽宁、吉林、黑龙江都是我国的粮食主要产区。目前阶段吉林省每年的玉米总产量为 2 000 万吨，省外的调出量大致为 1 000 万吨，在 80 年代中期到 90 年代中期这段时期里，吉林省出口量最大的年头出口量可达到 500 万～600 万吨，再考虑到以长春为中心，发挥中心批发市场的作用，进一步向辽宁、黑龙江两省辐射，可组织玉米出口量达到 1 000 万～1 500 万吨。可见，面向国际市场展开长春玉米中心批发市场的建设具备了较好的市场条件。

8.2.3　入世背景下商品粮基地建设的宏观经济政策

商品粮基地是为我国提供商品粮粮源的主要粮食生产区域，商品粮基地建设的政策自"六五"期间开始实施以来，在近 20 年的时间里为我国的商品粮供给做出了重要的贡献。"六五"期间我国首批建设的商品粮基地为 60 个，到 1998 年一共建设了 663 个商品粮基地县，累计投资近 60 亿元，为国家提供商品粮 8 960 万吨，占全国商品粮的 70%。实践证明，商品粮基地县在我国的商品粮供给中占据了举足轻重的地位。

加入 WTO 之后，我国的农业比较优势发生了变化，按照市场的规则，应重新选择具有优势的产品作为农业发展的主要增长点，从而提高我国农业的产业素质，推进我国农业的现代化水平，增加农业的经济效益。但对于我国这样的世界第一人口大国来说，粮食生产具有十分特殊的重要地位，尽管粮食生产在国际市场上不具备竞争的优势，为了保证我国粮食的有效供给，我国也必须加强和重视粮食生产。这是一种特殊的产业政策选择。从 80 年代中期以来，我国人均粮食占有水平基本保持在 400 千克左右的水平上。在未来的 30 年中，我国的人口将继续呈增长趋势，而伴随着农村工业化和农村城市化水平的提高，农业耕地则会呈现继续下降的趋势，1978 年我国的人均耕地数量为 1.49

亩，到 1998 年下降到人均 1.3 亩。人口与耕地的逆向运动，使人均粮食占有水平将在较长的时间之内保持在零增长或微小增长的水平上。人均 400 千克的粮食占有量，仅是一个温饱水平，在我国居民生活水平不断提高的情况下，为满足肉、蛋、奶消费而增加的粮食的需求，则需要通过国际市场进行调节，这将降低我国粮食的自给水平。因此，从长期趋势来分析，我国粮食供给仍是偏紧的走向，提高我国粮食有效供给水平仍是我国农业政策的一个基本点。

从 80 年代以来我国粮食生产的历史来看，粮食生产得以稳定的发展，并成功地解决了十几亿人口的吃饭问题，一方面是得益于农业的改革开放政策，另一方面得益于商品粮基地建设的政策的有效实施。在现阶段，商品粮基地是我国商品粮供给的主要来源，在将来的发展阶段上，商品粮基地更是我国商品粮供给的主要来源。一个值得注意的现象是，提供商品粮供给的大部分商品粮基地县主要集中在我国中部地区的省份。这一方面是由于这些地区人均耕地数量较多，具有较优越的粮食生产条件；另一方面，与发达地区相比，这些地区的农村工业化相比滞后，农民的主要精力集中在土地上，且土地仍是农村收入的主要来源，这意味着在此期间农民对种粮保持着较高的热情，这是推进粮食生产增长的重要条件。但同时这种状况也暗含着这样一种转变的可能，即伴随着农村工业化步伐的向前迈进，粮食生产的比较优势将会下降，农民从事粮食生产的热情将会呈现一个弱化的趋势，从而意味着我国商品粮供给存在弱化的趋势。因此，为了保证未来我国粮食的有效供给，必须对商品粮基地建设给予高度的重视，继续完善和实施商品粮基地建设的政策，为商品粮基地的建设与发展创造良好的运行环境。

首先，从商品粮基地的实际出发，因地制宜地确定粮食流通改革的市场取向。1998 年启动的新一轮粮食流通体制改革，一个重要出发点就是通过改革解决在粮食经营中政府财政包袱过重的问题，无疑这是正确的。与此改革出发点相适应的是，人们提出了在粮食生产中非口粮退出保护的政策主张。就总体而言，这一主张也是无可厚非的。然而具体到实际操作过程来看，则需要作具体分析。玉米作为粮食品种之一，现在基本上退出了居民的餐桌，不属于口粮，当属退出保护之列。但在我国加入 WTO 的条件下，怎样对待贸易自由化给粮食生产和农民带来的冲击？是否可使玉米退出保护价，对此要做具体的分析。从全国的宏观总体来看，玉米如今在居民的口粮中占据的比重很小，主要是作为饲料和工业原料，退出价格保护不会对粮食市场和国计民生带来显著影响，而具体到玉米主产区来说，情况则有很大不同。如前所述，在吉林省这样的玉米主产区，玉米是农民生活的主要来源，而且在现有的资源和市场条件下，其他作物对玉米缺少替代性，使农民选择空间十分狭窄，处于进退维谷的境地。如果大幅度降低玉米保护价或使玉米退出保护价，则会极大挫伤农民的种粮积极性，并使粮农的收入进入十分恶化的境地。因此，对于像吉林省这样商品粮生产高度发达的地区，粮食生产的政策要有别于一般的粮食产区，对粮农的利益实行保护的政策。在我国的经济发展中，商品粮一直作为一种特殊的资源由中央政府在全国的范围内统一配置，吉林省所以会形成如此巨大的商品粮流量，正是在国家的宏观粮食供给政策指导之下完成的。在目前商品粮基地遇到市场困境的时候，如果把商品粮基地完全推向市场，无疑是对商品粮基地建设一个沉重的打击，意味着全部的市场风险由商品粮基地承担了，这样做在客观上十分不利于商品粮基地持续稳定的发展。

其次，运用"绿箱"政策，对商品粮基地实施重点倾斜政策。按照 WTO 的规则，国家对农业的保护主要是实施"绿箱"政策。与发达国家相比，我国对农业的保护程度很低，加入 WTO 事实上是使我国农业过早地承担了市场的风险。在面临的各种挑战中，核心的是粮食问题。因此，在我国可实施的"绿箱"政策中，主要应在涉及国计民生的粮食生产上作为关注对象，而在我国商品粮粮源主要由商品粮基地来提供，因此，在国家实施"绿箱"政策时，应把商品粮基本作为主要的倾斜对象。从"六五"以来经过近 20 年的发展，运用 60 亿元的资金，建立了比较稳定的商品粮生产基地，应当说是以较小的投入获取了较大的产出。但从商品粮基地的现状看，粮食生产的生产条件与发展的要求相比，存在明显的薄弱环节。以吉林省为例，在全省 93 座大中型水库中，57％为病险库，多数大型灌区无配套工程。从近年的粮食生产情况看，水旱灾害是制约粮食生产发展的重要因素。在粮食贸易的自由化程度大大加强的趋势下，为了有效地保证我国的商品粮供给，国家应重视对商品粮基地实施有效的"绿箱"保护政策。

再次，深化粮食流通体制改革，建立多元化的粮食流通体制。加入 WTO，意味着粮食市场的流通进入了更大访问的空间，因此，应当使粮食流通体制具有更强的市场适应性。在深化粮食流通体制改革方面，商品粮基地具有与一般农区不同的特点，这就是粮食的商品率高，商品粮总量大，体现为买方市场的特征，因此应建立多元化的流通体制，以活化粮食流通市场。在此方面，可选择的改革途径之一就是实施粮食产业化经营，允许粮食加工企业进入粮食收购市场。这在客观上可带来多方面的益处：①降低了粮食的市场流通成本。由粮食加工企业按照和农民签订的合同进入粮食收购，可减少粮食的流通环节，从而降低成本。据调查，由粮食收储企业经营，然后再转售给粮食加工企业，至少要增大 0.10 元的经营成本，这无疑要从根本上降低粮食加工企业在市场上的竞争力。由粮食加工企业直接经营意味着至少要降低 0.10 元的成本，这完全符合提高市场效率的原则。②有利于降低粮食收储企业的市场风险和经营压力。在目前的粮食市场的供求关系下，作为粮食收储企业实现 100 亿～150 亿千克的商品粮收购，并按着顺价销售的原则，再次实现商品粮的价值，将是十分艰难的市场过程。如果将粮食加工企业消费的粮食由企业本身进入市场完成收购，那么将会起到减缓市场压力的作用，对粮食企业的发展是有利的。③有利于减少政府对粮食经营的财政补贴。以往在粮食经营中的巨额亏损挂账，给地方财政带来了沉重的负担，已经到了如牛负重的程度。尽管新的粮改政策规定了粮食顺价销售的原则，但在顺价销售难以实现的情况下，作为商品粮基地的地方政府仍然担负着财政挂帐的责任。这对于进一步深化粮食流通体制改革是不利的。④有利于减少农民的市场风险，增加农民的收入。与其他多种经营的项目相比，粮食的市场风险相对较低，但由于粮食生产在商品粮基地是农民收入的主体，一旦出现卖粮难，农民不能及时出售粮食，就会使农民出现资金周转的困难，影响农民正常的生产和生活。采取产业化经营的方式，在春天播种的时候，农民就把粮食销售的问题解决了，不存在卖粮难的问题。这对于稳定农民的种粮积极性是大有益处的。

最后，着眼于商品粮基地区域经济的整体发展，强化和提高商品粮基地的经济整体功能。作为商品粮基地，以提供商品粮的供给为建设基本目标，这是无可置疑的。但是，由于粮食是整个国民经济中最重要最基本的产品，使其处于效益低下的地位，当农业发展到了一定阶段之后，粮食生产若没有其他产业的相应发展，就失去了发展的支撑。应当用区域经济的观点看待商品粮基地的建设和发展，而不是仅仅把商品粮基地看作一个农产品生产基地，更不能仅仅看作是只提供粮食这一单项产品的生产基地。商品粮基地不仅要实现农业内部（农、林、牧、副、渔）的综合发展，也要实现农业相关产业的协调发展，这种相关产业既包括产后的相关产业，也包括产前的相关产业，切实把粮食生产的资源优势转化为地方经济优势。同时，从宏观经济的角度看，也要考虑到商品粮基地的工农业布局，有利于培育商品粮基地的区域经济整体功能。根据现代农业发展规律，一个先进的农业只能建立在一个先进的工业基础之上，不能指望一个先进的农业建立在一个落后的工业基础之上。由此出发，商品粮基地建设必须实现工农业的协调发展，必须进行综合生产体系建设。所谓综合生产体系就是以商品粮生产体系为基础，并与农业生产资料体系和农产品加工业体系相结合的一体化。商品粮基地作为一个经济区域，并不意味着该区域必定是以粮食和其他农产品（包括加工品）为主体的农业区。在一定意义上说，没有工业的发展就没有商品粮基地的前途。因为商品粮基地必须走规模经营的发展道路，只有工业得以充分发展，才能为城乡剩余劳动力开辟广阔的就业空间。并为粮食的稳定发展，提供有力的资金和物力的支援。因此，从工农业关系配置的角度来看，商品粮基地工业的发展必须建立在两个支点上，一是较高的劳动力吸纳能力，二是较高的创利能力。应着眼于整个区域经济，从工农业或区域经济的整体联系中寻求商品粮基地建设的条件和动力。这正是加入 WTO 的条件下，我国商品粮基地提高自身竞争力所需要的一种经济发展的综合实力。

8.3 我国商品粮基地建设面临的问题与对策[*]

吉林省是我国的重要商品粮基地，农业发展进入新阶段后，商品粮基地建设面临着农民增收滞缓、粮食持续增长能力下降、市场约束增强等问题。解决问题的对策包括加强粮食可持续增长能力的建设、增强商品粮基地的区域经济整体功能、大力发展玉米转化产业、努力实施纵向为主的种植业结构优化。同时，中央政府要适时调整商品粮基地建设的宏观经济政策思路。

8.3.1 农业发展进入新阶段后商品粮基地面临的主要问题

经过近 20 年的发展，伴随着我国农业进入新的发展阶段，商品粮基地建设也进入了一个新的发展阶段，其主要标志是：

第一，商品粮基地建设的目标由单纯追求数量开始向追求数量与质量相统一的方向发展。 在 1983 年我国启动的第一期商品粮基地建设的时候，我国农民从总体上看，尚未解决温饱问题，当时的目标理所当然地要以增加农产品总量为基本目标。在我国的农业进入 90 年代以后，农产品数量不足的矛盾逐渐被农产品质量不高的矛盾所取代，从 1992 年以后，我国政府提出了"两高一优"的农业发展方向。从 80 年代初到 90 年代初，我国不仅实现了粮食总量的增长，而且粮食替代品也以较快的速度增长，在粮食等农产品以较快的速度增长的同时，居民的收入以较快的速度增长，因此，改革开放以后我国经济的发展，不仅决定了居民消费的物质基础，而且也决定了居民消费的收入基础。进入 90 年代后期，农产品市场明显地出现了分层化的趋势，大多数农产品出现了盈余，而一些优质农产品却显得数量不足，并居于相对较高的价位。在商品

---

[*] 原载于《当代经济研究》2005 年第 6 期。

粮基地的粮食生产中，同样表现出优质粮食品种不足，而低质粮食品种过剩的特征。提高粮食质量已经是农产品消费市场发出的呼唤，特别是对一些商品率较高的老商品粮基地来说，提高粮食商品质量更是提高市场竞争力的需要。从吉林省这个老商品粮基地来看，若不在粮食质量上再上一个新的层次，就无法找到粮食市场，走出粮食滞销的低谷，同时也不利于粮食后续产业的发展。因此，在商品粮基地建设进入新的发展阶段以后，必须以提高产品质量为建设的主要任务。

第二，从以外延型建设为主转向以内涵型建设为主。"六五"期间以来的商品粮基地建设主要是侧重在外延型建设，其具体表现是，商品粮基地县的数量不断增多，覆盖面越来越宽，到目前为止，基本覆盖了全国绝大多数省市。现已建设近 700 个商品粮基地县，占全国行政区划县市总数的 30.9％。基本覆盖了具有发展粮食生产优势条件的多数县市。从发展的角度看，除了继续实施中低产田改造，适当发展一批新的商品粮基地之外，应当继续对这些已经布局建设的老商品粮基地进行内涵型建设。把推进商品粮基地的农业现代化作为我国农业现代化的重点区域，建立粮食生产可持续发展的生产体系，建立与社会主义市场经济相适应的产供销一体化的粮食生产经营模式。

第三，从单项功能建设转向综合功能建设。在"六五"和"七五"期间的商品粮基地建设基本上是集中力量进行粮食生产能力的建设，建设的内容表现出单一性的特征，从"八五"以后，对商品粮基地的综合发展问题开始关注，并实施了一定的建设内容。但从总体上说，对商品粮基地综合功能的建设仅仅是在初始的阶段。在我国的商品粮基地建设已经完成较大的空间覆盖，逐步转向内涵型建设的情况下，综合功能的建设必然要提到议事日程。综合功能的建设应当包括生产功能、流通功能、加工功能的建设，从商品粮再生产的角度全面实施商品粮基地的建设，这既是粮食商品化生产达到一定阶段产生的必然要求，也是粮食生产现代化的要求。

伴随着农业发展进入新的阶段，作为主要提供商品粮的商品粮基地也面临着新的问题，其中主要表现在：

（1）农民增收面临困境。与一般农区相比，商品粮基地具有粮食作物占比例较高的特征，自 20 世纪 70 年代末以来，我国连续多次提高粮食价格，到 90 年代中期以后，我国的粮食价格已经提到尽头，某些粮食作物价格已经高于国际市场的价格。在粮食价格不断提升的过程中，对增加商品粮基地的农民收入发挥了重要的作用。当粮食价格提升到较高水平以后，依靠提价来增加农民收入已无空间。从吉林省情况看，在 80 年代，吉林省曾一度成为农民人均收入较高的省份，1984 年农民人均收入水平的排位在全国位于第四位，仅次三个直辖市。到了 90 年代后期，吉林省农民收入的位次开始明显下降，大致在第 13 位。在农民收入的构成中，来自粮食的收入占 60%～70%。在我国加入 WTO 后，粮食价格有继续下滑的趋势，将会导致农民收入的下降。

（2）商品粮基地整体经济功能微弱。我国的商品粮基地建设是以县为单位进行的，从全国多数商品粮基地县来看，多为财政穷县，商品粮基地县作为县域经济造血功能不足几乎成为发展的一般规律。县域经济内二、三产业比重低，农业比重高。县级财政支持农业发展的能力呈现逐年下降的趋势。

（3）粮食持续增长能力下降。作为商品粮基地，其首要的功能是给国家提供需要的商品粮，保证国家的粮食安全。因此，在未来的发展中，商品粮基地的粮食持续增长能力具有十分重要的意义。从吉林省商品粮基地的现状看，由于农民收入水平近年来一直处于徘徊或缓慢增长的状态，农户再生产的投入能力低下，相当多的农户仅能维持简单再生产，无力进行扩大再生产投入。就地方财政而论，由于以农业为主以粮食为主的产业结构，聚财能力微弱，也没有能力支持进行粮食生产条件的改善，使商品粮基地持续发展能力不足。

（4）粮食生产规模化经营受阻。粮食生产属于土地密集型产品生产，经营规模大小直接影响了粮食生产的市场竞争力，特别是对于吉林省这样一个以生产玉米为主的商品粮基地来说，更是如此。由于吉林省商品粮基地的产业结构不够合理，农民向土地以外流动转移的空间很小，多年来，吉林省农民向土地以外转移的速度一直处于较为落后的水平上，尽管原来的土地资源条件相对较好，但多少年来，吉林省商品粮基地的户均土地经营规模中有 1 公顷左右。从发展的角度看，限制了商品粮基地粮食生产的规模化经营，不利于提高粮农的市场竞争力。

（5）商品粮基地建设越来越面临着市场的约束。在我国的商品粮基地建设之初，我国的粮食生产正处在一个粮食十分短缺的背景之下，从总体上看，并不存在粮食生产的市场约束。经过十几年的发展，我国的粮食总量比 80 年代初增长了近 1.8 亿吨，增长幅度达 55%，人均粮食占有量增长 80 千克，增长幅度达 24%。具有意义的是，不仅仅是粮食的总量和人均占有量有了较大幅度的增长，而且，肉类、蔬菜、水果、水产品等也有了成倍的增长，这意味着粮食以外的食物总量和 80 年代初相比，已经是成倍的增加，在客观上必然产生对粮食的替代效应，影响粮食市场供求关系的变化。虽然我国的粮食人均占有量仅仅是世界的平均水平，但在我国现阶段的居民生活消费和生产消费的水平上，我国的粮食出现了区域性和结构性的过剩，卖粮难已成为困扰许多商品粮基地进一步发展的障碍因素，因此，在商品粮基地的发展中面临着越来越多的市场约束。

8.3.2 推进吉林省商品粮基地建设的基本思路

吉林省商品粮基地在建设中遇到的问题实际上在 80 年代就已经出现了，这是商品粮基地建设与发展过程中遇到的问题，这其中主要表现在：

第一，在商品粮生产方面尚缺少市场经济应有的质量意识。 提供较多的商品粮是商品粮基地建设的基本目标，但在市场经济条件下，特别是在市场竞争日趋激烈的情况下，商品粮生产仅有数量观念是不完整的。就吉林省的商品粮基地建设来说，在商品粮的数量增长上一直走在全国的前面，从 1984 年以来，吉林省人均粮食占有量就一直位居全国首位。但在商品粮的质量方面却未能得到应有的解决，主要的表现就是吉林省玉米高水分问题至今未能得到解决，严重影响了吉林省玉米在国内外市场的竞争力。

第二，在粮食转化方面缺少具有力度的产业政策。 卖粮难伴随着吉林省商品粮基地建设的整个历程，因此，加快粮食转化产业的发展是从根本上解决卖粮难的措施。应当说，吉林省在发展粮食转化产业方面在 80 年代中期即开始运作实施，但存在的问题是在整个发展进程中缺少具有力度的粮食转化产业发展的产业政策，1998 年吉林省用于农产品加工业的固定资产投资占全部工业投资的 5.7%，全国平均水平为 15%。在确定"九五"规划时，根据吉林省发展粮食转化产业的需要和粮食转化产业呈现的良好发展势头，应当把农产品加工业确定为吉林省的支柱产业，并给予相应的扶持政策，但这一决策直到 2002 年才最后形成，表现出了决策的滞后性。

第三，在推进商品粮基地建设方面缺少可持续发展的整体思考。 商品粮基地建设政策的制定与实施，是保证我国粮食安全的一项长期战略决策，而不是什么权宜之计。因此，商品粮基地建设必须要保证其可持续发展的能力。实现商品粮基地的可持续发展，关键是要实现商品粮基地区域经济的全面发展，为粮食生产营造一个良性循环的发展环境，包括发展商品粮基地需要的农用工业、农产品加工业，以及有利于吸纳过剩农业劳动力、推进粮食生产规模经营的其他工业。但从吉林省商品粮基地的实践过程来看，存在着思路较狭窄，缺少区域经济整体发展的大思路，因而，从长远的角度看，不利于实现商品粮基地的可持续发展。

我国农业发展进入新阶段之后，商品粮基地建设面临着新的发展目标和新的发展环境，因此，商品粮基地建设必须要有新的思路。

(1) 要把可持续发展作为新阶段商品粮基地建设的基本目标。针对我国粮食供给存在的长期短缺与短期剩余的矛盾，在农业发展进入新的阶段后，应在商品粮基地建设上着力培育商品粮基地的供给潜力，在实现商品粮基地可持续发展上下功夫。以商品粮基地可持续发展为目标，着重要解决的主要问题应包括：①增强粮农再生产的能力。其实质就是要增加农民的收入水平和调动农民对粮食生产投入的积极性。在现阶段增加农民收入主要依赖于两个方面，一是发展多种经营，增加农民收入；二是扩大农户经营规模，提高规模效益。吉林省玉米之所以缺少市场竞争力，一个重要原因就是经营规模过小，没有规模效益。尽管我国农业的经营规模无法同发达国家相比，但适度提高经营规模是商品粮基地发展的必然要求。②强化商品粮基地的整体功能。商品粮基地是个区域经济概念，其建设的基本目标或首要目标是提供商品粮，但要实现商品粮生产的持续发展，仅仅就粮抓粮达不到预期目的，只有商品粮基地的整体功能提高了，才会为商品粮生产提供条件。③做好商品粮基地的科技储备。到目前阶段，商品粮基地的单产已经达到了较高的水平，扩大耕地已无潜力，进一步增强商品粮基地的粮食供给能力，主要依靠农业科技进步。现阶段吉林省种植业的科技进步贡献率为 40%，与发达国家的 70% 水平相比存在较大差距，增强粮食生产的科技储备，将是未来商品粮基地发展的必由之路。

(2) 要把玉米资源转化作为商品粮基地建设的重要内容。从今后的发展趋势看，作为主要提供商品玉米的商品粮生产基地，要适应市场需求的变化，改变商品输出的形态，不仅要输出原料型玉米，还要输出加工转化型产品。作为吉林省来说，把玉米资源转化作为商品粮基地建设的重要内容，不仅是增加玉米有效需求的要求，也是强化商品粮基地整体功能，实现商品粮基地可持续发展的要求。推进玉米资源转化，就实施模式来说，就是要发展玉米经济。玉米经济是指玉米种植业和以其为基础的系列产业。具体包括，玉米种植业，以玉米为主要原料的畜牧业及畜产品加工业；以玉米为原料的玉米加工业；以玉米系列产品为对象的玉米流通业；以玉米及其系列产品为对象的投入产品产业，例如玉米种业。畜牧业是发展玉米经济的重要组成部分，从猪、牛、羊肉的价格水平看，我国分别比国际市场低 57%、84%、54%，具有明显的价格优势，因此，应注重把粮食的劣势转换成畜牧业的优势，把粮食输出转换成畜产品输出。发展玉米经济的另一个重要方面就是努力发展农产品加工业，发挥农产品加工业对农业的市场牵动能力。农产品加工业的发展，一方面可以牵动玉米种植业和畜牧业的发展，深化产品结构；另一方面，以加工企业为龙头，实施产业化经营，发展订单农业，可以引导农民进入市场，提高农业抗御市场风险能力。

（3）要把节本增效作为商品粮基地建设的主要技术目标。我国的玉米之所以缺乏市场竞争力，主要原因是我国的玉米生产成本太高。玉米生产成本的高位状态可归结为三个方面的原因，一是玉米收购价格的拉动，在 80 年代我国的玉米生产具有竞争力，但进入 90 年代以后，我国的粮食价格多次上调，拉动了玉米生产成本的提高。二是农业生产技术落后，造成生产要素利用效率低下，主要表现为作为生产成本主要构成要素的化肥利用率水平太低，目前我国化肥的有效利用率只有 30％，不及发达国家的一半，这必然导致生产成本的提高。三是我国农用工业落后，劳动生产率低，使化肥、农药、柴油、农膜等生产要素的价格高于发达国家，这意味着农业生产缺少一个有利的工业环境。因此，在加入 WTO 之后，必须以国际市场的农产品成本为参照系，开发降低我国农产品成本的技术，目前要把提高化肥利用率作为节本技术的开发重点。从长期过程看，必须加快农用工业的技术改造，提高农用工业的劳动生产率，为农业生产提供质优价廉的生产资料。

（4）努力实施纵向为主的种植业结构优化。从大宗作物看，玉米、大豆和水稻是吉林省种植业中的优势作物，加入 WTO 之后，受到冲击的不仅是玉米，同时也包括大豆，我国的大豆不仅在价格上缺乏竞争的优势，而且在质量上同美国的大豆相比，也缺乏竞争优势。因此，增加大豆种植面积空间有限。就水稻而言，虽然来自国际市场的冲击较小，但就国内市场来看，水稻的价格也是跌落的趋势，而且增加水稻种植又要受到水资源的限制，使水稻种植面积的可调空间也不大。在目前的市场供求关系下，在结构的横向调整上，无论怎样选择，都不会有较大的空间，因此，应当从目前市场分层化的变动趋势出发，注重在提升产品质量的基础上，推动产品结构的纵向调整，具体来说，就是要在每一作物的内部实现品种结构的调整。以玉米为例，就是要减少目前普通型的高水分玉米的种植比例，增加各种特用型玉米的种植比例。增加特用型玉米的种植可形成三个方面的优势：①可以现有耕作制度和方式为基础，充分利用多年来积累的玉米生产经验和技术；②由于特用玉米质量高，价值高，可提高农民的收入水平，促进效益农业的发展；③通过特用玉米的发展，可促进玉米加工业的发展；④由于特用玉米质量高，产量低，在供求过剩的条件下，可产生增加收益，控制产量的效果。

8.3.3　进一步完善商品粮基地建设的宏观经济政策

从 80 年代以来我国粮食生产的历史来看，粮食生产得以稳定的发展，并成功地解决了十几亿人口的吃饭问题，一方面是得益于农业的改革开放政策，另一方面得益于商品粮基地建设的政策的有效实施。在现阶段，商品粮基地是我国商品粮供给的主要来源，在将来的发展阶段上，商品粮基地更是我国商品粮供给的主要来源。为了保证未来我国粮食的有效供给，必须对商品粮基地建设给予高度的重视，继续完善和实施商品粮基地建设的政策，为商品粮基地的建设与发展创造良好的运行环境。

第一，要把商品粮基地建设作为我国农业发展的一项长期战略决策。加入WTO之后，使我国的农业比较优势发生了变化，按照市场的规则，应重新选择具有优势的产品作为农业发展的主要增长点，从而提高我国农业的产业素质，推进我国农业的现代化水平，增加农业的经济效益。但对于我国这样的世界第一人口大国来说，粮食生产具有十分特殊的重要地位，尽管粮食生产在国际市场上不具备竞争的优势，为了保证我国粮食的有效供给，我国也必须加强和重视粮食生产。这是一种特殊的产业政策选择。从80年代中期以来，我国人均粮食占有水平基本保持在400千克左右的水平上。在未来的30年中，我国的人口将继续呈增长趋势，而伴随着农村工业化和农村城市化水平的提高，农业耕地则会呈现继续下降的趋势，1978年我国的人均耕地数量为1.49亩，到1998年下降到人均1.3亩。人口与耕地的逆向运动，使人均粮食占有水平将在较长的时间之内保持在零增长或微小增长的水平上。人均400千克的粮食占有量，仅是一个温饱水平，在我国居民生活水平不断提高的情况下，为满足肉、蛋、奶消费而增加的粮食的需求，则需要通过国际市场进行调节，这将降低我国粮食的自给水平。因此，从长期趋势来分析，我国粮食供给仍是偏紧的走向，提高我国粮食有效供给水平仍是我国农业政策的一个基本点。

第二，运用"绿箱"政策，对商品粮基地实施重点倾斜政策。按照WTO的规则，国家对农业的保护主要是实施"绿箱"政策。与发达国家相比，我国对农业的保护程度很低，加入WTO事实上是使我国农业过早地承担了市场的风险。在面临的各种挑战中，核心的是粮食问题。因为加入WTO之后，我国农业比较优势发生变化，由于东部沿海地区具有园艺作物产品的生产优势，"入世"后将会获得更多的发展机遇。而对于粮食主产区的土地密集型产品的生产来说，则处于明显的劣势，因此，"入世"后我国农业受冲击最大的主要是粮食。进一步分析，各地的粮食商品率是不同的。由于只有进入市场的产品才会遇到市场的冲击，受冲击最大的主要是粮食商品率较高的粮食主产区，特别是像吉林省这样的具有较高粮食商品率的主产区。因此，在我国可实施的"绿箱"政策中，主要应在涉及国计民生的粮食生产上作为关注对象，而在我国商品粮粮源主要由商品粮基地来提供，所以，在国家实施"绿箱"政策时，应把商品粮基本作为主要的倾斜对象。由此可以进一步得到如下结论："入世"后，作为按照"WTO"的规则核定的政策保护额度以及不受限制的"绿箱"政策的实施，应把粮食生产作为保护的主要部位，就其操作方式来说，应按不同地区的粮食商品率核定保护的额度。从"六五"以来经过近20年的发展，国家运用60亿元的资金，建立了比较稳定的商品粮生产基地，以较小的投入获取了较大的产出。但从商品粮基地的现状看，粮食生产的生产条件与发展的要求相比，存在明显的薄弱环节。在粮食贸易的自由化程度大大加强的趋势下，为了有效地保证我国的商品粮供给，我国应重视对商品粮基地实施有效的"绿箱"保护政策并把商品粮基地作为"黄箱"政策支持的重点。

第三，着眼于商品粮基地区域经济的整体发展，强化和提高商品粮基地的经济整体功能。作为商品粮基地，是以提供商品粮的供给为建设基本目标，这是无可置疑的。但是，由于粮食是整个国民经济中最重要最基本的产品，使其处于效益低下的地位，当农业发展到了一定阶段之后，粮食生产若没有其他产业的相应发展，就失去了发展的支撑。应当用区域经济的观点看待商品粮基地的建设和发展，而不是仅仅把商品粮基地看作一个农产品生产基地，更不能仅仅看做是只提供粮食这一单项产品的生产基地。商品粮基地不仅要实现农业内部（农、林、牧、副、渔）的综合发展，也要实现农业相关产业的协调发展，这种相关产业既包括产后的相关产业，也包括产前的相关产业，切实把粮食生产的资源优势转化为地方经济优势。同时，从宏观经济的角度看，也要考虑到商品粮基地的工农业布局，有利于培育商品粮基地的区域经济整体功能。根据现代农业发展规律，一个先进的农业只能建立在一个先进的工业基础之上，不能指望一个先进的农业会在一个落后的工业基础之上。由此出发，商品粮基地建设必须实现工农业的协调发展，必须进行综合生产体系建设。所谓综合生产体系就是以商品粮生产体系为基础，并与农业生产资料体系和农产品加工业体系相结合的一体化。商品粮基地作为一个经济区域，并不意味着该区域必定是以粮食和其他农产品（包括加工品）为主体的农业区。在一定意义上说，没有工业的发展就没有商品粮基地的前途。因为商品粮基地必须走规模经营的发展道路，只有工业得以充分发展，才能为城乡剩余劳动力开辟广阔的就业空间。并为粮食的稳定发展，提供有力的资金和物力的支援。因此，从工农业关系配置的角度来看，商品粮基地工业的发展必须建立在两个支点上，一是较高的劳动力吸纳能力，二是较高的创利能力。应着眼于整个区域经济，从工农业或区域经济的整体联系中寻求商品粮基地建设的条件和动力。

　　第四，积极实施国际粮食市场运作，调节国际粮食市场供求关系。 在 "入世" 的框架下，以怎样的策略实施国际粮食市场的操作，这是我国粮食贸易政策需要认真考虑的重要问题。对于宏观决策来说，有两个因素需要加以考虑，一是我国地域广大，南北绵延达 5 000 多公里，且呈现北粮南运的格局，因此，"入世" 应以国内已经形成的粮食产销分区为基础，实施粮食供求调节的分区战略，即没有必要从国家的整体上确定统一的进出口政策，可以根据国际粮食市场的变化，实施分区域的调节。二是在考虑前一个因素的基础上，注重利用我国作为粮食消费大国的 "百分之一绝对值" 效应。把这两个因素同时考虑进来，我国应当积极开展国际粮食市场的运作，可根据粮食市场价格的利弊变化采取进出口并举的思路，以销区进口拉动产区出口，争取我国在国际粮食市场的主动权，提高粮食主产区在国际市场上的竞争力。

8.4　振兴东北老工业基地与商品粮基地建设 *

　　新中国成立以来，东北不仅是我国的重要的工业基地，同时也是我国重要的商品粮生产与输出基地。在我国现有 9 个主要商品粮输出省中东北就占两个，自 20 世纪 80 年代以来，吉林省和黑龙江省的人均粮食占有量就分别占据全国第一、第二的位置。伴随着我国工业化和城市化的发展，商品粮的供给面临着越来越大的矛盾，东北商品粮基地在国家粮食安全战略中所占据的位置越来越突出。国家关于振兴东北老工业基地的战略部署，给东北商品粮基地的建设与发展提供了新的机遇。抓住这个机遇，把商品粮基地建设推进到一个新的平台，是从未来战略高度谋划我国粮食安全的客观需要。

8.4.1　商品粮基地建设是振兴东北老工业基地的重要组成部分

　　振兴东北老工业基地是国家自改革开放以来，推动区域经济发展的又一重要战略部署，振兴东北老工业基地具有丰富的内容，其中商品粮基地建设是不可或缺的重要组成部分。东北老工业基地是一个区域概念，而不是产业概念，因此，就区域经济而论，商品粮基地理所当然是涵盖在东北老工业基地的范围之内。在中央的战略部署中，明确提出商品粮基地建设是东北老工业基地建设的一个重要内容。因此，应在东北老工业基地振兴的谋划中把商品粮基地建设的内容进行通盘的考虑。

---

　　* 原载于《农业经济问题》2004 年第 8 期。

首先，商品粮基地是实现东北老工业基地产业结构优化的资源基础。 振兴东北老工业基地就其主要目标来说，应包括两大方面，其一，产权结构改革，即改变国有经济比重过高的现状，建立一个多元化的产权结构；其二，产业升级与结构优化，即在对东北现有重工业进行技术改造的基础上，构建东北重加工业的新优势，同时，依托于丰富的农产品资源，注重发展吸收剩余劳动力功能较强的轻型工业。就后者来说，尽管东北具有十分丰富的农产品资源，特别是丰富的粮食资源，但工农业之间却缺少应有的产业关联度，农产品加工业处于相对落后的地位，未能得到应有的发展。振兴东北老工业基地，要重视现有工业结构的调整，发展启动资金少，吸收劳动力能力强的农产品加工业。因此，推进商品粮基地建设，提供丰富的农产品资源，将有助于农产品加工业的发展，推动东北老工业基地的结构优化。从而加快东北老工业基地改造的进程。

其次，建设东北商品粮基地是确保国家粮食安全的战略举措。 改革开放20多年来，我国的粮食保持持续增长的势头，商品粮生产水平有了显著的提高，但同时也应看到我国的商品粮生产区域也发生了很大的变化。吉林和黑龙江两省是我国粮食商品率和人均粮食占有量多年来排在全国第一、第二位的主要商品粮生产省份。在2001年全国4个农村住户平均出售粮食超过500千克的省份中，三个是东北的三个省，其中吉林和黑龙江是仅有的两个超过1 000千克的省份。东北的粮食产量占全国的粮食总产量的1/7，出售的商品粮数量占全国的商品粮总量的1/3。伴随着我国的工业化和城市化进程，耕地资源将继续出现下降的趋势，影响粮食总量的增长。在一个较长的历史时期内，我国的商品粮供给仍是一个比较紧张的格局。巩固东北的商品粮基地，将是确保国家粮食安全的主要依托。因此，作为振兴东北老工业基地的历史性任务，必然对商品粮基地建设给予应有的关注。

再次，粮食生产是东北农业的核心。 振兴东北老工业基地，必须要解决东北的农业发展问题，没有农业的现代化，就不会有东北老工业基地的振兴。粮食生产是东北农业的核心和主体，发展东北农业必须要从根本上解决东北的粮食问题。可以说，东北农业的发展是喜之于粮，忧之于粮，强之于粮，弱之于粮。20世纪80年代，东北的粮食生产给农民带来许多喜悦，使农民人均收入以较快的速度增长。而后来，卖粮难及粮价的起伏波动既给农民带来许多烦恼，也给地方政府带来沉重的财政负担。国家的粮食安全战略和东北地区的农业自然条件，决定了东北农业必然是一种粮食型的农业，东北农业应当走出一条以粮兴业、以粮强省的路子，从商品粮基地区域经济的角度审视粮食生产及其发展，通过商品粮基地的发展与振兴，实施国家的粮食安全战略。

8.4.2 振兴东北老工业基地是解决商品粮基地内在矛盾的根本出路

从东北商品粮基地发展中遇到的问题来看，与老工业基地的兴衰具有直接的关联关系。国家的商品粮基地建设政策从"六五"期间开始实施，最初的出发点是要通过国家和地方的共同投资建设一批商品率较高的粮食生产基地，这是在我国人均占有粮食不到 400 千克的背景下出台的政策。如今与 20 年前相比，商品粮基地建设的时空背景发生了根本性的变化，这种变化的一个重要特征是不同区域内的国民经济比例关系发生了显著的变化。我国东部地区成为国内经济最发达的地区，农业占国民经济的比例显著下降，商品粮供给水平也呈下降趋势。与此状况相对应，我国商品粮主产区则主要向中部经济带集中。与东部地区相比，东北地区的农村工业化相对滞后，商品粮生产越来越受到二、三产业发展落后状况的制约，从而使商品粮基地建设面临着亟待解决的矛盾。其中主要矛盾表现在：

第一，提高粮食生产规模效益与土地集中缓慢的矛盾。 从农业的人地比例关系看，东北农业的人均土地占有水平明显高于全国平均水平。但东北的作物类型属于土地密集型（玉米、大豆等），对土地经营规模的要求较高，规模效益对粮食生产的影响较大。在一定意义上说，东北地区近年来的粮食效益在很大程度上受到规模效益的制约。改革开放 20 多年来，东北的劳动力转移速度较为缓慢，农业规模经营的变化速度明显低于发达地区。如图 8-1 所示，1982—2001 年吉林省农村劳动力转移速度为 1.97%，全国为 4.95%，吉林省明显低于全国的平均水平。在我国加入世贸组织后，面临着严峻的国外农产品的竞争，提高粮食产品的竞争力，一个重要因素就是提高粮食生产的规模效益。

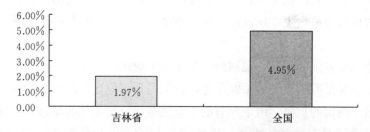

图 8-1 吉林省与全国劳动力转移速度的比较

数据来源：《吉林统计年鉴》（1983 年、2002 年）、《中国统计年鉴》（1983 年、2002 年）。

第二，提高粮食生产投入水平与农民收入下降的矛盾。 回顾我国自改革开放以来，粮食生产发展的历史，在 20 世纪 80 年代前期，主要是靠政策的推动力，联产承包责任制的实施，极大地调动了农民的生产积极性，促进了农业生产的增长。自 90 年代中期以后，伴随着粮食主产区农民收入增长出现徘徊的状态，吉林和黑龙江的农民收入在 1984 年曾一度排在全国的第 4 位和第 8 位，而到了 2002 年，则分别下降到了第 15 位和第 13 位（表 8-1），农民对粮食生产的投入能力开始下降，特别是近年来，随着粮食市场价格的波动，商品粮基地粮食持续增长的能力受到了挑战。

表 8-1   2002 年全国各省农村居民家庭人均纯收入

单位：元

省份	纯收入	位次	省份	纯收入	位次	省份	纯收入	位次	省份	纯收入	位次
全国	2 476	—	山东	2 948	8	江西	2 306	16	宁夏	1 917	24
上海	6 224	1	辽宁	2 751	9	河南	2 216	17	新疆	1 861	25
北京	5 389	2	河北	2 685	10	山西	2 150	18	青海	1 668	26
浙江	4 940	3	湖北	2 444	11	安徽	2 118	19	云南	1 608	27
天津	4 279	4	海南	2 423	12	四川	2 108	20	陕西	1 596	28
江苏	3 995	5	黑龙江	2 405	13	重庆	2 098	21	甘肃	1 590	29
广东	3 912	6	湖南	2 398	14	内蒙古	2 086	22	贵州	1 490	30
福建	3 539	7	吉林	2 361	15	广西	2 013	23	西藏	1 463	31

资料来源：2003 年《吉林统计年鉴》，中国统计出版社。

第三，鼓励粮食生产与卖粮难的矛盾。 从 1983 年开始，我国开始实施商品粮基地建设的政策，其宗旨是增加粮食生产。而从这一年开始，东北地区就面临着较为突出的卖粮问题。在接下来的 20 年间，除了个别减产的年头外，几乎始终面临着卖粮难的问题。到 2003 年年初，仅吉林省的粮食积压总量就达到了 450 亿千克，相当于吉林省两年的产量。卖粮难问题的存在，一方面损害了广大粮农的粮食生产积极性，另一方面也制约了商品粮基地区域经济的全面发展。

上述三个方面的矛盾，说到底是与东北工业化进程滞后直接相关。新中国成立后，东北是我国重要的工业基地，特别是重工业比较发达，为新中国的工业化做出了突出的贡献。由于原有的工业化基地，使东北的城市化在改革开放之初就在全国具有较高的水平，达到 40％以上，远远高于全国 20％的水平。从东北地区的农业生产条件看，在全国的比较中也具有较强的优势，人均占有耕地水平较高，从这个意义上说，东北地区更具有农业规模经营的基础。然而，较好的资源条件只能是规模经营的一个基础，规模经营实现的根本性条件，是工业化的发展。改革开放以后，东北地区与东部沿海发达地区相比，明显落后了，一方面，大量的国有企业背着沉重的计划经济时代留下的包袱，大批产业工人下岗；另一方面，东北的民营经济发展落后，至今尚未改变以国有企业为主体的经济结构，工业化的进程明显滞缓。这种状况必然造成农业劳动力转移门路狭窄，农业规模经营发展缓慢；农民收入结构单一，粮食再生产投入乏力；工业本身对农产品的转化加工能力不高，农产品的中间市场较小。从而制约了商品粮基地的进一步发展。

8.4.3　实施工业化设计：东北商品粮基地的建设基点

从发达国家已经走过的道路来看，发达的农业不可能建立在落后的工业基础上，必须从工农业关系协调发展的角度研究商品粮基地建设的问题，从区域经济的角度说，保证商品粮基地粮食生产的持续发展的能力，只有通过工业的充分发展才能得以实现。振兴东北老工业基地，既是商品粮基地建设本身发展提出的客观要求，也是商品粮基地建设得到的一次难得的发展机遇。如果说，20 年前，商品粮基地建设政策的实施，旨在培育基地的商品粮生产能力的话，那么，今天，则要通过工农业协调发展的政策，为商品粮基地健康持续的发展创造一个充满活力的机制。因此，应充分利用东北老工业基地振兴的机遇，把商品粮基地建设融入东北工业化的进程，对商品粮基地建设实施工业化设计，建立工业拉动农业的商品粮基地建设机制。

所谓对东北商品粮基地进行工业化设计，从根本上说，就是要通过工业的发展拉动粮食生产的发展，以工业化构建商品粮基地发展的内在机制。对商品粮基地建设实施工业化设计，包含四个方面的含义，其一，以丰富的商品粮资源为基础，发展以粮食为初始原料的农产品加工业；其二，通过农产品加工业的发展实现粮食资源的转化增值，把粮食生产的低值效应转化为高值效应；其三，以农产品加工业及其他工业的发展为依托，大量吸收农业剩余劳动力，推动土地的相对集中，扩大土地规模经营，提高粮食生产的规模效益；其四，围绕商品粮基地的建设与发展，加快农业生产资料工业的发展，为商品粮生产提供优质价廉的生产要素，降低粮食生产的物质成本，最终达到提高粮食生产竞争力的目的。伴随着商品粮基地建设的发展，商品粮生产越来越表现出对工业发展和区域经济发展的依赖性和共生共进性，在今天，商品粮基地的建设与发展，绝不仅仅限于农业的内部，农业外部经济的发达程度，直接决定着商品粮基地的竞争力。因此，应从产业政策的角度进行调整，建立工农业之间的协调发展关系。

对商品粮基地建设实施工业化设计，是我国农业发展到新阶段后的必然选择。这种设计在客观上将有利于实现商品粮基地建设的四个方面的建设目标：

一是可持续发展目标。商品粮基地的可持续发展直接涉及国家粮食安全，东北商品粮基地在国家的粮食安全中占据举足轻重的地位，能否实现商品粮生产的可持续发展，关系到国家粮食安全的实现程度。商品粮基地可持续发展的目标就农户层面来说，主要是使农户在收入水平提高的基础上，具有正常的再生产的投入能力。从东北商品粮基地农民收入现状来看，农民收入结构单一，工资性收入比重低是制约农民收入水平提高的重要因素。而工资性收入偏低的实质是工业化的滞后。对商品粮基地建设实施工业化设计的内容之一就是要通过工业化的发展，为农民提供更多的就业机会，扩大土地以外的收入增量。从我国农民收入增长的变动趋势看，由于农业资源的有限性特征，今后农民收入的提高将主要靠来自土地或农业以外的收入，工业化的水平直接决定了农民收入水平，从而决定了农民对粮食生产的投入水平以及粮食生产的可持续发展能力。商品粮基地可持续发展目标就地方政府角度来说，主要是优化商品粮基地的产业结构，加快工业化进程，改变商品粮基地农业产业比重过高的现状，通过工业化的发展，形成较强的地方财政的转移支付能力，以形成较强的公共产品的供给能力。粮食生产，特别是对于东北的玉米大豆生产来说，其单位面积产出创造的经济效益具有明显的低效益特征，增加对粮食生产的公共产品的供给能力，是稳定粮食生产，降低生产成本的必要途径。近年来，我国经济发达与欠发达地区在为粮食生产提供补贴和公共产品方面的差异，恰好说明了商品粮基地建设与工业化之间的正相关关系。无可置疑，商品粮基地如不实现工业化的突破，就不可能实现粮食生产的持续稳定的增长。

二是价值实现目标。作为商品粮基地，粮食的商品率高和商品粮总量大，是其必备的基本属性。从而使商品粮生产对市场有较大的依赖性，流通环节是否畅通，是否有利于商品粮价值的实现，直接制约着商品粮基地的发展。然而，20 年来的商品粮基地建设，恰恰是在粮食流通领域存在较多的问题，商品粮价值的实现成为制约商品粮再生产的瓶颈因素，农民卖粮难问题历久不衰，给商品粮基地的农民和地方财政带来了较沉重的负担。因此，作为商品粮基地建设必须要解决好商品粮的流通的问题，建立良性的生产与流通的关系，保证商品粮价值的顺利实现。就东北商品粮的区位来说，存在相对不利的条件，具体表现在，我国目前的粮食，特别是玉米，主销区在长江以南，而东北距主销区的流通半径在 2 000 公里以上，过长的距离不利于降低流通成本，因此，新的背景下的商品粮基地建设，应注重扩大商品粮的本地市场，形成一个立足于本地的中间产品市场，以工业的发展拓宽农产品的市场空间，发展当地以玉米和大豆为原料的转化产业，主要是畜牧业和玉米大豆的加工业，变单一形态的商品粮输出，为以原粮形态和转化加工形态并重的多形态输出。这种价值实现方式，实际上是将以往商品粮通过不同空间的同一形态商品的转移完成价值实现的过程，转变为同一空间不同形态产品的转换完成价值的实现过程，转移了粮农的市场风险，起到了稳定商品粮生产的作用。

三是转化增值目标。 在农作物生产中，粮食几乎是经济效益最低的产品，从区域经济的角度看，使商品粮基地保持粮食生产的积极性，必须使这种低效益的产品产生价值增值效益。现代农业发展的历程已经证明，具有多重功能的粮食产品是可以产生良好的增值效应的。东北商品粮基地的主产品为玉米和大豆，既是优质的畜牧业原料，又是具有深度加工价值的加工业原料，因此，作为东北商品粮基地建设，就不仅仅是粮食本身生产能力的建设，同时也应包括粮食后续产业的发展与建设。如果说，商品粮基地建设政策实施之初，主要表现为增加商品粮供给的一元化政策目标的话，那么，在今天，商品粮基地建设应当演进到以粮食为主体、注重综合发展，以实现粮食转化增值的多元化目标。这种多元化目标应当如何设计，要结合不同的商品粮基地具体情况来确定。东北商品粮基地主要分布在松嫩平原和三江平原，以玉米大豆为主体，玉米和大豆的加工转化功能决定了东北的商品粮基地同时也应是畜产品生产基地和农畜产品加工业基地。后两个基地的建设直接决定了商品粮市场规模、产业链和价值链。以多元化的思路和工业化的设计实施商品粮基地建设，将在客观上产生巨大的价值增值效应，为东北商品粮基地展现更加广阔的前景。

四是规模经营目标。 东北农业是典型的土地密集型产品生产，规模因素对成本的形成至关重要。加入世贸组织后，我国的土地密集型产品明显地失去了竞争优势，其中的重要原因就是我国农业的经营规模过于狭小，规模效益太低。与全国平均水平相比，东北农业具有较为有利的资源优势，户均经营规模可在 1.5 公顷以上，是全国平均水平的 3 倍，但与农业现代化国家的经营规模相比，则是非常狭小的经营规模。因此，在振兴东北老工业基地的过程中，要把提高土地规模经营作为重要的内容和目标。尽管就目前而论，提高土地经营规模具有相当大的难度，而且是一个较为长期的目标。但东北具有较好的工业化和城市化基础，城市化率 45%，远远高于全国 30% 平均水平。现有农业人口 5 700 万人，如果把其中的 3 700 万农业人口从土地上转移出来，就可使现有土地经营规模扩大两倍，达到户均经营 4.6 公顷的规模水平。在这个平均水平之上，意味着会出现一批 10 公顷以上的规模经营户，这将大大提高粮食生产的市场竞争力。实现这一规模目标，关键是取决于东北的工业化进程。振兴东北老工业基地为加快工业化进程提供良好的机遇，如果东北老工业基地的振兴能够比较顺利地实现，使目前的土地经营规模扩大两倍以上是完全可以实现的。在东北老工业基地振兴的过程中，除了发挥原有的重工业优势外，应注重发展劳动力密集型的轻工业，为商品粮基地农业生产要素的重新组合，提高土地经营规模效益创造外部条件。发展轻工业，最重要的是发展以粮食为原料的农产品加工业，这是商品粮基地建设实施工业化设计的核心内容。要坚定不移地把农产品加工业做大做强，形成农产品加工业的优势产业地位。

8.5　东北地区农业发展与产业结构调整 [*]

计划经济时代留给东北两份遗产：数以百万计的失去资本雇用的劳动者；一群资源枯竭的城市和产业。中国政府提出的振兴东北老工业基地的战略，给中国东北地区一个发展的题目，显而易见，在这个发展题目之下，绝不是仅限于工业的发展，而是一个区域经济整体的概念，或是一个全方位的产业概念，因此，东北农业的发展理所当然地应成为振兴东北老工业基地的一个具有分量的话题，而且其发展与区域产业结构之间存在着重要的关联关系。

8.5.1　建设现代农业是东北振兴的重要内容

在中国的经济发展史上，东北地区历来是一个重工业型的基地和一个原料输出型的基地。之所以形成这样一个产业布局的特征，一方面是由于东北本身具有良好的天然资源条件，包括煤炭、石油、有色金属等矿藏资源；另一方面，具有较长的重工业的开发历史，新中国成立之前，经历了 1931—1945 年的 14 年的日本殖民地历史，在这段历史上，工业的发展主要是依托于东北的矿产资源优势，建立了一批煤矿和钢铁企业。新中国成立以后，以原有的开发历史为基础，适应中国经济发展的需要，中国政府又将东北地区作为主要的重工业基地实施了战略部署。1953 年启动的第一个国民经济发展五年计划中，由前苏联援建的 156 个工业项目，仅东北三省就占据了 56 个，占项目总数的36%，由此形成了一个以重工业为主体的产业结构。东北的重型工业结构为中

---

　　* 原载于《纪念中国农村改革三十周年学术论文集》，中国农业出版社，2008 年。

国建立自己的工业体系提供了基础性的力量，并且创造了较高的生产效率，以8％的人口提供了25％的工业产值。中国的重化工、石油、煤炭、有色金属等资源型产业主要集中在东北。东北三省成为中国重要的重工业基地和工业原料基地以及粮食生产基地。

始于20世纪70年代末的中国改革，确定了中国发展的市场化取向，以市场经济体制取代计划经济体制，使中国的经济格局发生了重大变化。中国的东北作为新中国成立以后的工业基地，集中显现了计划经济时代国有经济的全部特征，在这场改革中开始走入失落。中国城市改革从1984年以后开始，国有企业改革的模式借鉴了农村家庭联产承包责任制的做法，在工业企业中开始实施承包制，后来的实践证明，承包制引入工业企业改革是一次彻底的失败，失败的代价是大批国有企业的经营不善，严重亏损，工人开不出工资，并造成国有资产的流失。数以万计的产业工人下岗失业。据统计，东北下岗职工占全国的1/4，失业保险低于全国平均水平。国有企业大量破产，而民营经济发展滞缓，东北在全国的经济地位下降。在计划经济时代，东北辽宁省的GDP是广东省的两倍，而到了20世纪90年代，广东省的GDP则是辽宁省的两倍。到20世纪初，历经20年的改革，东北经济雄风不在，失去了原有的经济地位。

经过半个世纪的发展和经济体制转轨的风风雨雨，中国东北地区的产业结构与经济地位发生了与计划经济时代不同的变化。振兴东北老工业基地作为中国改革发展的战略部署，能否重复昨天的故事？在振兴东北老工业基地这个话题上，有人提出振兴东北老工业基地就是要恢复和建立东北在中国工业体系中的重工业和装备制造业的地位。笔者认为这种说法并不完全准确，这是因为，首先，今天东北地区的资源及产业结构现状，已经不具备复制从前产业结构的条件；其次，东北地区原有的产业结构也不尽合理。计划经济时代的东北地区，是一个资源输出型的产业结构，其中的林产品资源、矿产资源已经有相当一部分枯竭，产业衰退，企业破产，并由此形成了一批资源枯竭型的城市。相比之下，轻工业则比较落后，资本对劳动力的吸收能力较低。改革开放以后，尽管东北经济发展缓慢，但产业结构也在发生新的变化，轻工业的比重不断增加，经济的发展也正在孕育新的产业。

建设现代农业是振兴东北老工业的一个重要内容，这是中央政府对振兴东北老工业基地的一个解读。东北农业历来在中国农业中占有重要位置，改革开放以来东北农业在国家粮食安全中的战略地位日益提高。然而建设现代农业并不仅仅是为国家提供商品粮和其他农产品供给，更重要的是要以东北资源为优势，发展新的产业。在近30年的改革中，东北工业虽然失去了往日的光辉，但输出的廉价的商品粮却为中国改革支付了巨大的成本，在振兴东北老工业基地的今天东北农业可否演绎出新的产业故事？

8.5.2 建设现代农业有利于推动东北产业结构调整

振兴东北老工业基地是一个区域概念，振兴的内容绝不限于工业和国有企业，因此，农业理所当然地是振兴东北老工业基地的一个重要内容。在中国的各区域比较中，东北具有一流的现代农业发展条件，农业具有相当大的发展潜力，而且其前景不仅在于本身，更重要的是其后续产业的发展，以农业发展为基础，将有利于带动东北区域产业结构的调整。

8.5.2.1 东北地区具有良好的农业资源禀赋

三省总人口为 10 817 万人，其中乡村人口为 5 660.6 万人。总幅员为 78.77 万平方公里，占全国土地面积的 8.21%，其中耕地 2 152.62 万公顷，占全国耕地面积的 16.55%。乡村人口人均耕地面积为 0.378 公顷，农户户均耕地面积 1.368 公顷，均比全国平均水平高 1.7 倍，如表 8 - 2 所示。在中国人多地少的国情下，东北是人均耕地资源相对富裕的地区，土地也成为农民衣食的重要来源。

表 8 - 2　2006 年东北三省耕地占有情况

	耕地面积 （万公顷）	乡村人口 （万人）	乡村户数 （万户）	人均耕地面积 （公顷）	户均耕地面积 （公顷）
全国	13 003.92	94 907.5	25 222.6	0.137	0.516
东北三省	2 152.62	5 692.3	1 573.3	0.378	1.368
辽宁	417.48	2 331.4	695.6	0.179	0.600
吉林	557.84	1 443.6	383.7	0.386	1.454
黑龙江	1 177.3	1 917.3	494.0	0.614	2.383

注：乡村人口数和乡村户数两栏数据在年鉴中仅统计到 2005 年，已为当前最新水平，因此，2006 年数据用 2005 年来代替。

资料来源：《中国统计年鉴》2007 年，中国统计出版社。

一是粮食生产优势。东北的松辽平原、松嫩平原和三江平原，属于黑钙土分布区域，土壤有机质含量高，适于农作物耕种，降水一般在 600 毫米以上，且雨热同季，有利于农作物生长，其中的松辽平原玉米带是世界第三大玉米带，玉米公顷产量高达 6 000 千克，比全国平均玉米产量高出 11.23%。东北也是我国大豆的核心产区，大豆种植面积占全国种植面积的 49.1%。粮食产量 8 225 万吨，占全国粮食总产量的 16.53%。玉米产量 4 737.9 万吨，占全国玉米产量 32.57%。大豆产量 810.4 万吨，占全国产量的 38.52%。从 1984 年以来，吉林省和黑龙江省的人均粮食占有量一直位居全国第一、第二的水平。吉林省是最大的玉米生产省，人均玉米占有量达到 730 千克，玉米出口量占中国玉米出口量的 80%。东北三省提供的商品粮占全国商品粮的 1/3。

二是畜牧业优势。东北地区以粮食资源优势为基础大力发展畜牧业，进而形成了东北地区在全国的畜牧业生产的优势和特色。其中肉类生产总产量 1 006.7 万吨，占全国肉类总产量的 12.50%。人均肉类产量全国 61.3 千克，东北 93.1 千克，是全国平均水平的 1.52 倍。吉林省人均肉类产量 115.7 千克，是全国平均水平的 1.89 倍，从 1998 年以来连续九年位居全国第一位；奶类生产在全国也占据重要的位置，黑龙江省奶产量 464.6 万吨，占全国奶产量的 14.07%。

表 8-2　2006 年东北三省农产品生产水平

单位：万吨，%

	粮食				肉类		奶类	
	产量	占全国比重	玉米	大豆	产量	占全国比重	产量	占全国比重
全国	49 747.9	100	14 548.2	2 104.06	8 051.4	100	3 302.5	100
东北三省	8 225.0	16.53	4 737.9	810.4	1 006.7	12.50	597.0	18.08
辽宁	1 725.0	3.47	1 300.4	36.9	372.1	4.62	97.4	2.95
吉林	2 720.0	5.46	1 984.0	121.0	315.0	3.91	35.0	1.06
黑龙江	3 780.0	7.60	1 453.5	652.5	319.6	3.97	464.6	14.07

资料来源：《中国统计年鉴》2007 年，中国统计出版社。

三是特产业及生态优势。东北还是一个重要的土特产品生产基地和药材基地。长白山植物资源达 2 400 多种，其中可利用的就有 800 多种，人参、林蛙都是具有很高保健价值的滋补品原料，各种中药药材资源丰富，是中国重要的北药基地。东北的吉林省是中国三个实施生态省建设的省份之一，较好的森林覆盖率和良好的生态环境为发展有机农业和绿色农产品生产准备了良好的资源条件。

经过多年的发展，东北地区已经形成了现代化农业生产布局的雏形，专业化区域化生产初具规模。东北中部的松辽平原玉米种植比例在 70%，成为世界第三大玉米带。黑龙江省的大豆形成区域化生产优势，大豆产量占据全国大豆产量的 1/3，成为我国最重要的大豆生产基地。吉林和黑龙江的水稻生产优势明显，成为国内大米市场的名牌产品，行销于全国。以玉米资源为优势，吉林省的生猪生产形成规模，开始形成与玉米带相适应的生猪专业化生产区域。

以玉米和玉米秸秆为资源，肉牛饲养发展较快，进一步发展将会形成肉牛的专业化生产区域。在吉林德大公司的牵动下，东北的肉鸡饲养也形成具有竞争力的产业，饲养规模正在不断扩大。

综而观之，东北地区不仅是我国重要的商品粮基地，也是我国重要的商品畜产品基地。不仅具有农产品生产的数量优势，而且具有农产品生产的质量优势。东北地区是中国建设现代农业最有前景的地区。

8.5.2.2 现代农业建设与农产品加工业的发展

以丰富而优质的农产品资源为基础，农业的后续产业也展现了巨大的发展空间。发挥农业的资源优势，发展以农产品为原料的后续产业，进而推动东北老工业基地产业结构的优化，应是振兴东北老工业基地的重要组成部分。以建设现代农业为契机，发展农产品加工业，至少会给东北经济发展带来三个方面的好处：

第一，有利于优化东北地区的产业结构。 按照一般工业化的进程，应是先以农业资源和资金积累为基础，首先发展轻工业，以消耗农业剩余劳动力，并以相对较少的资本投入启动工业化的进程，而后进一步发展资本投入较大的重工业。但对中国来说，由于1949年中华人民共和国成立后面临的封闭的国际环境，首先选择了发展重工业的工业化路径，而东北恰恰是中国的重工业基地，形成了重"重"轻"轻"的不合理的产业结构。中国改革开放以后，对于东北地区来说，民营经济发展滞后，而国有经济改造效率很低，一大批国有企业破产。近年来产业结构不断调整，特别是农产品加工业有了长足的发展。21世纪不仅是信息世纪，同时也是生物经济的世纪。发展农产品深加工产业，将会推进生物产业的开发，并开发出具有高科技含量的新产品。生物产业将像信息产业那样具有较高的利润回报，形成东北地区产业的新增长点，提高地方经济的效益含量。以目前的农产品加工业发展势头为基础，加快农产品加工业的科技进步，开发生物技术高新产业，将会使东北地区形成新的产业集群。

第二，有利于吸收更多的劳动力就业。 对东北来说，增加就业是解决计划经济时代留下的负担，促进经济发展的重要措施。大批国有企业破产留下了数以千万计的下岗工人，在经济发展的同时，必须要消化大量剩余的劳动力，同时，农业本身也有数以百万计的剩余劳动力待转移。东北地区原有的产业结构的一个弊端就是劳动力的安置能力较低，属于资本密集型的产业。农产品加工业属于劳动力密集型产业，同等资本的投入会吸收更多的劳动。因此，以丰富的农产品资源为基础，大力发展农产品加工业，有助于化解东北地区劳动力就业的矛盾。

第三，有利于形成产业优势。农产品加工业一般是以农产品产地资源为基础发展的资源型产业，东北地区之所以可以发展农产品加工业，首先在于具有丰富的农产品资源，而且资源在数量上的丰富性和质量上的优势在国内相比都是其他地区不可比的。因此，发展农产品加工业，特别是深加工业，有利于在国内产业中形成比较优势，而这一优势同时也是东部沿海发达地区不具备的，而且与东南沿海发达地区的产业不存在竞争关系。

8.5.3 大力推进东北地区农产品加工业的发展

1984年以后，东北地区开始出现农产品过剩，以此为背景开始发展粮食转化产业。粮食转化产业主要是发展畜牧业和农产品加工业。经过20年的发展，东北成为我国畜产品生产的重要基地，结束了以往畜产品消费依靠区域外输入的历史。与此同时，农产品加工业逐渐形成了重要的产业，甚至成为地方经济中的支柱产业。

8.5.3.1 东北地区农产品加工业的基本构成

东北地区农产品加工业的骨干产业主要包括以下几个方面：

一是粮食加工业。粮食加工业就其品种来说，主要可分为玉米加工业、大豆加工业和水稻加工业。在这几个主要品种中，玉米加工业发展的规模最大。吉林省把玉米加工业称之为玉米产业，进而提出了玉米经济的发展战略。长春大成、黄龙公司、赛力斯达等企业成为国内具有竞争力和影响力的大型玉米加工企业，其中长春大成的玉米深加工已经开发出多个高附加值的产品。大豆加工在黑龙江和吉林省已经形成重要产业。大米加工业依托东北优质稻米的优势，在国内市场做品牌稻米，使东北大米行销于中国国内南北市场，并向日本、韩国、香港、东南亚等国家和地区出口。

二是畜产品加工业。畜产品加工业主要体现为肉类产品的加工，包括猪肉、牛肉、禽肉加工。在肉类加工产业中，形成了长春皓月、吉林德大、禾丰牧业等一批骨干企业。其中长春皓月是亚洲最大的清真肉类加工企业，全国肉牛出口量的一半、麦当劳在中国90%以上的牛肉供应都来源于皓月公司，产品出口到中东伊斯兰国家和欧洲。长春德大是中国最大的禽肉加工企业，产品出口日本和欧洲。黑龙江省的奶类产品企业主要有完达山乳业股份有限公司和龙丹乳业科技股份有限公司等，黑龙江的奶类产品在全国占据第二的位置。

三是生物制药业。依托东北长白山药材资源，东北地区发展起一批具有竞争力的生物制药企业，其中吉林省通化市已经基本形成药业产业集群，通化东宝等名牌企业在药品市场上已经形成了较高的占有率。吉林延边敖东、修正药业、哈尔滨制药等都已经形成较强的市场竞争力。东北的生物制药业正在崛起。

四是特产及保健品加工业。 东北长白山有丰富的可供开发的特产及保健品资源，人参、林蛙等珍稀动植物资源是东北的重要特产，既是制药的优质资源，也是保健品的优质资源。只要经过适度的开发即可做成较大的产业。

8.5.3.2　做大做精农产品加工业

在振兴东北老工业基地的今天，如何以东北农业的优势为基础，发展新型产业应是一个重要的发展命题。因此，振兴东北老工业基地绝不仅仅是发挥传统工业优势，更应当创造新型产业优势。近 20 年东北地区以丰富的农产品资源为基础，使农产品加工业有了长足的发展，但从总体看，产业开发的深度和精度还远远不够，应当以振兴东北老工业为契机，继续把农业后续产业这篇文章做好。

怎样开发新型的农产品加工产业？一个基本点就是要把农产品加工业做大做精，改变东北地区粗放型的经济增长方式。中国作为一个人口大国，农产品的转化消费面临着若干限制因素，因此在筹划农产品加工业时需要考虑的三个限制因素：①中国农产品供求的基本特征。目前我国人均粮食占有量大致在 380 千克左右，而且从 1984 年以来，没有突破这一水平。主要是人口增长及耕地减少的因素所致。在未来的 20 多年中，这两个因素仍然沿着相反的方向运动，并制约中国粮食的供给。因此，未来中国的农产品供给仍然呈偏紧趋势。②国家的食物安全。鉴于前一点，中国未来的食物安全仍然面临着较大的压力。而中国由于人口总量大，对农产品需求的绝对量也必然大，使中国解决食物安全的基本点必须放在国内。中国东北是国家食物安全的最主要的保障基地，粮食及其他农产品的工业消费必须有利于国家食物安全目标的实现。③农产品的区域支配能力。发展农产品加工业，意味着要有相当数量的粮食及其他农产品进入工业领域，并有相当多数量的农产品离开食品消费领域。而作为农产品，特别是其中的粮食，第一位的消费用途是食品。这就意味着当国家的食品消费出现危机时，其他消费要无条件地让位于食品消费，而这同时也意味着地方政府对农产品的支配能力，特别是对粮食的支配能力具有很大的限度，特别是当粮食紧缺时更是如此。

以上这三个方面的限制因素，决定了在发展农产品加工业时，①必须对进行工业转化的农产品数量进行科学的测算；②要避免盲目的数量规模型的产业设计，要注意发展高科技型的农产品加工产业。东北地区的农产品资源主要分布在吉林和黑龙江两省，粮食商品率大致在 60% 以上，粮食总量大约在 8 200

万吨。吉林省的商品粮形态主要体现为玉米和水稻，黑龙江省的商品粮形态主要体现为玉米、水稻和大豆。因此，粮食加工业主要体现为玉米和大豆加工业和稻米加工业。吉林省的玉米加工业呈现较快的发展势头，目前玉米的加工能力已经达到了 1 000 万吨，已经实现了加工规模为 650 万吨，玉米总产量大约在 1 780 万吨。在整个消费结构中，除了工业转化外，还要考虑到畜牧业消费和国家粮食安全平衡，即要提供由国家支配的保证国家粮食安全需要的商品粮。因此，就吉林省工业玉米加工量而言，其最高规模应在 1 000 万吨的水平。超过这个水平，就会给国家带来不安全因素，或者给玉米加工业带来原料风险。黑龙江省的大豆总产量在 550 万～600 万吨，加工能力在 550 万吨以上。我国是大豆进口国，大豆的加工规模不可能太大。畜产品加工具有较大潜力，黑龙江省的奶类产品加工已经形成了竞争优势。

玉米深加工是东北农产品加工业的重要产业，在发展战略上，除了要根据国家粮食安全战略和玉米消费结构对加工规模进行科学规划之外，还必须对玉米加工品的选择进行科学论证。从目前加工技术来看，以玉米为原料可加工成多种产品，包括多种工业材料、生物能源等。但玉米作为粮食作物，其主要功能毕竟是首先满足人们的食品消费。尽管人们已经很少将玉米作为主食消费了，但玉米是发展畜牧业的最重要的饲料，从食物安全的角度来说，人们是把对玉米的直接消费转化成了对畜产品的间接消费。这与国家食物安全的目标是完全一致的。而把玉米转化成工业品则要受到食物安全的限制和本地区对农产品资源的支配能力的限制。就我国国情来讲，不可能大量地将粮食转化为工业品，因此，以粮食为原料进行工业转化，应当在把握发展数量规模的基础上，主要在原料替代品较少的产品方面发展，例如具有特殊功能的医药、生物材料、生物制品或具有特殊军事用途的产品。相反不宜在替代材料较多的产品生产方面，例如纺织纤维、一般用途的钢铁替代品或水泥替代品等。

从科学技术发展的方向看，21 世纪属于生物的世纪，以农产品资源为原料，以高科技为动力，在生物制药、生物材料、生物能源等方面要形成新的突破，因此东北地区农产品加工业的发展应以生物产业为核心，注重开发新的产业，建立新型的产业结构。

东北地区农产品资源的加工还必须重视综合开发，即对农产品的主副产品进行全面开发。以玉米为例，目前大部分产品主要是以玉米籽实为原料的主产品的开发，而且主产品仍然表现为淀粉，面对玉米肉类产品加工目前主要停留在初加工的层次上，综合加工产品较少，因此产业链条较短，不能形成较强的竞争优势，难以把产业做大。所以，畜产品加工关键要把产业链条做长，更多地在畜产品的副产物上下功夫。

8.5.4 努力促进农业与农产品加工业的协调发展

农产品加工业是以丰富的农产品资源为基础发展起来的,农产品加工业的进一步发展反过来又对农业的发展提出相应的要求,由此所要研究的就是农业与农产品加工业之间的协调发展问题。

从建设现代农业的角度来说,农业与农产品加工业的协调发展主要解决以下问题:

第一,建立与农产品加工业相适应的种植业结构。20年前的中国农业主要是如何解决农产品的短缺,解决中国人的吃饭问题,因此增加农产品的总量是农业发展的第一目标。东北地区作为国家粮食基地,理所当然地要把提供较多数量的农产品供给作为基本任务。从20世纪90年代初国家提高发展高产优质高效的农业发展目标之后,农业生产结构开始发生变化。但就目前的种植业结构而言,与农产品加工业的发展要求尚存在一定距离。从主要作物玉米和大豆来说,加工需要的高淀粉、高油、高赖铵酸玉米所占比例较低,以吉林为例,专用型玉米播种面积比例不到玉米播种面积的10%。因此,今后东北种植业发展需要与加工业的发展相协调,建立一个与加工业发展相适应的种植业结构。这种协调关系的建立关键是要发展农业产业化经营,加工型龙头企业要与农户之间结成利益共同体关系,建立以契约为基础的农业产业化经营机制。

第二,建立与东北农业资源优势相适应的畜产品生产结构。东北以玉米和大豆优势著称于全国,而且人均粮食占有量高于全国一倍以上(吉林和黑龙江省),具有十分明显的精饲料资源优势。这种资源优势意味着东北完全有能力发展精品型的畜产品生产,例如可以发展消耗精料较多的高档牛肉生产。尽管东北近年来开始注重优质畜产品的生产,但从总体上说仍停留在概念阶段,尚未形成产业优势。以丰富的精饲料资源为优势,发展精品型的畜产品生产,有利于建设更具有竞争力的肉类加工企业,提高肉类加工企业的市场竞争力。

第三,建立与农产品加工业原料需求相适应的农业专业化与区域化生产基地。大力发展农产品加工业,必须重视发展农业的专业化和区域化生产,有利于形成具有规模和标准化程度高的农产品商品生产基地。经过20世纪80年代以来的发展,东北地区已经开始形成了种植业的专业化区域化生产基地,特别是松辽平原的玉米带,成为世界第三大玉米带。与此同时,大豆生产的区域化程度也在不断提高。但对东北地区来说,区域化生产关键是要进一步与种植业结构的调整相适应,建立与加工业相适应的区域化生产基地。同时要提高产品的标准化生产程度，要把区域化与标准化相结合。

第四，发展农业生物技术，为农产品加工业发展提供新型的高质量原料。未来农产品加工业的发展，将以农业生物技术为基础，通过农业生物技术为加工业提供高质量的原料，以提高能量转化效率。因此，在建设东北现代农业，振兴东北老工业基地的进程中，重视农业生物技术的研究与开发，使东北地区的农产品加工业建立在现代农业生物技术基础之上。这将有利于提高农产品加工业的竞争力，并有利于开发新的产业优势。

第五，加大国家对东北农业的支持力度，建设稳定的商品农产品生产基地。无论是作为国家的农产品商品生产基地，还是发展农产品加工业，都需要丰富的农产品资源，因此要加大东北地区农产品商品生产基地的建设，以保证农产品的供给。在过去几十年的建设中，东北地区已经建设了一批商品粮基地和优质畜产品生产基地。东北农业在国家的农业发展规划中占有重要地位，需要加大国家对东北农业的投资。特别是农业基本设施的投资和中低产田改造的投资，使东北地区不仅可以为国家提供数量丰富的商品农产品，同时具有发展农产品加工业的丰富资源，推进东北地区产业结构的调整，使东北地区在未来的发展中不仅能够成为中国重要的重工业基地，也成为中国重要的农产品加工业基地。

8.6 建设稳定的国家粮食安全基地[*]

自 20 世纪 80 年代以来，吉林省一直以粮食生产的绝对优势受到中央的瞩目。吉林省的粮食产量占全国粮食产量的 5%，但商品量却占到 10%，足以见其举足轻重的地位。近一年来，吉林省的主打产品玉米价格一直处于走高的趋势，这意味着经济的发展越来越遇到了粮食供给的约束。增加粮食供给仍然是宏观经济政策的热点，同样也是推动吉林省经济发展的重要支撑。

8.6.1 关于粮食生产需要明确的三个问题

粮食生产是农业生产中的核心部分，关于粮食生产有三个需要明了的问题。

第一，粮食生产基地将是国家实施现代农业建设的重点。至少到 2030 年前，中国的人口和耕地两个最基本的资源变量要呈现逆向运动的趋势，即人口

---

[*] 本文为 2007 年提供给吉林省政府的建议。

总量的绝对增加，耕地总量的绝对减少。届时人口总量将要达到 16 亿的峰值水平，而伴随着城市化的发展，耕地总量也将呈现绝对下降的趋势。在此之前中国的食品供给的安全将面临着绝对的挑战，中央政府将不遗余力地保证 16 亿人口的食物供给。因此，粮食生产仍将成为农业发展决策中的重中之重，并会成为农业保护的重点，而且国家将会投入大量资金建设国家粮食安全基地。

第二，粮食生产将成为农业政策保护的重心。 从总体上判断，我国已经进入工业化中期阶段，意味着中央财政有能力加大农业的投入，在宏观财政分配方案中，农业所享受的比例将会呈升高的趋势。2004 年我国政府开始实施的取消农业税的政策，即是我国农业政策从负保护向正保护转变的转折点，农业将接受较多的公共财政的阳光雨露。粮食生产的特殊地位，会成为农业保护的重心。

第三，粮食生产蕴含着新的商机。 伴随着生物经济时代的迫近，以及石油能源危机，粮食的消费功能将被极大地扩展，粮食生产将会呈现出工业原料化的趋势。这种趋势一方面会使粮食出现更为强劲的需求，形成较大的供求缺口；另一方面使粮食加工业蕴含着巨大的商机，粮食生产有可能创造出巨大的工业市场，并创造巨大的增值效应。

8.6.2 适时制定粮食生产的战略决策

鉴于粮食生产所展现的上述趋势，建议省政府对吉林省的粮食生产做出战略性的布局和决策。

第一，向国家提出在吉林省建设国家粮食安全基地的方案。 我国自 1983 年开始实施商品粮基地建设政策，至今，该政策已经实施了 24 年，国民经济的每个五年计划国家都要拿出专款用于商品粮基地建设。商品粮基地建设政策的基本目标是增加商品粮的供给，因此政策实施的基本要点之一就是"钱粮挂钩"，投多少资，产多少粮。向国家提出建设国家粮食安全基地，实质上是商品粮基地建设的延伸，以保证国家粮食安全作为基本目标，形成一批高产稳产的粮食生产基地。在过去的 20 多年中，粮食生产对吉林人来说喜忧参半，饱受卖粮难、储粮难的困扰，同时财政也承受了巨大的负担。然而需要明了的是，自 2004 年我国取消农业税之后，国家的农业政策开始进入历史上最好的时期，应当看到这种历史性的转折点，以建设国家粮食安全基地为载体，更多地获取国家农业基本建设项目及其投资，以改善吉林省的农业生产条件，推进"三农"问题的解决。

第二，积极构建符合国家粮食安全战略的粮食输出模式。 建设国家粮食安全基地，基本目标是满足国家对粮食安全的需要，对吉林省来说，粮食产品以玉米为主，玉米具有粮食作物、饲料作物、经济作物三元功能，在目前来说，玉米主要作为饲料，约占消费总量的 70% 以上，在多数发达国家也大体如此。除经济作物大量转化为工业产品外，玉米无论是作为粮食作物还是作为饲料作物，最终都是作为食品进入餐桌消费，因此，保证国家食物安全，不仅仅是以原粮形态为国家提供商品粮，同时也可以转化形态（畜产品）向国家提供食物，以满足国家对粮食安全的需要。而以畜产品形态满足国家对食物的需要，相当于将饲料玉米的异地转化变为就地转化。应看到，以原粮形态为国家提供食品，不会拉长产业链，不利于创造增值效应。而粮食经过腹转化之后，除了提供食品之外，发展畜牧业，一方面可以增加农民在农业内部就业机会，并增加农民收入；另一方面还会提供大量的副产物，而这些副产物恰恰是很有加工价值的工业原料，从而有利于发展后续产业，拉长产业链。

第三，注重粮食后续产业的发展。粮食后续产业的含义是指以粮食为原料的加工业和经粮食过腹转化的畜产品的加工业。现代科学技术的发展已经展现了生物产业中所蕴含的巨大经济前景，而发展生物产业最重要的是占有丰富的生物资源，否则无法形成产业规模和优势。在中国各省（区）比较中，吉林省占有了农产品数量上和质量上的优势地位，为后续产业的发展提供了可能和潜力。因此，发展粮食生产对吉林省的意义远不在于提供商品粮的消费和保证国家的粮食安全，而是具有高技术含量和高附加值的生物产业的发展。因此，必须看到粮食生产及其商品量的优势所潜藏的产业前景。大力发展以粮食为原料或以畜产品为原料的深加工产业，并注重加工业中开发出高新技术产业的平台。

8.6.3 建设国家粮食安全基地要解决的关键问题

建设国家粮食安全基地并在此基础上发展粮食转化产业，要注重解决一些关键问题。

第一，努力开发粮食高产技术。至少在 2030 年（人口峰值期）之前，我国都要把增加粮食产量作为农业生产中的首要目标。这不仅是人口增长的需要，生物产业的发展必将加大供求缺口。作为国家粮食安全基地，只有在有能力为国家提供可观的商品粮供给的情况下，才会获取国家的大量投资。同时还可以预见，在供给的压力下，有利于粮食价格的提升，如果在增加粮食产量的同时，价格仍能保持在较显著利润的水平，会对增加农民收入产生积极的推动作用。而粮食后续产业的发展也需要提供充足的原料，因此，决不要放松粮食增产的目标。为实现粮食增产的目标，在科研政策的导向上仍要十分注重作物高产技术的培育和开发，特别是要加速实现玉米吨粮田的增产目标。

第二，重点实施粮食生产条件建设。基础性生产条件改善是实现粮食增产的主要因素，要以目前的33个商品粮基地县为载体，突出中低产田的改造项目，其中以水利设施建设为重点。吉林省西部半干旱地区粮食增产的最大约束条件是干旱，如果通过水利设施建设把作物生长期内的干旱问题基本解决，将会使吉林省的粮食产量明显增长。

第三，建立一个与粮食转化产业相适应的粮食作物结构。就现状而论，种植业结构明显落后于粮食产品的消费结构。作为主打产品的玉米，虽然在专用性品种上有所发展，但还不能适应发展的需要。特别是要从发展的角度考虑工业消费玉米的专用性，要从工业原料的角度安排品种的培育和种植。

第四，要重视转基因作物的研究。我国农产品市场上作为营销手段往往打非转基因这张牌，但这只是营销手段而已，而不应成为粮食生产的导向。作为工业用玉米，特别是完全转化为非食品的玉米，完全可以运用转基因技术。转基因品种的开发有利于提高转化效率，增大加工的附加值，而且有利于开发出新产品。因此建议加强转基因品种的研究和培育。

第五，在玉米加工中注重玉米非淀粉组分的研究和开发。吉林省玉米加工业的产品开发，到目前为止，基本上以玉米淀粉为初始原料，而对非淀粉组分的开发利用极少。伴随着玉米加工规模的扩大，玉米淀粉以外的副产物数量越来越大，对玉米非淀粉组分的利用，既涉及玉米资源的合理利用，也涉及玉米加工产品的综合效率和效益。

第六，畜牧业要突出肉类生产优势。吉林省是国内人均玉米占有量最高的省份，具有大规模发展畜牧业的优势。在畜牧业提供的肉、蛋、奶大类产品中，吉林省应当充分重视肉类产品优势的发挥。自1998年以来，吉林省的人均肉类产量就一直位居国内各省之首。今后之所以要重视肉类生产优势，主要是因为肉类生产具有比奶类和蛋类产品更长的产业链条。肉类生产，包括猪、牛、羊、禽类，具有较多的副产物，包括皮（当然某些动物生产皮属于主产品）、骨、血、毛、脏器等，可加工成多种高技术含量、高附加值的产品，形成较长的产业延伸，既可增值又可增加就业。

第9章
粮食主产区可持续发展

9.1 略论农业持续发展的机制[*]

　　农业的持续发展问题，已引起当今世界各国的普遍关注。我国作为拥有世界最多人口的发展中国家，实现农业的持续发展具有重要的意义。然而，实现农业的持续发展并非轻而易举，乃是一个重新构建人与自然关系的历史进程。因此，应从我国国情出发，确定和探索切实可行的持续农业的发展机制。

9.1.1 可持续发展是解决农业内在矛盾的要求

　　持续农业观点的提出，始于 20 世纪 70 年代。20 多年来，许多科学家撰文著述，对持续农业的重要性和迫切性作了详尽的阐述，1992 年和 1995 年联合国两次召开世界环境与发展大会，确定经济的持续发展问题。可以说，农业的持续发展问题，现在已不能再停留于认识阶段，关键的是，通过怎样的方式把实现农业的持续发展转变为人类自觉的经济行为。

　　持续农业作为一种发展观，揭示了农业发展过程中的基本规律，实现农业的持续发展是农业发展过程中存在的一系列矛盾所致。这些矛盾主要包括：首先是经济发展过程中长期利益与短期利益的矛盾。持续发展作为一种经济发展观，着眼于未来的长远发展过程的持久性。而从经济活动的主体看，往往着眼

＊　原载于《经济纵横》1994 年第 6 期。

于当前的利益，力求以最少的投资获取最大的产出。如果要照顾到未来的长远利益，势必要支付较高的成本或降低目前的经济效率，减少目前的利益。例如，砍伐森林，出卖林木，可以使当前获得可观的经济收入。而植树造林抚育幼林，对当前来说，只有支出，没有收入。正是由于经济活动主体对当前利益的追逐，导致生态失衡，生产条件恶化，农业失去了持续发展的能力。其次是个别利益与整体利益的矛盾。农业的持续发展，依赖于良好的生态环境和资源条件，对每个经济活动的主体来说，良好的生态环境和资源条件是整个社会的事情，农业生产环境并不直接决定于哪一单个的经济主体，而且在追逐个别经济利益过程中对环境的损害又不需要该经济活动主体直接负担。这在客观上往往引导经济活动主体只考虑自身利益，忽视社会整体利益，甚至为了获取自身利益不惜牺牲社会整体利益。再次是经济活动中经济效益与生态效益的矛盾。企业是以盈利为目的的经济组织，经济效益是其活动的直接目的。而生态效益不仅与某个企业利益相关，而且与该地域内的每一个企业相关，生态效益的正负常常不会直接对企业当前的经济利益发生影响，但是以牺牲生态效益为代价却可以换取当前的经济效益。因此，在农业生产中常常会发生为了经济效益而牺牲生态效益的行为。从自然规律来说，没有生态效益就不会有经济效益，但从实际发生过程看，生态效益决定的是长远的经济效益和社会的经济效益，而企业则追求的是当前的经济效益和自身的经济效益。因此，在一个企业内部难以形成经济效益与生态效益的统一，企业本身难以形成自觉维护农业持续发展的行为。

从上三个矛盾中可以看出，通过微观经济主体自发的行为无法实现农业持续发展，必须从社会的角度，运用必要的政策手段规范微观经济活动主体的行为，推动它们努力使自己的经济行为达到当前利益与长远利益的统一、个别利益与整体利益的统一、经济效益与生态效益的统一。因此，从社会的角度看，需要建立一个农业持续发展的机制。通过这种机制把各个经济活动的行为统一到有利于农业持续发展的轨道上来。

从我国现阶段农业发展的状况看，远未形成农业持续发展的环境和条件，各种矛盾交织在一起，农业的发展面临着严峻的挑战。人口的增长，资源总量的下降，环境的污染，森林的消失，土壤的沙化、碱化，使我国农业发展面临着愈来愈沉重的压力。因此在我国通过政策的协调、制度的建设、法律的实施建立一个农业持续发展的机制更具有迫切的内在要求。

9.1.2　因地制宜地建立我国农业持续发展的机制

实现农业的持续发展，是全球共同面临的问题。因此，每个国家都需要建立一个促进农业持续发展的运行机制。然而，不同国家的国情不同，使他们在保证农业持续发展过程中所面临的问题不同，特别是发达国家和发展中国家在农业发展的背景条件方面存在很大的差异，所以各自解决的问题也不尽相同。我国作为拥有世界最多人口的发展中国家，在农业持续发展方面有自己的特殊国情。必须从我国的国情出发，因地制宜地建立农业持续发展的运行机制。与发达国家相比，我国的国情在以下几个方面表现出差异性：

第一，**农业与工业的关系和发达国家相比不同**。从发达国家情况看，迄今为止，工农业两大物质生产部门的关系已经历了三个发展阶段，即农业为工业提供积累阶段、工农业自立阶段和以工补农阶段。因而，发达国家对农业具有较强的支持能力。我国农业的发展环境亟待改善，农业面临着严重的投入不足，工业本身无力为农业环境的改善而进行大量投入，这就使农业的持续发展缺乏可靠的物质基础。

第二，**农业本身发展水平不同**。从各发达国家的农业发展水平来看，现在都已完成了农业现代化，这使发达国家一方面面对国内农产品需求的压力较小：另一方面为建立协调的人与自然的关系形成了初步基础。而从我国情况看，农业现代化起步较晚，农业正处在由传统农业向现代农业转化阶段，农业劳动生产率和土地生产率不高，农业基础设施条件尚很落后，农业生产结构功能不高，面对的国内需求压力很大，这就使我国农业难以像发达国家的农业那样，可以有效地进行轮耕休闲或大面积退耕还草还林，给农业资源以休养生息的机会。迫于需求的压力，往往造成掠夺式经营，使农业处境呈现恶化趋势。

第三，**人口规模和人口发展所处的阶段不同**。人口众多是我国国情的一个基本特征而且将近80％的人口主要分布在农村。今后的20年里，我国人口总量仍以较快的速度增长。目前发达国家的人口已完成了以低生产率为特征的第二次革命，而我国尚未进入此阶段。人口规模的加大，势必给农业资源和环境增加更大的压力，从而引发和扩大对资源的掠夺式开发和经营。

第四，**农业发展的体制条件不同**。发达国家的农业市场经济大都经历了几百年的发展历史，建立了较为完善的经济活动规范，特别是在资源的开发与经营方面建立了严格的制度和管理措施，农业已进入了法制管理阶段。相比之下，我国的社会主义市场经济刚刚起步，各种制度建设仅仅是开始，农业资源开发与保护的制度建设很不健全，农业法制管理水平较低，特别是我国正处在新旧体制变动过程中，体制转轨中的疏漏仍普遍存在。这使我国和发达国家相比具有差别较大的体制条件，从而意味着我国农业的持续发展缺乏有效的体制环境。同时也意味着，在农业的持续发展过程中，体制建设任务既迫切又很繁重。

与发达国家相比所存在的上述国情差别，决定了我国在持续农业的发展过程中所面临的主要矛盾和任务不同。因此，应结合我国的国情，研究和设计农业持续发展的机制。

9.1.3 我国农业持续发展机制的构成

农业持续发展的机制是一项系统工程，包括若干方面的内容，从不同角度引导和约束经济主体的行为，协调人与自然的关系，从而推进农业的持续发展。从我国国情特点出发，我国持续农业的发展机制，主要应由以下几方面内容构成：

第一，人口控制机制。人既是生产者，又是消费者。给我国农业带来最大压力的莫过于人口的增长。20世纪80年代以来，我国农产品的增长基本都被人口的增长所抵消了。按照我国农业的发展规划，从90年代起到20世纪末，粮食要增加500亿千克。但届时粮食人均占有水平基本与20世纪80年代中期相当，主要原因就是人口增长所产生的消极作用。因此，确保实现农业的持续发展，必须首先控制好人口的增长，尤其是农村人口的增长，这是我国作为一个人口众多的发展中国家在实现农业持续发展中面临的一个主要任务。

第二，资源保护与更新机制。我国作为一个发展中国家，资源开发利用一方面表现为开发层次较低，许多资源尚未开发利用；另一方面，资源开发利用很不合理，过度开发、掠夺式开发十分严重。因此，在我国农业持续发展过程中，保护好有限的资源，并使资源开发中不断更新、永续利用，是一项重要的内容。目前在农业资源中受到破坏和流失比较严重的，一是森林资源，二是耕地资源，三是水资源。应加强资源的法制管理，通过法律、经济与行政手段的实施，切实使农业资源得到保护和更新。对于森林资源来说，关键是要控制过量采伐和盗砍盗伐。近年来我国森林资源下降的速度仍很快，要在控制过量采伐和滥砍盗伐的同时，重点搞好森地更新，造林育林，对于毁林从事其他经营的项目要严格控制，例如东北长白山区的毁林种参，要在严格控制参地面积的同时，切实落实参后还林的制度。对森林资源的保护，要通过对各级领导层层落实责任制的方式加以实施，并作为成绩考核的内容加以监督，对于毁坏森林资源的行为通过严格的法律手段进行监督和制裁。耕地资源下降是近年来不可忽视的一个问题。我国幅员广大，但垦殖指数低，耕地面积仅占国土面积的10%。近年来由于城市规模的扩大和开发区建设，耕地减少速度明显加快。有关资料显示，我国"七五"期间净减少耕地1 800万亩以上，"八五"期间还将因建设需要每年递减 300 万亩。保护耕地资源是确保我国农业持续发展的前提条件，根据我国国情，保护耕地资源的当务之急，是控制城市开发和开发区建设用地。目前值得重视的一个倾向是，相当多的城市在扩大占地规模，向外延方面发展，占用了优等耕地。一些开发区占而不用的现象相当严重。鉴于我国人多地少的国情，要严格控制城市开发占用耕地，从城镇发展战略来看，应适当发展小城镇，重点发展百万人口的城市，提高城市土地的集约利用水平。在控制机制上，要按行政区划，按各级政府，逐层落实政府辖区内的耕地保有量责任制，即保证辖区内的耕地数量大于或等于原有数量。占 1 亩补 1 亩，并保证耕地质量不下降。水资源方面的问题，一是浪费，二是污染。从一个国家一定时期来说，水资源总量是个常数。工业用水增加势必要影响农业用水，而水利又是农业的命脉。水资源浪费，现在主要是城市用水的浪费。从控制措施着手，一是要逐步实行定量用水，以提高人们的节水意识；二是提高水价，以提高人们的用水成本观念；三是加强节水设施建设，特别是公共场所的节水设施建设。水资源污染问题，主要是通过环境成本控制机制来解决。

第三，环境成本控制机制。环境成本控制机制的作用在于，通过环境成本内在化的过程制约经济活动主体对环境与资源的破坏行为。对于一些企业来说，在生产过程中发生两部分成本，一部分为内在成本，即在产品生产过程中实际支付的隐含成本和明显成本之和。另一部分是外在成本，即产品生产过程中排放的各种废气、污水和废物，造成了环境污染和资源破坏。一方面使他人和其他企业蒙受经济损失，另一方面社会为治理这些污染要支付若干费用。这些损失和额外支付往往是不需要企业直接承担的，但却是实际发生的成本，属于社会成本，对企业来说也是外在成本。环境成本控制机制就在于使发生的外在成本转化为由企业直接承担的内在成本，形成企业环保约束机制，以减少有害物质的排放，使有害物质处理在企业内部，不致危害社会环境。这种环境成本控制，应采取积极的方式，即应将有害物质最大限度地处理在企业内部，对没有环保设施的企业要限期改造，对造成严重污染的投资项目要限制上马，靠事后控制，或先污染后治理，达不到保护资源，保护环境的预期目的。

第四，土地投入机制。土地是农业生产赖以进行的最基本的生产资料。土地的严重稀缺性和功能的不可替代性，更加深了保护土地资源的重要意义。在农业再生产中，保护土地资源的关键是要完善土地的投入机制。我国农业投入的主体包括政府、集体和农户三个方面。政府作为投资主体可分为中央政府和地方政府两个层次。政府对土地的投入，主要是用于农业基础设施的建设，例如农田水利工程。对农业土地进行投入，改善了土地再生产条件，可以起到提高农业投资报酬率的作用，诱导农民对土地进行投资。政府对土地的投入主要是通过法律的形式加以制约和规范。现在《农业法》已明确规定了农业投资占财政预算的比重，关键是如何实施。集体经济组织对土地的投入，主要取决于集体经济组织的经济实力。一般来说，在集体经济实力比较强的地方，二、三产业都比较发达，大部分实行了"以工补农"的措施，较好地解决了对土地的投入问题。因此，加强集体经济组织对土地的投入，关键是发展壮大集体经济。规范农户的投入行为，是保证土地投入水平的重要环节。提高农民对土地投资的积极性，一是要不断缩小工农产品价格剪刀差，提高农业比较收益；二是要在坚持土地承包制长期不变的前提下，逐步建立土地投资补偿制度。该制度的基本内容是，对现有承包土地进行分等定级，建立土地档案，农户如果要转包土地，在转包前对土地等级重新进行估价，对于土地等级低于原有水平的土地，依据标准缴纳土地质量补偿费。对于超过原有等级的土地，经过测评，根据标准，由集体向转包农实行土地投资补偿，使农户可以收回属于自己的那部分投资，以鼓励农民对土地投资的积极性，减少土地投资的后顾之忧。

第五，新技术开发与推广机制。持续农业作为一种发展观，意在使人类与自然之间建立一种和谐的关系，这种和谐关系的建立，最终起决定作用的还是科学技术，因此，必须建立一个有利于农业持续发展的新技术开发与推广机制。从农业本身来说，对农业资源与环境的破坏，主要来自于两条渠道，一是生产投入渠道，二是生活能源消费渠道。就前者来说，现代农业是依靠以石油为主体的能源建立起来的具有较高生产率的农业，大量的石油和其他化学制品的投入，包括化肥、农药、柴油、农膜等，既创造了高生产率，又造成了资源与环境的破坏。从后者来看，由于农村生活能源的缺乏和消费方式的不合理，造成大量森林资源被砍伐，许多植被受到破坏，导致生态失衡。解决这两个方面的问题，必须要研究出新的能源技术，代替原有的能源技术。否则，简单地采用限制的方式，回归自然的方式是无以奏效的。应按照持续农业发展的要求，调整科研方向和科研政策，重视能源替代技术的研究，开辟新的能源渠道，推广应用新的能源消费方式。

9.2 建立和完善农业持续稳定发展的支撑体系 *

加强农业的基础地位是一项无可置疑的基本国策。然而，加强农业绝不能

---

* 原载于《吉林日报》1995 年 6 月 15 日理论版。

停留在口头上，必须在实际经济运作中，建立一套促进农业持续稳定发展的支撑体系。

从系统论的观点看，农业持续稳定发展的支撑体系主要应由农业风险保护体系、农业投入保障体系、农业技术推广体系、农业市场服务体系等四个子体系构成。

9.2.1　农业风险保护体系

自然再生产与经济再生产交织在一起是农业生产的根本特点，这一特点决定了农业承受着来自自然与市场的双重风险，从而使农业成为一个弱质产业。因此，对农业实施保护性政策尤为重要。农业中的保护对象包括两个方面：一是对农民的保护，主要措施包括农业生产资料平价供应政策、农产品支持价格政策、农业低息贷款政策、减轻农民负担政策等；另一方面是对农产品主产区，特别是粮食主产区的保护，主要是通过建立农业发展基金、粮食风险基金、农产品调拨补贴基金等措施，运用宏观财政转移支付手段，对农产品主产区由于输出农产品造成的利益流失进行补偿，保护农产品主产区发展农业生产的积极性，使主产区的农业具有持续发展的内在动力。

9.2.2　农业投入保障体系

随着农业现代化和商品化的发展，农业中的物化劳动投入所占比重越来越大，农业高产出依赖于高投入，没有可靠的物质投入，农业就不能发展。因此，加强农业这个基础，必须调动各方面对农业投资的积极性和农业投入的约束机制。农业投入的主体应包括三个方面，即国家、集体经济组织和农户。国家作为农业投资主体又分为中央政府和地方政府两个层次。中央政府作为宏观农业投入主体，主要是通过财政再分配机制对农业基本建设进行投入以及保证农业再生产所需的信贷资金。中央政府的投资流向主要是重点农产品商品生产基地建设，大型农业基础设施工程的建设。各级地方政府（省、市、县）也是农业投入的重要主体。各级政府的农业投资行为必须纳入法制管理的轨道，制定农业投资法。对各级政府在财政预算中确定的农业基建投资比例，以及农业基建投资增长速度与财政收入增长速度之间的关系提出硬性约束，并通过各级人民代表大会监督实施。集体经济组织作为农业中的微观投入主体，从目前看，在农业投入中所占的比重较小，加强集体经济组织的投资行为，关键是要大力发展乡镇企业，壮大集体经济实力，从而在微观的范围内建立以工补农的循环机制。农户是农业再生产中最基本最主要的投资主体，农户的投资行为直接决定了农业再生产的投入水平。强化农户的投资行为，关键是要按价值规律办事，尊重农民的商品生产者的权利，使农户能从对农业的投资中获得社会平均利润，使农民愿意并且可能向农业生产进行投资。

9.2.3 农业技术推广体系

农业现代化的本质是农业的科学化，提高广大农民的科学种田、科学养殖水平是提高农产品单产的重要保证。分布在农村基层的农业技术推广体系是向广大农民传播农业科学技术的基本依托，是提高农业科技含量的不可或缺少的重要力量。然而，近年来由于对农村基层农业技术推广站所实行的"断奶""断粮"政策，使许多农业技术推广站纷纷转行，"下海"经商，农业技术推广体系对农业发展的支撑作用被严重削弱。因此，各级政府对农业技术推广采取的政策，必须予以调整，采取有力的手段强化农业技术推广工作。同时要改革现行的农业高等教育体制和农业科研工作体制，把农业高等教育和农业科学研究工作与农业技术推广工作结合起来，鼓励更多的专家、教授深入农业科技推广工作第一线，推进先进的农业科学技术向生产力的转化。

9.2.4 农业市场服务体系

农业市场服务体系建设主要是指农业产前产后各种流通、技术与信息的服务。产前市场服务包括为农民供应生产资料、提供市场信息和进行经营指导。产后市场服务包括为农民销售农产品，提供农产品运输与储粮服务。20世纪80年代以来，农村出现的农民买难、卖难问题的根本原因就在于尚未建立健全市场服务体系。要使农业市场经济健康稳定发展，防止农民利益在中间环节流失，必须加快农业市场服务体系建设。农业市场服务的主体包括国家、公司和农民合作经济组织三个方面。国家主要是通过各类农业事业单位及金融组织，为农民提供市场供求信息、技术信息、科技咨询、农业贷款等服务。公司主要是同农户签订农业生产资料供应和农产品销售合同，以公司为中介把分散的千家万户与统一的大市场连接起来，减少农户进入市场的风险。农民合作经济组织是农民的自我服务组织。现有的农民合作经济主要是地域性合作经济组织，功能微弱。鉴于此，应该从发展市场经济角度出发，对其功能进行强化。另外，还应注重发展农民的自我服务组织，有利于减少农民利益在中间环节的流失，因而有利于增强农民扩大再生产的能力，从而促进农业持续稳定的发展。

9.3 要把抗风险能力建设作为支农政策的重点 *

与一般产业相比，农业更多地面临着自然风险与市场风险的侵袭。建设现代农业，不仅要创造高度发达的农业劳动生产率，也要创造相对稳定的农产品供给能力与机制。因此，抗风险能力建设应成为现代农业建设一个重要组成部分。

9.3.1 抗风险能力建设应成为中国现代农业建设的重要内容

如果说 20 世纪 80 年代以来中央 5 个 1 号文件为核心的农业政策是一种"放农"政策的话，那么进入 21 世纪以来以连续 6 个中央 1 号文件为主要标志的农业政策则主要是"强农"政策。"放农"政策的基点是解放农民，给农民一个休养生息机会。"强农"政策的核心则是建设现代农业，缩小城乡差距。

在"强农"政策的目标之下，农业的风险管理及抗风险能力建设应成为农业政策支持的重点，这样的选择符合现代农业发展的基本规律和发达国家农业的基本经验。从总体而言，现阶段我国农业仍然面临着较大的自然风险和市场风险，这双重风险是影响中国农业持续稳定发展的主要因素。就自然风险而言，尚未摆脱靠天吃饭的局面；就市场风险而言，农业的市场化程度和商品化程度越来越高，作为农业大省的吉林省，每增加一千克粮食和每增加一千克肉都要进入市场，而且都要进入省外市场，对市场的依赖程度越来越高，因此，市场风险有越来越大的趋势。从区域的角度比较，农产品主产区面临的市场风险将比其他地区更为严重。改革开放以来，吉林省的粮食商品率一直位于全国首位，近 19 年来，吉林省的畜产品商品率一直位于全国前列，其中人均肉类占有量已经连续 11 年位于全国第一。因此，作为农产品商品生产大省的吉林省来说，既要有比一般省份更强的风险意识，也应当成为抗风险能力建设的重点。

9.3.2 现阶段农业面临的主要风险及抗风险能力

农业的自然风险，在种植业中主要表现为气候因素变化所导致的各种旱涝、低温、病虫害等灾害对农业生产所造成的损失。在畜牧中，主要是因动物疾病所造成的损失。农业的市场风险，主要是因为农业投入品价格波动和农产

---

* 原载于《新长征》2009 年第 11 期。

品价格波动所导致的农业利益损失。在市场风险中还可以包括另一种形态的风险，即政策风险，这是由于政策变化所导致的市场变化给农业带来的风险，例如，粮食出口政策的变化，导致粮食禁止出口，不能获得国际市场的最佳销售机遇。

农业的自然风险是影响我国农产品稳定供给的重要因素。据统计资料显示，2004—2008 年，全国农作物平均受灾面积 4 129 万公顷，其中成灾面积 2 165 万公顷，占受灾面积的 53%，占播种面积的 14%。从吉林省来看，近 20 年来粮食生产因灾造成 10% 以上减产幅度的年头就有 4 个，最高减产幅度达到 29%（2000 年）。除大规模的减产外，区域性局部性的减产也在不断发生，例如西部地区经常发生的旱灾减产、东部地区因低温冷害造成的减产。畜牧业中的自然风险主要体现为疾病风险，较大规模影响的如禽流感、南方的蓝耳病等。畜牧业的风险一旦发生往往具有毁灭性损失的特点，因此畜牧业的抗风险能力建设更为突出。

近 30 年来，农业的市场风险不断发生。在种植业中，无论是粮食等大宗作物，还是园艺、特产、杂粮等小宗作物，都经历了反复的市场波动。对吉林省来说，玉米这类大宗粮食作物多年来一直面临着反复出现的"卖粮难"问题，至今未能从根本上解决。在畜牧业中，近年来猪肉牛肉价格几经起落。1999—2003 年，吉林省活猪、仔猪和猪肉价格长时间保持平稳态势。到 2004 年，活猪每千克突破了 7.55 元，仔猪为 15.16 元，猪肉为 12.81 元，同比分别上涨 23%、66.2% 和 25.2%。到 2005 年、2006 年，猪价和肉价大幅度跌落，甚至逼近 2003 年的水平。到 2007 年，活猪、仔猪和猪肉价格全面上涨，每千克分别达到 11.72 元、23.93 元和 18.19 元，同比暴涨 73.9%、183.9% 和 64.5%。

降低农业的自然风险主要取决于农业基础设施水平、公共服务水平及作为农业劳动对象的生物体的抗逆能力。降低农业的市场风险主要取决于农业的宏观调控水平、农业和农民的组织化程度。为了降低和分散农业自然风险与市场风险带来的损失，则要运用农业保险机制。

农业基础设施需要长期的建设和积累，我国自"七五"到"十五"期间都是处于低潮期，用于农业基本建设的投资比例下降。特别是用于水利设施的建设投资减少，形成大量病险库，降低了农业的抗风险能力。抗风险能力建设的农业公共服务水平主要是指农业技术推广服务和畜牧业中的公共防疫服务，总体来评价，基本处于初级水平阶段，因而导致我国畜牧业中的疫病频繁发生，虽比过去有所发展，但距离现代农业发展要求仍然很远。就农业生物体的抗逆

能力而言，近 30 年来我国的技术进步取得长足进展，良种普及率已经达到很
高水平，但从种植业来看，我国的抗逆性育种还较为落后，长期以来是一种以
高产为主要目标的育种战略。

我国目前的农业宏观调控机制和能力尚不能有效地对农产品供求关系进行
控制，存在着管少不管多的问题，加重了农民的市场风险。并且不能将市场机
制与政府调控机制进行有效结合，忽视市场机制的供求调节作用。例如，在
2006 年仔猪和猪肉价格下跌的背景下，由于生猪供给减少，到 2007 年仔猪和
猪肉价格分别上涨 90％和 60％，高扬的价格已经向农民传递了增加供给的信
号，但 2007 年下半年，国家又进一步出台了增加供给的政策，按照每头能繁
母猪 50 元的标准实行了补贴政策，2008 年又加大了力度，每头增加到 100
元。结果造成过度供给，2009 年仔猪和猪肉价格分别比 2008 年下降 60％和
25％。实际上政府的政策是一种与市场机制相冲突的逆向调节。

在农民的组织化方面，从 20 世纪 90 年代以来，农业产业化和农民合作经
济组织有了一定的发展，但发展不平衡，主要是在商品化程度较高的畜产品生
产和园艺特产领域，在大田作物生产方面则发展较慢，因此农业产业化和农民
合作经济组织所覆盖的农户还十分有限，多数农民还处于一家一户闯市场的状
态，承担了较大的市场风险。

在农业所面对的自然风险和市场风险面前，需要运用保险手段来化解这些
风险，因此，农业保险的发达程度，直接决定了农民渡过风险的能力。中国农业
保险从 1982 年开始恢复，但发展缓慢，现阶段农业保险存在的主要问题是，①农
业保险覆盖还不够宽，目前参加农业保险的农户不足农户总数的一半；②农业保
险险种较少，有许多项目未能开展；③保险水平较低，基本只保农产品的成本。

9.3.3 农业抗风险能力建设的政策建议

在未来的 20 年里，是我国由传统农业向现代农业转变的重要时期，在实现
这个转变的过程中，国家的农业支持政策对农业的发展将起到十分重要的作用。
在农业发展方面，要与现代农业建设相结合，将农业的高产目标与农业的稳产
目标统一起来，把强化农业的抗风险能力建设作为未来农业政策支持的重要目标。

第一，加强主要农区的农业基础设施建设力度。国家在农业资源的分配上
要有所区别，突出重点，粮食主产区是我国主要农产品的供给地，提供了商品
粮的 80％，其中东北主产区提供了国家商品粮的 30％。目前国家实行的支农
政策总体上说是一种普惠型的政策，针对所有的农民，虽然也有主产区的投资
政策，但在政策实施上却大都实行了投资的配套政策，在主产区获得中央财政

投资的同时，也增加了地方财政的压力，在一定程度也加大了主产区财政利益的流失，因为主产区在向外输出商品粮的同时也输出了支农财政资金。这种状况在客观产生的一个效果就是影响主产区农业基础设施建设的效率。就现状看，粮食主产区还有1/3的中低产田，投资的边际效益仍然较高。要把粮食主产区作为国家的主要粮食安全基地来建设。

第二，加强农业公共服务体系建设。富有效率的农业服务体系是降低农业风险的有效途径，目前农业公共服务体系主要考虑三个方面，一是农业信息服务体系；二是农业技术服务体系；三是疾病防控体系。在此主要说明后两个体系的建设。作为公共产品型的农业技术服务体系主要是指国有的农业技术推广服务系统，在90年代以来的农业技术推广体制改革中曾经走过一段弯路，近年来重新恢复了其公共产品应有的属性，但运行效率并不很高。值得注意的是，在重新恢复农业公共技术推广服务体系的时候，要按照改革创新的思路进行，而不是原有模式的回归。未来农业技术推广服务体系建设的思路有两点要考虑，一是按照农业的自然区划设置技术推广服务机构，目前是典型的行政区划型的机构设置方式，造成了巨大的资源浪费和低效率运行；二是要进行农业技术推广服务体系创新，具体思路应是在公共产品的管理体制之下，实行市场化运行机制（主要是在人员聘用和业绩考核方面），否则还会出现只养人不干事的现象。在动物疾病防控体系建设上，要注重从中国国情出发，注重以牧业小区为基本载体建设畜禽疾病防控体系。

第三，加强农作物抗逆性品种的研究。这方面主要涉及农业科技政策，即农业科研投资重点的选择。抗逆性强的品种的研究与推广，即具有稳产作用，又具有增产功能，因此应当加大对抗逆性品种研究的支持力度。

第四，重视农民合作经济组织的发展。通过合作经济组织将农民组织起来，是抗拒农业风险、特别是市场风险的有效途径。农民合作经济组织的建立与发展是世界农业发展的一般规律，在所有的市场经济国家没有一个国家没有农民合作经济组织。农民合作经济的出现与发展，与农业的商品化和市场化直接相关，因而产生了两个发展的特点，一是商品化市场化程度越高，农民合作经济组织发展越充分；二是农民合作组织主要在流通领域内活动，即主要体现在农业的产前购买和产后的产品销售上，流通性合作经济组织占合作经济组织的绝大多数。因此，在农民合作经济建立与发展方面，一是要注重流通型农民合作经济组织的建设和发展，二是要注重在那些商品化与市场化程度高的领域首先推进农民合作经济组织的建设。

第五，加强农业保险政策支持的力度。农业保险支持政策包括内容较多，在此主要从宏观层面提及几项主要政策。一是调整支农政策结构，将有些政策支持转换为保险支持。农业保险支持属于"绿箱"政策范畴，不受 WTO 规则限制。在目前的支农资金中可将农业救灾资金、农业生产扶持资金、农业综合开发资金、扶贫资金等调剂一部分作为农业保险支持资金。二是建立农业巨灾保险基金制度，通过中央财政建立国家农业保险巨灾风险保障基金，同时进一步推动巨灾保险的分担机制。三是对经营政策性农业保险业务的保险机构给予费用补贴。发达国家基本都对政策性农业保险机构提供保险业务费用补贴，例如美国政府承担联邦农作物保险公司的经营费用及农险推广和教育费用，向承办农险的私营保险公司提供 20%～25%的业务费用补贴。

第六，提高农业行政部门的宏观调控能力。要改变农业行政部门只管增加供给、不管生产过剩的管理方式，要建立农业市场预警机制，有能力将市场供求失衡信号传递给农民。要在利用市场机制的基础上进行市场调控，减少宏观调控的逆向行为，即市场价格上扬时，出台增加供给措施，市场价格下降时出台减少供给措施。强化事前控制型调控措施，例如当市场对供给者不利时，要出台保护性措施，防止农户经营状况恶化。

9.4 强化国家对粮食主产区的支持政策*

中国是世界上人口最多的国家，也是农业资源禀赋处于劣势的国家。中国虽然国土幅员广大，但耕地指数很低，只有 12.7%，仅略高于日本，比美国低 7.3%，比印度低 44.3%。国际市场的粮食贸易量十分有限，常年情况下仅为中国产量的一半，可提供给中国的粮食补充很少。因此，粮食安全的基点必须立足于国内。巩固农业的基础地位，提高粮食的可持续供给能力，一方面要加快现代农业发展，另一方面要紧紧抓住粮食主产区，保证商品粮的核心供给能力。21 世纪以来，我国的粮食主产区进一步呈缩小趋势，有稳定调出能力的省份目前只有 6 个。因此，支持粮食调出大省在经济发展的基础上持续提高商品粮生产和输出能力，应是国家经济和社会发展的重要战略。

9.4.1 建立粮食调出大省利益补偿制度

由于粮食是低效益的产品，使粮食产区及生产者长期处于做贡献的地位，由此也形成了粮食调出省的利益流失。早在 20 世纪 90 年代我们就研究过粮食

---

* 本文为 2013 年中农办在吉林调研时的发言。

调出省利益流失的形态及数量问题。从总体看，由于商品粮的调出，粮食调出省的地方利益流失主要体现为三种形态。第一种形态是以工农产品价格剪刀差所形成的流失。如 20 世纪 90 年代中期我们曾经测算，吉林省每年平价调出商品粮 75 亿千克，如果按工农产品价格剪刀差使农民每卖 1 千克粮食损失 0.1 元计算，吉林省农民每年利益流失在 7.5 亿元左右。按照当时的经济发展水平，7.5 亿元相当于 1994 年 15 个商品粮基地县的一年财政收入（1994 年吉林省 25 个商品粮基地县平均财政收入 4 912.8 万元），相当于 46 万个农民（占吉林省农村人口总数的 3.2%）的一年纯收入。第二种形态是粮食产后经营过程中不合理政策性亏损造成的利益流失。一是国家对粮食经营过程中的经营补贴费用过低造成的利益流失。据 20 世纪 90 年代中期的匡算，每调出一吨粮食亏损 34 元。企业的政策性亏损大部分都要由地方财政承担。由此形成了多购、多销、多调、多储就多亏的局面。实际上粮食产区每年向外调粮就相当于调钱，致使利益大量流失。二是不合理的粮食风险基金配套政策所造成的利益流失。粮食风险基金核定后国家和地方按 1∶1.5 比例配套。然而这种配套政策在实际操作中粮食主产区随着粮食的调出相应地使地方配套的那部分资金发生流失，粮食输出越多地方财政配套资金流失越多。第三种形态是地方财政对商品粮基地建设进行配套投资和粮食生产要素补贴所形成的利益流失。以商品粮基地建设为例，从 1983 年以来，先后建设了 25 个商品粮基地县，国家实行了"钱粮挂钩"的政策，国家每投资 1 元钱，商品粮基地县要增加 0.5 千克粮，尽管国家对商品粮基地进行了较大幅度的投资，但国家和地方实施配套投资政策，国家投 1 元钱，地方财政也相应投 1 元钱。据初步匡算，自 1983 年以来，仅商品粮基地建设专项投资一项，国家和吉林省累计投资 350 亿元以上，其中一半来自吉林省地方财政。而吉林省每年至少有 1/3 的粮食调出省外，这意味着近 30 年来吉林省商品粮基地建设地方财政配套投资中至少有 58 亿元随着商品粮的调出而流失。此外，在其他农业投资项目中也相应实施了配套政策以及生产要素补贴等也造成了大量的地方财政资金的流失。2006 年至今，吉林省销往省外及出口粮食在 800 亿千克左右，年均 125 亿千克以上，每 1 千克粮中都包含了地方财政投入。这种"失血"现象在客观上降低了地方财政对公共产品的提供能力和对本地工业化和城镇化的支持能力，不利于粮食主产区的可持续发展，不利于调动粮食主产区的粮食生产积极性。建议国家尽快建立粮食调出省份的利益补偿制度。对为国家商品粮生产做出突出贡献的产粮大省、大县，按照粮食产量、商品量、商品率和人均占有量等指标，核定补偿标准，增加一般性转移支付和奖励补助资金，逐步使产粮大县人均财力达到全国县级平均水平，强化粮食主产区持续发展的基础。

9.4.2　改革粮食主产区分税政策

粮食大县，工业小县，财政穷县，是我国粮食主产区自 20 世纪 80 年代以来至今仍存在的一个共性问题，制约着粮食主产区的可持续发展，影响着我国未来粮食的供给能力。近年来国家对粮食主产区实施了转移支付政策，缓解了粮食主产区的财政支出状况。但中央财政的转移支付都是专款专用，对支持粮食主产区工业化的作用十分有限。要改变粮食主产区产粮大县，工业小县，财政穷县的状况，必须采取强有力的政策支持粮食主产区的工业化和城镇化的发展。只有工业化和城镇化充分发展，产粮大县才有能力实现县域范围内的"以工补农"支持粮食生产的发展，同时只有工业化充分发展，才有可能转移出更多的农业剩余劳动力，推动土地规模经营。近年来，一些产粮大县致力于工业化的发展，形成了一批主导产业，但在利益分配上却得之甚少。例如一直居于全国产粮大县前五位的吉林省农安县，近年来培育了创利能力较强的炼油产业，2011 年这一产业提供税收 6.2 亿元，但作为地税留在县财政的却只有 0.5 亿元，仅占税收总额的 8%，其余都作为国税由国家拿走了。产粮大县发展起一个主导产业很不容易，这样的利益分配政策不利于调动粮食大县发展工业化积极性，也不利于改变粮食大县财政穷县的面貌。因此，建议国家从鼓励和支持产粮大县的工业化目标出发，对那些对国家提供商品粮做出重要贡献的粮食大县实施国税分层优惠政策，将产粮大县的国税比例适当下降，使更多的税收留在县里，支持产粮大县加快工业化进程。多数产粮大县都具有人口多的特点，例如吉林省榆树市人口 130 万人，目前农业人口占到 80% 以上。这么巨大的农业人口仅靠异地转移剩余人口很难、很慢，应当注重培育县域经济本身的剩余劳动力的转移能力。因此，通过支持粮食大县的工业化，就是支持了产粮大县的剩余劳动力转移。我国现行产粮大县的标准是年产 50 吨粮，而像吉林省榆树、农安这样的产粮大县年产粮食已经达到了 300 万吨的水平。如果考虑到国家的支持能力，可以将国税分层优惠政策实施对象限定到那些产粮水平更高的县，如年产量 100 万吨以上的县可以享受国税分层优惠政策。

9.4.3　修改粮食主产区投资配套政策

自 20 世纪 80 年代以来，我国对粮食主产区的农业投资政策一直实施地方配套政策，中央与地方配套比例 1∶1 或 1∶1.5。这种配套投资政策看似合理，但仔细分析又十分不公平，主要原因是粮食主产区提供了大量商品粮，这些商品粮相当多的是调出了省外。以吉林省为例，每年的粮食有一半调到了省外，随着粮食的调出，配套投资也调出了省外，事实上是那些消费商品粮的地区分享了粮食主产区的地方配套投资。这种做法事实上伤害了主产区的积极性，也损失了粮食主产区的地方利益。因此，建议国家取消粮食主产区对中央农业投资配套的政策，强化国家对粮食主产区的投资强度，加快粮食主产区现代农业建设的步伐。

9.4.4　制定并实施玉米带生态补偿政策

近30年来，吉林省在为国家提供巨额商品粮的同时，也出现了"生态透支"问题，具体表现在，实行玉米连作，大量使用化肥，造成土壤有机质下降，土壤生态恶化。在世界各主要玉米产区，大多实行玉米—大豆连作和玉米秸秆还田，但在东北玉米带不仅没有实施玉米—大豆连作，而且也没有实施秸秆还田。近年来主要是搞有限的根茬还田，难以满足土壤有机质的需要。因此，建立松辽平原玉米带土壤的生态补偿机制是保护黑土地、实现粮食生产可持续发展的迫切要求。玉米带土壤资源的生态补偿主要措施是推行秸秆还田。由于秸秆还田至少在短期内会造成粮食减产，国家要实行秸秆还田补贴政策，以弥补因秸秆还田给农民造成的减产损失，同时国家也应对秸秆还田使用的机械及推广费用予以支持。另外，国家还应核定因秸秆还田所造成的粮食减产指标，将其视为生态补偿性减产。为减轻国家粮食需求压力，可以逐年分步实施。

9.4.5　加快商品粮基地县的农田水利设施建设

吉林省25个商品粮基地县主要处于松辽平原，其中西部各县属于半干旱地区，年降水不足400毫米。吉林省中部产粮大县的年降水理论值为500～600毫米，但多年来降水呈下降趋势，有的年份降水不足500毫米。无论是中部还是西部，水成为粮食稳产的重要瓶颈因素。对西部各县而言，水就是粮，有水就有粮。在丰水和缺水年份，因水而产生的产量落差达到40%以上。在粮食生产投入的各项要素中，水是边际报酬最高的要素。从20世纪80年代以来，为解决粮食生产的灌溉问题大量开采地下水，西部有些县的地下水开采深度已经超过80米以下。而80米以下地下水是不可补给水，长期过度开采必然造成水资源的生态灾难。从保护水资源的角度看，也是属于生态补偿问题。因此，从保证国家粮食安全的角度看，必须尽早禁止深层井水灌溉。加快吉林省农田水利建设，既是解决粮食生产用水为国家提供商品粮供给的需要，也是保护生态、进行生态补偿的需要。从吉林省农田水利设施的现状看，一方面现有水利设施年久失修，全省 3 000 多座水库中，目前还有 1 000 多座处于病险库状态；另一方面是农田水利设施不配套，虽然建设了较多的水库，但农田渠系建设却被严重忽视，普遍存在农田水利建设"最后一公里"问题，大量水资源并未转化成为生产力。建议国家高度重视吉林省这类粮食调出省的农田水利设施建设，尤其是配套设施的建设。在西部各县加快推广农田滴灌技术，并给予力度更大的资金支持。

9.4.6　支持粮食调出省工业化和城镇化发展

长期以来，我国对粮食主产区的支持政策主要限制以增加商品粮为目标的单一化政策，其中较为典型的是以"钱粮挂钩"为特征的商品粮基地建设政策。这种政策在短期内为增加粮食供给发挥了显著的作用，但从一个长期的发展进程来看，单一的"以钱换粮"的做法，难以培育粮食主产区粮食生产的可持续能力。从现代农业发展的规律来看，必须把农业的就业规模做小，把农业的经营规模做大。这就需要有工业化和城镇化的充分发展作为支撑，通过工业化和城镇化的发展将农业剩余劳动力转移出来。粮食生产，特别是玉米和小麦，是典型的土地密集型产品生产，土地经营规模是提高竞争力的核心要素。根据国内外农业发展的经验与教训，只有农户来自家庭经营的收入占据家庭总收入的50%以上，才可能调动农民对土地投资的积极性。多年来，吉林省农民之所以对粮食生产保持较高的积极性，一个重要原因就是粮食生产是农民收入的主要来源，在农民的家庭收入中65%以上都来自于家庭经营（主要是粮食生产）。在区域耕地资源规模为常数的情况下，要使所有农户长期保持这种收入结构不具备任何可能性。最终的出路只能是让更多的农民从土地上转移出来，通过减少农民来扩大土地经营规模，使从事粮食生产经营的农户有可能通过扩大经营规模增加收入，并有可能使来自土地的收入保持在50%以上，甚至更多。这些以粮食生产为主业的农民就是具有相对较大经营规模的专业化、职业化的农民。国家应当从战略的高度考虑怎样在吉林省这类主要粮食调出省培育一批粮食生产收入占家庭收入50%以上的农户，这是保证未来粮食安全稳定的主体基础。从 20 世纪 80 年代以来，我国粮食主产区就存在着"粮食大县、工业小县、财政穷县"的共性问题，工业化发展不足是制约粮食主产区实现规模化经营的瓶颈因素。从国家未来粮食安全战略的角度看，支持粮食主产区的工业化和城镇化，就是支持粮食主产区发展规模经营，就是支持粮食主产区粮食生产的竞争力，就是支持粮食主产区的可持续发展。因此，建议国家在推进粮食主产区工业化和城镇化进程中，在产业政策、分税政策、中央财政转移支付、基础设施建设投资等方面给予倾斜，为粮食主产区营造更为有利的工业化和城镇化发展环境。吉林省从 2010 年以后实施"三化"统筹战略，出台了相应的政策，并开始进行"三化"统筹的县域试点，目标确定在通过统筹发展工业化、城镇化和农业现代化，使产粮大县走出一条"粮食大县，工业强县，财政富县"的发展道路，也希望国家能够对吉林的做法给予支持。如果有可能，建议以吉林省目前的"三化"统筹试点为基础，以商品粮大县为平台，建设国家商品粮基地"三化"统筹试验区，探索商品粮大县建设"粮食大县，工业强县，财政富县"的经验和发展之路。

9.4.7　支持粮食调出省发展农产品加工业

我国粮食主产区绝大部分分布在中部经济带，与东部沿海省份相比在工业化方面缺少竞争优势。对粮食主产区的产粮大县来说，依托以粮食为主的农产品资源发展农产品加工业是工业化起步和发展的最有利切入点。吉林省各产粮大县的工业化发展莫不如此。正是因为这样，农产品加工业成长为吉林省的三大支柱产业之一。但是，2006 年以后国家对粮食主产区的粮食加工业，特别是玉米加工业采取了严格的限制政策。毋庸置疑，粮食主产区担负着国家粮食平衡的任务，必须保证一定的粮食调出量。但在限制政策具体实施中应当具体分析，并且应将国家利益和主产区利益同时兼顾起来。建议国家对粮食主产区粮食调出能力的考察，不要限于原粮形态的考察，应当从最终产品的性质来判断粮食调出能力和规模。例如，粮食经过加工转化后，其产品仍未跳出食品的范围，这样的项目就应当支持鼓励。再如，有的加工品虽然形态改变为非食品，但加工的副产物可以作为饲料，再次进入畜牧业进行过腹转化，最终又进入食品领域，如 3 吨玉米可以加工出 1 吨酒精，同时能生产出 0.825 吨饲料和7.2 千克玉米油。对这类粮食加工业，国家可以进行一定规模的限制。另外，国家应当严格限制粮食销区发展以粮食为原料的加工业，应将目前销区的粮食加工业逐步向产区转移，实现粮食生产与粮食加工在空间上的统一，以延长粮食主产区粮食生产的产业链条，提高粮食就地转化增值的能力。

9.5　粮食主产区耕地质量问题及其保护政策——以吉林省为例*

耕地质量的优劣更是直接涉及农产品的供给能力和农业的可持续发展。目

---

　　*　原载于《当代农村财经》2014 年第 11 期。

前，中国 13 个粮食主产区占全国粮食产量 75％以上，主导着国家粮食安全的地位和走向。因此，其耕地质量及其变化趋势，必然是一个值得高度关注的问题。本文以我国粮食主产区之一的吉林省为样本，试图探讨令人担忧的耕地质量下降及其保护问题。

9.5.1 粮食主产区耕地质量问题突出

从我国耕地的总体情况看，不仅垦殖指数低（约 13％），而且优质耕地比重低。根据第二次土地普查，我国优质耕地仅占耕地总面积的 21％。有 30％的耕地受水土流失的侵害，有 40％的耕地不同程度的退化，耕地质量正在逐年下降。粮食主产区相对于其他农区而言，耕地质量一般较优，但近 30 多年来，耕地的透支性使用愈益突出。在化肥、高产品种等增产因素的作用下，掩盖了地力下降的严峻现实。吉林省是我国粮食的核心产区，粮食产量占全国 6％，商品量占全国 10％，人均粮食占有量连续 30 年占据全国第一或第二位。但是在粮食增产的同时，耕地质量却呈现逐年下降的趋势，已经到了令人担忧的程度。可以说，数量巨大的商品粮生产是以地力的严重消耗为代价的。综合起来看，吉林省耕地质量下降的情况主要表现在如下几个方面：

第一，黑土地退化严重。吉林省中部是我国的黑土的主要分布地区之一，黑土区总面积 1 650 余万亩，约占全国的 20％。多年来，吉林省的黑土呈侵蚀退化的趋势，大量的水土流失，黑土腐殖质层厚度变薄。据对吉林省一些县（市）典型调查估算，全省黑土区水土流失面积已达到 1 260 万亩，占全省水土流失面积的 37.9％，黑土腐殖质层厚度已由 20 世纪 50—60 年代的平均 60～70 厘米，下降到现在的平均 20～30 厘米。目前，吉林省黑土腐殖质层厚度在 20～30 厘米的面积占黑土总面积的 25％左右，腐殖质层厚度小于 20 厘米的占 12％左右，完全丧失腐殖质层的占 3％左右。优质黑土正在慢慢消失，部分黑土区已经丧失了农业生产能力。据专家估算，黑土地 1 厘米腐殖质层的形成需要 400 年左右时间，按照目前每年 0.3～1 厘米的流失速度计算，最快 20 年，黑土层将消失殆尽，吉林省将面临"无黑土地可耕"的局面。在黑土地退化的同时，就吉林省耕地质量的整体变化情况而言，土壤有机质也呈逐年下降趋势。据有关数据统计，吉林省有机质含量已经从最初的 4％～6％降低到目前的 2％～3％，并正以每年 0.01％的速度减少。

第二，土壤酸性成分升高。耕地土壤在自然气候条件下，其正常的 pH 为 6.5 左右。据相关部门对土样的化验结果表明，目前，吉林省耕地土壤的 pH 正在下降，酸化严重，30 年土壤酸化程度相当于自然状态下 300 年的酸化程度。土壤的 pH 下降，严重抑制土壤微生物的活动，有机质分解缓慢，CO_2 产生量减少，土壤 N 的生物矿化和固定能力明显下降，造成土壤板结，通透性不良，使土地生态系统热量、水分失衡，保墒保水性能急剧下降，导致土地抗旱、抗涝能力严重降低。

第三，土壤重金属含量超标。耕地为粮食生产和农业发展发挥着不可替代的作用，但也付出了巨大的代价。据国土资源部调查，我国至少 1 600 万～1 900 万公顷耕地受到镉、砷、汞、铅等重金属污染，污染面积接近 20%，其中镉污染耕地涉及 11 省 25 个地区。根据农业部对全国污水灌溉区的调查，在约 140 万公顷的受调查污水灌区中，遭受重金属污染的土地面积占污水灌溉区面积的 64.8%，其中轻度污染的占 46.7%、中度污染的占 9.7%、严重污染的占 8.4%。有关部门对我国 30 万公顷基本农田保护区土壤有害重金属的抽样监测发现，有 3.6 万公顷土壤重金属超标，超标率达 12.1%。我国每年受重金属污染的粮食高达 1 200 万吨，直接经济损失超过 200 亿元，而这些粮食可养活 4 000 多万人。

第四，白色污染危害加重。我国每年约有 50 万吨农膜残留于土壤中，残膜率达 40%。残膜在 15～20 厘米土层形成不易透水、透气的难耕作层，加速了耕地的"死亡"。目前吉林省农膜覆盖面积已扩大到 10 万公顷左右，年农膜用量在 5 万～6 万吨，地膜残留量为 10～15 千克/公顷，残留率为 15% 以上。据测定，种子播在残膜上烂种率达 6.92%，烂芽率 5.17%，每亩土壤残膜达 3.9 千克时，玉米减产 11%～23%，蔬菜减产 14.6%～59.2%。据有关专家研究，农膜的降解年限大概要 7 代人 140 多年。更重要的是，在降解农膜的过程中，会有致癌物二噁英排放到空气中。土地被污染后，通过自净能力完全复原周期长达千年。

第五，大量优质耕地转为建设用地。进入 21 世纪以来，我国整体上进入了城镇化的快速发展期，吉林省虽然是工业化和城镇化发展相对滞后的省份，但近 10 年的速度也在加快，从 2012 年以后，建设用地从相对宽裕的省份转变为紧缺的省份。在新增建设用地中，占用耕地数量达到 8.33 万公顷，占现有耕地的 1.6%，占优质耕地的 5%。这其中有很大一部分就是黑土地，吉林省城镇化发展较快的区域主要是在中部，而中部是优质农田的主要分布区域。据统计，近 10 年中部各县建成区面积增加了数倍。国家虽然实施了占补平衡的政策，但这种政策控制只是数量上的控制，没有实现质量上的控制。现实的效果往往是占优补劣，耕地质量大打折扣。由于占补平衡的政策是在省域范围内控制，减少的是中部主产区的优质耕地，而增加的是西部地区的风沙大、干旱的盐碱地。

除上述表述外，在农田变化上还表现为地下水严重下降，已经从 30 年前的 30 米下降到目前的 80～200 米，严重透支了农田地下水，降低了农田的灌溉水平和能力。

9.5.2 粮食主产区耕地质量下降原因

耕地质量除受自然环境影响外，大量的因素是来自人类不合理的生产活动的影响。耕地过度垦殖、不合理耕作、化肥的大量投入和保护力度不够是耕地质量下降的主要原因。

一是短期化的土地利用方式。 由于大部分农民认为承包地只有使用权，没有所有权，只把土地作为生存和生活的工具，对待耕地的态度已由"命根子"向"一般性生产资料"转变，对土地"重用轻养"。大部分进城农民都把自己承包的土地流转出去，而承包土地的农民对耕地粗放管理，只要粮食产量不管耕地质量。在施肥时"图快、图省"，盲目施用见效快的化肥，很少施用有机肥，有的地块已连续 10 多年甚至 20 多年未施有机肥，造成土壤氮、磷、钾肥的施用和土壤实际需求不匹配，土壤"后劲"跟不上，土地患上"化肥依赖症"。近年来，随着农业生产资料价格的不断上涨，粮食生产成本逐年提高，农民为了追求利益最大化，对耕地进行掠夺式耕种，有的农民甚至 15～30 年都不关心地力培育。明显表现在粮食收成后的残留物，如玉米秸秆等往往被从地里收走变卖或者烧掉，失去了秸秆还田保护营养土质的作用。

二是不合理的耕作制度。 受市场价格及国家政策导向的影响，我国玉米连作年限 20 年以上的现象极为普遍，有的已经超过 30 年，传统的玉米—大豆轮作制度早已被玉米连作取代。20 世纪 90 年代以来，我国玉米单产和价格收益明显高于同期大豆。有关数据显示，吉林省近 8 年玉米平均产量 424.3 千克/亩，大豆平均产量 160.6 千克/亩。按现在收购价格，玉米 2.00 元/千克、大豆 4.00 元/千克，去掉种植成本玉米 600 元/亩、大豆 540 元/亩，得到收益玉米 248 元/亩左右、大豆 120 元/亩左右。由于玉米价格的高位运行，大豆种植效益偏低，不少豆农希望改种玉米、水稻等其他作物，种植水稻费时、费力并且成本较高，只会剩下一些玉米无法成熟地区种植大豆。近年来，吉林省粮食种植结构呈现出玉米种植面积逐年增加、大豆面积逐年下降的趋势。2006 年全省粮食作物播种面积 6 488.25 万亩，玉米播种面积 4 162.8 万亩，大豆播种面积 757.2 万亩。到 2010 年全省粮食作物播种面积 6 738.36 万亩，播种面积增加 250.11 万亩，玉米播种面积 4 576.0 万亩，大豆播种面积 518.1 万亩。

2006—2010 年玉米大豆播种面积比例由 64.16：11.67 变为 67.9：7.7，这一比例的下降显然无法实现合理的玉米与大豆轮作制度。1996 年以前，我国为大豆净出口国。随着国家政策对大豆进口的放开，大豆进口一路飙升，2012 年大豆净进口量达到 5 838.4 万吨的历史最高纪录。大豆需求大部分依赖进口，对外依存度达 80% 以上。而处于世界三大黄金玉米带上的国家，只有中国对大豆进口完全放开。国际市场大豆价格的垄断和外资对产业链的控制，抑制了国内大豆生产，出现了大豆价格滞涨、面积萎缩的局面，与玉米形成明显的反差，不利于实施大豆—玉米轮作制度。美国玉米带数十年来全部采用玉米—大豆轮作，大豆从来不施肥，而且每公顷大豆可固氮 60～80 千克，经济效益和生态效益十分显著。

三是不科学的化肥施用方式。30 多年来，化肥一直是作为核心增产要素之一而发挥作用，以化肥的高投入来换取粮食的高产出，粮食增产速度远远不如化肥的增长速度。1978—2011 年的 30 多年，我国粮食产量的年均增幅是 1.9%，化肥施用量的年均增幅是 5.81%，增幅是前者的 3 倍多。吉林省粮食产量由 914.7 万吨增加到 3 171 万吨，增加了 2.47 倍，年均增幅 3.84%，而化肥施用量由 66.7 万吨增加到 391.9 万吨，增加了 4.88 倍，年均增幅 5.51%。化肥的过量使用，使增产的边际效应开始下降。1978 年，生产 1 吨粮食，只需要施用 72.92 千克化肥，而 2011 年，生产 1 吨粮食，则需要施用 123.59 千克化肥，是 1978 年的 1.69 倍。2011 年我国化肥施用量 6 027 万吨，超过世界其他国家总用量的 30%。吉林省平均每公顷耕地施化肥达到 800 千克以上，是国际安全标准的 3 倍以上。而化肥利用率仅为 35% 左右，未被农作物吸收的部分则进入生态系统，成为农业面源污染的来源。大量施用氮肥和磷肥，使土壤酸性成分飙升。过酸的土壤影响氮素及其他成分的转化和供应，从而容易产生有机酸等有毒害物质，影响作物生长发育，甚至产生毒害。科学研究表明，土壤 pH 每下降一个单位值，土壤中重金属流活性值就会增加 10 倍，加剧了土地重金属污染的危害。

四是不健全的保护机制。以原有城区为基础的城镇扩张，难免占用优质耕地，但问题的关键是怎样在占用的同时采取有效的措施保证土地质量不下降。优质耕地的表层土壤剥离是保护土地质量的措施之一，但就目前情况看，不仅吉林省，而且全国都还没有建立完善的表土剥离补偿机制，致使许多被占用耕地的耕作层土壤很难得以保留。以吉林省表土剥离补偿政策为例，对于占用耕地后实施表土剥离并复垦的企业，政府可免去其部分土地使用费用，并给予一定补偿。按照企业实施表土剥离投入成本 3 万～5 万元/公顷计算，复垦后，

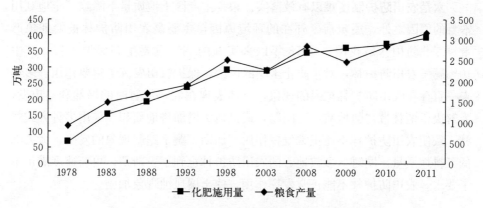

图 9-1　1978—2011 年吉林省化肥投入与粮食产量

资料来源：历年《吉林统计年鉴》。

在不计算这期间其他运营成本的情况下，企业每年可收益 1 万元/公顷，大概 3～5 年后企业才可收回成本，对于企业来说吸引力不大，因而实施表土剥离复垦工作的积极性不高。在治理环境污染方面，缺少严格的环保法规，难以实现有效的保护。由于土壤污染具有累积性、滞后性、不可逆转性，以及治理难度大、成本高、周期长等特点，各级地方政府普遍存在忽视农业面源污染的倾向，认为工业和城市环境污染治理才是重点，农村面源污染防治无关大局。

五是不合理的秸秆资源化利用方式。近年来，吉林省作为玉米主产区，伴随着产量的提高，玉米秸秆利用方面较多的注意力集中到工业消费方面。但从实际效果看，利用秸秆发电成本高，效益低，得不偿失。目前，吉林省已建设利用玉米秸秆等为原料的生物质发电厂 6 家，分别是国能和华能能源集团公司投资的辽源、公主岭、梅河、双阳、农安、德惠生物质发电厂，总投资约 30 亿元，总装机约 122 兆瓦，年发电量在 7.3 亿千瓦时，年消耗玉米秸秆约 150 万吨。秸秆发电每千瓦成本投资是超临界火电机组发电的 2 倍，年发电量是超临界火电机组发电的 1/40，二氧化碳排放量是超临界火电机组发电的 2 倍多。从企业实际运营情况看，如果没有国家对生物质发电厂家每度电 0.32 元的补贴，大多数秸秆生物质发电厂家都是亏损运营。梅河电厂 2012 年亏损 2 059 万元，国家补贴 2 700 万元后才盈利 641 万元。事实上，从世界各国的经验看，玉米秸秆的最佳利用方式或说首选的利用方式是还田，由于现在将秸秆的利用方向引导到工业化方面来，导致还田利用举步不前。一方面秸秆大量被焚烧，污染了环境；另一方面最好的还田物料得不到利用，土壤质量逐年下降。这是现实中不可容忍的悖论现象。

六是农田防护制度难以有效落实。粮食主产区土地质量下降除了土地利用本身的原因之外，还包括了外在的环境原因，主要是农田防护林被毁现象严重。三北防护林是我国自 1978 年以来实施的一项重要生态保护工程，其中10％属于农田防护林，对于防止土壤的风蚀、保护农田发挥了重要作用。多年来一直存在农田防护林被毁的现象，具体表现在农户从暂时的局部利益出发，为解决所谓林带"胁地减产"问题，或拱地头增加耕地面积，采用多种方式毁林。致使农田防护林不能正常发挥作用，加剧了跑土跑肥现象的发生，大大降低了耕地质量。同时，多数地方的农田防护林也到了更新期，更新速度满足不了要求，农田防护林不能正常发挥作用，使土壤风蚀现象加剧。

9.5.3 完善粮食主产区耕地质量保护政策和措施

中国作为世界上人口大国，粮食安全必须立足于国内。粮食主产区提供了中国商品粮的 70％，耕地质量的变动趋势直接涉及国家粮食的供给能力。能否有效实施粮食主产区的耕地质量保护，既关系到未来的国家粮食安全，也涉及代际公平。

第一，加快建立玉米秸秆还田制度。从技术的角度看，玉米秸秆还田是最有效的措施，并且已经为世界主要发达国家的经验证明。目前还没有一种可以替代秸秆的物质能够增加和保护土壤有机质，秸秆还田的生物效益具有不可替代性的特征。科学实验数据和实践证明，玉米秸秆内含氮量为 0.6％，含磷量为 0.27％，含钾量为 2.28％，有机质含量 15％左右。1 250 千克鲜玉米秸秆相当于 4 000 千克土杂肥的有机质含量，其中，氮磷钾含量相当于 18.75 千克碳铵、10 千克过磷酸钙和 10 千克氯化钾。吉林省秸秆资源丰富，每年玉米秸秆收获量都在 2 500 万吨左右。2012 年，全省玉米播种面积 5 564 万亩，总产量达到 2 580 万吨。据资料显示，按玉米秸秆和籽粒比为 1.6：1 计算，玉米秸秆总产量为 4 128 万吨。按可收集率 90％计算，全省玉米秸秆可收集量为3 715 万吨。秸秆还田已成为当今世界上普遍重视的一项培肥地力的增产措施。连续 2～3 年实施玉米机械秸秆还田，可增加土壤有机质含量 0.15％～0.2％，增加速效磷 33％～45％、速效钾 25％～30％，增加含氮量 1.06％，相当于每亩减少化肥投入 97.2 元。据有关资料介绍，秸秆还田除可补充作物生长所需的微量元素外，还可增加微生物 18.9％，接触酶活性增加 33％，转化酶活性增加 47％，尿酶活性增加 17％。吉林省玉米秸秆去掉家庭燃用、饲料、直接还田、生物质发电、造纸原料、食用菌基料，每年有 580 万吨废弃焚烧，占秸秆总量的 23.2％。秸秆焚烧带来的高温，具有一定的杀虫、杀菌作用，每亩节约农药约 30 元。秸秆焚烧后可产生 115 千克/亩草木灰，草木灰中含钾量 10%左右，可节省 11.5 千克钾肥，可节约化肥农药费用约为 24.8 元。目前，吉林省秸秆直接还田量仅占秸秆总量的 5%、家庭燃用 58.04%、生物质发电 3.5%。我国目前玉米主产区的玉米秸秆还田措施落实得不理想，主要原因并非来自技术，而是来自政策，没有政策的支持，技术措施难以实施。据调查，实施玉米秸秆还田主要有来自两个方面的障碍因素，一是农民的增支减少的压力，秸秆还田增加工时、机械等费用每亩 70～80 元，同时，在秸秆还田的一定时期内（大约 5 年），由于土壤中长期不施农家化，土壤的微生物数量不多，导致腐解较慢，造成土壤跑风漏气，保苗率低，影响产量，减少农民收入，农民缺少积极性。二是地方政府粮食减产的压力，在实施秸秆还田的一定时期内农民的减产必然表现为粮食总产的减少，在现有体制下，作为粮食主产区粮食产量毕竟是重要的考核指标，总产减少会造成地方政府领导的压力，从而缺少应有的积极态度。解决这一问题需要国家宏观政策的干预，将秸秆还田作为的支持政策来实施。就政策内容而言，主要包括两个方面，一是对农民实施秸秆还田补贴，以弥补农民因还田而造成的成本提高和减产损失，在此基础上推广秸秆还田技术，并由农机合作社或农机大户实施还田作业；二是核定产区因秸秆还田所产生的粮食减产指标，以减少地方政府的粮食产量指标压力。这种政策支持支出，主要是在秸秆还田的前五年，当土壤结构发生变化，进入正常循环后，就可以减少或取消支持。

第二，加快耕地可持续利用技术推广和相关制度建设。除了高度重视秸秆还田这类关键技术外，还要对耕地利用中的多种养地技术的应用推广给予政策支持。一是玉米—大豆轮作制度，吉林省玉米产区实行了多年的玉米连作，虽然至今并未发生明显的病虫害，但从保护土壤的角度，不应忽视轮作制度的实施。玉米—大豆轮作制度的萎缩乃至消失，可能有多重原因，但最根本的原因是大豆价格市场化之后，大豆收益明显低于玉米所致。作为玉米主产区，种植大豆的意义不仅仅在于提供大豆的供给，同时还在于保护地力，建立平衡的土壤生态环境。在大宗作物中，我国最早放开大豆市场价格，较低的大豆收益抵制了农民的积极性，加之入世后国外转基因大豆的进入，进一步加剧了大豆市场的"恶变"，使我国大豆种植面积从 20 世纪 90 年代初的 14 181 万亩，下降到 2012 年的 10 756.5 万亩。同期，吉林省的大豆也由 757.35 万亩下降到 345 万亩。在我国大豆种植效益明显低于玉米的情况下，扩大大豆种植面积只能采取政府补贴的方式进行，使大豆的效益基本能与玉米持平。二是推广深耕技术。多年来小型农机具的使用，导致了犁底层变浅，土壤涵养水分的能力显著下降。在一家一户小规模经营的条件下，只有通过将农民组织起来的方式，通过合作社服务才能推广深耕技术，解决目前存在的浅耕问题。三是切实落实表层土壤剥离制度。吉林省中部的 12 个产粮大县是黑土地分布的主要区域，工业化进程中工业占用的优质耕地，必须切实实现表土的剥离。此项政策执行的难点在于增加成本，因此必须采取强制性措施。四是加快科学配方施肥技术的推广利用。近年来，以信息化技术为手段，吉林省在推广科学配方施肥技术方面取得了较好的效果，有利于减少生产成本、减少排放。但目前配方施肥技术的覆盖和精准性尚有很大距离，需要进一步加快推广并提高针对性和有效性。

第三，**完善农田防护林保护更新**。要充分重视农田防护林对于防止土壤风蚀的重要作用，重点解决几个关键问题。一是加快更新速度，给予有效的资金支持。要充分考虑到粮食主产区地方财政困难的现状，以国家支持为主。整合各类资金，提高资金使用效率。二是进一步完善农田防护林管护机制，在明确林权的基础上，调动营林者管护的积极性。三是加大依法治林的力度，对各类毁林行为给予有效打击和扼制。

第四，**严格控制企业建设用地面积**。粮食主产区具有土地资源相对丰富的优势，但不能由此而放弃对建设用地的严格控制。要根据企业产品生产条件要求及单位土地投资强度来确定合理的用地标准，坚决杜绝以廉价的土地资源作为吸引项目投资的手段。对于以项目投资为由，实则变相获取廉价土地资源的行为，要制定相应的控制办法，对各种土地投机行为要予以打击。

第五，**科学确定培肥地力主体及其支持政策**。合理的产权制度才会产生有效的激励效应。20 世纪 70 年代末以家庭承包为主要内容的农村改革，极大地调动了农民的生产积极性，其激励机制在于将土地的经营权交给了农民。但农民所获得的只是一定时期内的承包经营权，可以调动其对当年生产投入的积极性，还不足以调动农民对土地实施长期投资的积极性，尽管第二轮农村土地承包延长至 30 年，但也并未能解决农民养地积极性的问题。目前各地开展的农村集体土地确权，将土地的承包经营权长久固化在农民手中，是进一步在长期内明晰土地产权的重要措施。但现实的问题是，每个农户占有的承包田十分有限，规模经营农户的耕地 90% 以上是租种的土地，这在客观上存在着谁是长期培肥地力主体的问题。在现阶段，租地周期绝大多数都较短，甚至一年一定，在这种情况下，就会存在主体空白问题。鉴于此种情况，应当以土地实际经营者作为培肥地力的主体，将各种支持培肥地力的政策让实际经营者分享。

9.6　农业大省的 GDP 观 *

GDP 作为衡量一个国家一定时期内经济活动总量的指标，往往成为经济发展中追逐的目标。然而，从一个国家的范围看，不同区域之间的经济活动存在着产业分布的差异性，这对大国来说尤其明显，由此形成了 GDP 总量在区域间的差异。农业是国民经济的基础，一个国家的农业生产区域承担着基础产业的重要作用。与二、三产业相比，农业作为最古老的产业，在创造 GDP 总量的活动中往往处于相对不利的地位。因此，对一个农业大省来说，如何看待GDP 的增长，是在经济发展中需要认真处理好的一个基本经济关系。

9.6.1　夯实农业的基础地位，搭建 GDP 增长的大舞台

农业是国民经济的基础，这已经是被世界各国经济发展证明的一条客观规律。没有农业的发展，就没有国民经济其他部门的发展，其他产业部门是在农业部门发展之后发展起来的，正如马克思所说："超过劳动者个人需要的农业劳动生产率，是一切社会的基础"（《马克思恩格斯全集》第 25 卷，第 885 页）。

在现代经济的产业结构中，农业所占的份额呈现越来越小的趋势。农业份额的减少，是与其基础地位的提高同步发生的。从结构关系看，农业在一个国家 GDP 的总量中所占份额越来越小，但实际上农业对整个国民经济的支撑功能越来越强。以中国国民经济发展为例，1977 年农业创造的 GDP 占全国 GDP的比重为 28%，80% 的人口在农村搞饭吃，经过 30 年的改革和发展，农业占GDP 比重下降到 11%。与此同时，农业对整个国民经济的支撑作用却明显增强了，不仅成功地解决了世界人口最多国家的人民吃饭问题，而且以农产品为原料的农产品加工业得到了快速发展。以吉林省为例，作为我国重要的商品粮基地，在发展粮食生产和畜牧业的基础上，农产品加工业成为地方经济发展中的支柱产业，不仅容纳了较多的就业人口，而且成为地方财政的重要收入来源。再以世界上经济最发达的国家美国为例，其农业创造的 GDP 只占美国GDP 的 1%，然而美国则是世界上最大的农产品出口国，其中出口的玉米占世界贸易量的 50% 以上，大豆占世界贸易量的 40% 以上。这说明，美国经济是建立在稳定而发达的农业经济基础之上的，在一定意义上说，发达的农业为国

---

* 本文的缩减稿发表于《求是》2009 年第 15 期，发表时署名为"吉林省中国特色社会主义理论研究中心"，文后标注"郭庆海执笔"，此次出版为完整稿。

民经济的发展创造了稳定而充实的基础。

从产业分异规律来分析，农业发展为第二产业和第三产业发展提供了前提条件，农业的主要贡献表现在产品、要素、市场和资本的原始积累。产品的贡献是农业对国民经济发展的首要贡献，这首先表现为农业提供了城市经济活动人口所需要的农产品，其次表现为第二产业发展所需要的加工原料，一般说来，在传统产业结构向现代产业结构转换的进程中，工业的发展首先表现为轻工业的发展，而轻工业的发展首先又表现为以农产品为原料的轻工业的发展，因此，农业的发达程度决定了轻工业发展的规模。要素的贡献表现在农业为二、三产业发展提供了劳动力和资金，农业之所以能为二、三产业提供劳动力，是以其发展为基础的，即在农业产生产品剩余的同时也产生了劳动剩余，从而可使一部分农业劳动力从农业中转移出来从事二、三产业劳动。农业的资金贡献在于农业是二、三产业发展的投资的主要来源，在一定意义上说，农业为工业提供资金积累的能力决定了工业发展的速度和规模。农业的市场贡献在于提供了轻工产品和农业装备的大市场，当农业人口占人口多数时，会形成规模较大的市场购买力总和效应，影响国民经济的发展。

从区域经济的角度评价，农业对 GDP 增长的贡献，就是农业大省对国民经济发展的贡献。回顾 30 年改革发展的历程，我国经济社会之所以能够以较快的速度向前发展，首先在于农业成功地解决了十几亿人口的吃饭问题，为全面进行经济社会改革提供了稳定的基础，为我国 GDP 的增长搭建了稳定面宽大的平台。在一定意义上说，没有农业的成功，就没有中国经济改革的巨大成就，就不会有国民经济的高速成长。仅从吉林省来看，从 20 世纪 80 年代以来，粮食调出量一直位于全国各省之首，累计为国家生产商品粮 3 300 多亿千克，占国家商品粮总量的 10%。因此可以说，农业对国家 GDP 增长的贡献，同时也是农业大省对国家 GDP 增长的贡献。中国作为世界第一人口大国，农产品供给必须建立在基本自给的基础上，因此，夯实农业的基础地位，不仅是过去 30 年中国经济增长的需要，同样也是未来中国持续稳定发展的需要。

9.6.2 发挥农业资源优势，做大做强农业后续产业

现代农业的发展不仅为整个国民经济的发展提供了多个方面的贡献，而且农业本身的发展还会延伸出一系列新的产业来，可以把以农产品为原料的一系列农产品加工业及农产品物流产业称之为农业的后续产业。从世界各国经济发展的一般规律而言，一个发达的农业将会造就发达的农业后续产业。农业后续产业的发展，特别是其中农产品加工业的发展，会成为一个国家或地区重要的支柱产业。

　　发展农产品加工业，可以产生三个方面的叠加效应：一是使农产品增值，实现农产品高附加值；二是可以直接安置大批农村劳动力；三是可以大幅度减少农产品产后损耗，实现资源的充分利用。虽然农业本身所能创造的 GDP 的总量较小，而且在社会总份额中呈下降趋势，但以农业为基础的农产品加工业则会创造规模巨大的 GDP，为经济发展做出巨大贡献。发达国家的经验已经证明这一点，我国的一些农业大省的经济发展也同样证明了这一点。目前农产品加工业中的食品工业已经成长为许多国家的支柱产业，如美、日、法国等食品工业已占 GDP 的 20%～30%，在法国，农产品加工业超过了汽车产业。据有关专家测算，全国农产品加工产值每增加 0.1 个百分点，可吸纳 230 万人就业，每个农民可增收 190 元。近年来食品工业在扩大农村人口就业、促进农业经济质量提升的作用越来越明显，带动能力不断加强。

　　作为中国重要商品粮产区的吉林省，在 1985 年之前，农产品加工业还是微不足道的产业，经过近 20 年的发展，特别是近 10 年的发展，农产品加工业超过了化工业，成为仅次于汽车的第二大产业，近年来的增长速度在 25% 以上，在增加农民收入、吸纳农民就业、做大做强地方经济方面发挥了主导产业的作用。农产品加工中的玉米加工业和肉类加工业已经居于国内领先地位，某些玉米深加工产品已经达到国际领先水平。以农业和农产品加工业为基础，吉林省正在大力发展农产品物流业，丰富的农产品及其加工品为农产品物流产业的发展提供了十分广阔的空间，使其成为一个方兴未艾的朝阳产业。

　　农产品加工业的原料来源于农业，是传统农业与工业的最佳结合点。发展农产品加工业，无疑是农业大省走工业化之路的最佳选择。吉林省的农产品加工业之所以能够异军突起，成长为第二大支柱产业，首要的条件是吉林省具备了丰富的农产品资源。从 20 世纪 80 年代以来，吉林省的农业发展进入了最好的时期，粮食和畜牧业以较快的速度发展，粮食商品率、粮食人均占有量、玉米出口量和粮食调出量等多项指标连续 20 多年居于全国首位，从 80 年代的畜产品调入大省，发展成为畜产品输出大省，1998 年以来，人均肉类占有量一直位居全国首位。丰富的农产品商品资源为发展农产品加工业构建了良好的资源优势，孕育了新型的产业。这是一条围绕"农业办工业，办好工业促农业"的经济发展之路，既符合工农业布局的要求，又有利于推动地区生产总值的增长。

　　虽然我国农产品加工业以较快的速度向前发展，但从整体看，还远远没有做大做强，农产品加工业的份额仅为 GDP 的 10%，加工食品占消费食品的比重仅为 30%，远低于发达国家 60%～80% 的水平。显然，我国的农产品加工业正处在成长的阶段，具有巨大的发展空间。农产品加工业的发展将会带动农业大省地区生产总值的大幅度增长，成为农业大省主要经济增长点之一。

9.6.3 发展高效农业，推进地区生产总值增长

就农业整体而论，与其他产业相比处于经济效益相对低下的地位。但就农业内部结构不断优化的趋势来看，高效农业越来越成为农业发展的市场取向。高效农业在形态上包括了多个领域，例如价值较高的经济作物生产、园艺作物（包括设施农业），以及增值幅度较大的养殖业。从投入产出的角度看，高效农业也包括在科技进步的基础上，以较少的资源投入获取较大的产品产出，创造农业物质生产中能量的高效循环。作为农业大省，在发展常规农业的同时，要注重以先进的农业科学技术为推动力，不断优化农业生产结构，改善农业能量循环，使农业向着高效化的方向发展。

高效农业的出现及发展，一方面得益于农产品加工业的发展，例如，经济作物的生产，是由于加工业的发展才开辟了其消费市场，并扩大了增值空间。另一方面得益于现代科学技术和现代工业的发展，为高效农业发展提供了必要的设施和投入要素。在一定意义上说，高效农业是工业化发展到一定阶段的产物，人们所知道的设施农业就是一种工厂化农业，以人工化的生产环境，创造了生物生长的高效能量循环，突破了自然条件下的空间与季节限制，在有限的空间和时间内创造了多倍的生产率。发达国家的高效农业提供了许多成功的案例，例如荷兰的农业就是高效农业的典范，虽然荷兰人均耕地只有 1.3 亩，农业劳动力仅占总劳动力人数的 5%，但生产的农牧产品除供应本国外，60% 可供出口，蔬菜出口居世界第一位，鲜花出口占全球市场的 60%，是名列世界第三的农业产品出口国。高效农业的发展，并不仅仅限于经济作物和园艺作物的产品生产，还在于能够以较少的投入，取得更高的产出。以色列在农业资源条件极其恶劣的条件下，创造了高效率的节水灌溉农业，1948 年以来，农业用水仅增加 3 倍，但农业产值却增加 12 倍。先进的农业科技和科学的资源利用方式，使干旱的土地每年可生产出价值 4.5 亿美元的水果、2 亿美元的鲜花、2 亿美元的柑橘。发达国家农业发展的实践证明，农业作为古老的基础产业，同样可以成为效益型产业。

发展高效农业可以产生增大经济总量和增加农民收入双重功效。增大经济总量不仅在于高效农业本身所创造生产效率和投资效益较高，而且还在于可以延长产业链，增大经济活动总量，例如经济作物、园艺作物往往都要进入初加工或深加工领域，而且产品流通半径较大，进而带动物流产业的发展。高效农业有利于增加农民收入的作用在于，可以在较小的耕地面积上通过集约化经营，

创造较高的劳动生产率和土地生产率，形成高投入高产出的经济能量循环。因此，高效农业在推进地区生产总值增长方面发挥着越来越大的作用。从 20 世纪 80 年代后期以来，我国农业生产结构不断优化，高效农业越来越成为生产者追求的目标。外向型农业、设施农业、都市农业、观光农业等新的农业模式在各地发展，创造了较高的经济效益。农业大省在发展常规农业，为国家提供粮食安全保障的同时，也要努力发展高效农业，既要把农业做大，也要把农业做强。

对农业大省来说，发展高效农业需要把握两个原则，一是坚持因地制宜的原则。发展高效农业要建立在比较优势的基础上，按照自然规律和经济规律来选择高效农业开发项目，特别是要注重发挥本地的特色资源。就吉林省来说，要注重发挥东北地区的资源优势，在特种植物种植业、特种动物养殖业、精品畜牧业方面构建高效农业的发展平台。二是保证国家粮食安全的原则。要在国家总体布局下，合理安排本地高效农业开发项目。从吉林省看，作为国家的重要商品粮产区，不可能离开国家的战略布局来进行高效农业的开发，将大量的商品粮用地改种经济作物或发展养殖业。发展地方经济，固然要努力追求地区生产总值的增长，但必须在国家粮食安全需求的框架之内进行选择，唯有如此，才会为国民经济的健康发展提供稳定的基础，才会使地区生产总值的增长进入科学的发展轨道，而这本身恰是科学发展观的要求。

9.6.4 发展绿色农业，实现 GDP 可持续增长

绿色农业可作狭义和广义的解释，就狭义而言，主要是指以低污染或无污染的投入要素生产健康的食品，在具体形态上包括无公害食品、绿色食品和有机食品。就广义而言，不仅包括了狭义的内容，也包括以较少的资源投入和保护环境的资源利用方式进行农产品生产。绿色农业的发展反映了两个方面的需求，一是伴随着人们生活质量的提高所产生的食品安全的需求；二是生态理念日益深入人心的趋势下，人们对环境质量的需求。就食品安全需求来说，导致社会对绿色无公害食品的消费呈增长趋势，为绿色农业的发展提供了日益扩展的市场。就环境质量需求而言，导致了农业发展越来越趋向于资源的节约和能量的再循环。从国民经济发展的角度看，发展绿色农业是实现 GDP 可持续增长的必要条件。

现代农业的发展是建立在石油能源基础之上的，化肥、农药和农业机械使用的柴油都来自于石油，在一定意义上说，现代农业也是石油农业。以石油为基础的现代农业创造了前人无法想象的土地生产率和劳动生产率，正是这种高度的物质创造力，才使更多的农业劳动力从土地上分离出来，创造了发达的第二、第三产业。在石油农业创造巨大的农业物质财富的同时，也带来了食品和

环境的污染，这种负面效果一方面影响了人的健康和生活质量，另一方面造成了环境和资源破坏，为农业和整个国民经济的可持续发展带来了巨大隐患，影响了后代人的利益。除了石油农业给环境带来的污染外，不合理的资源开发和利用方式，也造成了环境的破坏，形成了人与自然的对立，其结果必然是以未来的代价换取短期的经济增长。

绿色农业反映了科学发展观的内在要求，其目标在于，提供无污染或低污染的食品，以满足人们对健康的需求；以较少的资源投入、合理的资源使用方式进行农业再生产，以利于资源的可持续利用。中国是一个发展中的人口大国，从资源的绝对量来看，某些资源并不算少，但若以人均量评价，却相当贫乏。例如，人均耕地资源仅是世界平均水平的40%，人均水资源仅是世界平均水平的1/4，要满足日益增长的农产品需要，必须重视资源的节约和可持续利用。就水资源利用而言，农业用水占全部用水的70%，工业化与城市化用水的保证程度，在很大程度上取决于农业节水的程度，因此，农业水资源的合理利用对国民经济的发展具有直接的制约作用。

我国13个粮食主产省（份）是中国农业的核心区域，提供的粮食占全国粮食的75%。农业大省的绿色农业发展状况，不仅对农业本身的增长，而且对GDP的可持续增长都具有决定性的意义。在现代农业建设中，农业大省要强化绿色GDP的发展理念，通过科技进步和科学的管理，建立农业资源合理使用的方式和机制。在面临耕地和水两大资源的紧约束下，既要严守18亿亩耕地的红线，又要保护好耕地的质量；既要加快发展农田水利设施，又要推广节水灌溉技术，提高水资源利用率。要在保证资源存量不减少的情况下，实现农业的可持续发展，为工业化和城市经济的发展提供资源保障。吉林省作为农业大省，一方面抓住粮食生产不放松，另一方面实施生态省建设，在西部半干旱地区开展土地整治工程，发展节水灌溉农业，建设生态农业示范区，努力将农业建立在可持续发展的基础上。

9.6.5 优化宏观经济政策，构建农业大省经济增长的机制和环境

农业大省作为国家农产品供给的核心区域，在国民经济发展中居于十分重要的战略地位，对我国这样拥有世界最多人口的发展中国家而言，显得尤为突出。农业大省对国家GDP增长的贡献更多的是表现在提供农业的基础作用方面，而不是农业在GDP增长的份额方面。因此，从宏观经济政策来看，要在继续落实支农惠农政策的基础上，实施有利于农业大省经济整体发展的政策。在政策机制上，既要调动广大农民从事农产品生产，特别是粮食生产的积极

性，也要调动农业大省发展农业，特别是粮食生产的积极性。

一是建立粮食主产区利益补偿制度。 农业大省对国民经济的贡献，首先是国家粮食安全的贡献。农业是国民经济的基础，而粮食又是基础中的基础。粮食作为基础性的产品，价格增长滞后于投入品价格的增长，致使粮食生产常常不能得到应有的回报，作为粮食主产区往往由于粮食输出面造成利益的流失。这种利益流失包括由于工农产品价格剪刀差造成的流失，由于粮食主产区地方财政对粮食投入要素进行补贴所造成的流失，粮食经营亏损补贴的所形成的流失。我国虽然已经实行了一系列推动农业发展、支持粮食主产区发展粮食生产的政策，但在粮食主产区利益补偿方面，尚未形成完整的制度。要从粮食主产区农业可持续发展的角度，确定由中央财政和粮食主销区共同组成的补偿主体，并确定相应的利益补偿依据和额度。这种补偿制度的直接意义是对粮食主产区流出利益的补偿，以满足区域经济发展中的公平要求，而深层的意义在于通过这种补偿保证粮食生产的可持续发展，进而保证国民经济增长建立在一个稳定的农业基础之上。

二是支持农业大省农业后续产业的发展。 近年来我国的农产品加工业以较快的速度发展，但也存在着盲目发展的倾向，例如玉米加工业，特别是其中的燃料乙醇生产，已经超出了资源的承受能力。因此国家进行了宏观控制。在国家实行宏观控制的同时，应当加大对玉米主产区发展玉米加工业的支持，特别是应在保证合理规模的前提下，支持玉米加工业向资源优势区域集中，支持玉米加工业向精深方向发展。在居民收入提高后，食品的需求呈现多样化趋势，要支持粮食主产区通过发展加工业和粮食转化产业提供多种形态的农产品输出。要支持农业大省发展农产品物流产业，通过财政转移支付加快农业大省农产品物流基础设施建设，为扩大农产品流通半径提供基础设施支撑。通过对农业大省农业后续产业的支持政策，增强农业后续产业对农业的拉动能力和对地区生产总值增长的贡献能力。

三是加快农业大省工业化和城市化进程。 我国 13 个粮食主产大省，除江苏、山东两省处于东部沿海发达地区之外，其余 11 个省基本位于中部经济带上，与沿海发达地区相比，城市化和工业化进程相对滞后。从农业发展的战略视角看，粮食主产区城市化和工业化发展缓慢不利于现代农业建设，农业的装备水平，农业规模经营的实现程度都要受到城市化与工业化的发达程度的制约，不能指望一个发达的农业会建立在一个落后的区域经济基础之上。要通过宏观经济支持政策，加快农业大省的城市化和工业化进程，促进农业劳动力向城市转移，为规模经营创造条件；增强农业大省的财政积累能力，为现代农业发展提供强有力的资金支持。发达的区域经济必然是发达的农业所赖以生长的环境。

周清明. 农民种粮意愿的影响因素分析. 农业技术经济, 2009 (5).

史清华, 卓建伟. 农户粮作经营及家庭粮食安全行为研究. 农业技术经济, 2004 (5).

张建杰. 粮食主产区农户粮作经营行为及其政策效应. 中国农村经济, 2008 (6).

张凤龙, 臧良. 农民收入结构变化研究. 经济纵横, 2007 (7).

张柏齐. 弃耕抛荒的现状与对策. 中国农业资源与区划, 1994 (6).

岳德荣. 中国玉米品质区划及产业布局. 北京：中国农业出版社, 2004.

佟屏亚. 20世纪中国玉米品种改良的历程与成就. 中国科技史料, 2001, 2 (2)：113 - 127.

郭庆海. 中国玉米市场分析. 农业经济研究, 2009, 9 (2)：128 - 135.

秦焱. 吉林省黑土地肥力质量评价及时性结构退化机理研究. 长春：吉林大学, 2009.

杨庆才. 关于玉米产业经济发展的战略思考. 农业经济问题, 2008 (7)：4 - 10.

王立彬. 农业部解析猪肉价格上涨原因. http://www.china-cbn.com. 2007 - 05 - 04.

吴淑清, 崔凯. 玉米深加工产业的发展趋势. 农产品加工, 2006 (8).

陈复生, 钱向明. 玉米加工业重点发展领域和方向. 农业工程技术, 2006 (10).

刘治先. 美国玉米经济的发展战略. 世界农业, 2000 (6).

郭庆海. 粮食主产区利益流失问题探析. 农业经济问题, 1995 (8)：28 - 32.

张红宇, 黄其正, 颜榕. 米袋子省长负责制述评. 中国农村经济, 1996 (5)：23 - 27.

---

[*] 仅为文章发表时注明的参考文献汇总。